普通高等教育“十二五”规划教材

现代设计方法

主　编　张大可
副主编　程　洪　陈世教
参　编　赵金斗　梁　伟　陈　宏
主　审　王炳乐

机械工业出版社

本书由绪论及优化设计、动态设计和有限元法三篇组成。绪论简介现代设计方法概念和内容。第1篇优化设计包含优化设计的基本概念和必要的数学基础知识、优化设计数学模型的建立、一维优化方法、多维无约束优化方法和约束优化方法、MATLAB优化工具箱简介；第2篇动态设计通过对两自由度机械系统到多自由度机械系统振动的分析，介绍了机械系统动态特性分析的基本概念、动态设计理论建模及相应的分析求解方法、机械系统结构动力学修改和再设计方法；第3篇有限元法介绍了有限元法的基本思想、平面三角形单元、等参元、杆系结构有限元法、有限元分析软件组成及其工程应用。上述三篇自成体系、内容完整，各部分均有工程应用实例，便于教学和自学选取。

本书结合当前高等院校工科专业基础课教学要求，选材合理，切合学生实际，注重培养学生的工程应用能力，可作为高等院校工科专业现代设计方法课程的教材，也可供少学时的优化设计、动态设计和有限元法课程选用，同时还可以作为工程技术人员的自学用书。

图书在版编目（CIP）数据

现代设计方法/张大可主编. —北京：机械工业出版社，2014.6（2024.6重印）
普通高等教育“十二五”规划教材
ISBN 978-7-111-46551-5

Ⅰ.①现… Ⅱ.①张… Ⅲ.①设计学—高等学校—教材 Ⅳ.①TB21

中国版本图书馆CIP数据核字（2014）第086411号

机械工业出版社（北京市百万庄大街22号 邮政编码100037）
策划编辑：刘小慧 责任编辑：刘小慧 王勇哲 李 乐 任正一
版式设计：霍永明 责任校对：肖 琳
封面设计：张 静 责任印制：单爱军
北京虎彩文化传播有限公司印刷
2024年6月第1版第5次印刷
184mm×260mm · 16.5印张 · 402千字
标准书号：ISBN 978-7-111-46551-5
定价：39.00元

电话服务
客服电话：010-88361066
010-88379833
010-68326294

网络服务
机 工 官 网：www.cmpbook.com
机 工 官 博：weibo.com/cmp1952
金 书 网：www.golden-book.com
机工教育服务网：www.cmpedu.com

前　言

随着计算机技术的发展，设计理论和方法产生了革命性的变化。为了满足当今技术要求日益复杂、难度不断提高的现代工程设计的需要，在传统设计理论和方法的基础上，设计方法学、可靠性设计、优化设计、有限元法、动态设计、人工神经元方法、工程遗传算法、人机工程、并行工程、反求工程设计等新的设计理论和方法相继出现，并日益广泛应用于工程设计。为了适应新形势下对工科学生知识结构、专业基础理论和方法提出的新要求，高等学校必须调整教学内容，将科学技术发展的最新成果介绍给学生，现代设计理论及方法正是在这样背景下发展起来的一门重要的专业基础课。为适应本课程教学需要，我们编写了本书。

本书汇集了全体参编者多年从事本课程教学和工程设计实践的经验，在内容组织上注重突出以下特点：

1. 强调少而精的原则。当前教学改革的趋势是专业课程学时大为削减，而现代设计方法的内容又极其丰富，覆盖众多学科门类，由于学时限制，不可能介绍现代设计方法的全部内容。根据高等学校工科专业课程教学目的，本书选择了现代工程设计中运用最为普遍的优化设计、动态设计和有限元法作为教学内容。其目的是用较少的学时将学生引入现代设计方法的大门，使学生初步具备这些理论基础和运用这些方法的能力。

2. 结合专业特点，力求体现先进性，选材注重反映现代设计理论及方法在工程领域内的应用和发展。

3. 根据学生基础，因材施教。本书注重基本概念、基本理论、基本方法的讲解，尽可能避免繁杂的数学公式的推导，强调方法的实用性，注重培养学生掌握和应用现代设计理论及方法的能力。

本书第1篇由程洪负责，第2篇由陈世教负责，第3篇由张大可负责，集体讨论定稿。其中，第1章由陈宏编写；第2~5章由程洪编写；第6~9章由陈世教编写；绪论和第10~12章由张大可编写；第13章由梁伟编写；第14章由赵金斗编写；研究生王冲、龚娇绘制本书全部插图。张大可负责全书组织工作和统稿。

重庆大学王炳乐教授审阅全书并提出宝贵意见，在此表示衷心感谢。

由于现代设计方法的内容和体系较新，限于编者水平，本书难免存在不足之处，诚挚希望广大读者批评指正。

编　者

目　　录

前言
绪论 …… 1

第 1 篇　优化设计

第 1 章　优化设计概述 …… 6
1.1　设计变量 …… 6
1.2　目标函数 …… 8
1.3　约束条件 …… 9
1.4　优化设计的数学模型 …… 11
1.5　优化设计的数值计算方法——迭代法及其收敛性 …… 13
习题 …… 16
第 2 章　优化设计的数学基础 …… 17
2.1　目标函数的泰勒表达式 …… 17
2.2　函数的方向导数和梯度 …… 18
2.3　无约束优化问题的极值条件 …… 21
2.4　约束优化问题的极值条件 …… 22
习题 …… 26
第 3 章　一维优化方法 …… 27
3.1　函数的单峰区间及其确定 …… 27
3.2　一维搜索的基本思想及区间消去法原理 …… 29
3.3　黄金分割法 …… 31
3.4　二次插值法 …… 33
习题 …… 36
第 4 章　无约束优化方法 …… 37
4.1　简述 …… 37
4.2　坐标轮换法 …… 37
4.3　单纯形法 …… 40
4.4　梯度法（最速下降法） …… 43
4.5　牛顿法 …… 48
4.6　DFP 变尺度法 …… 52
习题 …… 57
第 5 章　约束优化方法 …… 58
5.1　约束坐标轮换法 …… 58
5.2　随机方向法 …… 59
5.3　惩罚函数法 …… 61
5.4　工程优化设计实例——平面连杆机构的优化设计 …… 67
5.5　MATLAB7.0 优化工具箱简介 …… 70
习题 …… 73

第 2 篇　动态设计

第 6 章　两自由度系统的振动 …… 76
6.1　两自由度系统的自由振动 …… 76
6.2　两自由度系统的受迫振动 …… 82
习题 …… 86
第 7 章　多自由度系统的振动 …… 87
7.1　多自由度系统运动方程的建立 …… 87
7.2　多自由度系统的固有频率和主振型 …… 97
7.3　多自由度系统运动方程的模态分析法 …… 103
习题 …… 122
第 8 章　传递矩阵建模法 …… 124
8.1　链状弹簧-质量系统的振动 …… 124
8.2　具有多个集中质量的梁的横向振动 …… 127
习题 …… 132
第 9 章　机械系统动力修改和动态优化设计 …… 133
9.1　系统动态性能优化原理 …… 133
9.2　应用实例 …… 140

第 3 篇　有限元法

第 10 章　有限元法绪论 …… 150
10.1　简例 …… 150
10.2　有限元法的基本思想 …… 153
10.3　有限元法的发展、特点及其工程应用 …… 156
习题 …… 159
第 11 章　平面问题的有限元法 …… 160

11.1　平面问题的基本概念 …………………… 160
11.2　平面三角形单元 ……………………… 167
11.3　例题 ……………………………………… 192
11.4　六节点三角形单元分析 ………………… 199
习题 …………………………………………… 203
第12章　等参元 ………………………………… 207
12.1　等参数单元的引入 ……………………… 207
12.2　平面四结点等参数单元 ………………… 208
12.3　平面八结点等参数单元简介 …………… 214
习题 …………………………………………… 218
第13章　杆系结构有限元法 ……………………… 219
13.1　一维杆单元 ……………………………… 219
13.2　平面杆单元 ……………………………… 222
13.3　平面梁单元 ……………………………… 228
习题 …………………………………………… 238
第14章　有限元程序及工程应用实例 ……………… 241
14.1　有限元程序的基本组成 ………………… 241
14.2　ANSYS 简介 ……………………………… 243
14.3　工程应用实例——某轻型货车车架静力学分析 ……………………………… 250
参考文献 ………………………………………… 257

绪　论

1. 设计的概念

广义地，设计是指通过认识和利用自然法则来弥补人类自身条件不足的创造性、能动性的活动。设计是人类征服自然、改造自然的基本活动之一，机械设计、建筑设计、服装设计等都有着悠久的历史。设计创造出了人类历史丰富、伟大的物质文明。狭义地，设计是指将客观需求转化为满足该需求的技术系统的智力活动。例如机械产品的设计，它从给定的合理目标参数出发，通过各种方法和手段创造出一个满足所需求目标的优化机械系统。设计不仅要求设计出的产品能达到规定的性能指标，实现技术、经济和艺术的统一；还需要考虑现有的生产条件的许可，符合国家相关政策的要求。例如汽车的设计，不仅要考虑满足交通运输的目标，还必须考虑使用者的安全、舒适、操作方便，以及市场销售、燃料供应、车辆停放、道路发展等问题，即涉及国家产业政策、能源政策、城市规划、交通规划等方面问题。

2. 传统设计与现代设计

设计活动伴随着人类的历史。远古人类为了满足砍砸的需要，将石块打磨成尖刃，这就是石斧的设计。我国东汉时张衡发明的地动仪，三国时诸葛亮设计的木牛流马，隋朝李春建造的赵州桥都是设计史上科学技术与艺术高度结合的杰作。早期的设计大多是由经验丰富的艺人工匠进行的，多数设计只存在于设计者的大脑中。这种设计大多比较简单，设计者和制造者为同一人。随着生产的发展和人们生活水平的提高，人们需要更多、更好、更复杂的产品。这种需求促成了图样的出现，使得产品可以按照图样来制造。这不但使得前人的经验和知识通过图样被记录和流传下来，还使得设计和制造可以分离，出现了专门从事设计工作的设计人员。设计工作的专职化使得设计者潜心于对产品的分析和改进，推动设计工作获得前所未有的发展，设计水平获得极大提高。

一方面，设计的思想和方法影响着人类的生产和生活，推动社会前进；另一方面设计又受到社会生产力发展的反作用而不断变化和更新。纵观设计的发展历史，经历了直觉设计、经验设计、中间试验辅助设计和现代设计四个阶段。为反映设计思想和方法随社会生产力发展的变化，人们通常将前三个阶段合起来称为传统设计，从而将设计方法也划分为“传统设计方法”和“现代设计方法”。

传统设计方法主要指在计算机出现以前，设计者凭直觉和经验，借助一些推导出的简单公式和经验公式进行计算，做小规模且粗糙的实验，对类似的产品和设计进行类比等的设计方法。其特点是：人工试凑、经验类比、以静态为假设条件、设计者和制造者分离。因此，传统设计是一种半理论、半实验的设计方法，主观随意性很大，很难获得客观存在的最优方案。但传统设计方法在长期实践中积累了大量成熟和宝贵的经验，为现代设计的发展打下了坚实的基础。

现代设计方法是指计算机技术得到广泛应用后，从 20 世纪 60 年代以来在设计领域出现的设计理论和方法。人们一般常涉及的现代设计方法如表 0-1 所示。

表 0-1 现代设计理论及方法

设计方法学	优化设计	可靠性设计	有限元法	动态设计	计算机辅助设计	人工神经元算法	遗传算法	智能工程	价值工程	工业造型设计	人机工程	并行设计	模块化设计	相似性设计	摩擦学设计	三次设计	反求工程

现代设计方法有以下特点：

1）设计手段更新，“无纸化设计”作为现代设计的主流极大地提高了设计效率，降低了设计成本。

2）产品的表示从基于投影原理的二维平面图样转变到三维实体模型。这种表示不仅包括了反映产品形状和尺寸的几何信息，还包括了分析、加工、材料、特性等数据，从而模型可以直接用于分析和制造。

3）以有限元法、优化设计、动态设计、可靠性设计等为代表的分析手段使得设计分析实现了从静态分析向动态分析转变，从定性分析向定量分析转变、从零部件计算向整机计算转变、从手工设计计算向自动化设计计算转变。

4）并行设计、虚拟设计、反求设计、网络设计、计算机仿真、遗传算法、以神经网络与模糊方法为代表的智能设计等新的设计理论和设计方法不断出现和发展。

5）设计方式从传统的串行方式发展到并行方式。新产品开发不再是“设计—试制—修改设计—生产准备—正式投产”的模式。而是利用并行设计组的形式，发挥集体的力量，集成地、并行地设计产品及其相关各过程（包括制造、后勤等），对产品的制造过程和产品性能进行计算机动态仿真，生成软样品或快速出样，进行分析评议，改进设计，取得最优成果，一次成功。

6）实现了 CAD、CAM、CAPP、CAE 的一体化。

7）网络技术、数据库技术的发展实现了设计的远程化、网络化。

显然，“传统设计”和“现代设计”只是相对的概念。人们若把当前视为先进的那部分设计方法理解为现代设计，那么其余的设计方法自然就是传统设计了。随着社会的发展，目前现代的部分可能被新的发展了的设计方法所取代而成为传统的设计方法。还应该指出，即使是现在定义为“现代设计”范畴的理论和方法，许多也不是全新的。例如优化设计、动态设计等方法，其理论早已发展多年，只是由于计算手段的不足而在过去常常无法实现罢了。但有限元法、并行设计、虚拟设计、反求设计、网络设计、计算机仿真、遗传算法、神经网络算法、模糊理论及智能设计等则是全新的理论和方法。

3. 本教材的主要内容

现代设计理论及方法的范畴是极为广泛的，其中每一部分都是内容丰富的一门学科。在有限的教学时间里是无法完成其全部内容的学习的。为体现现代设计理论及方法的丰富内涵，许多教材采用了较全面覆盖现代设计理论及方法各学科的体系。这种体系的好处是能使学生较全面地了解现代设计方法的丰富内容及其在设计领域的广泛应用，不足之处是学生很难掌握其中任何一种方法，更谈不上方法的实际应用。本教材选择机械产品设计中应用最为广泛和成熟的优化设计、动态设计和有限元法三部分内容。这种安排的目的是要让学生切实掌握两三种现代设计方法，并能初步应用于工程实际，进而实现现代设计方法的入门。

优化设计是借助于最优化理论和算法在计算机上寻求问题的最优设计方案，是在现代计算机广泛应用的基础上发展起来的一项新技术。优化设计首先要建立所求解的实际问题的数学模型，选择一种合适的最优化算法，通过编程，上机计算，获得求解问题的一组最优化设计参数，即工程实际的最优解。教材较详细地介绍设计变量、目标函数、约束条件、数学模型等基本概念和所需的数学基础知识；着重介绍了一维优化方法、常用的多维无约束优化方法以及约束优化转化为无约束优化求解的原理；多维优化算法则集中介绍无约束优化和约束优化方法。

当前，机械产品和设备日益朝着高速、高效、精密及自动化的方向发展，结构日趋复杂，越来越要求产品或设备的结构系统具有良好的静态和动态特性。传统的设计方法很难综合考虑各方面的约束条件，很好地满足机械设备动态特性要求。机械动态特性是指机械本身的固有频率、振型和阻尼特性，以及机械在动载荷作用下的响应。动态设计是按照机械动态特性的要求对机械产品或构图（图形）进行动力学建模，并作动特性分析；根据对其动特性的要求或预定的动态设计目标，进行结构修改，再设计和结构重分析，直到满足结构动特性的设计要求。教材从经典的两自由度系统出发，介绍机械振动系统模型的简化、振动微分方程的建立和求解的一般方法，以及系统响应表现出来的振动特性等，接下来将求解理论及方法推广至一般多自由度系统；教材介绍了传统的传递矩阵方法；最后结合实例就机械系统结构动力修改和再设计作了简要介绍。

传统设计方法中的结构计算分析依赖于经典力学，为使问题得以求解，必须建立简化的力学、数学模型。其简化程度不取决于工程需要而取决于已有的数学工具能否求解。这不但使得许多工程实际问题的求解与实际产生较大差距，也使得许多复杂的工程问题无法求解。以有限元法为代表的CAE技术的发展，为解决工程问题的计算分析提供了强有力的工具，理论上能计算分析任何复杂的工程计算问题。教材从两个简单实例出发，介绍有限元法的基本思想；以平面三角形单元为例，较详细地介绍有限元法平面问题的单元划分、单元刚度矩阵的建立、总体刚度矩阵的组集和求解等的基本理论和方法；接下来简要介绍等参元的概念和杆系结构有限元法；最后简要介绍了有限元程序的基本组成和大型通用有限元软件ANSYS。

4. 学习现代设计方法的目的和意义

作为机械工程专业的学生，学习现代设计方法的目的是：

1）认识现代设计方法在机械产品设计中的作用和地位。

2）在掌握传统设计方法的基础上，掌握现代设计理论及方法，并能初步运用于产品设计，为将来从事产品设计奠定良好基础。

3）在促进和加快传统设计向现代设计转变进程中积极发挥作用。

设计是产品生产的关键一步，它不仅决定了产品的制造过程和产品的性能与质量，同时也对产品的市场竞争有着直接的影响。把好产品的设计关，不仅可以降低制造成本，保证产品的使用性能、增强产品的市场竞争力；优良的产品设计还可以降低使用成本、降低能耗、减少对环境的破坏，有利于人类的可持续发展。

作为机械工程的高级专门人才，无论从事何种工作，职业生涯的全部都将涉及产品的设计与创新。当前，世界科学技术和经济迅猛发展，尤其是计算机技术的发展和广泛应用，使得人们的设计思想和方法有了飞跃的变化，设计手段有了革命性的提高。另一方面，世界经济的一体化使得产品的市场竞争从国内发展到国际。先进的设计理论和方法是提高设计质量，更快更好地完成产品设计的关键。这就要求工程技术人员不仅要学习传统设计理论和方法，还必须加强自身的创新能力和设计素质的培养，熟练地掌握现代设计理论及方法。这样才能不断地设计出满足社会需求的具有竞争力的产品，增强企业乃至国家在全球化进程中的竞争力。作为不直接从事设计工作的管理人员，也需要了解现代设计方法的原理及使用，才能对产品的开发进行合理的宏观决策，对设计进程和设计人员进行合理的指导和管理。

5. 如何学习现代设计理论及方法课程

作为机械工程专业学生，学习现代设计理论及方法，最主要的任务是掌握其原理、方法、求解问题的思路和步骤，认识其在求解工程问题中发挥的作用，同时也应了解其局限性，最终目的是要运用现代设计方法解决工程实际问题。现代设计方法大多数是以计算机技术为基础，需要各种计算机软件的支持，求解问题也是在计算机上进行，课程的实践性很强。因此，学习中没有必要对大量的公式及其推导死记硬背，要明确最主要的任务是掌握其原理、方法、求解问题的思路和步骤；要结合编程和使用通用软件上机计算，通过上机解题体会现代设计方法与传统设计方法在求解问题上的异同，学会运用现代设计方法求解工程实际问题。

第1篇

优化设计

第 1 章　优化设计概述

优化设计（optimal design）是在现代计算机广泛应用的基础上发展起来的一项新技术，是根据最优化原理和方法综合各方面的因素，以人机配合方式或“自动探索”方式，在计算机上进行的半自动或自动设计，以便选出在现有工程条件下的最佳设计方案的一种现代设计方法。其设计原则是最优设计；设计手段是电子计算机及计算程序；设计方法是采用最优化数学方法。

20 世纪 50 年代以前，用于求解优化问题的数学方法仅限于古典的微分法和变分法。20 世纪 50 年代末数学规划方法被首次用于结构优化，并成为优化设计中求优方法的理论基础。而数学规划方法是在第二次世界大战期间发展起来的应用数学的一个新分支，线性规划与非线性规划是其主要内容。此外，还有动态规划、几何规划和随机规划等。在数学规划方法的基础上发展起来的优化设计，是 20 世纪 60 年代初电子计算机引入结构设计领域后逐步形成的一种新的有效的设计方法。利用这种方法不仅可使设计周期大大缩短，计算精度显著提高，而且可以解决传统设计方法所不能解决的比较复杂的优化设计问题。大型电子计算机的出现，使优化方法及其理论得到蓬勃发展，成为应用数学中的一个重要分支，并在许多科学技术和工程领域中得到应用。这些年来，优化设计方法已陆续应用到机械结构、建筑结构、机床、汽车、造船、航天航空、冶金、铁路、化工、自动控制系统、电机、电器以及电力系统等工程设计领域，并取得了显著效果。

优化设计就是寻求设计参数的最优值，而设计上的“最优值”是指在一定条件（各种设计因素）影响下所能得到的最佳设计值，在很多情况下可以用最大值或最小值来表示。

优化设计工作主要包括以下两部分内容：

1）建立数学模型。即将物理问题转化为数学问题，建立数学模型时需选取设计变量，列出目标函数，给出约束条件。

2）求解数学模型。可归结为在给定的条件下求目标函数的极值或最优值问题。

机械优化设计，就是在给定的载荷或环境条件下，在对机械产品的性态、几何尺寸关系或其他因素的限制（约束）范围内，选取设计变量，建立目标函数并使其获得最优值的一种设计方法。设计变量、目标函数和约束条件这三者被称为优化设计数学模型的三要素。

要建立能够反映客观工程实际的、完善的数学模型并不是一件容易的事。另外，如果所建立的数学模型的数学表达式过于复杂，涉及的因素过多，在计算上也会出现困难。因此，要抓住主要矛盾，尽量使问题合理简化，这样不仅可节省时间，有时也会改善优化结果。

优化设计相对于常规设计来说，是一种革新，需要引入一些新的概念和术语，如设计变量、目标函数、约束条件等，下面就对它们进行介绍。

1.1　设计变量

在优化设计过程中其取值大小需要调整、修改并最终确定的参数，称为设计变量。在机械产品和工程设计中，一个零部件或一台机器的设计方案，常用一组基本参数来表示。这些参数可分为两类：一类是根据具体设计要求事先给定，并在设计过程中保持不变的参数，称为设计常量；另一类是在设计过程中须经不断调整、修改并最终确定其最优值的参数，称为设计变量。优化设计的任务，就是确定设计变量的最优值以获得最优设计方案。

一般而言，对于不同的设计对象，选取的设计变量也不同。它可以是几何参数：如零件的外形尺寸、截面尺寸、某点的集合坐标值等；也可以是某些物理量：如零部件的重量、体积、惯性矩、力与力矩等；还可以是代表工作性能的导出量：如应力、变形、效率、振动频率和幅值等。总之，设计变量必须是对设计性能指标优劣有影响的参数。

设计变量的全体应该是一组相互独立的基本参数，一般用向量 $\boldsymbol{X}$ 加以表示。设计向量的每一个分量都是相互独立即线性无关的。以 n 个设计变量为坐标轴所构成的实数空间称为设计空间，它是 n 维实空间，用 $\mathbf{R}^n$ 表示，如果其中任意两个向量又有内积运算，则称为 n 维欧氏空间，用 E^n 表示。当 $n=2$ 时，$\boldsymbol{X}=(x_1,x_2)^{\mathrm{T}}$ 是二维设计向量；当 $n=3$ 时，$\boldsymbol{X}=(x_1,\ x_2,\ x_3)^{\mathrm{T}}$ 为三维设计向量，设计变量 x_1，x_2，x_3 组成一个三维空间；当 $n>3$ 时，设计空间是一个想象中的超越空间。其二维和三维设计空间如图1-1所示。

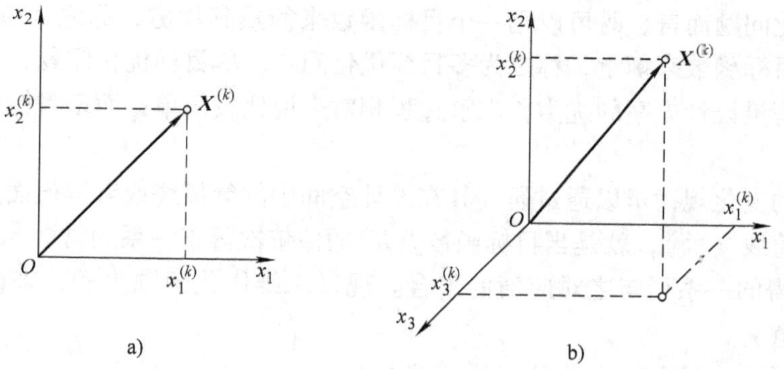

图1-1 设计空间
a）二维设计空间 b）三维设计空间

设计空间是所有设计方案的集合，用符号 $\boldsymbol{X}\in\mathbf{R}^n$ 表示。任何一个设计方案，都可以看作是从设计空间原点出发的一个设计向量 $\boldsymbol{X}^{(k)}$，该向量终点的坐标值就是这一组设计变量 $\boldsymbol{X}^{(k)}=(x_1^{(k)},\ x_2^{(k)},\ \cdots,\ x_n^{(k)})^{\mathrm{T}}$ 的各个分量。因此，一组设计变量表示一个设计方案，该组设计变量对应的设计向量 $\boldsymbol{X}^{(k)}$ 的终点也称设计点。而设计点的集合即构成了设计空间。

根据设计变量的多少，一般将优化设计问题分为三种类型：设计变量数目 $n<10$ 的称为小型优化问题；$n=10\sim50$ 的称为中型优化问题；$n>50$ 的称为大型优化问题。

在机械和工程优化设计中，根据设计的性质，设计变量常有连续量和离散量之分。大多数情况下，设计变量是连续变化的，称为连续设计变量。但在一些情况下，有些设计变量是离散的，则称为离散设计变量，如齿轮的齿数、模数、钢管的直径、钢板的厚度、螺栓的个数等。对于离散设计变量，在优化设计过程中常是先把它视为连续量，在求得连续量的优化结果后再进行圆整或标准化，但有时此种方法不能得出正确结果，需要利用其他方法求解。

1.2 目标函数

目标函数又称评价函数，是用来评价设计方案好坏的标准。任何一项机械设计方案的好坏，总可以用一些设计指标来衡量，而这些设计指标可以用设计变量的函数的取值大小加以表征，该函数就称为优化设计的目标函数。n 维设计变量优化问题的目标函数记为 $f(\boldsymbol{X})=f(x_1,x_2,\cdots,x_n)$，它代表设计中某项最重要的特征，如机械零件设计中的尺寸、重量、承载能力、效率、可靠性，机械设计中的运动误差、动态特性，产品设计中的成本、寿命、能耗等。

目标函数是一个标量函数。目标函数取值的大小，是衡量设计质量优劣的指标。优化设计就是要寻求一个最优设计方案，即最优点 $\boldsymbol{X}^*$，从而使目标函数达到最优值 $f(\boldsymbol{X}^*)$。优化设计中一般取最优值为目标函数的最小值，而最大值问题可以转化为最小值问题。

确定目标函数，是优化设计中最重要的决策之一。它不仅直接影响优化方案的质量，而且还影响优化过程。目标函数可以根据工程问题的要求从不同角度来建立，例如：几何尺寸、重量、成本、位移、运动轨迹、应力、功率、动力特性等。

就一个优化问题而言，既可以用一个目标函数来衡量其优劣，称之为单目标优化问题；也可以用多个目标函数来衡量，称之为多目标优化问题。单目标优化问题，由于只有一个评价函数，容易衡量设计方案的优劣，求解过程相对来说比较简单；而多目标优化问题求解起来比较复杂。

目标函数的变化规律可以通过研究其在设计空间中的等值线或者等值面加以实现。所谓目标函数的等值线（面），就是当目标函数 $f(\boldsymbol{X})$ 的值依次等于一系列常数 $c_i(i=1,2,\cdots)$ 时，设计变量 $\boldsymbol{X}$ 取得的一系列与之对应值的集合。现以二维优化问题为例，来说明目标函数的等值线的几何意义。

如图 1-2 所示，具有极小值的二维变量目标函数 $f(x_1,x_2)$ 的图形可以在三维空间中加以描述。令目标函数 $f(x_1,x_2)$ 的值分别等于 c_1，c_2，…，则与这些目标函数值 c_1，c_2，…分别对应的设计点的集合在 x_1Ox_2 坐标平面内形成一族曲线，每一条曲线上的各点都具有相等的目标函数值。所以这些曲线称为目标函数的等值线。由图可见，等值线族的分布反映了目标函数取值的变化规律，等值线位置越向里面，目标函数值越小；反之，目标函数值越大。对于有中心的曲线族来说，等值线族的共同中心就是目标函数的无约束极小点 $\boldsymbol{X}^*$。所以，从几何意义上来讲，求目标函数无约束极小点也就是求其等值线族的共同中心点。

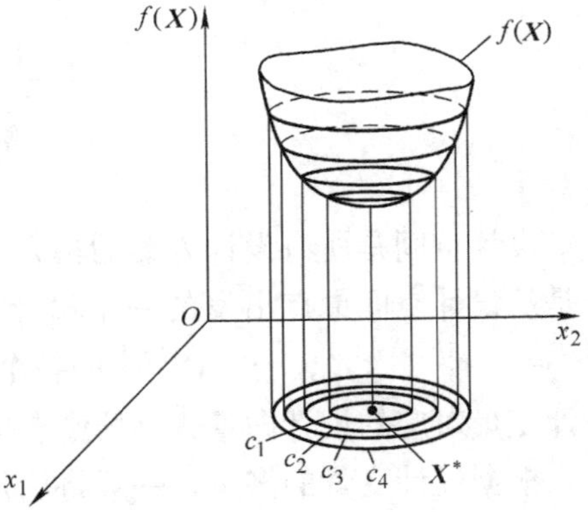

图 1-2 二维目标函数等值线

关于二维目标函数等值线分布的讨论，可以推广到多维问题的分析中去。对于三维问题在设计空间中是研究等值面问题；对于高于三维的问题在设计空间中目标函数的等值面则为超越等值面。

1.3　约束条件

如前所述，目标函数的计算值取决于设计变量的取值，而在很多实际问题中设计变量的取值范围是有限制的或必须满足一定的条件。在优化设计中，这种对设计变量取值的限制条件，称为约束条件，简称约束。约束条件的形式，可能是对某个或某组设计变量的直接限制（例如，如果应力 σ 为设计变量，则应力值 σ 应不大于其许用值 $[\sigma]$，构成直接限制），这时的约束称为显式约束；也可能是对某个或某组设计变量的间接限制（例如，若结构应力又是某些设计变量如力和截面积的函数时，则这些设计变量间接地受到许用应力的限制），这时的约束称为隐式约束。

约束条件常用数学等式或不等式来表示。

等式约束对设计变量的约束比较严格，起着降低设计自由度的作用。等式约束既可能是显式约束，也可能是隐式约束，其形式为

$$h_v(\boldsymbol{X})=0 \qquad (v=1,2,\cdots,p)$$

在机械优化设计中不等式约束更为常见，不等式约束的形式为

$$g_u(\boldsymbol{X})\leqslant 0 \qquad (u=1,2,\cdots,m)$$

或

$$g_u(\boldsymbol{X})\geqslant 0 \qquad (u=1,2,\cdots,m)$$

式中，$\boldsymbol{X}$ 为设计变量；p 为等式约束的数目；m 为不等式约束的数目。

在上述数学表达式中，$h_v(\boldsymbol{X})=0$，$g_u(\boldsymbol{X})\leqslant 0$（或 $q_u(\boldsymbol{X})\geqslant 0$）为设计变量的约束方程，它们规定了设计变量的允许取值范围。优化设计，即是在设计变量允许范围内，找出一组最优参数 $\boldsymbol{X}^*=(x_1^*,x_2^*,\cdots,x_n^*)^{\mathrm{T}}$，从而使目标函数 $f(\boldsymbol{X})$ 达到最优值 $f(\boldsymbol{X}^*)$。

从理论上讲，一个等式约束就能在优化过程中消去一个设计变量，或降低一个设计自由度（或问题维数）。但消去过程在数学上有时会十分复杂或难以实现，故并不能经常采用这种方法。另外，等式约束的个数必定小于设计变量的个数。不等式约束的概念对结构的优化设计特别重要。例如，在仅有应力限制的问题中，若只规定等式约束，则所有的方法都将得到满应力设计，而这未必就是最小重量设计。因此，要得到最优点就必须允许设计中的所有应力约束并不是以等式形式出现，而是采用不等式约束。

另一种约束分类法是将设计约束分为边界约束和性态约束。

边界约束又称为侧面约束，用以限制某个设计变量（结构参数）的变化范围，或规定某组变量间的相对关系。例如，要求构件的长度 l_i（设计变量为 $\boldsymbol{X}=(x_1,x_2,\cdots,x_k)^{\mathrm{T}}=(l_1,l_2,\cdots,l_k)^{\mathrm{T}}$）满足给定的最大、最小尺寸 $l_{i\max}$，$l_{i\min}$，于是其边界约束为

$$\begin{cases} g_1(\boldsymbol{X})=l_{i\min}-l_i\leqslant 0 \\ g_2(\boldsymbol{X})=l_i-l_{i\max}\leqslant 0 \end{cases} \qquad (i=1,2,\cdots,k)$$

边界约束属于显式约束。

性态约束又称为性能约束，它是在机械优化设计中由结构的某种性能或设计要求推导出来的一种约束条件，是根据对机械的某项性能要求而构成的设计变量的函数方程，例如在曲

柄连杆机构设计中要求的曲柄存在条件，也可以对应力与位移、振动频率或者幅值、磨损程度、屈服强度等因素加以限制。性态约束通常是隐式约束，当然也有显式约束的情况。

在设计空间中每一个约束条件都是以几何面或者线的形式出现的，并称为约束面（或约束线），在二维设计空间中则为线，如图 1-3a 所示；在三维设计空间中为面，如图 1-3b、c 所示；在高于三维的设计空间中为超越曲面。该面（或线）是等式约束方程或是不等式约束的极限情况（即等式部分 $g_u(\boldsymbol{X})=0$）的几何图像。当设计变量是连续的，则约束面（或约束线）通常也是连续的。图 1-3b 表示三维设计空间中的一个约束面；图 1-3c 表示三维设计空间中由许多约束条件构成的组合约束面。

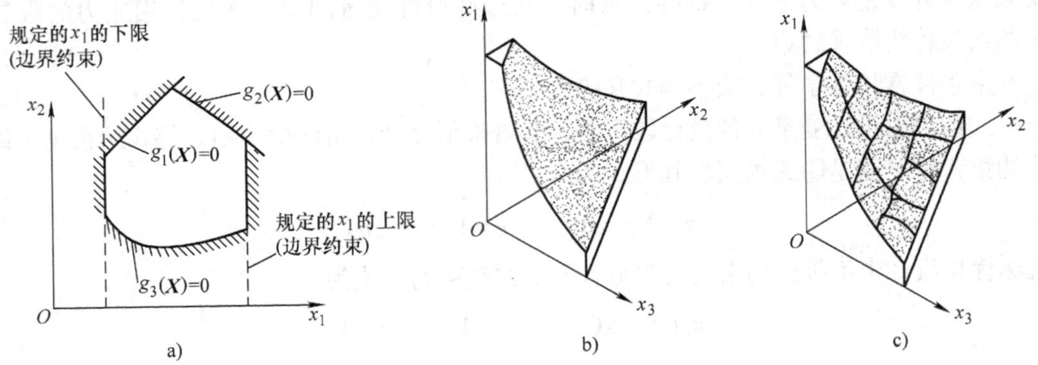

图 1-3 设计空间中的约束面（或约束线）
a）二维设计空间的约束线 b）三维设计空间的约束面 c）组合约束面

对于等式约束而言，设计变量 $\boldsymbol{X}$ 所代表的设计点必须在相应等式所表示的面（或线）上，这种约束又称为起作用约束或紧约束。

对于不等式约束而言，其极限情况 $g_u(\boldsymbol{X})=0$ 所表示的几何面（或线）将设计空间分为两部分：一部分中的所有点均满足约束条件，这一部分空间称为设计点的可行域，并以 D 表示，可行域中的点是设计变量可以选取的，称为可行设计点或简称可行点。另一部分中的所有点均不满足约束条件，如果将设计点选取在这个区域则违背了约束条件，它是设计的非可行域，该域中的点称为非可行点。如果最优点在可行域之内（不含约束边界），则其所有的约束条件其实都未起作用。如果设计点落到某约束边界面（或边界线）上，则称边界点，边界点是允许的极限设计方案。例如：在图 1-4中画出了满足两项约束条件 $g_1(\boldsymbol{X})=x_1^2+x_2^3-16\leqslant 0$ 和 $g_2(\boldsymbol{X})=2-x_2\leqslant 0$ 的二维设计问题的可行域 D，它位于 $x_2=2$ 的上方和圆 $x_1^2+x_2^2=16$ 的圆弧 ABC 下方并包括线段 AC 和圆弧 ABC 在内。

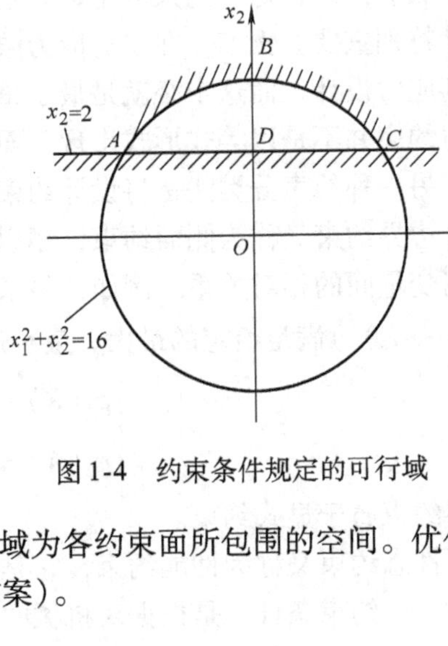

图 1-4 约束条件规定的可行域

在二维设计空间中，不等式约束的可行域是各约束线所围的平面，如果为三维以上的设计问题，则可行域为各约束面所包围的空间。优化设计的过程，即为在可行域内寻找最优点（或最优设计方案）。

1.4 优化设计的数学模型

根据优化设计任务，选取设计变量、列出目标函数并给定约束条件，便构成了优化设计的数学模型。如前所述，任何一个优化问题均可归结为如下的描述，即：在满足给定的约束条件（决定在 n 维空间 $\mathbf{R}^n$ 中的可行域 D）下，选取设计变量 $\boldsymbol{X}$ 的值，使其目标函数 $f(\boldsymbol{X})$ 达到最优值。其数学表达式（数学模型）为设计变量

$$\boldsymbol{X}=(x_1,x_2,\cdots,x_n)^{\mathrm{T}},\boldsymbol{X}\in D\subset\mathbf{R}^n$$

在满足约束

$$h_v(\boldsymbol{X})=0(v=1,2,\cdots,p)$$
$$g_u(\boldsymbol{X})\leqslant 0(u=1,2,\cdots,m)$$

的条件下，求目标函数 $f(\boldsymbol{X})$ 的最优值。

1.4.1 数学模型的标准形式

目标函数的最优值一般可用最小值（或最大值）的形式来体现，优化设计的数学模型可简化表示为如下标准形式：

$$\begin{cases}\min f(\boldsymbol{X}),\ \boldsymbol{X}\in D\subset\mathbf{R}^n\\ \text{s. t. } h_v(\boldsymbol{X})=0\ (v=1,\ 2,\ \cdots,\ p)\\ \qquad g_u(\boldsymbol{X})\leqslant 0(u\leqslant 1,\ 2,\ \cdots,\ m)\end{cases}\tag{1-1}$$

式中，s. t. 为 subject to 的缩写。

在结构设计中常以减小质量为目标，优化设计的目标函数为质量，则问题就成为求目标函数的最小值，如式（1-1）所示。若优化问题为求目标函数在可行域中的最大值时，则可看成是求$[-f(\boldsymbol{X})]$的最小值，因为 $\min[-f(\boldsymbol{X})]$ 与 $\max f(\boldsymbol{X})$ 是等价的。

在优化设计的数学模型中，如果 $f(\boldsymbol{X})$，$h_v(\boldsymbol{X})$ 和 $g_u(\boldsymbol{X})$ 都是设计变量 $\boldsymbol{X}$ 的线性函数，则这种优化问题属于数学规划中的线性规划问题；如果它们不全是 $\boldsymbol{X}$ 的线性函数，则这种优化问题属于非线性规划问题。如果设计变量只能取整数，则称为整数规划；当式（1-1）中的 $p=0$，$m=0$ 时，称为无约束优化问题；否则，称为约束优化问题。机械优化设计问题多属于约束非线性规划问题。

建立数学模型是优化设计过程中最重要的一步，它直接影响优化效果。对于比较复杂的问题，建立数学模型往往会遇到很多困难，有时甚至比求解更为复杂。要抓住关键因素，适当忽略不重要的成分，使问题合理简化，以便于建立数学模型。有时，对于同一个优化问题，可建立不同形式的数学模型，若对某一形式的数学模型不能求得最优解，则有必要改变其数学模型的形式。

现举例说明建立数学模型的过程：

例 欲用薄钢板制造一个容积为 $5\mathrm{m}^3$ 的汽车货箱（无上盖），由于运输的货物要求其长度不小于 4m。为了使耗费的钢板最少并减轻质量，问应如何选取货箱的长 x_1、宽 x_2 和高 x_3？

解 显然，钢板的耗费量与货箱的表面积成正比，由于货箱不带上盖，则目标函数为

$$f(\boldsymbol{X})=f(x_1,x_2,x_3)=x_1x_2+2(x_2x_3+x_1x_3)$$

约束条件为

$$h(\boldsymbol{X})=x_1x_2x_3=5.0$$
$$g_1(\boldsymbol{X})=4.0-x_1\leqslant 0$$
$$g_2(\boldsymbol{X})=-x_2\leqslant 0$$
$$g_3(\boldsymbol{X})=-x_3\leqslant 0$$

所以其数学模型为

$$\begin{aligned}\min\quad & f(\boldsymbol{X})=\min[x_1x_2+2(x_2x_3+x_1x_3)]\\ \text{s. t.}\quad & h(\boldsymbol{X})=x_1x_2x_3-5.0=0\\ & g_1(\boldsymbol{X})=4.0-x_1\leqslant 0\\ & g_2(\boldsymbol{X})=-x_2\leqslant 0\\ & g_3(\boldsymbol{X})=-x_3\leqslant 0\end{aligned}$$

若有一个等式约束，则在原则上可以消去一个设计变量。当然，这时被消去的那个设计变量应该以显式的形式表达出来。在上述问题中，由等式约束条件得 $x_3=5.0/x_1x_2$，代入目标函数后原问题的数学模型可简化为

$$\begin{aligned}\min\quad & f(\boldsymbol{X})=\min\left[x_1x_2+10\left(\frac{1}{x_1}+\frac{1}{x_2}\right)\right]\\ \text{s. t.}\quad & g_1(\boldsymbol{X})=4.0-x_1\leqslant 0\\ & g_2(\boldsymbol{X})=-x_2\leqslant 0\end{aligned}$$

即设计变量由三个减为两个。事实上，当 x_1 和 x_2 确定后，根据等式约束条件，x_3 即可确定。

优化设计的数学模型建立以后，即可选择合适的优化方法解题，求出目标函数的最优解。在学习这些具体的优化方法之前，需要在目标函数的数学分析方法方面做些准备。

1.4.2 优化设计问题的分类

优化问题可以从不同的角度进行分类，例如，按其有无约束条件分成无约束优化问题和约束优化问题；也可以按约束函数和目标函数是否都为线性函数，分成线性规划问题和非线性规划问题；还可以按问题规模的大小进行分类，例如，设计变量的个数在 50 个以上的属大型，10 个以下的属小型，10 ~ 50 属中型。随着电子计算机容量的增大和运算速度的提高，划分界限将会有所变动。另外，根据设计变量是否都为连续变量，分为连续变量问题和离散变量问题；根据优化设计的目标为一个或者多个，分为单目标优化问题或多目标优化问题。

1.4.3 优化问题的几何解释

无约束优化问题就是在没有限制的条件下，求目标函数的极小点。在设计空间内，目标函数是以等值面（或等值线）的形式反映出来的，无约束优化问题的极小点即为等值面（或等值线）的中心。

约束优化问题是在可行域内对设计变量求目标函数的极小点，此极小点可能在可行域内或在可行域边界上。用图 1-5 可以说明有约束的二维优化问题极值点所处位置的几种不同情

况。图1-5a所示是约束函数和目标函数均为线性函数的情况，等值线为直线，可行域为多条直线围成的多边形，则极值点处于多边形的某一顶点上。图1-5b所示是约束函数和目标函数均为非线性函数的情况，极值点位于可行域内目标函数等值线的中心处，所有约束对极值点的选取均无影响，这时约束不起作用，约束极值点和无约束极值点相同。图1-5c、d所示均为约束优化问题极值点处于可行域边界上的情况，约束对极值点的位置影响很大。图1-5c中的约束 $g_1(\boldsymbol{X})=0$ 在极值点处是起作用约束，图1-5d中的约束 $g_2(\boldsymbol{X})=0$ 在极值点处是起作用约束，而图1-5e中的约束 $g_1(\boldsymbol{X})=0$ 和 $g_2(\boldsymbol{X})=0$ 同时在极值点处起作用。多维问题最优解的几何解释可借助于二维问题进行想象和理解。

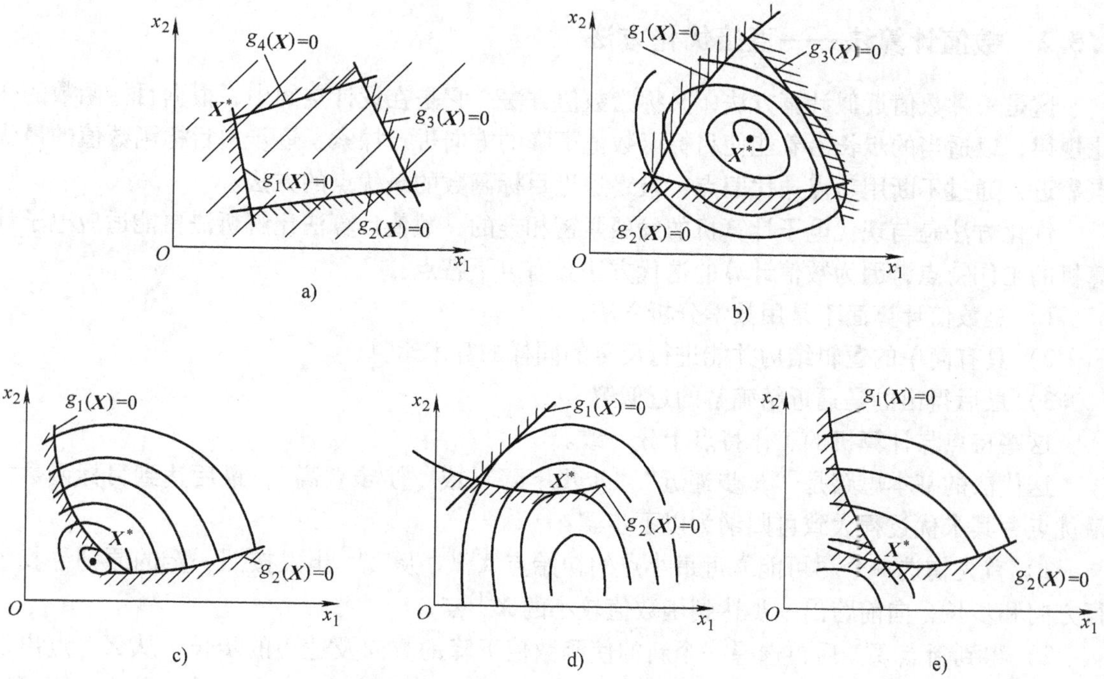

图1-5 极值点所处位置不同的几种情况

a）极值点处于多边形的某一顶点上 b）极值点处于等值线的中心 c）极值点处于约束曲线与等值线的切点上 d）极值点处于约束曲线与等值线的切点上 e）极值点处于两个约束曲线的交点上

1.5 优化设计的数值计算方法——迭代法及其收敛性

机械优化设计问题虽然多属于约束优化问题，但从求解方法来说，约束优化方法和无约束优化方法是紧密相连的，无约束优化方法是优化方法中最基本的方法，是求解约束优化问题方法的基础，另外，在很多时候可将约束问题转化为无约束问题进行求解。

无约束优化问题的求解方法可分为两大类：解析法（间接优化方法）和数值计算法（直接优化方法）。

1.5.1 解析法——间接优化方法

解析法即利用数学分析的方法，根据目标函数导数的变化规律与函数极值的关系，求取目标函数的极值点。由 n 元函数 $f(\boldsymbol{X})$ 存在极值的充分必要条件可知，利用解析法寻找极值点时，需要求解目标函数的偏导数组成的方程组或梯度：

$$\nabla f(\boldsymbol{X})=\boldsymbol{0}$$

以便找出稳定点，然后还要用海赛（Hessian）矩阵对所找到的稳定点进行判断，检查它是否是最优点。在目标函数比较简单时，求解上述方程组及用海赛矩阵进行判断并不困难，但是当目标函数比较复杂或为非凸函数时，用这种数学分析方法求解就会十分麻烦，有时甚至很难求解由目标函数的各一阶偏导数为 0 所组成的方程组，更不用说用海赛矩阵进行判断了。在此情况下则不宜采用解析法，而应该使用另一种方法——数值计算法。

1.5.2 数值计算法——直接优化方法

这是一种数值近似计算方法，又称为数值方法。它是在设计空间中，根据目标函数的变化规律，以适当的步长沿着能使目标函数值下降的方向进行探索，逐步向目标函数值的最优点靠近，通过不断用新点迭代旧点，最终逼近目标函数的最优点的方法。

优化方法是与现代电子计算机的发展紧密相连的，数值计算法比解析法更能适应电子计算机的工作特点，因为数值计算的迭代方法具有以下特点：

1）是数值计算而不是用数学分析方法；

2）具有简单的逻辑结构并能进行反复的同样的算术运算；

3）最后得出的是逼近精确解的近似解。

这些特点与计算机的工作特点十分一致。

迭代法的基本思路是“步步逼近”“步步下降”或“步步登高”，最后达到目标函数的最优点，其求优过程大致可归纳为以下步骤：

1）首先初选一个尽可能靠近最小点的初始点 $\boldsymbol{X}^{(0)}$，从 $\boldsymbol{X}^{(0)}$ 出发按照一定的原则寻找可行方向和步长，向前跨出一步达到函数值较小的 $\boldsymbol{X}^{(1)}$ 点；

2）得到新点 $\boldsymbol{X}^{(1)}$ 后再选择一个新的使函数值下降的方向及适当的步长，从 $\boldsymbol{X}^{(1)}$ 点出发再跨出一步，达到 $\boldsymbol{X}^{(2)}$ 点。依此类推，一步一步地向前探索并重复数值计算，最终无限逼近目标函数的最优点。迭代形式为

$$\text{使}\quad\begin{cases}\boldsymbol{X}^{(k+1)}=\boldsymbol{X}^{(k)}+\alpha^{(k)}\boldsymbol{S}^{(k)}\\ f\left(\boldsymbol{X}^{(k+1)}\right)<f(\boldsymbol{X}^{(k)})\qquad(k=0,\ 1,\ 2,\ \cdots)\end{cases}\tag{1-2}$$

即应使迭代点的目标函数值一次比一次小。

式中 $\boldsymbol{X}^{(k)}$ 为第 k 步迭代计算所得到的点，称第 k 步迭代点，用矢量表示；$\alpha^{(k)}$ 为第 k 步迭代计算的步长，标量；$\boldsymbol{S}^{(k)}$ 为第 k 步迭代计算的探索方向，矢量。

用迭代法逐步逼近最优点的探索过程如图 1-6所示。

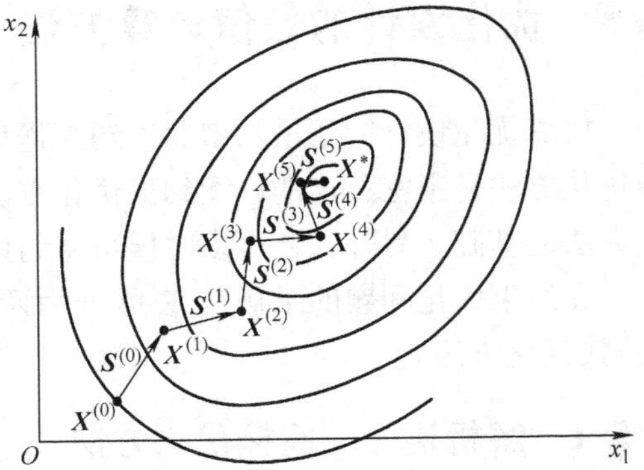

图 1-6 迭代法逐步逼近最优点探索过程的示意图

可见，数值计算法（数学规划法）求优的核心有两点：第一为建立搜索方向 $\boldsymbol{S}^{(k)}$，第二为确定最佳步长 $\alpha^{(k)}$。整个数值计算法求优过

程，就是不断地建立搜索方向、确定最佳步长的过程。

3）每向前跨完一步，都应检查所得到的新点是否满足预定的计算精度 ε，即

$$\left|f(\boldsymbol{X}^{(k+1)})-f(\boldsymbol{X}^{(k)})\right|<\varepsilon$$

如果满足，即函数值的下降量已达到精度要求时，则认为 $\boldsymbol{X}^{(k+1)}$ 为极小点；否则，应以 $\boldsymbol{X}^{(k+1)}$ 为新的初始点，按上述方法继续迭代。

对于迭代过程中探索方向 $\boldsymbol{S}$ 的选择，首先应保证沿此方向进行探索时，目标函数值是下降的（即满足下降性要求），同时应尽可能地使其指向最优点，以尽量缩短探索的路程和时间，提高求优效率。显然，使探索方向 $\boldsymbol{S}$ 沿着目标函数值的最速下降方向即 $-\nabla f(\boldsymbol{X})$ 的方向（对求最大值来说，则为最速上升方向，即 $\nabla f(\boldsymbol{X})$ 方向）或者使 $\boldsymbol{S}$ 的方向相对 $-\nabla f(\boldsymbol{X})$ 方向成锐角，即

$$[-\nabla f(\boldsymbol{X})]^{\mathrm{T}}\boldsymbol{S}=C>0 \tag{1-3}$$

能保证其下降性，亦即，矢量 $\boldsymbol{S}$ 与 $-\nabla f(\boldsymbol{X})$ 的内积应为正。

由线性代数知，根据任意一个迭代式进行计算，不一定都能得到逼近精确解的近似解。如果根据一个迭代公式能够计算出逼近精确解的近似解，也就是说近似解序列 $\{x_i^{(k)}(i=1,2,\cdots,n)\}$ 有极限 $\lim\limits_{k\to\infty}x_i^{(k)}=x_i^*$（$i=1,2,\cdots,n$），这里 x_i^* 为精确解，那么此迭代公式就是收敛的；否则，就是发散的。因此，所谓数值方法的收敛性，是指某种迭代程序产生的一系列的设计点 $\boldsymbol{X}^{(k)}(k=0,1,2,\cdots)$ 最终将收敛于最优点 $\boldsymbol{X}^*$，即点列收敛于

$$\begin{cases}\boldsymbol{X}^{(k)}(k=0,1,2,\cdots)\\ \lim\limits_{k\to\infty}\boldsymbol{X}^{(k)}=\boldsymbol{X}^*\end{cases} \tag{1-4}$$

从理论上讲，任何一个迭代算法都能产生无穷点列的设计方案 $\{\boldsymbol{X}^{(k)}(k=0,1,2,\cdots)\}$，而实际上只能进行有限次的修改设计，在适当时候迭代应当终止。理想情况是应将设计方案一直修改到接近目标函数的最小值时为止，但对于实际工程问题有时很难判断其目标函数是否已经接近极小值。因此，要想找到一个完美而适用的计算机终止准则很困难，而只能根据计算中的具体情况来进行判断。

通常，迭代终止条件有以下三种形式：

1）当设计变量在相邻两点之间的移动距离已充分小时，可用相邻两点的向量差的模作为迭代终止的判断依据：

$$\|\boldsymbol{X}^{(k+1)}-\boldsymbol{X}^{(k)}\|\leqslant\varepsilon_1 \tag{1-5}$$

或用向量 $\boldsymbol{X}^{(k+1)}$，$\boldsymbol{X}^{(k)}$ 的所有坐标分量之差表示：

$$\left|x_i^{(k+1)}-x_i^{(k)}\right|\leqslant\varepsilon_i\quad(i=1,2,\cdots,n) \tag{1-6}$$

2）当相邻两点目标函数之差已达充分小时，即移动该步后目标函数值的下降量已充分小时，可用两次迭代的目标函数值之差作为迭代终止的判断依据：

$$\left|f(\boldsymbol{X}^{(k+1)})-f(\boldsymbol{X}^{(k)})\right|\leqslant\varepsilon_2 \tag{1-7}$$

或

$$\frac{\left|f(\boldsymbol{X}^{(k+1)})-f(\boldsymbol{X}^{(k)})\right|}{\left|f(\boldsymbol{X}^{(k)})\right|}\leqslant\varepsilon_3 \tag{1-8}$$

3）当迭代点逼近极值点时，目标函数在该点的梯度将变得充分小，故目标函数在迭代

点处的梯度亦可作为终止迭代的判断依据：

$$\| \nabla f(\boldsymbol{X}^{(k+1)}) \| \leqslant \varepsilon_4 \tag{1-9}$$

一般来说，以上三种形式的终止条件中的任何一种得到满足，都可认为目标函数值 $f(\boldsymbol{X}^{(k+1)})$ 收敛于该函数的最小值，这样就求得近似的最优解：$\boldsymbol{X}^* = \boldsymbol{X}^{(k+1)}$，$f(\boldsymbol{X}^*) = f(\boldsymbol{X}^{(k+1)})$。其中 ε_1，ε_2，ε_3，ε_4 分别表示各项迭代精度，可以根据不同的设计要求预先给定。

上述三项准则都在一定程度上反映了设计点收敛于极值点的特点，但对非凸性函数来说，局部极值点并非一定是全局最优点。因此，要对具体工程设计问题进行具体分析，有时采取一些其他措施也十分必要。

应当指出，为了防止当函数值变化剧烈时，式（1-5）所示的判据虽已得到满足，而所求得的最优值 $f(\boldsymbol{X}^{(k+1)})$ 与真正最优值 $f(\boldsymbol{X}^*)$ 仍相差较大；或当函数变化缓慢时式（1-7）虽已得到满足，而所求得的最优点 $\boldsymbol{X}^{(k+1)}$ 与真正的最优点 $\boldsymbol{X}^*$ 仍相距较远，往往将前两种判据结合起来使用，即要求前两种判据同时成立。至于第三种判据，则仅用于那些需要计算目标函数梯度的优化方法中。

习　题

1.1　简述优化设计数学模型三要素。

1.2　要将一批每根长为 10m 的钢管截成 3m 和 4m 长的各 100 根，要求设计出用料最省的下料方法，试写出该问题的数学模型。

1.3　用一根直径为 d 的圆钢做成矩形截面梁，怎样选取截面的宽度 b 和高度 h，才能使该梁的抗弯强度最大？试建立该优化问题的数学模型。

1.4　有一块长 6m、宽 4m 的钢板，今欲将钢板的四个角截去相等的小方块，折成一个无上盖的容器，怎样截才能使该容器的容积最大？试建立该优化问题的数学模型，并指出它属于哪类优化问题。

1.5　热敏电阻阻值的理论公式为 $R = x_1 \exp\left(\dfrac{x_2}{t + x_3}\right)$，今测得温度 t 与电阻值 R 对应的 15 组实验数据，要求确定参数 x_1，x_2 和 x_3 使电阻 R 的理论公式计算值与实测值的均方差最小。试建立其数学模型。

1.6　已知优化问题的数学模型为

$$\min f(\boldsymbol{X}) = (x_1 - 3)^2 + (x_2 - 4)^2$$

$$\text{s.t. } g_1(\boldsymbol{X}) = -x_1 + x_2 + \frac{5}{2} \leqslant 0$$

$$g_2(\boldsymbol{X}) = x_1 + x_2 - 5 \leqslant 0$$

$$g_3(\boldsymbol{X}) = -x_1 \leqslant 0$$

$$g_4(\boldsymbol{X}) = -x_2 \leqslant 0$$

试用图解法求出：

（1）无约束最优点，并求出其最优值；

（2）约束最优点，并求出其最优值。

1.7　用图解法求解如下优化问题：

$$\min \quad f(\boldsymbol{X}) = x_1^2 + x_2^2 - 12x_1 + 36$$

$$\text{s.t.} \quad g_1(\boldsymbol{X}) = x_1^2 + x_2^2 - 9 \leqslant 0$$

$$g_2(\boldsymbol{X}) = x_1 + x_2 - 3 \leqslant 0$$

第 2 章　优化设计的数学基础

2.1　目标函数的泰勒表达式

在许多实际的优化设计问题中，所列出的目标函数往往十分复杂，它常以多元非线性函数的形式出现。在保证足够精度的前提下为简化问题，往往将原目标函数在所讨论的点附近展开成泰勒多项式，用来近似原函数。

当目标函数为一元函数时，由泰勒公式知：若函数 $f(x)$ 在含有 x_0 点的某个开区间 (a, b) 内具有直到 $(n+1)$ 阶导数，则当 x 在 (a, b) 内时，$f(x)$ 可以表示为 $(x-x_0)$ 的一个 n 次多项式与一个余项 $R_n(x)$ 的和：

$$f(x)=f(x_0)+\frac{f'(x_0)}{1!}(x-x_0)+\frac{f''(x_0)}{2!}(x-x_0)^2+\cdots+\frac{f^{(n)}(x_0)}{n!}(x-x_0)^n+R_n(x)$$

在实际计算中忽略二阶以上的高阶微量，只取前三项，则目标函数可近似表达为

$$f(x)\approx f(x_0)+f'(x_0)(x-x_0)+\frac{1}{2}f''(x_0)(x-x_0)^2$$

或

$$\Delta f(x)=f(x)-f(x_0)\approx f'(x_0)\Delta x+\frac{1}{2}f''(x_0)(\Delta x)^2$$

当目标函数为多元函数时，在满足一定条件下，目标函数 $f(\boldsymbol{X})$ 在点 $\boldsymbol{X}^{(k)}$ 附近也可以展开成泰勒多项式，一般也只取前三项，其形式与一元函数展开式的前三项相似，即

$$f(\boldsymbol{X})\approx f(\boldsymbol{X}^{(k)})+[\nabla f(\boldsymbol{X}^{(k)})]^{\mathrm{T}}[\boldsymbol{X}-\boldsymbol{X}^{(k)}]+\frac{1}{2}[\boldsymbol{X}-\boldsymbol{X}^{(k)}]^{\mathrm{T}}\nabla^2 f(\boldsymbol{X}^{(k)})[\boldsymbol{X}-\boldsymbol{X}^{(k)}] \tag{2-1}$$

此式称为函数 $f(\boldsymbol{X})$ 的泰勒二次近似式。其中，$\nabla^2 f(\boldsymbol{X}^{(k)})$ 是由函数在点 $\boldsymbol{X}^{(k)}$ 的所有二阶偏导数组成的矩阵，称为函数 $f(\boldsymbol{X})$ 在点 $\boldsymbol{X}^{(k)}$ 的二阶偏导数矩阵或海赛（Hessian）矩阵，经常记作 $\boldsymbol{H}(\boldsymbol{X}^{(k)})$。二阶偏导数矩阵的组成形式如下：

$$\boldsymbol{H}(\boldsymbol{X}^{(k)})=\nabla^2 f(\boldsymbol{X}^{(k)})=\begin{pmatrix}\frac{\partial^2 f(\boldsymbol{X}^{(k)})}{\partial x_1^2} & \frac{\partial^2 f(\boldsymbol{X}^{(k)})}{\partial x_1\partial x_2} & \cdots & \frac{\partial^2 f(\boldsymbol{X}^{(k)})}{\partial x_1\partial x_n}\\ \frac{\partial^2 f(\boldsymbol{X}^{(k)})}{\partial x_2\partial x_1} & \frac{\partial^2 f(\boldsymbol{X}^{(k)})}{\partial x_2^2} & \cdots & \frac{\partial^2 f(\boldsymbol{X}^{(k)})}{\partial x_2\partial x_n}\\ \vdots & \vdots & & \vdots\\ \frac{\partial^2 f(\boldsymbol{X}^{(k)})}{\partial x_n\partial x_1} & \frac{\partial^2 f(\boldsymbol{X}^{(k)})}{\partial x_n\partial x_2} & \cdots & \frac{\partial^2 f(\boldsymbol{X}^{(k)})}{\partial x_n^2}\end{pmatrix} \tag{2-2}$$

由于 n 元函数的二阶偏导数有 $n\times n$ 个，而且偏导数的值与求导次序无关，所以函数的二阶偏导数矩阵是一个 $n\times n$ 阶对称矩阵。

取泰勒展开式的前两项时，可得到函数的泰勒线性近似式

$$f(\boldsymbol{X})\approx f(\boldsymbol{X}^{(k)})+[\nabla f(\boldsymbol{X}^{(k)})]^{\mathrm{T}}[\boldsymbol{X}-\boldsymbol{X}^{(k)}] \tag{2-3}$$

例 2-1 用泰勒表达式展开的方法将函数 $f(\boldsymbol{X})=x_1^3-x_2^3+3x_1^2+3x_2^2-9x_1$ 在点 $\boldsymbol{X}^{(1)}=(1,1)^{\mathrm{T}}$ 简化成二次函数。

解 分别求函数在点 $\boldsymbol{X}^{(1)}$ 的函数值、梯度和海赛矩阵，即

$$f(\boldsymbol{X}^{(1)})=-3$$

$$\nabla f(\boldsymbol{X}^{(1)})=\begin{pmatrix}3x_1^2+6x_1-9\\-3x_2^2+6x_2\end{pmatrix}_{\binom{1}{1}}=\begin{pmatrix}0\\3\end{pmatrix}$$

$$\nabla^2 f(\boldsymbol{X}^{(1)})=\begin{pmatrix}6x_1+6 & 0\\0 & -6x_2+6\end{pmatrix}_{\binom{1}{1}}=\begin{pmatrix}12 & 0\\0 & 0\end{pmatrix}$$

$$\boldsymbol{X}-\boldsymbol{X}^{(1)}=\begin{pmatrix}x_1\\x_2\end{pmatrix}-\begin{pmatrix}1\\1\end{pmatrix}=\begin{pmatrix}x_1-1\\x_2-1\end{pmatrix}$$

求展开式的二次项

$$\frac{1}{2}[\boldsymbol{X}-\boldsymbol{X}^{(1)}]^{\mathrm{T}}\nabla^2 f(\boldsymbol{X}^{(1)})[\boldsymbol{X}-\boldsymbol{X}^{(1)}]$$

$$=\frac{1}{2}(x_1-1,\ x_2-1)\begin{pmatrix}12 & 0\\0 & 0\end{pmatrix}\begin{pmatrix}x_1-1\\x_2-1\end{pmatrix}=6(x_1-1)^2$$

代入式（2-1）得简化的二次函数为

$$\begin{aligned}f(\boldsymbol{X})&\approx f(\boldsymbol{X}^{(1)})+[\nabla f(\boldsymbol{X}^{(1)})]^{\mathrm{T}}[\boldsymbol{X}-\boldsymbol{X}^{(1)}]+\\&\quad\frac{1}{2}[\boldsymbol{X}-\boldsymbol{X}^{(1)}]^{\mathrm{T}}\nabla^2 f(\boldsymbol{X}^{(1)})[\boldsymbol{X}-\boldsymbol{X}^{(1)}]\\&=3x_2-6+6(x_1-1)^2\\&=6x_1^2-12x_1+3x_2\end{aligned}$$

将 $\boldsymbol{X}^{(1)}=(1,1)^{\mathrm{T}}$ 代入简化所得的二次函数中，其函数值也等于 -3，与原函数在点 $\boldsymbol{X}^{(1)}$ 的值相等。

2.2 函数的方向导数和梯度

在第 1 章中，通过在设计空间中对目标函数等值线的分布性态的分析，知道其极值点即位于等值线族的中心。但这只是一种定性的几何描述，尚未给出迅速而准确地寻找极值点的方法，由此，我们需要研究寻找极值点的途径，即研究在设计空间中沿什么方向才能迅速地越过不同的等值线达到等值线族的中点——极值点。显然，函数值下降最大的方向才是向极值点逼近最快的方向。为此，首先应研究函数的变化率。

2.2.1 方向导数

由多元函数的微分学知，对于一个连续可微多元函数 $f(\boldsymbol{X})$，在某一点 $X^{(k)}$ 的一阶偏导

数为

$$\frac{\partial f(\boldsymbol{X}^{(k)})}{\partial x_1},\frac{\partial f(\boldsymbol{X}^{(k)})}{\partial x_2},\cdots,\frac{\partial f(\boldsymbol{X}^{(k)})}{\partial x_n} \tag{2-4}$$

简记为

$$\frac{\partial f(\boldsymbol{X}^{(k)})}{\partial x_i}(i=1,2,\cdots,n) \tag{2-5}$$

它即是该函数 $f(\boldsymbol{X})$ 在点 $\boldsymbol{X}^{(k)}$ 沿各坐标轴 $x_i(i=1,2,\cdots,n)$ 这些特定方向的变化率。现在以二元函数 $f(x_1,x_2)$ 为例，求其沿任一方向 $\boldsymbol{S}$ 的函数变化率，设 $\boldsymbol{S}$ 与两坐标轴之间的夹角分别为 α_1，α_2，如图 2-1 所示。

该二元函数 $f(x_1,x_2)$ 在点 $\boldsymbol{X}^{(k)}$ 沿任意方向 $\boldsymbol{S}$ 的变化率可用函数在该点的方向导数表示，记作

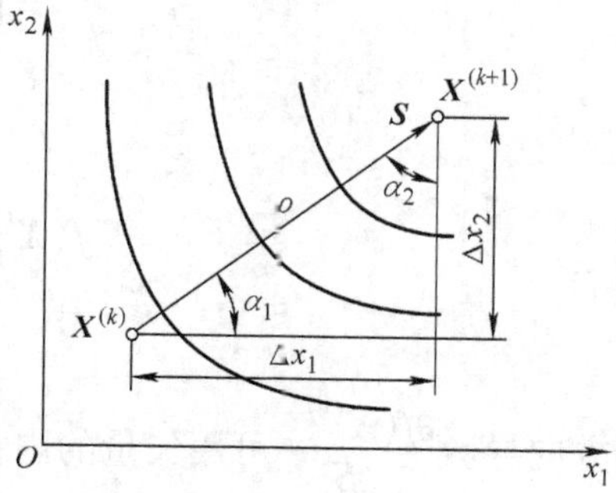

图 2-1　函数的变化率

$$\begin{aligned}\frac{\partial f(\boldsymbol{X}^{(k)})}{\partial \boldsymbol{S}} &= \lim_{\Delta S\to 0}\frac{f(\boldsymbol{X}^{(k)}+\Delta \boldsymbol{S})-f(\boldsymbol{X}^{(k)})}{\Delta \boldsymbol{S}}\\ &= \lim_{\Delta S\to 0}\frac{f(x_1^{(k)}+\Delta x_1,x_2^{(k)}+\Delta x_2)-f(x_1^{(k)},x_2^{(k)})}{\Delta \boldsymbol{S}}\\ &= \lim_{\substack{\Delta x_1\to 0\\ \Delta x_2\to 0}}\left[\frac{f(x_1^{(k)}+\Delta x_1,x_2^{(k)}+\Delta x_2)-f(x_1^{(k)},x_2^{(k)}+\Delta x_2)}{\Delta x_1}\cdot\frac{\Delta x_1}{\Delta \boldsymbol{S}}+\right.\\ &\qquad\left.\frac{f(x_1^{(k)},x_2^{(k)}+\Delta x_2)-f(x_1^{(k)},x_2^{(k)})}{\Delta x_2}\cdot\frac{\Delta x_2}{\Delta \boldsymbol{S}}\right]\\ &= \frac{\partial f(\boldsymbol{X}^{(k)})}{\partial x_1}\cdot\cos\alpha_1+\frac{\partial f(\boldsymbol{X}^{(k)})}{\partial x_2}\cdot\cos\alpha_2\end{aligned} \tag{2-6}$$

同理，可以推导出多元函数 $f(\boldsymbol{X})$ 在点 $\boldsymbol{X}^{(k)}$ 沿方向 $\boldsymbol{S}$ 的方向导数为

$$\begin{aligned}\frac{\partial f(\boldsymbol{X}^{(k)})}{\partial \boldsymbol{S}} &= \frac{\partial f(\boldsymbol{X}^{(k)})}{\partial x_1}\cdot\cos\alpha_1+\frac{\partial f(\boldsymbol{X}^{(k)})}{\partial x_2}\cdot\cos\alpha_2+\cdots+\frac{\partial f(\boldsymbol{X}^{(k)})}{\partial x_n}\cdot\cos\alpha_n\\ &= \sum_{i=1}^{n}\frac{\partial f(\boldsymbol{X}^{(k)})}{\partial x_i}\cdot\cos\alpha_i\end{aligned} \tag{2-7}$$

式中　$\partial f(\boldsymbol{X}^{(k)})/\partial x_i$ 为函数 $f(\boldsymbol{X})$ 对坐标轴 x_i 的偏导数；$\cos\alpha_i=\Delta x_i/\Delta \boldsymbol{S}$ 为 $\boldsymbol{S}$ 方向的方向余弦。

式（2-7）表明，在同一点，函数沿不同的方向的方向导数值是不等的，亦即函数沿不同的方向上有不同的变化率。我们把函数在某点沿某给定方向的变化率称为函数在该点沿此方向的方向导数，其值为正，表明函数在该点沿此方向增加；若为负，则减小。

2.2.2　梯度

如前所述，同一函数在某一确定点沿不同方向的变化率是不同的。为了方便地求得函数 $f(\boldsymbol{X})$ 在点 $\boldsymbol{X}^{(k)}$ 沿任意方向 $\boldsymbol{S}$ 的方向导数，有必要引入梯度的概念。

将代数式（2-6）写成矩阵形式，则有

$$\frac{\partial f(\boldsymbol{X}^{(k)})}{\partial \boldsymbol{S}}=\frac{\partial f(\boldsymbol{X}^{(k)})}{\partial x_1}\cdot\cos\alpha_1+\frac{\partial f(\boldsymbol{X}^{(k)})}{\partial x_2}\cdot\cos\alpha_2$$

$$=\left(\frac{\partial f(\boldsymbol{X}^{(k)})}{\partial x_1},\frac{\partial f(\boldsymbol{X}^{(k)})}{\partial x_2}\right)\begin{pmatrix}\cos\alpha_1\\ \cos\alpha_2\end{pmatrix}$$

令

$$\nabla f(\boldsymbol{X}^{(k)})=\begin{pmatrix}\dfrac{\partial f(\boldsymbol{X}^{(k)})}{\partial x_1}\\ \dfrac{\partial f(\boldsymbol{X}^{(k)})}{\partial x_2}\end{pmatrix},\ \boldsymbol{S}=\begin{pmatrix}\cos\alpha_1\\ \cos\alpha_2\end{pmatrix}\tag{2-8}$$

则方向导数$\dfrac{\partial f(\boldsymbol{X}^{(k)})}{\partial \boldsymbol{S}}$可用矢量的内积形式表示如下：

$$\frac{\partial f(\boldsymbol{X}^{(k)})}{\partial \boldsymbol{S}}=[\nabla f(\boldsymbol{X}^{(k)})]^{\mathrm{T}}\boldsymbol{S}=\|\nabla f(\boldsymbol{X}^{(k)})\|\ \|\boldsymbol{S}\|\cos\theta\tag{2-9}$$

式中，$\|\nabla f(\boldsymbol{X}^{(k)})\|$和$\|\boldsymbol{S}\|$分别为向量$\nabla f(\boldsymbol{X}^{(k)})$和向量$\boldsymbol{S}$的模，其值分别为

$$\|\nabla f(\boldsymbol{X}^{(k)})\|=\left[\sum_{i=1}^{2}\left(\frac{\partial f(\boldsymbol{X}^{(k)})}{\partial x_i}\right)^2\right]^{1/2}\tag{2-10}$$

和

$$\|\boldsymbol{S}\|=\left[\sum_{i=1}^{2}(\cos\alpha_i)^2\right]^{1/2}=1\tag{2-11}$$

θ为向量$\nabla f(\boldsymbol{X}^{(k)})$和$\boldsymbol{S}$之间的夹角。

由式（2-9）可知，由于$-1\leqslant\cos\theta\leqslant1$，故当$\cos\theta=1$，即向量$\nabla f(\boldsymbol{X}^{(k)})$与$\boldsymbol{S}$的方向相同时，方向导数$\partial f(\boldsymbol{X}^{(k)})/\partial \boldsymbol{S}$的值最大，其值为$\|\nabla f(\boldsymbol{X}^{(k)})\|$。这表明向量$\nabla f(\boldsymbol{X}^{(k)})$的方向就是在点$\boldsymbol{X}^{(k)}$处的方向导数最大的方向，即函数变化率最大的方向，称$\nabla f(\boldsymbol{X}^{(k)})$为函数在该点的梯度。

梯度的概念可以推广到多元函数中去，对于n元函数$f(\boldsymbol{X})$，梯度可记为

$$\nabla f(\boldsymbol{X})=\left(\frac{\partial f(\boldsymbol{X})}{\partial x_1},\frac{\partial f(\boldsymbol{X})}{\partial x_2},\cdots,\frac{\partial f(\boldsymbol{X})}{\partial x_n}\right)^{\mathrm{T}}\tag{2-12}$$

梯度$\nabla f(\boldsymbol{X})$在优化问题求解过程中起着非常重要的作用，它是一个向量，沿此方向函数的变化率最大，亦即梯度$\nabla f(\boldsymbol{X})$的方向是函数$f(\boldsymbol{X})$的最速上升方向，负梯度$-\nabla f(\boldsymbol{X})$则为函数$f(\boldsymbol{X})$的最速下降方向，如图2-2所示。

分析式（2-9）中θ的取值对方向导数$\partial f(\boldsymbol{X}^{(k)})/\partial \boldsymbol{S}$影响，可知，在设计空间中，凡是与梯度方向成锐角的方向函数值都增加；凡是与梯度方向成钝角的方向函数值都减小；梯度$\nabla f(\boldsymbol{X}^{(k)})$的方向为函数$f(\boldsymbol{X})$过$\boldsymbol{X}^{(k)}$点的等值线（或等值面）的外法线方向。

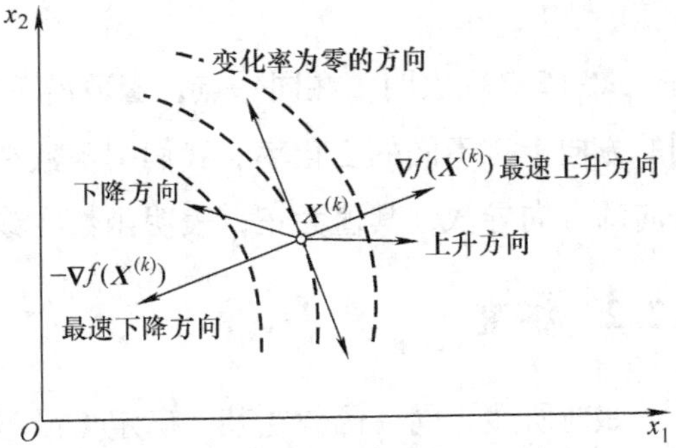

图2-2 梯度方向与等值线的关系

式（2-9）表明，函数 $f(\boldsymbol{X})$ 在某点 $\boldsymbol{X}^{(k)}$ 沿方向 $\boldsymbol{S}$ 的方向导数等于函数在该点的梯度在 $\boldsymbol{S}$ 上的投影，如图 2-3 所示。

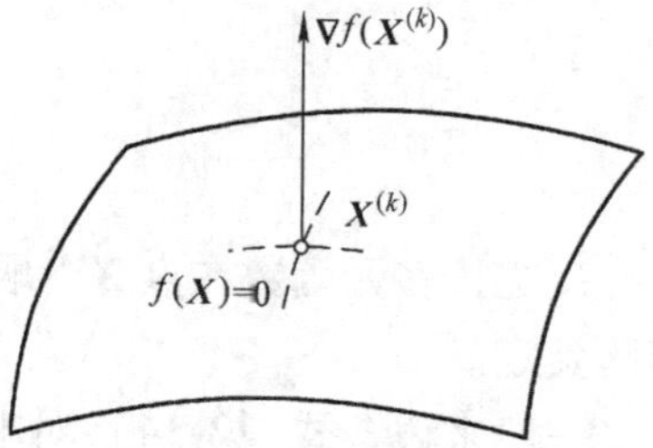

图 2-3　方向导数与等值面的关系

例 2-2　求函数 $f(\boldsymbol{X})=(x_1-2)^2+(x_2-1)^2$ 在点 $\boldsymbol{X}^{(1)}=(0,0)^{\mathrm{T}}$ 处函数变化率最大的方向和数值。

解　由于函数变化率最大的方向是梯度方向，这里用单位向量 $\boldsymbol{p}$ 表示，函数变化率最大的数值是梯度的模 $\|\nabla f(\boldsymbol{X}^{(1)})\|$。则由梯度的定义式可求得

$$\nabla f(\boldsymbol{X}^{(1)})=\begin{pmatrix}\dfrac{\partial f(\boldsymbol{X})}{\partial x_1}\\[2ex]\dfrac{\partial f(\boldsymbol{X})}{\partial x_2}\end{pmatrix}_{\boldsymbol{X}^{(1)}}=\begin{pmatrix}2x_1-4\\2x_2-2\end{pmatrix}_{\boldsymbol{X}^{(1)}}=\begin{pmatrix}-4\\-2\end{pmatrix}$$

$\nabla f(\boldsymbol{X}^{(1)})$ 的模为

$$\|\nabla f(\boldsymbol{X}^{(1)})\|=\sqrt{\left(\frac{\partial f(\boldsymbol{X})}{\partial x_1}\right)^2+\left(\frac{\partial f(\boldsymbol{X})}{\partial x_2}\right)^2}=\sqrt{4^2+2^2}=2\sqrt{5}$$

该梯度的单位向量 $\boldsymbol{p}$ 为

$$\boldsymbol{p}=\frac{\nabla f(\boldsymbol{X}^{(1)})}{\nabla f(\boldsymbol{X}^{(1)})}=\frac{1}{2\sqrt{5}}\cdot\begin{pmatrix}-4\\-2\end{pmatrix}=\frac{1}{\sqrt{5}}\begin{pmatrix}-2\\-1\end{pmatrix}$$

2.3　无约束优化问题的极值条件

无约束优化问题求解的实质是求解目标函数 $f(\boldsymbol{X})$ 在 n 维空间 $\mathbf{R}^n$ 中的极值点和极值。

对于任何一个单值、连续并可微的一元函数 $f(x)$，在点 $x^{(k)}$ 取得极值的必要条件是函数在该点的一阶导数为零，充分条件是对应的二阶导数不为零，即

$$f'(x^{(k)})=0$$

$$f''(x^{(k)})\neq 0$$

当 $f''(x^{(k)})>0$ 时，则函数 $f(x)$ 在点 $x^{(k)}$ 取得极小值；当 $f''(x^{(k)})<0$ 时，则函数 $f(x)$ 在点 $x^{(k)}$ 取得极大值。其极值点和极值分别记作 $x^*=x^{(k)}$ 和 $f^*=f(x^*)$。

与此相似，多元函数 $f(\boldsymbol{X})$ 在点 $\boldsymbol{X}^{(k)}$ 取得极值的必要条件是函数在该点的所有一阶偏导数都分别为零，即函数在该点的梯度为零，亦即

$$\nabla f(\boldsymbol{X}^{(k)})=\boldsymbol{0}$$

把函数在点 $\boldsymbol{X}^{(k)}$ 展开成泰勒表达式，并将上式代入，整理得

$$f(\boldsymbol{X})-f(\boldsymbol{X}^{(k)})=\frac{1}{2}[\boldsymbol{X}-\boldsymbol{X}^{(k)}]^{\mathrm{T}}\nabla^2 f(\boldsymbol{X}^{(k)})[\boldsymbol{X}-\boldsymbol{X}^{(k)}]$$

当 $\boldsymbol{X}^{(k)}$ 为函数的**极小**点时，有 $f(\boldsymbol{X})-f(\boldsymbol{X}^{(k)})>0$，故必有

$$[\boldsymbol{X}-\boldsymbol{X}^{(k)}]^{\mathrm{T}}\nabla^2 f(\boldsymbol{X}^{(k)})[\boldsymbol{X}-\boldsymbol{X}^{(k)}]>0$$

根据线性代数的二次型有关知识，上式说明函数的二阶导数矩阵必须是正定的，这就是

多元函数极小值的充分条件。故多元函数在点 $\boldsymbol{X}^{(k)}$ 取得极小值的充分必要条件是：函数在该点的梯度为零，海赛矩阵（二阶导数矩阵）**正定**，即

$$\nabla f(\boldsymbol{X}^*)=0 \tag{2-13}$$

$$\nabla^2 f(\boldsymbol{X}^*)\text{为正定} \tag{2-14}$$

反之，多元函数在点 $\boldsymbol{X}^{(k)}$ 取得**极大**值的充分必要条件是：函数在该点的梯度为零，海赛矩阵**负定**。

一般来说，式（2-14）对求解优化问题只在理论上有意义。因为就实际问题而言，由于目标函数比较复杂，海赛矩阵不容易求得，其正定性的判断就更加困难。

例 2-3 求函数 $f(x_1,x_2)=x_1^2+x_2^2-4x_1-2x_2+5$ 的极值。

解 根据极值存在的必要条件

$$\nabla f(\boldsymbol{X})=\left(\frac{\partial f(\boldsymbol{X})}{\partial x_1},\ \frac{\partial f(\boldsymbol{X})}{\partial x_2}\right)^{\mathrm{T}}=\boldsymbol{0}$$

$$\frac{\partial f(\boldsymbol{X})}{\partial x_1}=2x_1-4=0$$

$$\frac{\partial f(\boldsymbol{X})}{\partial x_2}=2x_2-2=0$$

联立求解得驻点 $\boldsymbol{X}^*=(2,1)^{\mathrm{T}}$。

现考察该驻点是否满足极值点的充分条件，函数在该点的海赛矩阵为

$$\boldsymbol{H}(\boldsymbol{X}^*)=\begin{pmatrix}\dfrac{\partial^2 f(\boldsymbol{X})}{\partial x_1^2} & \dfrac{\partial^2 f(\boldsymbol{X})}{\partial x_1\partial x_2}\\ \dfrac{\partial^2 f(\boldsymbol{X})}{\partial x_2\partial x_1} & \dfrac{\partial^2 f(\boldsymbol{X})}{\partial x_2^2}\end{pmatrix}_{\boldsymbol{X}^*}=\begin{pmatrix}2 & 0\\ 0 & 2\end{pmatrix}$$

$\boldsymbol{H}(\boldsymbol{X}^*)$的一阶主子式

$$A_1=\left.\frac{\partial^2 f(\boldsymbol{X})}{\partial x_1^2}\right|_{x^{(0)}}=2>0$$

$\boldsymbol{H}(\boldsymbol{X}^*)$的二阶主子式

$$A_2=\begin{vmatrix}2 & 0\\ 0 & 2\end{vmatrix}=4>0$$

$\boldsymbol{H}(\boldsymbol{X}^*)$的各阶主子式均大于零，故 $\boldsymbol{H}(\boldsymbol{X}^*)$为正定矩阵，由极小值存在的充分条件可知，$\boldsymbol{X}^*=(2,1)^{\mathrm{T}}$ 是严格极小点，$f(\boldsymbol{X}^*)=0$ 为函数的极小值。

2.4 约束优化问题的极值条件

求解约束优化问题的实质就是在所有的约束条件所形成的可行域内，寻求目标函数的极

值点。因而约束优化问题比无约束优化问题更为复杂。

约束优化问题的极值点可能出现两种情况：①如图 2-4a 所示，即目标函数的自然极值点 $\boldsymbol{X}^*$ 处于可行域 D 之内，此时目标函数的自然极值点 $\boldsymbol{X}^*$ 即为该约束问题的极值点；②如图 2-4b 所示，即目标函数的自然极值点 $\overline{\boldsymbol{X}}^*$ 在可行域 D 之外，此时约束优化问题的极值点 $\boldsymbol{X}^*$ 为目标函数的等值线与某约束边界的切点，或者，约束极值点 $\boldsymbol{X}^*$ 为约束边界的交点。

下面我们分别讨论等式约束和不等式约束两种情况。

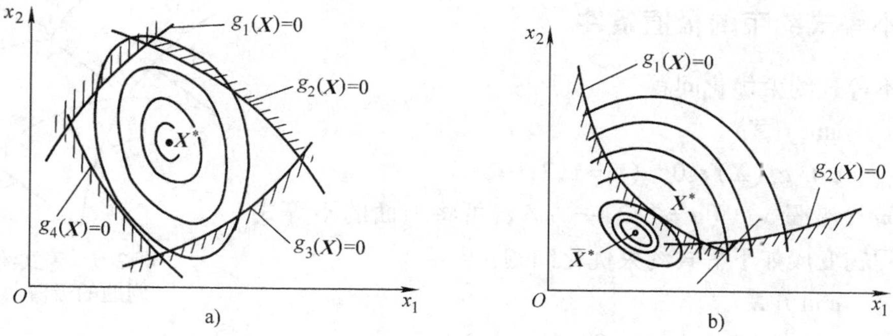

图 2-4　约束优化问题的极值点

a）极值点在可行域内　b）极值点在可行域的边界上

2.4.1　等式约束的极值条件

要求解等式约束优化问题

$$\min f(\boldsymbol{X})$$

$$\text{s. t. } h_v(\boldsymbol{X})=0 \quad (v=1,2,\cdots,p)$$

就需要导出极值存在的条件，这是求解等式约束优化问题的理论基础。对这一问题，数学上有两种处理方法：消元法（降维法）和拉格朗日乘子法（升维法）。

从理论上讲，有一个等式约束就能在优化过程中消去一个设计变量，或降低一个设计维数。但消去过程在数学上有时会十分复杂或难以实现，并且往往使目标函数变得更加繁复而难以处理。所以，消元法作为一种分析方法在这里其实用意义并不大。

拉格朗日乘子法是求解等式约束优化问题的另一种经典方法，与消元法相反，它是通过增加变量将等式约束优化问题变成无约束优化问题。所以又称作升维法。

对于等式约束优化问题，可建立如下拉格朗日函数：

$$L(\boldsymbol{X},\boldsymbol{\lambda}) = f(\boldsymbol{X}) + \sum_{v=1}^{p} \lambda_v h_v(\boldsymbol{X}) \tag{2-15}$$

式中，向量 $\boldsymbol{\lambda}=(\lambda_1,\ \lambda_2,\ \cdots,\ \lambda_p)^{\mathrm{T}}$ 为拉格朗日乘子向量，其每一个分量为一个拉格朗日乘子，拉格朗日乘子的个数等于等式约束的个数。数学上可以证明，式（2-15）所示的 $n+p$ 维无约束优化问题的极值点即为其对应的等式约束优化问题的极值点。

令　$\nabla L(\boldsymbol{X}^*,\boldsymbol{\lambda})=\boldsymbol{0}$，得

$$\nabla f(X^*) + \sum_{v=1}^{p} \lambda_v \nabla h_v(X^*) = \mathbf{0} \tag{2-16}$$

$$(v = 1,2\cdots,p,p < n;\lambda_v \text{不全为零})$$

这就是等式约束问题在点 X^* 取得极值的必要条件。此式的几何意义可以解释为：在等式约束的极值点上，目标函数的负梯度等于诸约束函数梯度的线性组合。如图 2-5 所示。

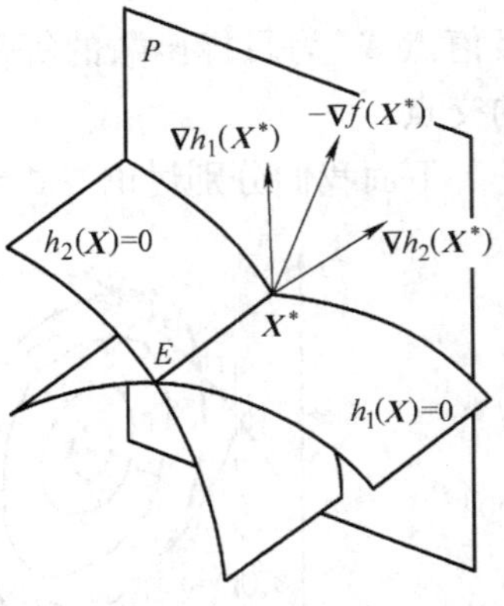

图 2-5 等式约束问题的极值条件

2.4.2 不等式约束的极值条件

对于不等式约束优化问题

$\min f(X)$

s. t. $g_u(X) \leqslant 0 \quad (u=1,2,\cdots,m)$

引入 m 个变量 $x_{n+u}(u=1,2,\cdots,m)$，可将上面的不等式约束优化问题变成如下等式约束优化问题：

$\min f(X)$

s. t. $g_u(X) + x_{n+u}^2 = 0 \quad (u=1,2,\cdots,m)$

建立这一等式约束求极值问题的拉格朗日函数

$$L(X,\lambda,\overline{X}) = f(X) + \sum_{u=1}^{m} \lambda_u [g_u(X) + x_{n+u}^2]$$

式中，$\overline{X} = (x_{n+1},x_{n+2},\cdots,x_{n+m})^{\mathrm{T}}$ 为松弛变量组成的向量。

令该拉格朗日函数的梯度等于零，即

$$\nabla L(X, \lambda,\overline{X}) = \mathbf{0}$$

则有

$$\begin{cases} \dfrac{\partial L}{\partial X} = \nabla f(X) + \sum\limits_{u=1}^{m} \lambda_u \nabla g_u(X) = \mathbf{0} \\ \dfrac{\partial L}{\partial \lambda_u} = g_u(X) + x_{n+u}^2 = 0 \\ \dfrac{\partial L}{\partial x_{n+u}} = 2\lambda_u x_{n+u} = 0 \quad (u = 1,2,\cdots,m) \end{cases} \tag{2-17}$$

上式存在两种情况：①当 $\lambda_u=0$ 时，有 $\nabla f(X)=\mathbf{0}$，这说明极值点 X 在可行域内，约束不起作用；②而当 $\lambda_u \neq 0$ 时，必有 $g_u(X)=0$ 和 $x_{n+u}=0$，这说明极值点 X 在约束边界上（函数自然极值点在可行域之外），$g_u(X) \leqslant 0$ 为起作用约束。由于约束条件为“$\leqslant 0$”的形式，可知约束函数的梯度方向指向可行域外（即约束函数值增大的方向），为满足 $\dfrac{\partial L}{\partial X}=0$，$\lambda_u$ 必须大于零。

设 $g_j(X) \leqslant 0 (j \in J_k)$ 为在点 X^* 处的起作用约束，且 X^* 是极值点，则由上式及其分析可知

$$\begin{cases} \nabla f(X^*) + \sum\limits_{j \in J_k} \lambda_j \nabla g_j(X^*) = \mathbf{0} \\ \lambda_j \geqslant 0 (j \in J_k) \end{cases} \tag{2-18}$$

这就是不等式约束优化问题的极值条件，称为库恩–塔克（Kuhn-Tucker）条件，简称 K-T 条件。该条件表明，若设计点 $\boldsymbol{X}^*$ 是函数 $f(\boldsymbol{X})$ 的极值点，要么 $\nabla f(\boldsymbol{X}^*)=\boldsymbol{0}$（此时 $\lambda_j=0$），要么目标函数的负梯度位于诸起作用约束梯度所构成的夹角或锥体之内。亦即，目标函数在约束极值点的负梯度 $-\nabla f(\boldsymbol{X}^*)$ 等于在该点起作用约束函数的梯度 $\nabla g_j(\boldsymbol{X}^*)$ 的非负线性组合（如图 2-7 所示，此时 $\lambda_j>0$）。

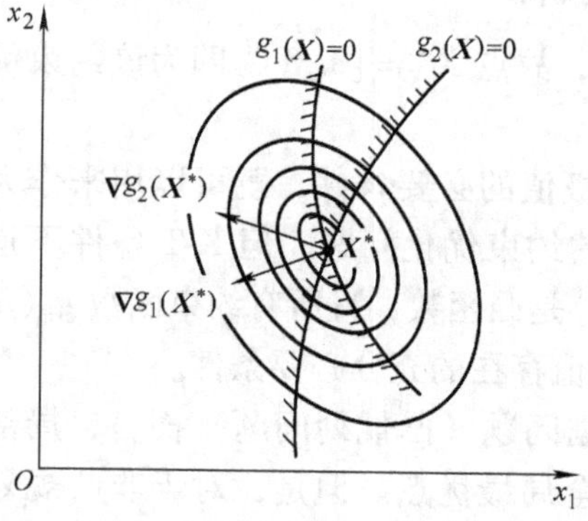

图 2-6　极值点处目标函数的梯度为零

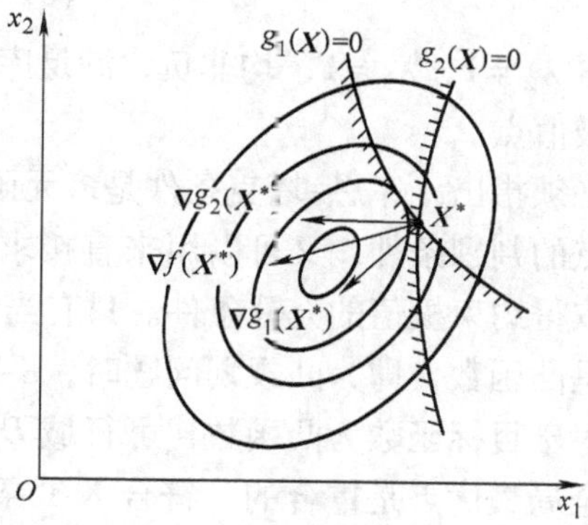

图 2-7　极值点处目标函数的梯度不为零

下面是一个库恩–塔克条件的应用实例。

例 2-4　试用库恩–塔克条件判断点 $\boldsymbol{X}^*=(1,0)^{\mathrm{T}}$ 是否为如下优化问题的极值点：

$$\min f(\boldsymbol{X})=(x_1-2)^2+x_2^2 \quad (\boldsymbol{X}\in\mathbf{R}^2)$$

$$\text{s. t.}\ g_1(\boldsymbol{X})=-x_1\leqslant 0$$

$$g_2(\boldsymbol{X})=-x_2\leqslant 0$$

$$g_3(\boldsymbol{X})=x_1^2+x_2-1\leqslant 0$$

解（1）在设计空间中画出该优化问题的目标函数等值线和可行域图。

根据目标函数和约束条件，画出表示该问题的可行域 D 和目标函数 $f(\boldsymbol{X})$ 的一些等值线图，如图 2-8 所示。

（2）分析约束条件。

由图 2-8 可见，在点 $\boldsymbol{X}^*=(1,0)^{\mathrm{T}}$ 处起作用的约束有两个，即 $g_2(\boldsymbol{X})$ 和 $g_3(\boldsymbol{X})$。

（3）计算 $f(\boldsymbol{X})$，$g_2(\boldsymbol{X})$ 和 $g_3(\boldsymbol{X})$ 在点 $\boldsymbol{X}^*$ 处的梯度。

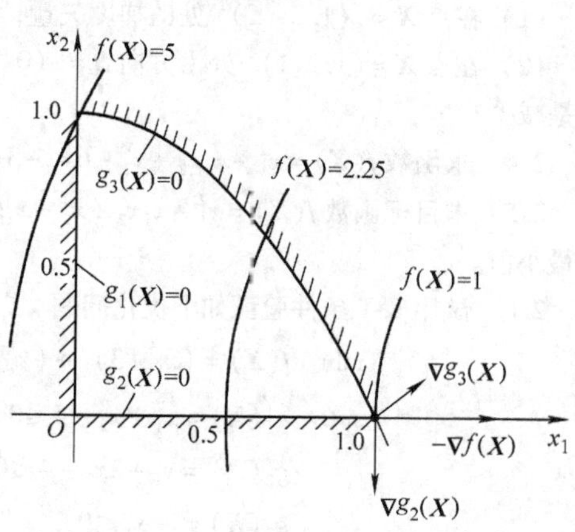

图 2-8　例 2-4 的极值点判断

$$\nabla f(\boldsymbol{X}^*)=\begin{pmatrix}2(x_1-2)\\2x_2\end{pmatrix}_{\boldsymbol{X}^*}=\begin{pmatrix}-2\\0\end{pmatrix}$$

$$\nabla g_2(\boldsymbol{X}^*)=\begin{pmatrix}0\\-1\end{pmatrix}_{\boldsymbol{X}^*}=\begin{pmatrix}0\\-1\end{pmatrix}$$

$$\nabla g_3(\boldsymbol{X}^*)=\begin{pmatrix}2x_1\\1\end{pmatrix}_{\boldsymbol{X}^*}=\begin{pmatrix}2\\1\end{pmatrix}$$

(4) 将$\nabla f(X^*)$，$\nabla g_2(X^*)$，$\nabla g_3(X^*)$代入库恩–塔克条件得

$$-\nabla f(X^*)=\lambda_2\nabla g_2(X^*)+\lambda_3\nabla g_3(X^*)$$

即得

$$\begin{pmatrix}2\\0\end{pmatrix}=\lambda_2\begin{pmatrix}0\\-1\end{pmatrix}+\lambda_3\begin{pmatrix}2\\1\end{pmatrix}$$

求解得$\lambda_2=1$，$\lambda_3=1$，均非负，满足库恩–塔克条件，故点$X^*=[1,0]^T$即为该约束优化问题的极值点。

必须指出，库恩–塔克条件是多元函数取得约束极值的必要条件，既可以用来作为约束极值点的判别条件，又可以用来直接求解比较简单的约束优化问题。但K-T条件不是多元函数取得约束极值的充分条件。只有当目标函数$f(X)$是凸函数，且所有约束函数$g_u(X)\leqslant 0$也都是凸函数，即为凸规划问题时，K-T条件才是极值存在的充分必要条件。

对于目标函数为凸函数，可行域D为凸集的规划问题（凸规划问题）而言，局部极值点与全局最优点是重合的，符合K-T条件的点就是全局最优点。但是，对于非凸规划问题则不然。对于非凸规划问题来说，判断一个极值点是局部极值点还是全局最优点有时是困难的。在优化设计实践中，常常采用从几个不同的初始点开始探索的方法，来检验它们是否收敛到同一个极值点。如果最后都收敛到同一个极值点，则它就是全局最优点；如果最后得到的是不同的极值点，则要比较这些点的函数值，再从中找出最优点。关于凸函数、凸集和凸规划的有关概念以及函数凸性的判断，限于篇幅，我们不作更多介绍，请参阅有关专著。

习 题

2.1 何谓梯度？它具有什么性质？梯度与方向导数之间有什么样的关系？

2.2 求函数$f(X)=x_1^4-2x_2x_1^2+x_2^2+x_1^2-2x_1+5$在点$X^{(k)}=(1,2)^T$附近的泰勒二次近似展开式。

2.3 目标函数$f(X)=x_1^2+9x_2^2$，求：

(1) 在点$X=(1.2,1)^T$处的梯度矢量；

(2) 在点$X=(1.2,1)^T$处沿方向$S=(0.7,0.2]^T$的方向导数，并说明沿该方向搜索时，函数是增加还是减少？

2.4 求函数$f(X)=x_1^2+x_1x_2+x_2^2-6x_1-3x_2$的极值点，并判别该极值点为极大点还是极小点。

2.5 求目标函数$f(X)=x_1^2+x_1x_2+x_2^2-x_1x_2-10x_1-4x_2+60$在等式约束$h(X)=x_1+x_2-8=0$条件下的最小值。

2.6 试用K-T条件验证如下优化问题

$$\begin{aligned}\min\quad & f(X)=(x_1-3)^2+(x_2-2)^2\\ \text{s.t.}\quad & g_1(X)=x_1^2+x_2^2-5\leqslant 0\\ & g_2(X)=x_1+2x_2-4\leqslant 0\\ & g_3(X)=-x_1\leqslant 0\\ & g_4(X)=-x_2\leqslant 0\end{aligned}$$

的约束极小点为$X=(2,1)^T$。

第3章 一维优化方法

一维求优或一维搜索就是寻求一元函数（或称一维函数）$f(x)$的最优点 x^* 和最优值$f^*=f(x^*)$。

一维优化方法是优化方法中最简单、最基础的方法，它不仅可用来求解一维目标函数的求优问题，更常用于多维优化问题在某个给定方向上寻求最优步长的一维搜索。由迭代公式 $\boldsymbol{X}^{(k+1)}=\boldsymbol{X}^{(k)}+\alpha^{(k)}\boldsymbol{S}^{(k)}$知，$\boldsymbol{X}^{(k)}$是由上次迭代计算得到或者作为初始点预先给定，如果本次搜索方向 $\boldsymbol{S}^{(k)}$已经确定，则本次迭代点 $\boldsymbol{X}^{(k+1)}$ 的确定取决于步长 $\alpha^{(k)}$，如果能够找到一个适当的步长 $\alpha^{(k)}$ 使本次所得迭代点 $\boldsymbol{X}^{(k+1)}$ 的目标函数值最小，即由

$$\min f(\boldsymbol{X}^{(k+1)})=f(\boldsymbol{X}^{(k)}+\alpha\boldsymbol{S}^{(k)})$$

求得 $\alpha=\alpha^{(k)}$，则 α 就是最佳步长。由此可见，由于 $\boldsymbol{X}^{(k)}$ 和 $\boldsymbol{S}^{(k)}$ 已知．上述极小化问题就是变量为 α 的一元函数极值问题：

$$\min f(\boldsymbol{X}^{(k+1)})=\min f(\boldsymbol{X}^{(k)}+\alpha\boldsymbol{S}^{(k)})=\min\varphi(\alpha)$$

对于一元函数 $\varphi(\alpha)$，求其极小值所得的步长 $\alpha^{(k)}$ 即为最佳步长。

由于数学规划法求优的实质就是不断地建立搜索方向和确定最优步长，进行搜索并逼近极值点，故一维优化方法是多维优化的基础。

3.1 函数的单峰区间及其确定

3.1.1 求得函数极值的条件

如图3-1 所示的一元函数，区间［a，e］上有两个极小点和两个极大点，为便于求得各个极值点，可将原区间［a，e］划分出若干，即区间［a，b］，［c，d］和区间［b，c］，［d，e］，这样，每个子区间中就只有一个极值点。

这些子区间的共同特点是函数在该区间内只有一个极值点，这种区间称为单峰区间。

如图3-2 所示，在含有极小点的某单峰区间内，极值点左边的函数值严格递减而在极值点右边的函数值严格递增，其函数值的分布必定呈“高—低—高”的性态，或者说符合“大—小—大”的规律。

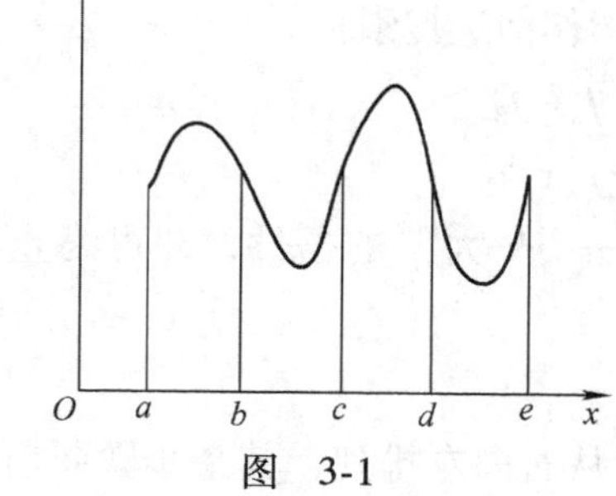

图 3-1

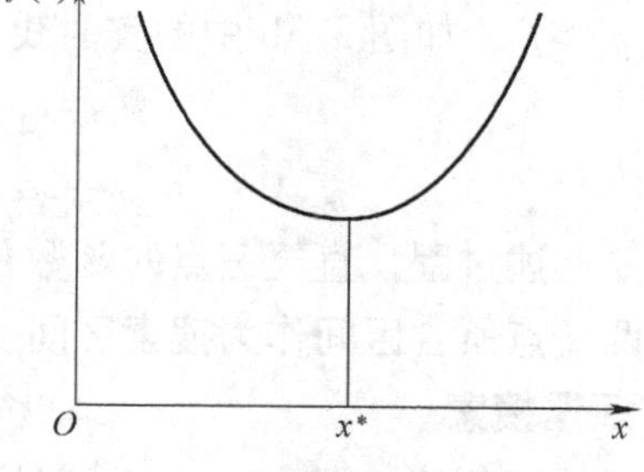

图 3-2

3.1.2 确定单峰区间的进退法

对于一维寻优，首先需寻找一个包含有函数极小点 x^* 的单峰区间。

这里介绍一种方法——进退法，其基本思路为：先选取一个初始点 x_1 及初始步长 α_0，然后进行前进或后退的试探性搜索，算出相应点的函数值 $f_1=f(x_1)$ 及 $f_2=f(x_1+\alpha_0)$ 并比较其大小，根据单峰区间函数值呈“大—小—大”的分布规律，最后确定出单峰区间 $[a, b]$。

1. 试探搜索

首先，计算初始点 x_1 和前进点 $x_2=x_1+\alpha_0$ 的函数值

$$f_1=f(x_1),f_2=f(x_2)=f(x_1+\alpha_0)$$

然后，比较 f_1 和 f_2 的大小，如图 3-3a 所示的两种情况：

1）$f_1>f_2$，如图 3-3a 中实线Ⅰ所示，则其极小点必在 f_2 的右方，应再作前进搜索；

2）$f_1<f_2$，如图 3-3a 中虚线Ⅱ所示，则其极小点必在 f_1 的左方，应作后退搜索（反向）。

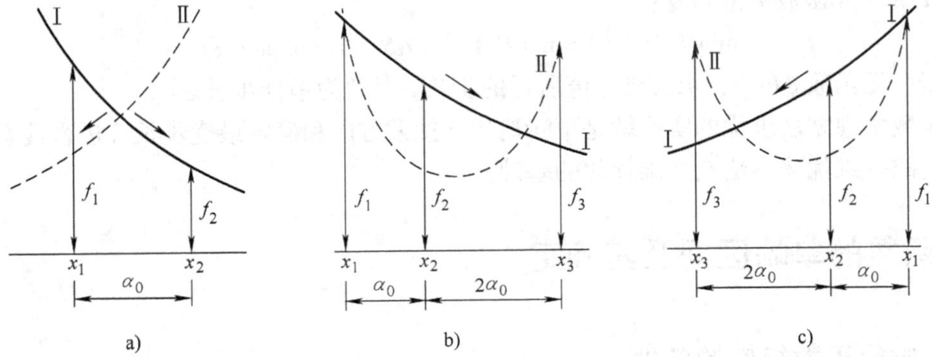

图 3-3　使用进退法确定初始搜索区间
a）试探　b）前进　c）后退

2. 前进搜索

从第二点起，使前进步长增倍，如图 3-3b 所示。令 $\alpha\leftarrow2\alpha$，得到第三个前进点

$$x_3=x_2+\alpha,\ f_3=f(x_3)$$

比较 f_2 和 f_3 的大小，则有以下两种情况：

1）$f_2<f_3$，表明此三点的函数值形成了“大—小—大”的分布情形，如图 3-3b 中的虚曲线Ⅱ所示。令 $a\leftarrow x_1$，$b\leftarrow x_3$，得到初始搜索区间 $[a, b]$，即为单峰区间。

2）$f_2>f_3$，如图 3-3b 中的实曲线Ⅰ所示，则应继续作前进搜索：

$$x_1\leftarrow x_2,\ f_1\leftarrow f_2;\ x_2\leftarrow x_3,\ f_2\leftarrow f_3$$

$$\alpha\leftarrow2\alpha,\ x_3=x_2+\alpha,\ f_3=f(x_3)$$

重复上述过程，直至三点的函数值分布满足“大—小—大”的条件，即可终止迭代并取左右两端点所含区间作为搜索区间。

3. 后退搜索

将步长取负值，即 $\alpha\leftarrow-\alpha_0$，并将迭代点序号取为从右向左排列，其余步骤同前进搜索

（见图 3-3c）。当出现三点的函数值满足“大—小—大”的条件时，即可终止迭代并取左右两端点所含区间作为搜索区间。

使用进退法确定初始区间的流程如图 3-4 所示。

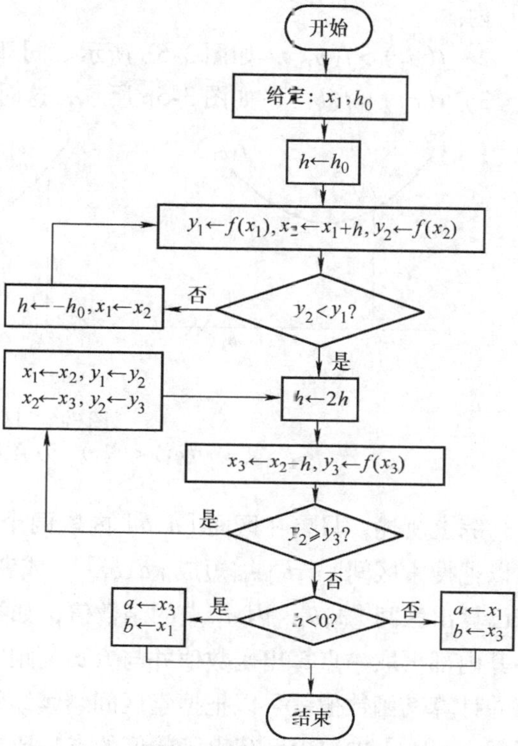

图 3-4　使用进退法确定初始区间的流程

例 3-1　试用进退法确定函数 $f(x)=x^2-7x+10$ 的单峰搜索区间 $[a,\ b]$。令初始点 $x_1=0$，初始进退距 $\alpha_0=1$。

解　$\alpha=\alpha_0=1,\ x_2=x_1+\alpha=1$

$f_1=f(x_1)=10,\ f_2=f(x_2)=4$

由于 $f_2<f_1$，应作前进运算

$$\alpha \leftarrow 2\alpha=2$$

$$x_3=x_2+\alpha=3, f_3=f(x_3)=-2$$

$f_2>f_3$，函数值不符合“大—小—大”的分布原则，需继续作向前迭代运算

$$x_1 \leftarrow x_2=1,\ f_1 \leftarrow f_2=4$$

$$x_2 \leftarrow x_3=3,\ f_2 \leftarrow f_3=-2$$

$$\alpha \leftarrow 2\alpha=3$$

$$x_3=x_2+\alpha=7,\ f_3=f(x_3)=10$$

有 $f_2<f_3$，即得该函数的单峰搜索区间

$a \leftarrow x_1=1,\ b \leftarrow x_3=7$，即 $[a,b]=[1,7]$

3.2　一维搜索的基本思想及区间消去法原理

3.2.1　一维搜索的基本思想

由于单峰区间仅含有唯一极小点，一维搜索可根据一定的原理不断使搜索区间缩小并使之一直保持为单峰区间，由此，区间在缩小过程中就会逐步向极小点靠拢，最后缩小到极小点附近很小的邻域内，该邻域的大小即决定了一维搜索的精度，当该邻域的宽度 ε 足够小时，我们就找到了函数在该单峰区间内的极小点，即

$$b^{(k)}-a^{(k)} \leqslant \varepsilon$$

取该区间的中点作为最优点

$$x^*=\frac{1}{2}(a^{(k)}+b^{(k)}) \tag{3-1}$$

即完成一维搜索。其中 ε 为计算者给定的无穷小正数，即一维搜索的精度。

3.2.2　区间消去法原理

假定在搜索区间 $[a,\ b]$ 内任取两点 $a_1,\ b_1,\ a_1<b_1$，并计算函数值 $f(a_1),\ f(b_1)$。将有下列三种可能情形：

1）$f(a_1)<f(b_1)$，如图 3-5a 所示。由于函数为单峰，所以极小点必在区间［a，b_1］内。

2）$f(a_1)>f(b_1)$，如图 3-5b 所示。同理，极小点应在区间［a_1，b］内。

3）$f(a_1)=f(b_1)$，如图 3-5c 所示，这时极小点应在［a_1，b_1］内。

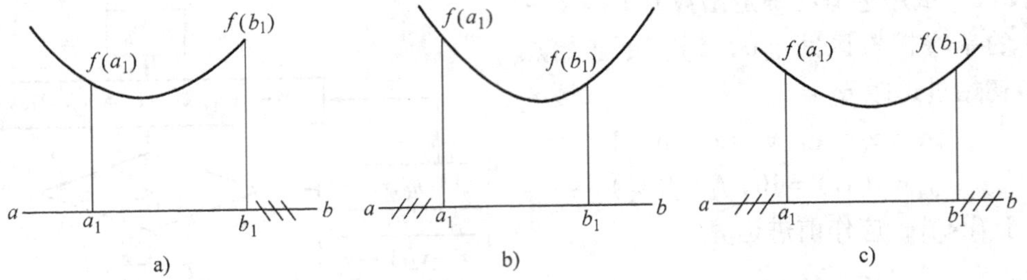

图 3-5　区间消去法原理

a）$f(a_1)<f(b_1)$　b）$f(a_1)>f(b_1)$　c）$f(a_1)=f(b_1)$

综上所述，只要在区间［a,b］内取两个点，算出它们对应的函数值并比较其大小，就可以把搜索区间［a,b］缩短成［a,b_1］，或者［a_1,b］，或者［a_1,b_1］。对于第一种情况，由于已算出区间［a,b_1］内 a_1 点的函数值，如果要把搜索区间［a,b_1］进一步缩短，我们只需在其内部再取一点算出函数值并与 $f(a_1)$ 加以比较即可。对于第二种情况，同样只需再取一点并计算其函数值就可以把搜索区间继续缩短。而第三种情形与前面两种情形不同，由于在区间［a_1,b_1］内缺少已算出函数值的点，要把区间［a_1,b_1］进一步缩短，则需在其内部再取两个点（而不是一个点）计算出相应的函数值并加以比较才行。由此，为了缩短搜索区间，就需要多计算一倍数量的函数值，也就增加了计算工作量。因此，为了避免多余的计算量，我们常把第三种情形合并到前面两种情形中的某一种中去。例如，把上述三种情形重新分类为下列两种情形：

1）若 $f(a_1)<f(b_1)$，则取［a，b_1］为缩短后的搜索区间。

2）若 $f(a_1)\geqslant f(b_1)$，则取［a_1，b］为缩短后的搜索区间。

这样，通过消掉在搜索区间［a，b］中插入的两点 a_1，b_1 的函数值较大的点与对应端点所构成的区间，实现了搜索区间的缩小，常称为“消大边”。

3.2.3　一维搜索方法的分类

由以上分析可知，为了继续缩短搜索区间，每次只需要在区间内再插入一点并计算其函数值即可。但是，插入点的位置则可用不同的方法来确定，这样就形成了不同的一维搜索方法。总的来说，一维搜索方法可以分成两大类：试探法和插值法（或称函数逼近法）。试探法是按某种既定的规律来确定区间内插入点的位置，此点位置的确定在考虑如何加快缩短搜索区间时不考虑函数值的分布情况。常用的一维搜索试探法有黄金分割法、斐波纳契（Fibonacci）法等。而另一类方法——插值法或函数逼近法，是根据某些点处的一些函数值分布信息，如函数值、一阶导数、二阶导数等，人为地构造一个插值函数来逼近原来函数，并用插值函数的极小点作为区间的插入点进行迭代。常用的一维搜索插值法有二次插值法、三次插值法等。下面我们分别介绍这两类一维搜索方法。

3.3 黄金分割法

在优化问题的实际计算中，最常用的一维搜索试探法是黄金分割法，又称作0.618法，它是一种等比例缩短搜索区间的一维搜索试探法。

黄金分割法适用于［a，b］区间上的任何单峰函数求极小值问题。对函数除要求“单峰”性外没有其他要求，甚至可以不连续。因此，这种方法的适用面很广。黄金分割法也是建立在区间消去法原理基础上的，即在搜索区间［a，b］内适当插入两点 a_1，a_2，并计算其函数值。a_1、a_2 将区间分成三段。应用函数的单峰性质，通过比较 a_1，a_2 两点函数值的大小，删去其中一段，使搜索区间得以缩短。然后，在保留下来的区间上再作同样的处理，如此循环下去，使搜索区间无限缩小，从而得到极小点的数值近似解。

首先，黄金分割法要求插入点 a_1，a_2 的位置相对于区间［a，b］两端点具有对称性，即

$$\begin{cases} a_1 = b - \lambda(b-a) \\ a_2 = a + \lambda(b-a) \end{cases} \tag{3-2}$$

式中，λ 为待定系数。

此外，黄金分割法还要求在保留下来的区间内再插入一点所形成的区间新三段，与原来区间的三段具有相同的比例分布关系。如图3-6所示，设原区间［a，b］长度为1，保留下来的区间［a，a_2］长度为 λ，区间缩短率则为 λ。为了保持相同的比例分布关系，将 a_2 赋予 b，将 a_1 赋予 a_2，令 $a_1 = \lambda(1-\lambda)$，即有

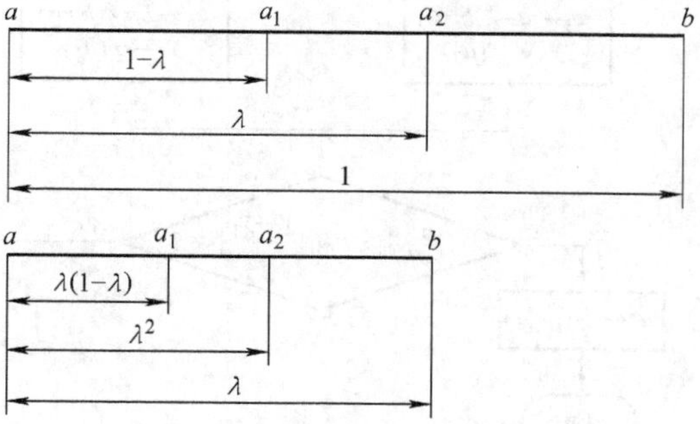

图3-6　黄金分割法

$$1-\lambda = \lambda^2$$

$$\lambda^2 + \lambda - 1 = 0$$

解此方程，取正数解，得

$$\lambda = \frac{\sqrt{5}-1}{2} \approx 0.618$$

同理，若保留下来的区间为［a_1，b］，根据插入点的对称性，也能推寻出同样的 λ 值。

可见，黄金分割法能使每次搜索区间的缩短率都为0.618，所以黄金分割法又被称作0.618法。

黄金分割法的程序框图如图3-7所示。

综上所述，黄金分割法的搜索步骤如下：

1）给出初始搜索区间［a，b］及收敛精度 ε，令 λ 等于0.618。

2）按公式（3-2）计算插入点的坐标 a_1 和 a_2 及其对应的函数值 $f(a_1)$，$f(a_2)$。

3）根据区间消去法原理缩短搜索区间。为了利用计算机程序进行迭代计算，需进行区间结点名称的代换，并在保留下来的区间中插入一个新的试验点，计算其函数值。

4）检查搜索区间是否缩短到足够小，如果条件不满足，则返回到步骤2），进行循环迭

代；如果条件满足，则取当前搜索区间的中心点为极小点。

例 3-2 如图 3-8 所示，对函数 $f(a)=a^2+2a$，当给定搜索区间 $-3\leqslant a\leqslant 5$ 时，试用黄金分割法求极小点 a^*。

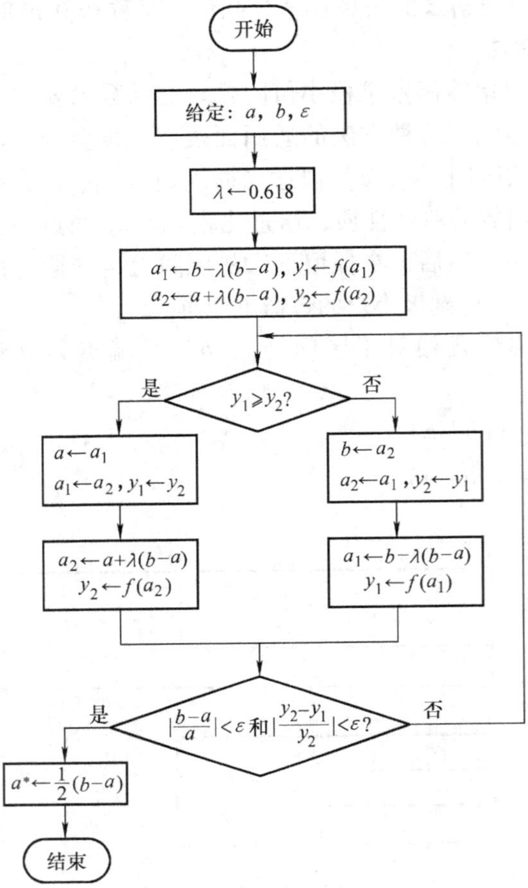

图 3-7 黄金分割法的程序框图

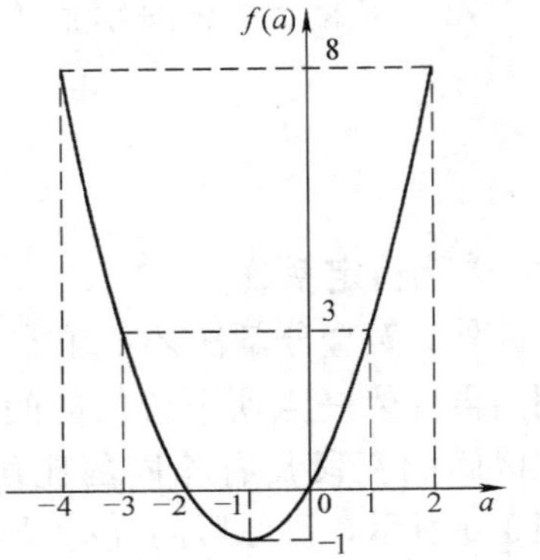

图 3-8 $f(a)=a^2+2a$ 的函数图像

解 据题意，知 $a=-3, b=5$。首先，在 $[a,\ b]$ 中插入两点 a_1 和 a_2，得

$$a_1=b-\lambda(b-a)=5-0.618\times(5+3)=0.056$$

$$a_2=a+\lambda(b-a)=-3+0.618\times(5+3)=1.944$$

然后，计算插入点 a_1 和 a_2 的函数值，得

$$y_1=f(a_1)=0.115, y_2=f(a_2)=7.667$$

由于 $y_2>y_1$，所以消去区间 $[a_2,\ b]$，则新的搜索区间 $[a,\ b]$ 的端点 $a=-3$ 不变，取端点 $b=a_2=1.944$。然后进行如下循环迭代。

第一次迭代，计算插入点 $a_1=b-\lambda(b-a)=1.944-0.618\times(1.944+3)=-1.111$，$a_2=0.056$。再计算插入点相应的函数值 $y_1=f(a_1)=-0.987$，$y_2=f(a_2)=0.115$。由于 $y_2>y_1$，故消去区间 $[a_2,\ b]$，则新的搜索区间为 $[-3,\ 0.056]$。

表 3-1 列出了前五次迭代的结果。

假设经过 5 次迭代后已满足收敛精度要求，则得

$$a^{*}=\frac{1}{2}(a+b)=\frac{1}{2}\times(-1.386-0.665)=-1.0255$$

表3-1　黄金分割法的搜索过程

迭代序号	a	a_1	a_2	b	y_1	比较	y_2
0	-3	0.056	1.944	5	0.115	<	7.667
1	-3	-1.111	0.056	1.944	-0.987	<	0.115
2	-3	-1.832	-1.111	0.056	-0.306	>	-0.987
3	-1.832	-1.111	-0.665	0.056	-0.987	<	-0.888
4	-1.832	-1.386	-1.111	-0.665	-0.851	>	-0.987
5	-1.386	-1.111	-0.940	-0.665			

相应的函数极值$f(a^{*})=-0.999$。

用解析解法求其精确解，可得$a^{*}=-1$，$f(a^{*})=-1$，可见通过5次迭代所得到的极值点与精确解已经非常接近。

3.4　二次插值法

如果我们的问题是在某一区间内寻求函数的极小点，假使没有函数的数学表达式，但能够给出一些点的函数值，我们也可以根据这些点及其函数值，利用插值的方法建立函数的某种近似表达式——插值函数，进而求出该近似函数的极小点，并用它作为原来函数极小点的近似点。这种方法称作插值法或函数逼近法。

试探法和插值法都是利用区间消去法原理使搜索区间不断缩短，从而求得极小点的数值近似解的方法，其区别仅在于确定插入点位置的方法不同。在试探法中插入点的位置是按某种既定的规律确定的，不考虑函数值的分布特性。而在插值法中，插入点位置则按函数值近似分布的极小点确定。试探法仅仅利用了插入点函数值大小进行比较，而插值法还利用了函数值本身及其导数信息。由于试探法仅对插入点函数值的大小进行比较，而没有对函数值分布特性充分利用，这样即使对一些简单的函数（例如二次函数），也不得不像对其他函数那样进行多次的函数值计算。而插值法则是利用函数在插入点处的函数值和导数值来确定新试验点的位置，当函数具有比较好的解析性质时，插值法比试探法的效率高很多。

我们常常利用多项式对函数进行逼近，在搜索区间内可以利用一些点的函数值来构造一个多项式，把它作为函数的近似表达式，并用这个多项式的极小点作为原函数极小点的近似点。在此，我们介绍一种利用二次多项式逼近原来函数的方法——二次插值法，它利用三个点的函数值形成的抛物线来构造一个二次函数。

利用函数$y=f(\alpha)$在单峰区间中的三点$\alpha_1<\alpha_2<\alpha_3$的相应函数值满足$f(\alpha_1)>f(\alpha_2)$，且$f(\alpha_2)<f(\alpha_3)$的性质，可作出如下的二次插值多项式

$$P(\alpha)=a_0+a_1\alpha+a_2\alpha^2 \tag{3-3}$$

它应满足如下三个等式条件

$$\begin{cases} P(\alpha_1)=a_0+a_1\alpha_1+a_2\alpha_1^2=y_1=f(\alpha_1) \\ P(\alpha_2)=a_0+a_1\alpha_2+a_2\alpha_2^2=y_2=f(\alpha_2) \\ P(\alpha_3)=a_0+a_1\alpha_3+a_2\alpha_3^2=y_3=f(\alpha_3) \end{cases} \tag{3-4}$$

该二次多项式 $P(\alpha)$ 的极值点可以由极值的必要条件求得

$$P'(\alpha_p)=a_1+2a_2\alpha_p=0$$

$$\alpha_p=-\frac{a_1}{2a_2} \tag{3-5}$$

要确定这个极值点，只需计算出系数 a_1 和 a_2 即可。根据式（3-4）联立方程组消去 a_0，从而得到关于 a_1、a_2 的方程组

$$\begin{cases} a_1(\alpha_1-\alpha_2)+a_2(\alpha_1^2-\alpha_2^2)=y_1-y_2 \\ a_1(\alpha_2-\alpha_3)+a_2(\alpha_2^2-\alpha_3^2)=y_2-y_3 \end{cases}$$

联立求解得

$$a_1=\frac{(\alpha_2^2-\alpha_3^2)y_1+(\alpha_3^2-\alpha_1^2)y_2+(\alpha_1^2-\alpha_2^2)y_3}{(\alpha_1-\alpha_2)(\alpha_2-\alpha_3)(\alpha_3-\alpha_1)}$$

$$a_2=-\frac{(\alpha_2-\alpha_3)y_1+(\alpha_3-\alpha_1)y_2+(\alpha_1-\alpha_2)y_3}{(\alpha_1-\alpha_2)(\alpha_2-\alpha_3)(\alpha_3-\alpha_1)}$$

代入式（3-5）得

$$\alpha_p=-\frac{a_1}{2a_2}=\frac{1}{2}\frac{(\alpha_2^2-\alpha_3^2)y_1+(\alpha_3^2-\alpha_1^2)y_2+(\alpha_1^2-\alpha_2^2)y_3}{(\alpha_2-\alpha_3)y_1+(\alpha_3-\alpha_1)y_2+(\alpha_1-\alpha_2)y_3}$$

若令

$$c_1=\frac{y_3-y_1}{\alpha_3-\alpha_1},\ c_2=\frac{\dfrac{y_2-y_1}{\alpha_2-\alpha_1}-c_1}{\alpha_2-\alpha_3}$$

则

$$\alpha_p=\frac{1}{2}\left(\alpha_1+\alpha_3-\frac{c_1}{c_2}\right) \tag{3-6}$$

即得函数 $f(\alpha)$ 的极小点 α^* 的近似解 α_p，如图 3-9 所示。如果区间长度 $|\alpha_3-\alpha_1|$ 足够小，则由 $|\alpha_p-\alpha^*|<|\alpha_3-\alpha_1|$ 即得出近似极小点 $\alpha^*\approx\alpha_p$；如果不满足区间长度 $|\alpha_3-\alpha_1|$ 足够小的要求，则需要进一步缩小区间［α_1，α_3］。根据区间消去法原理，需要在搜索区间内插入两点并计算其函数值。现将其中一点取为 α_2，其函数值为 $y_2=f(\alpha_2)$；另外一点取为 α_p 并计算其函数值 $y_p=f(\alpha_p)$。若 $y_2<y_p$，则取［α_1，α_p］为缩短后的搜索区间，如图 3-9a 所示。在新的区间内再用二次插值法插入新的极小点近似值 $\tilde{\alpha}_p$，如图 3-9b 所示；若 $y_2\geqslant\tilde{y}_p$，则取［α_2，α_3］为缩短后的搜索区间。如此不断循环迭代，直到满足精度要求为止。为了在每次计算插入点（即抛物线极小点 α_p）的坐标时能使用同一计算公式，需要将新区间端点的坐标及函数值名称取得的与原区间端点的坐标及函数值名称相同，即在每个区间上仍将已知的三点及其相应函数值取名为 α_1，α_2，α_3，y_1，y_2，y_3。图 3-10 所示为二次插值法的程序框图。

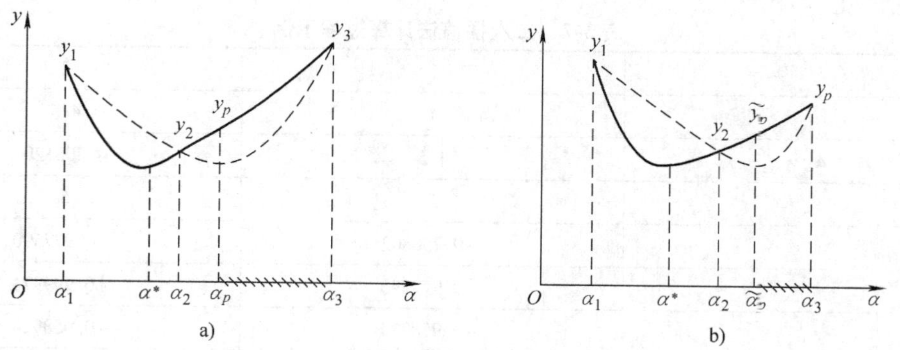

图 3-9　二次插值法

应用二次插值法进行一维搜索，同样需要先确定初始搜索区间。程序框图中的“h”就是用进退法求初始搜索区间的过程中的步长，在搜索过程中，步长 h 是不断变化的，其取值可正可负，分别对应于沿 α 正向或反向进行的一维搜索。

例 3-3　用二次插值法求 $f(\alpha)=\sin\alpha$ 在 $4\leqslant\alpha\leqslant5$ 上的极小点。

解　在初始搜索区间 [4, 5] 上取三点 $\alpha_1=4$，$\alpha_2=4.5$，$\alpha_3=5$，按图 3-10 所示流程进行迭代计算，迭代两次的计算结果如表 3-2 所示，得最优解 $\alpha^*=4.710594$，$f(\alpha^*)=-0.999998$，与其精确最优值 -1 已经非常接近，可见二次插值法效率很高。

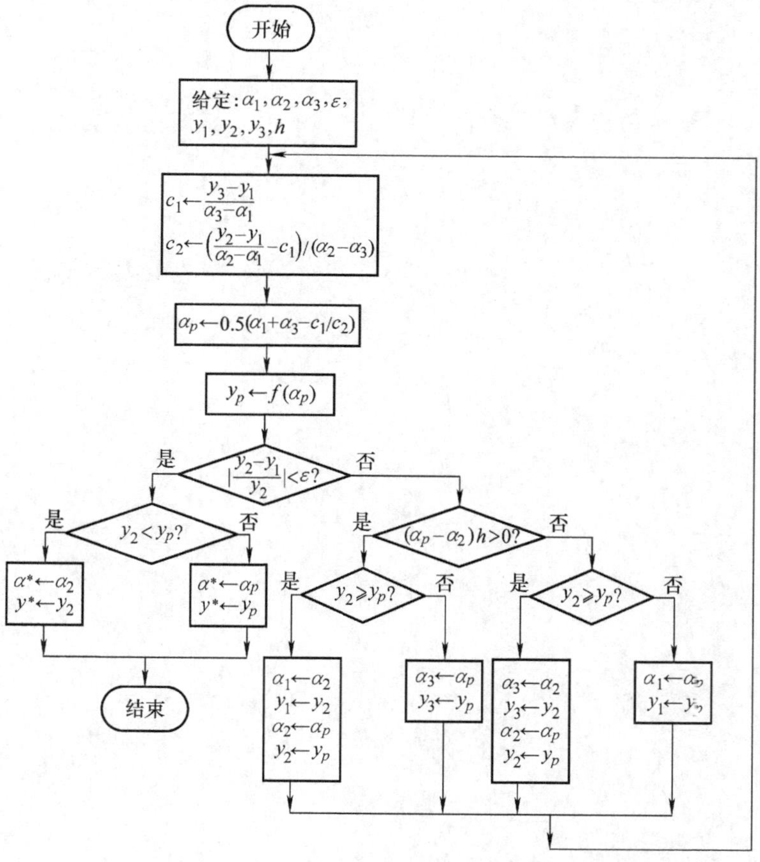

图 3-10　二次插值法的程序框图

表 3-2 二次插值法计算过程示例

	1	2
α_1	4	4.5
α_2	4.5	4.705120
α_3	5	5
y_1	-0.756802	-0.977590
y_2	-0.977590	-0.999974
y_3	-0.958924	-0.958924
α_p	4.705120	4.710594
y_p	-0.999974	-0.999998

一维搜索方法中的一些其他方法，如斐波那契法、牛顿法（切线法）、三次插值法、平分法、格点法等，请读者参阅相关专著。

习　题

3.1　用进退法求出 $f(x)=3x^3-8x+9$ 的单峰区间，已知初始点 $x_0=0$，初始步长 $\alpha_0=0.1$。

3.2　用黄金分割法求解 $\min f(x)=x^2-6x+9$，已知初始单峰区间为 $[1, 7]$，$\varepsilon=0.4$。

第 4 章　无约束优化方法

4.1　简述

在求解目标函数的极小值过程中，若对设计变量的取值范围不加任何限制或约束，则称这种优化问题为无约束优化问题。无约束优化问题的一般形式为

求 n 维设计变量

$$X=(x_1,x_2,\cdots,x_n)^{\mathrm{T}}\in\mathbf{R}^n$$

使目标函数值为

$$\min f(X)$$

在工程设计中，无约束条件的优化问题是非常少的，多数为约束优化问题。尽管如此，无约束优化方法依然是优化技术中最为重要和最为基本的内容之一，是优化技术的基础。因为约束优化问题可通过对约束条件的处理而转化为无约束问题；同时，通过对无约束优化方法的研究可以为求解约束优化问题提供良好的基础。

数学规划法求解无约束优化问题的过程就是从某一选定的初始点出发，沿着按一定规律产生的搜索方向逐次寻求使函数值下降的迭代点，使之逐步逼近最优点，即

$$X^{(k+1)}=X^{(k)}+\alpha^{(k)}S^{(k)}$$

要满足

$$f(X^{(k+1)})<f(X^{(k)})$$

由此可见，各种不同的无约束优化方法的区别，主要在于建立搜索方向 $S^{(k)}$ 的方法不同，搜索方向怎样建立是无约束优化方法的主要特征。建立搜索方向 $S^{(k)}$ 时需要对函数求导数的方法，称为间接法（也称解析法）；反之，则称为直接法。

4.2　坐标轮换法

坐标轮换法是一种将 n 维问题转化为一系列一维问题的降维处理方法，属于直接法，既可以用于求解无约束优化问题，又可经过适当的处理后用于求解约束优化问题。

4.2.1　基本思想

坐标轮换法的基本思想是将搜索方向 S 依次取为按序号排列的一系列坐标轴方向，如果用单位坐标矢量 e_i 表示第 i 个坐标轴方向，则坐标轮换法所取的搜索方向就依次为 e_1，e_2，…，e_n。对于 n 维问题，当分别沿 n 个坐标轴方向依次搜索过一次以后，即完成一轮迭代。若尚未达到预先设定的精度要求，则进行下一轮迭代，即再依次取 $e_i(i=1,2,3,\cdots)$ 作为搜索方向，进行迭代，直至满足精度要求为止。

如图 4-1 所示，下面以二维优化问题为例说明坐标轮换法的求优过程。

首先，任取一初始点 $\boldsymbol{X}^{(0)}$ 作为第一轮搜索的始点 $\boldsymbol{X}_0^{(1)}$，沿第一坐标轴的方向 $\boldsymbol{e}_1=(1,0)^{\mathrm{T}}$ 进行一维搜索，即可确定其最优步长 $\alpha_1^{(1)}$，得到第一轮的第一个迭代点

$$\boldsymbol{X}_1^{(1)}=\boldsymbol{X}_0^{(1)}+\alpha_1^{(1)}\boldsymbol{e}_1$$

接着，以 $\boldsymbol{X}_1^{(1)}$ 为新的起点沿第二坐标轴的方向 $\boldsymbol{e}_2=[0,1]^{\mathrm{T}}$ 进行一维搜索，确定其最优步长 $\alpha_2^{(1)}$，即求得第一轮的第二个迭代点

$$\boldsymbol{X}_2^{(1)}=\boldsymbol{X}_1^{(1)}+\alpha_2^{(1)}\boldsymbol{e}_2$$

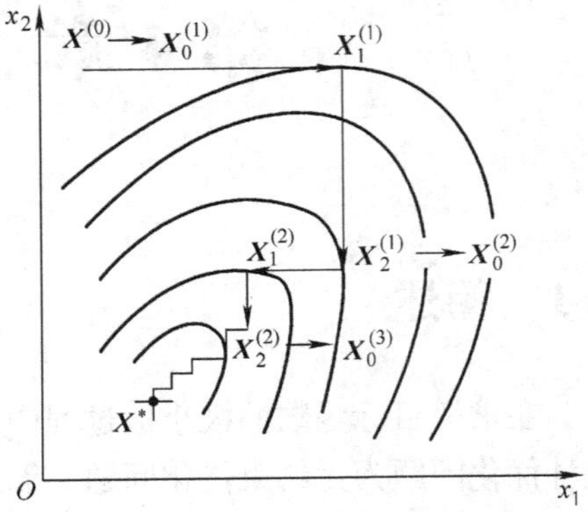

图 4-1 二维问题的坐标轮换法迭代过程

对于该二维问题，分别沿 $\boldsymbol{e}_1$、$\boldsymbol{e}_2$ 方向进行两次一维搜索就完成了第一轮迭代。通过第一轮迭代得到了两个使得目标函数值依次下降的迭代点 $\boldsymbol{X}_1^{(1)}$ 和 $\boldsymbol{X}_2^{(1)}$，我们用右上角括号内的数字表示迭代轮数，右下角数字 1、2 分别表示该轮迭代获得的第一和第二个迭代点的序号。

然后进行第二轮迭代：

$$\boldsymbol{X}_0^{(2)}\leftarrow\boldsymbol{X}_2^{(1)}$$
$$\boldsymbol{X}_1^{(2)}=\boldsymbol{X}_0^{(2)}+\alpha_1^{(2)}\boldsymbol{e}_1$$
$$\boldsymbol{X}_2^{(2)}=\boldsymbol{X}_1^{(2)}+\alpha_2^{(2)}\boldsymbol{e}_2$$

以后，按同样的方式进行第三轮、第四轮、…迭代，由此所得迭代点的目标函数值将不断下降并逐渐逼近该目标函数的极小点，当已满足精度要求时即可停止迭代。

4.2.2 迭代步骤

坐标轮换法的步骤如下：

1）任选一个初始点 $\boldsymbol{X}^{(0)}=(x_1^{(0)},x_2^{(0)},\cdots,x_n^{(0)})^{\mathrm{T}}$ 作为第一轮的起点 $\boldsymbol{X}_0^{(1)}$，令 $k=1$，设置 n 个坐标轴方向的单位矢量

$$\boldsymbol{e}_1=(1,\ 0,\ 0,\ \cdots,\ 0)^{\mathrm{T}}$$
$$\boldsymbol{e}_2=(0,\ 1,\ 0,\ \cdots,\ 0)^{\mathrm{T}}$$
$$\vdots$$
$$\boldsymbol{e}_n=(0,\ 0,\ 0,\ \cdots,\ 1)^{\mathrm{T}}$$

2）进行如下迭代计算：

$$\boldsymbol{X}_i^{(k)}=\boldsymbol{X}_{i-1}^{(k)}+\alpha_i^{(k)}\boldsymbol{e}_i$$

式中，k 为迭代轮数的序号；i 为第 k 轮迭代中进行一维搜索的序号，依次取 $i=1,\ 2,\ \cdots,\ n$；α 为一维搜索的步长，通过一维求优的方法计算确定。

3）判别是否可以终止迭代，即是否满足

$$\|\boldsymbol{X}_n^{(k)}-\boldsymbol{X}_0^{(k)}\|\leqslant\varepsilon$$

若满足该条件，即可终止迭代，并输出最优解

$$\boldsymbol{X}^*=\boldsymbol{X}_n^{(k)}\quad f^*=f(\boldsymbol{X}^*)$$

否则，令 $\boldsymbol{k}\leftarrow\boldsymbol{k}+1$，返回步骤 2）进行下一轮迭代。

4.2.3　迭代终止准则

无约束优化问题求优迭代终止准则中任何一个皆适用，但应注意，点距准则或函数值下降准则中所采用的两个比较点应该是某一轮迭代的起始点和终止点，而不是在某个搜索方向进行一次搜索的前后两个迭代点。

例4-1　用坐标轮换法求目标函数 $f(\boldsymbol{X})=x_1^2+x_2^2-x_1x_2-10x_1-4x_2+60$ 的无约束最小点和最小函数值。给定初始点 $\boldsymbol{X}^{(0)}=(0,0)^{\mathrm{T}}$，精度要求 $\varepsilon=0.1$。

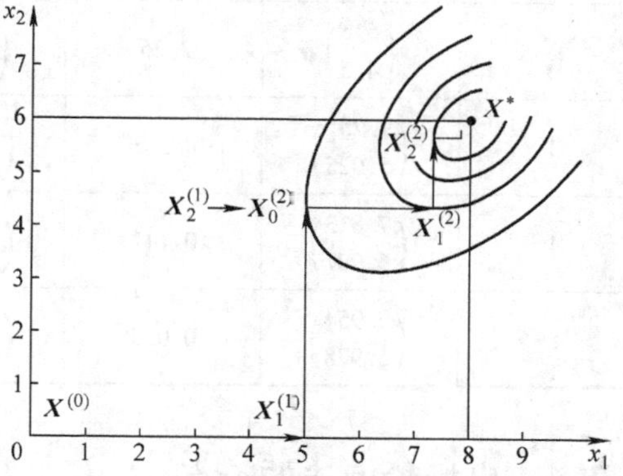

图4-2　例4-1迭代过程图

解： 首先进行第一轮迭代计算。

先沿方向 $\boldsymbol{e}_1$ 进行一维搜索，有

$$\boldsymbol{X}_1^{(1)}=\boldsymbol{X}_0^{(1)}+\alpha_1\boldsymbol{e}_1$$

其中，$\boldsymbol{X}_0^{(1)}$ 为第一轮的起始点，取

$$\boldsymbol{X}_0^{(1)}=\boldsymbol{X}^{(0)}$$

得新点

$$\boldsymbol{X}_1^{(1)}=\begin{pmatrix}0\\0\end{pmatrix}+\alpha_1\begin{pmatrix}1\\0\end{pmatrix}=\begin{pmatrix}\alpha_1\\0\end{pmatrix}$$

将该点坐标代入原目标函数并化简，按最优步长原则确定步长 α_1，即

$$\min f(\boldsymbol{X}_1^{(1)})=\alpha_1^2-10\alpha_1+60$$

用前述一维优化方法即可求出 α_1，为简化计算，在此我们暂且借用微分学原理求解。根据一元函数取得极值的必要条件，令其一阶导数为零，可得 $\alpha_1=5$，则

$$\boldsymbol{X}_1^{(1)}=\begin{pmatrix}5\\0\end{pmatrix}$$

再以 $\boldsymbol{X}_1^{(1)}$ 为起点，沿 $\boldsymbol{e}_2$ 方向进行一维搜索，有

$$\boldsymbol{X}_2^{(1)}=\boldsymbol{X}_1^{(1)}+\alpha_2\boldsymbol{e}_2=\begin{pmatrix}5\\0\end{pmatrix}+\alpha_2\begin{pmatrix}0\\1\end{pmatrix}=\begin{pmatrix}5\\\alpha_2\end{pmatrix}$$

将此点坐标代入目标函数并化简，按最优步长原则确定 α_2，即

$$\min f(\boldsymbol{X}_2^{(1)})=\alpha_2^2-9\alpha_2+35$$

得

$$\alpha_2=4.5,\boldsymbol{X}_2^{(1)}=\begin{pmatrix}5\\4.5\end{pmatrix}$$

第一轮迭代完成。

代入迭代终止条件检验

$$\|\boldsymbol{X}_2^{(1)}-\boldsymbol{X}_0^{(1)}\|=\sqrt{5^2+4.5^2}=6.73>\varepsilon$$

不满足精度要求，继续进行第二轮、第三轮、…迭代计算，各轮计算结果列于表4-1。

迭代五轮之后，有

$$\|X_2^{(5)}-X_0^{(5)}\|=\sqrt{(7.989-7.954)^2+(5.996-5.978)^2}=0.039<\varepsilon$$

满足迭代终止的精度要求，故取近似最优解为

$$\boldsymbol{X}^*=\boldsymbol{X}_2^{(5)}=\begin{pmatrix}7.989\\5.996\end{pmatrix},f^*=f(\boldsymbol{X}^*)=8.000\,093$$

迭代计算结果见表 4-1。

表 4-1 例 4-1 迭代计算结果

迭代轮数 k	$X_0^{(k)}$	α_1	$X_1^{(k)}$	α_2	$X_2^{(k)}$	$\Vert X_2^{(k)}-X_0^{(k)}\Vert$
1	$\begin{pmatrix}0\\0\end{pmatrix}$	5	$\begin{pmatrix}5\\0\end{pmatrix}$	4.5	$\begin{pmatrix}5\\4.5\end{pmatrix}$	6.73
2	$\begin{pmatrix}5\\4.5\end{pmatrix}$	2.25	$\begin{pmatrix}7.25\\4.5\end{pmatrix}$	1.125	$\begin{pmatrix}7.25\\5.025\end{pmatrix}$	2.516
3	$\begin{pmatrix}7.25\\5.025\end{pmatrix}$	0.563	$\begin{pmatrix}7.813\\5.625\end{pmatrix}$	0.282	$\begin{pmatrix}7.813\\5.907\end{pmatrix}$	0.623
4	$\begin{pmatrix}7.813\\5.907\end{pmatrix}$	0.141	$\begin{pmatrix}7.954\\5.907\end{pmatrix}$	0.071	$\begin{pmatrix}7.954\\5.978\end{pmatrix}$	0.158
5	$\begin{pmatrix}7.954\\5.978\end{pmatrix}$	0.035	$\begin{pmatrix}7.989\\5.978\end{pmatrix}$	0.018	$\begin{pmatrix}7.989\\5.996\end{pmatrix}$	0.039

4.2.4 坐标轮换法的特点

1）坐标轮换法概念清楚、算法简单、容易掌握。但是该法计算效率较低，当维数较高时尤为突出，一般只用于低维数（$n<10$）优化问题求解。

2）本方法的收敛效果受目标函数等值线形状的影响很大：①如果目标函数的等值线为椭圆族且其长、短轴刚好与坐标轴平行，则该方法收敛效果好、速度快，如图 4-3a 所示。②当目标函数等值线出现“脊线”，如图 4-3b 所示，而迭代点刚好落在脊线上时，则沿所有坐标轴方向搜索均不能使函数值有所下降，迭代终止，结果以该点作为函数的最小点，而其实是“伪最小点”，求优失败。脊线上的点为奇异点，即在该点目标函数的海赛矩阵不能求逆。

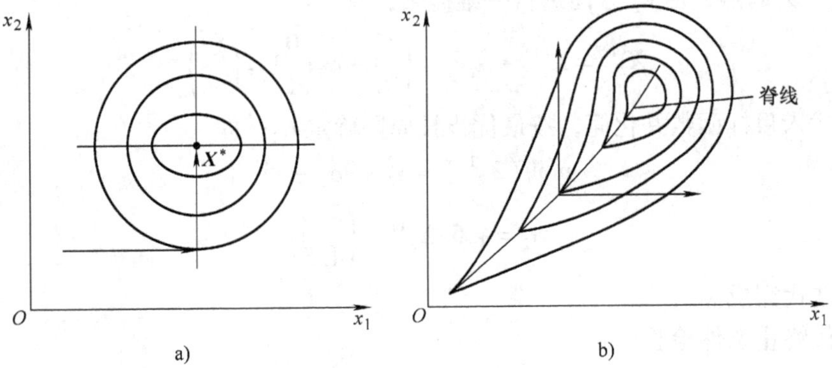

图 4-3

4.3 单纯形法

n 维空间中的单纯形，是指在 n 维空间中由 $n+1$ 个线性独立的点构成的凸多边形或凸多面体，如：在二维空间中由不在同一直线上的三个点（即三点不共线）构成的三角形；

在三维空间中由不在同一平面的四个点构成的四面体；在 n 维空间中由 $n+1$ 个顶点构成的凸多面体。

根据问题的维数 n，建立由 $n+1$ 个顶点构成的单纯形，计算出这些顶点的目标函数值并比较其大小，确定出它们中函数值最大的点 $\boldsymbol{X}_h$ 以及函数值下降的方向（函数值最大点 $\boldsymbol{X}_h$ 与另外 n 个顶点的平均坐标点 $\boldsymbol{X}_C$ 的连线方向），从点 $\boldsymbol{X}_h$ 沿该方向进行一维搜索，将找到一个新的比较好的点取代函数值最大的点 $\boldsymbol{X}_h$，从而构成新的单纯形。随着这种取代过程不断进行，单纯形将不断改变其形状和大小并逐渐向着极小点收缩，最终单纯形的所有顶点将无限逼近函数的极小点。这就是单纯形法的基本思想，是一种直接法。

4.3.1 基本步骤

下面以二维问题为例（见图4-4）来说明单纯形法的基本步骤。单纯形法的搜索过程，如图4-5所示。

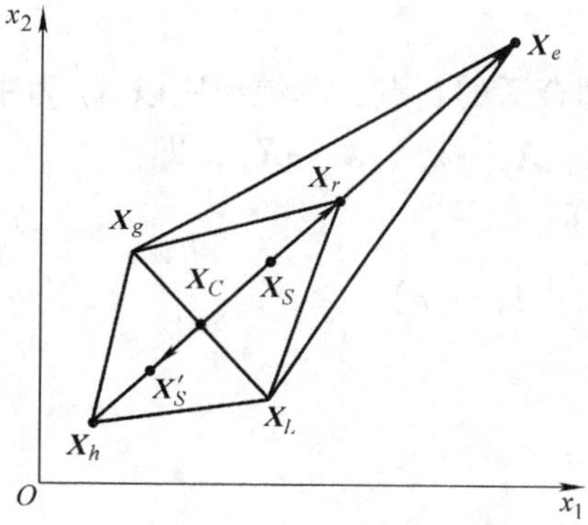

图4-4 单纯形法基本步骤

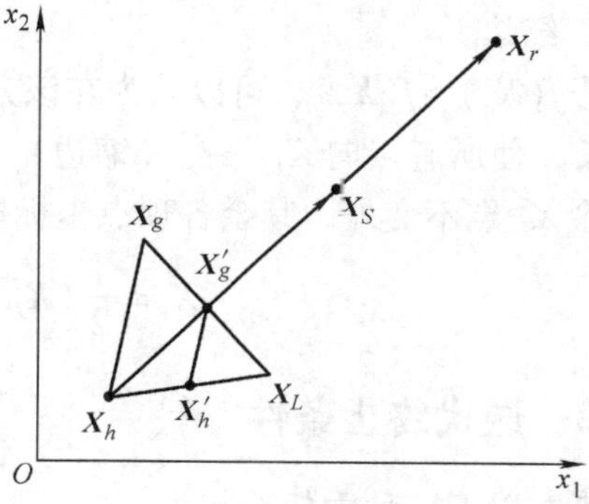

图4-5 单纯形法搜索过程

在二维（$n=2$）空间中取三个不共线的点（即 $n+1$ 个点），分别命名为 $\boldsymbol{X}_h$、$\boldsymbol{X}_g$，$\boldsymbol{X}_L$，以它们为顶点构成单纯形——三角形。

此三点的命名遵循如下规则：

$$f(\boldsymbol{X}_h) > f(\boldsymbol{X}_g) > f(\boldsymbol{X}_L)$$

即：X_h 为最差点（函数值最大），X_L 为最好点（函数值最小），X_g 为次好点（函数值仅比 X_L 高）。故应该丢掉 X_h 点，寻找一个更好的新点来替代 X_h 构成新的单纯形。

1. 反射

计算出除 X_h 以外的所有其余各顶点的形心 X_C，并在 X_h 和 X_C 连线的延长线上取一反射点 X_r，即

$$\boldsymbol{X}_C = \frac{1}{n}\left(\sum_{i=0}^{n}\boldsymbol{X}_i - \boldsymbol{X}_h\right)$$

$$\boldsymbol{X}_r = \boldsymbol{X}_C + \beta(\boldsymbol{X}_C - \boldsymbol{X}_h) = 2\boldsymbol{X}_C - \boldsymbol{X}_h = \frac{2}{n}\left(\sum_{i=0}^{n}\boldsymbol{X}_i - \boldsymbol{X}_h\right) - \boldsymbol{X}_h$$

式中，β 为反射系数，一般可取 $\beta=1$。

2. 扩张

若 $f(\boldsymbol{X}_r) < f(\boldsymbol{X}_g)$，即反射点的函数值小于次好点的函数值，表明所取搜索方向正确，

可以进一步扩张，在更远处取新点 X_e，且

$$X_e = X_C + \gamma\ (X_C - X_h)$$

式中，γ 为扩张系数，通常取 $\gamma = 2$。

1）如果 $f(X_e) \geqslant f(X_r)$，说明扩张不利，则舍去 X_e，用 X_r 替代 X_h，构成新的单纯形 $\{X_g, X_L, X_r\}$。

2）如果 $f(X_e) < f(X_r)$，说明扩张有利，则用 X_e 替代 X_h，构成新的单纯形 $\{X_g, X_L, X_e\}$。

3. 收缩

如果 $f(X_r) \geqslant f(X_g)$，表明 X_r 取得太远，应缩回一些，向后收缩得到收缩点 X_S，且

$$X_S = X_C + \lambda(X_h - X_C)$$

式中，λ 为收缩系数，通常取 $\lambda = 0.5$。

如果 $f(X_S) \leqslant f(X_g)$，则以 X_S 替代 X_h，构成新的单纯形 $\{X_g、X_L、X_S\}$。

4. 缩边

若 $f(X_S) > f(X_g)$，可以认为在该方向上很难找到合适的新点，单纯形应以 X_L 为中心缩短边长，使所有点向 X_L 靠拢（缩边），如图 4-5 所示，$X_g \to X_{g'}$，$X_h \to X_{h'}$，即

除 X_L 点不变外，其余各顶点坐标按如下公式计算：

$$X_i = \frac{1}{2}(X_L + X_i) \quad (i = 0, 1, 2, \cdots, n)$$

4.3.2 迭代终止条件

可在以下三种中任选其一：

1）$|f(X_h) - f(X_L)| \leqslant \varepsilon f(X_L)$

2）$|f(X_h) - f(X_C)| \leqslant \varepsilon$

3）$\left\{\frac{1}{n+1}\sum_{i=1}^{n+1}[f(X_i^{(k)}) - f(X_C^{(k)})]^2\right\}^{1/2} \leqslant \varepsilon$

例 4-2 试用单纯形法求无约束优化问题

$$\min f(X) = 4(x_1 - 5)^2 + (x_2 - 6)^2$$

精度要求 $\varepsilon = 0.1$。

解 取单纯形的三个顶点：

$$X_1^{(0)} = \begin{pmatrix} 8 \\ 9 \end{pmatrix}, X_2^{(0)} = \begin{pmatrix} 10 \\ 11 \end{pmatrix}, X_3^{(0)} = \begin{pmatrix} 8 \\ 11 \end{pmatrix}$$

计算三点的函数值：

$$f(X_1^{(0)}) = 45,\ f(X_2^{(0)} = 125,\ f(X_3^{(0)}) = 61$$

求除函数值最大点以外其余各点的形心：

$$X_C = \frac{1}{2}\left[\begin{pmatrix} 8 \\ 9 \end{pmatrix} + \begin{pmatrix} 8 \\ 11 \end{pmatrix}\right] = \begin{pmatrix} 8 \\ 10 \end{pmatrix}$$

形心点的函数值为

$$f(X_C) = 4(8 - 5)^2 + (10 - 6)^2 = 52$$

求反射点及其函数值：

$$X_r = \begin{pmatrix}8\\10\end{pmatrix} + \left[\begin{pmatrix}8\\10\end{pmatrix} - \begin{pmatrix}10\\11\end{pmatrix}\right] = \begin{pmatrix}6\\9\end{pmatrix}$$

$$f(X_r) = 13 < f(X_g) = 61$$

应扩张，求扩张点及其函数值：

$$X_e = \begin{pmatrix}8\\10\end{pmatrix} + 2\left[\begin{pmatrix}8\\10\end{pmatrix} - \begin{pmatrix}10\\11\end{pmatrix}\right] = \begin{pmatrix}4\\8\end{pmatrix}$$

$$f(X_e) = 8 < f(X_r) = 13$$

构造新的单纯形：

$$\{X_3^{(0)}, X_1^{(0)}, X_e\}$$

代入迭代终止条件检验：

$$\left\{\frac{1}{n+1}\sum_{i=1}^{n+1}\left[f(X_i^{(k)}) - f(X_C^{(k)})\right]^2\right\}^{1/2}$$

$$= \left\{\frac{1}{4}\left[(45-52)^2 + (61-52)^2 + (8-52)^2\right]\right\}^{1/2}$$

$$= 22.7266 > \varepsilon$$

不满足精度要求，还需继续迭代直至满足精度要求为止。

4.4 梯度法（最速下降法）

由梯度的性质可知，函数的梯度方向是函数值增加最快的方向，而负梯度方向则是函数值下降最快的方向。梯度法就是采用负梯度方向作为搜索方向，也被称作最速下降法或柯西（Cauchy）法（因该方法早在 1847 年即由数学家柯西提出）。梯度法的迭代式如下：

数学规划法求优的一般迭代公式为

$$X^{(k+1)} = X^{(k)} + \alpha^{(k)} S^{(k)}$$

当

$$S^{(k)} = -\nabla f(X^{(k)})$$

时，则有

$$X^{(k+1)} = X^{(k)} - \alpha^{(k)} \nabla f(X^{(k)}) \quad (k=0, 1, 2, \cdots)$$

即为梯度法的迭代公式。

根据数学规划法求优的基本原理，为了使目标函数值沿搜索方向 $-\nabla f(X^{(k)})$ 能获得最大的下降值，其步长因子 $\alpha^{(k)}$ 应取一维搜索的最佳步长，即

$$f(X^{(k+1)}) = f(X^{(k)} - \alpha^{(k)} \nabla f(X^{(k)}))$$
$$= \min f(X^{(k)} - \alpha^{(k)} \nabla f(X^{(k)})) = \min \phi(\alpha)$$

4.4.1 迭代步骤

1）选取一个初始点 $X^{(0)}$，给定迭代精度 ε，$k \leftarrow 0$。

2）计算 $X^{(k)}$ 点的梯度及其模：

$$\nabla f(\boldsymbol{X}^{(k)}) = (f'_{x_1}, f'_{x_2}, \cdots, f'_{x_n})^{\mathrm{T}}$$

$$\| \nabla f(\boldsymbol{X}^{(k)}) \| = \sqrt{f'^2_{x_1}(\boldsymbol{X}) + f'^2_{x_2}(\boldsymbol{X}) + \cdots + f'^2_{x_n}(\boldsymbol{X})}$$

3）迭代终止条件判断，即是否满足

$$\| \nabla f(\boldsymbol{X}^{(k)}) \| \leqslant \varepsilon$$

若满足，则迭代终止，得到最优解：$\boldsymbol{X}^* \leftarrow \boldsymbol{X}^{(k)}$，$f^* \leftarrow f(\boldsymbol{X}^*)$；若不满足，转下一步。

4）计算下一个迭代点

$$\boldsymbol{X}^{(k+1)} = \boldsymbol{X}^{(k)} - \alpha^{(k)} \nabla f(\boldsymbol{X}^{(k)})$$

式中，步长因子 $\alpha^{(k)}$ 应由一维搜索 $\min f(\boldsymbol{X}^{(k)} - \alpha^{(k)} \nabla f(\boldsymbol{X}^{(k)}))$ 求得。

5）令 $k \leftarrow k+1$，返回第2）步。

4.4.2 梯度法的特点

如图4-6、图4-7所示，梯度法具有如下特点：

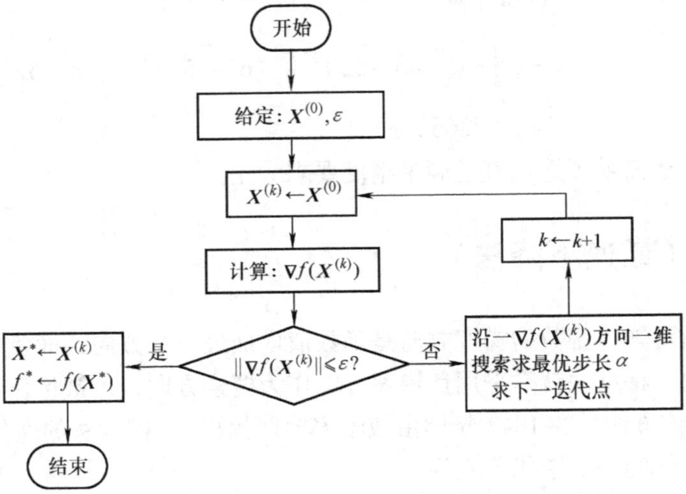

图4-6 梯度法流程图

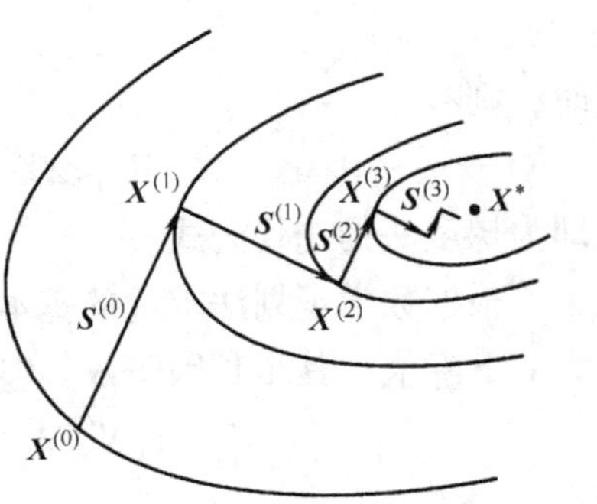

图 4-7

（1）在设计空间中，从任意点 $\boldsymbol{X}^{(k)}$ 出发，沿目标函数负梯度方向 $\boldsymbol{S}^{(k)} = -\nabla f(\boldsymbol{X}^{(k)})$ 进行一维搜索得到极小点 $\boldsymbol{X}^{(k+1)}$，则 $\boldsymbol{X}^{(k+1)}$ 点应为矢量 $\boldsymbol{S}^{(k)}$ 与目标函数等值线的切点。下一次迭代应从 $\boldsymbol{X}^{(k+1)}$ 点出发沿负梯度方向 $\boldsymbol{S}^{(k+1)} = -\nabla f(\boldsymbol{X}^{(k+1)})$ 进行一维搜索，由梯度的性质知 $\boldsymbol{S}^{(k+1)}$ 的方向即是目标函数等值线在 $\boldsymbol{X}^{(k+1)}$ 点的法线方向，故 $\boldsymbol{S}^{(k)}$ 与 $\boldsymbol{S}^{(k+1)}$ 必定正交，即用梯度法求优在搜索过程中其相邻两次迭代方向正交。所以，梯度法求优迭代过程的搜索路线为直角锯齿形路线，搜索方向并不是直接指向函数极小点，在远离函数极小点时，函数下降较快；接近极小点时，函数下降变慢。

（2）梯度法每一次迭代都是沿本次一维搜索的起始点处函数值下降最快的方向搜索，所以梯度法又被称作最速下降法。应当指出，所谓“最速下降方向”只是目标函数在本次一维搜索起始点具有的局部性质，离开该点以后由于梯度的变化，其真实的“最速下降方向”已经改变。所以，从整个迭代过程来看，负梯度方向并非函数值下降最快的方向。

（3）对于如下两种特殊情况，采用梯度法一次一维搜索即可达到全域极小点 X^*：

1）当目标函数等值线为同心圆族，从任意初始点 $X^{(0)}$ 出发，如图 4-8a 所示；

2）当目标函数等值线为同心椭圆族，而初始点 $X^{(0)}$ 刚好处在椭圆族的对称轴上，如图 4-8b所示。

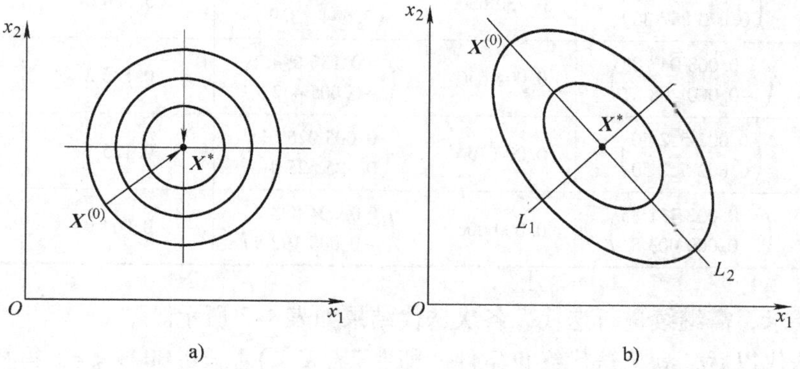

图　4-8

例 4-3　试用梯度法求解无约束优化问题

$\min f(X) = x_1^2 + 25x_2^2$

给定初始点 $X^{(0)} = (2,2)^{\mathrm{T}}$，迭代精度取 $\varepsilon = 0.005$。

解　计算初始点处目标函数的梯度

$$\nabla f(X^{(0)}) = \begin{pmatrix} \dfrac{\partial f}{\partial x_1} \\ \dfrac{\partial f}{\partial x_2} \end{pmatrix}_{X^{(0)}} = \begin{pmatrix} 2x_1 \\ 50x_2 \end{pmatrix}_{X^{(0)}} = \begin{pmatrix} 4 \\ 100 \end{pmatrix}$$

$$\| \nabla f(X^{(0)}) \| = \sqrt{4^2 + 100^2} = 100.0799 \quad \text{不满足迭代终止条件}$$

进行第一次迭代：以 $X^{(0)}$ 为起点沿其负梯度方向作一维搜索求最优

$$\min f(X^{(0)} - \alpha \nabla f(X^{(0)})) = \min(250016\alpha^2 - 10016\alpha + 104)$$

$$\alpha^{(k)} = 0.020\,030\,72$$

得到

$$X^{(1)} = X^{(0)} - \alpha^{(0)} \nabla f(X^{(0)}) = \begin{pmatrix} 2 \\ 2 \end{pmatrix} - 0.020\,030\,72 \begin{pmatrix} 4 \\ 100 \end{pmatrix} = \begin{pmatrix} 1.919\,877 \\ -0.003\,072 \end{pmatrix}$$

迭代点的梯度

$$\nabla f(X^{(1)}) = \begin{pmatrix} 3.829\,754 \\ -0.153\,589 \end{pmatrix}$$

计算梯度的模

$$\| \nabla f(X^{(1)}) \| = \sqrt{3.829754^2 + (-0.153589)^2} = 3.8328 > \varepsilon$$

表 4-2 例 4-2 迭代结果

k	$X^{(k)}$	$f(X^{(k)})$	$\nabla f(X^{(k)})$	$\Vert\nabla f(X^{(k)})\Vert$	$\alpha^{(k)}$
0	$\begin{pmatrix}2\\2\end{pmatrix}$	104	$\begin{pmatrix}4\\100\end{pmatrix}$	100.079 9	0.202 030 72
1	$\begin{pmatrix}1.919877\\-0.003072\end{pmatrix}$	3.686 164	$\begin{pmatrix}3.829\ 754\\-0.153\ 589\end{pmatrix}$	3.832 8	0.481 538 7
2	$\begin{pmatrix}0.070\ 886\ 91\\0.070\ 887\ 38\end{pmatrix}$	0.130 650	$\begin{pmatrix}0.141\ 773\ 8\\3.544\ 369\end{pmatrix}$	3.550 0	0.020 030 7
3	$\begin{pmatrix}0.068\ 047\ 08\\-0.000\ 108\ 87\end{pmatrix}$	0.004 630	$\begin{pmatrix}0.136\ 094\ 2\\-0.005\ 442\ 7\end{pmatrix}$	0.136 2	0.481 538 5
4	$\begin{pmatrix}0.002\ 512\ 50\\0.002\ 512\ 50\end{pmatrix}$	0.000 164	$\begin{pmatrix}0.005\ 025\ 01\\0.125\ 625\ 4\end{pmatrix}$	0.125 7	0.020 030 7
5	$\begin{pmatrix}0.002\ 411\ 85\\-0.000\ 003\ 8\end{pmatrix}$	0.000 006	$\begin{pmatrix}0.004\ 823\ 7\\-0.000\ 192\ 9\end{pmatrix}$	0.004 9	

不满足精度要求，需继续进行迭代，各次迭代结果如表 4-2 所示。

第五次迭代以后，满足迭代终止条件，即 $\Vert\nabla f(X^{(5)})\Vert=0.0049<\varepsilon$，得最优解为

$$X^*=X^{(5)}=\begin{pmatrix}0.002\ 411\ 85\\-0.000\ 003\ 8\end{pmatrix},\ f^*=f(X^*)=6\times10^{-6}$$

4.4.3 共轭梯度法

1. 共轭方向及其性质

定义 设 A 为 $n\times n$ 阶对称正定矩阵，在 n 维空间中有 m 个非零向量 $S^{(0)}$，$S^{(1)}$，…，$S^{(m-1)}$满足

$$[S^{(i)}]^{\mathrm T}AS^{(j)}=0\quad(i,j=0,1,2,\cdots,m-1;\ i\neq j)$$

则称 $S^{(0)}$，$S^{(1)}$，…，$S^{(m-1)}$对 A 共轭，或称它们是 A 的共轭方向。

当 $A=E$（单位矩阵）时，即 $S^{(i)}$ 与 $S^{(j)}$ 的内积为零，亦即 $S^{(i)}$ 与 $S^{(j)}$ 正交。可见，共轭是正交的推广，正交是共轭的特例。

性质 1 如果非零向量系 $S^{(0)}$，$S^{(1)}$，…，$S^{(m-1)}$对 A 共轭，则这 m 个向量线性无关。

性质 2 在 n 维空间中相互共轭的非零向量不超过 n 个。

性质 3 从任意初始点 $X^{(0)}$ 出发，顺次沿 A 的共轭方向 $S^{(0)}$，$S^{(1)}$，…，$S^{(m-1)}$进行一维搜索，最多经过 n 次迭代，即可找到二次函数的极小点，且与搜索方向的选取次序无关。

该性质表明此种迭代方法具有二次收敛性。

2. 共轭梯度法的基本思想

根据共轭方向的性质 3，当目标函数为二次函数时，只要我们能够在 $X^{(0)}$ 处建立起该目标函数海赛矩阵 $H(X^{(0)})$ 的 n 个共轭方向，从 $X^{(0)}$ 点出发，顺次沿这些共轭方向进行一维搜索，最多经过 n 次迭代即可找到目标函数的极小点。若目标函数为高于二次的函数，则以上一轮迭代的终点为本次迭代的起点，再建立起目标函数在该起点 $X^{(k)}$ 的海赛矩阵$H(X^{(k)})$的 n 个共轭方向，从该点出发，顺次沿这些共轭方向进行一维搜索，直至满足精度要求为止。这就是共轭方向法。

共轭方向法种类很多，它们之间的主要区别在于构造共轭方向的方法不同。下面向大家介绍一种利用两次相邻迭代点的梯度来构造共轭方向的方法，称为共轭梯度法。其基本思想是：

构造一个新的搜索方向

$$\boldsymbol{S}^{(k+1)} = -\nabla f(\boldsymbol{X}^{(k+1)}) + \beta_k \boldsymbol{S}^{(k)} \quad (k = 0,1,2,\cdots)$$

即 $\boldsymbol{S}^{(k+1)}$ 为 $-\nabla f(\boldsymbol{X}^{(k+1)})$ 与 $\boldsymbol{S}^{(k)}$ 的线性组合，如图 4-9 所示。

要求 $\boldsymbol{S}^{(k+1)}$ 与 $\boldsymbol{S}^{(k)}$ 对 $\boldsymbol{A}$ 共轭，即

$$[\boldsymbol{S}^{(k+1)}]^{\mathrm{T}}\boldsymbol{A}\boldsymbol{S}^{(k)} = 0$$

其中 $\boldsymbol{A}$ 为目标函数在 $\boldsymbol{X}^{(k)}$ 点处的海赛矩阵，是一个 $n \times n$ 阶的对称正定矩阵。

对于目标函数为 n 维正定的二次函数而言，只要沿其共轭方向（共轭方向的个数不超过 n 个）分别进行一维搜索，最多经过一轮迭代就可求得目标函数的极小点 $\boldsymbol{X}^*$。若目标函数为二次以上的函数，则须经过多轮迭代，直至满足精度要求为止，也能求得目标函数的极小点 $\boldsymbol{X}^*$。由上述两式可得

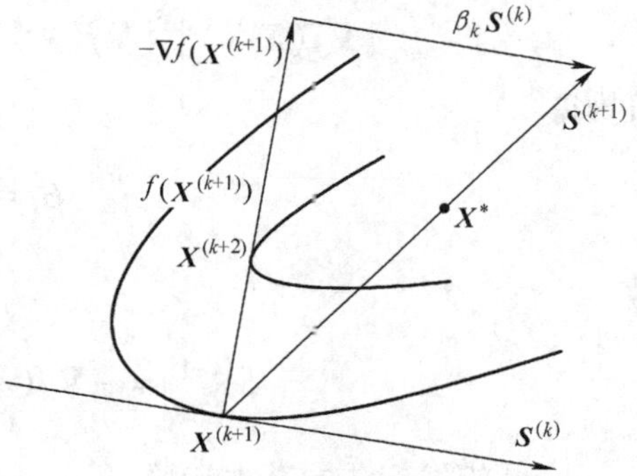

图 4-9

$\beta_k = \dfrac{[-\nabla f(\boldsymbol{X}^{(k+1)})]^{\mathrm{T}}\boldsymbol{A}\boldsymbol{S}^{(k)}}{[\boldsymbol{S}^{(k)}]^{\mathrm{T}}\boldsymbol{A}\boldsymbol{S}^{(k)}}$，此式应以适当简化。

3. $\boldsymbol{\beta}_k$ 的确定

对于二次函数 $f(\boldsymbol{X}) = \frac{1}{2}\boldsymbol{X}^{\mathrm{T}}\boldsymbol{A}\boldsymbol{X} + \boldsymbol{B}^{\mathrm{T}}\boldsymbol{X} + c$，在任意点 $\boldsymbol{X}^{(k)}$ 的梯度为 $\nabla f(\boldsymbol{X}^{(k)}) = \boldsymbol{A}\boldsymbol{X}^{(k)} + \boldsymbol{B}$，其中 $\boldsymbol{A}$ 为 $n \times n$ 阶矩阵，$\boldsymbol{B}$ 为 n 维列矢量，c 为标量。

故

$$\nabla f(\boldsymbol{X}^{(k)}) = \boldsymbol{A}\boldsymbol{X}^{(k)} + \boldsymbol{B}$$
$$\nabla f(\boldsymbol{X}^{(k+1)}) = \boldsymbol{A}\boldsymbol{X}^{(k+1)} + \boldsymbol{B}$$
$$\nabla f(\boldsymbol{X}^{(k+1)}) - \nabla f(\boldsymbol{X}^{(k)}) = \boldsymbol{A}(\boldsymbol{X}^{(k+1)} - \boldsymbol{X}^{(k)})$$

将迭代公式 $\boldsymbol{X}^{(k+1)} = \boldsymbol{X}^{(k)} + \alpha_k \boldsymbol{S}^{(k)}$ 代入上式，可得

$$\nabla f(\boldsymbol{X}^{(k+1)}) - \nabla f(\boldsymbol{X}^{(k)}) = \alpha_k \boldsymbol{A}\boldsymbol{S}^{(k)}$$

上式两边同时左乘 $[\boldsymbol{S}^{(k+1)}]^{\mathrm{T}}$，得

$$[\boldsymbol{S}^{(k+1)})]^{\mathrm{T}}[\nabla f(\boldsymbol{X}^{(k+1)}) - \nabla f(\boldsymbol{X}^{(k)})] = \alpha_k [\boldsymbol{S}^{(k+1)}]^{\mathrm{T}}\boldsymbol{A}\boldsymbol{S}^{(k)}$$

要使 $\boldsymbol{S}^{(k)}$ 与 $S^{(k+1)}$ 对 $\boldsymbol{A}$ 共轭，且 α_k 为常量，即

$$\alpha_k [\boldsymbol{S}^{(k+1)}]^{\mathrm{T}}\boldsymbol{A}\boldsymbol{S}^{(k)} = 0$$

故

$$[\boldsymbol{S}^{(k+1)})]^{\mathrm{T}}[\nabla f(\boldsymbol{X}^{(k+1)}) - \nabla f(\boldsymbol{X}^{(k)})] = 0$$

将 $\boldsymbol{S}^{(k+1)} = -\nabla f(\boldsymbol{X}^{(k+1)}) + \beta_k \boldsymbol{S}^{(k)}$ 代入上式得

$$[-\nabla f(\boldsymbol{X}^{(k+1)}) + \beta_k \boldsymbol{S}^{(k)}]^{\mathrm{T}}[\nabla f(\boldsymbol{X}^{(k+1)}) - \nabla f(\boldsymbol{X}^{(k)})]$$

$$=[-\nabla f(\boldsymbol{X}^{(k+1)})]^{\mathrm{T}}[\nabla f(\boldsymbol{X}^{(k+1)})-\nabla f(\boldsymbol{X}^{(k)})]+$$

$$[\beta_k\boldsymbol{S}^{(k)}]^{\mathrm{T}}[\nabla f(\boldsymbol{X}^{(k+1)})-\nabla f(\boldsymbol{X}^{(k)})]$$

$$=0$$

$$\beta_k=\frac{[-\nabla f(\boldsymbol{X}^{(k+1)})]^{\mathrm{T}}[\nabla f(\boldsymbol{X}^{(k+1)})-\nabla f(\boldsymbol{X}^{(k)})]}{-[\boldsymbol{S}^{(k)}]^{\mathrm{T}}[\nabla f(\boldsymbol{X}^{(k+1)})-\nabla f(\boldsymbol{X}^{(k)})]}$$

由梯度的性质可知

$$[\nabla f(\boldsymbol{X}^{(k)})]^{\mathrm{T}}[\nabla f(\boldsymbol{X}^{(k+1)})]=0 \text{ 和 } [\boldsymbol{S}^{(k)}]^{\mathrm{T}}[\nabla f(\boldsymbol{X}^{(k+1)})]=0$$

可推得

$$\beta_k=\frac{\|\nabla f(\boldsymbol{X}^{(k+1)})\|^2}{\|\nabla f(\boldsymbol{X}^{(k)})\|^2}$$

故

$$\boldsymbol{S}^{(k+1)}=-\nabla f(\boldsymbol{X}^{(k+1)})+\frac{\|\nabla f(\boldsymbol{X}^{(k+1)})\|^2}{\|\nabla f(\boldsymbol{X}^{(k)})\|^2}\boldsymbol{S}^{(k)}$$

4. 共轭梯度法的基本步骤

第一次搜索取负梯度方向，其余方向取每次构建的共轭方向，形成共轭梯度法的基本步骤如下：

1）设初始点为 $\boldsymbol{X}^{(0)}$，第一个搜索方向取 $\boldsymbol{X}^{(0)}$ 点的负梯度方向 $\boldsymbol{S}^{(0)}=-\nabla f(\boldsymbol{X}^{(0)})$，进行一维搜索，得到一个最小点 $\boldsymbol{X}^{(1)}$。

2）按 $\boldsymbol{S}^{(k+1)}=-\nabla f(\boldsymbol{X}^{(k+1)})+\frac{\|\nabla f(\boldsymbol{X}^{(k+1)})\|^2}{\|\nabla f(\boldsymbol{X}^{(k)})\|^2}\boldsymbol{S}^{(k)}$ 构造新的搜索方向 $\boldsymbol{S}^{(k+1)}$，以 $\boldsymbol{X}^{(k+1)}$ 为起点，沿 $\boldsymbol{S}^{(k+1)}$ 方向进行一维搜索，得到一个最小点 $\boldsymbol{X}^{(k+2)}$。

3）重复步骤 2)，不断构造新的共轭方向并沿这些方向进行一维搜索，找到新的迭代点，直至满足收敛精度为止。

共轭梯度法实质上是对梯度法的一种改进，它的搜索方向可以认为是将负梯度偏转一个角度，所以又被称作旋转梯度法。

4.5　牛顿法

4.5.1　原始牛顿法

若目标函数 $f(\boldsymbol{X})$ 在 $\boldsymbol{X}^{(k)}$ 的某邻域内具有连续的一阶、二阶偏导数，在该邻域内我们可用一个二次函数 $\phi(\boldsymbol{X})$ 来近似代替原目标函数 $f(\boldsymbol{X})$，并求出 $\phi(\boldsymbol{X})$ 的极小点 $\boldsymbol{X}_\phi^*$ 作为对原目标函数 $f(\boldsymbol{X})$ 求优的下一个迭代点 $\boldsymbol{X}^{(k+1)}$，不断重复上述迭代，迭代点将逐步逼近原目标函数 $f(\boldsymbol{X})$ 的极小点 $\boldsymbol{X}^*$。这就是原始牛顿法求解无约束优化问题的基本思想。

将目标函数 $f(\boldsymbol{X})$ 在 $\boldsymbol{X}^{(k)}$ 点作泰勒展开，并略去二次以上的高次项，有

$$f(\boldsymbol{X})\approx f(\boldsymbol{X}^{(k)})+[\nabla f(\boldsymbol{X}^{(k)})]^{\mathrm{T}}[\boldsymbol{X}-\boldsymbol{X}^{(k)}]+$$

$$\frac{1}{2}[\boldsymbol{X}-\boldsymbol{X}^{(k)}]^{\mathrm{T}}\nabla^2 f(\boldsymbol{X}^{(k)})[\boldsymbol{X}-\boldsymbol{X}^{(k)}]=\phi(\boldsymbol{X})$$

式中，$\nabla f(\boldsymbol{X}^{(k)})$为函数$f(\boldsymbol{X})$在点$\boldsymbol{X}^{(k)}$的梯度，记为$\boldsymbol{g}_k$；$\nabla^2 f(\boldsymbol{X}^{(k)})$为函数$f(\boldsymbol{X})$在点$\boldsymbol{X}^{(k)}$的海赛矩阵，是一个$n\times n$阶对称方阵，记为$\boldsymbol{H}_k$。

则二次函数$\phi(\boldsymbol{X})$可写为如下形式：

$$\phi(\boldsymbol{X})=f_k+\boldsymbol{g}_k^{\mathrm{T}}(\boldsymbol{X}-\boldsymbol{X}^{(k)})+\frac{1}{2}(\boldsymbol{X}-\boldsymbol{X}^{(k)})^{\mathrm{T}}\boldsymbol{H}_k(\boldsymbol{X}-\boldsymbol{X}^{(k)})$$

求$\phi(\boldsymbol{X})$的极小点$\boldsymbol{X}_\phi^*$，根据无约束优化问题取得极值的必要条件，可知函数在极值点处梯度为零，即

$$\nabla\phi(\boldsymbol{X})=\boldsymbol{g}_k+\boldsymbol{H}_k(\boldsymbol{X}-\boldsymbol{X}^{(k)})=\boldsymbol{0}$$

所以

$$\boldsymbol{H}_k(\boldsymbol{X}_\phi^*-\boldsymbol{X}^{(k)})=-\boldsymbol{g}_k$$

两边同时左乘$\boldsymbol{H}_k^{-1}$，并移项，得

$$\boldsymbol{X}_\phi^*=\boldsymbol{X}^{(k)}-\boldsymbol{H}_k^{-1}\boldsymbol{g}_k$$

式中，$\boldsymbol{H}_k^{-1}$为目标函数在$\boldsymbol{X}^{(k)}$处的海赛矩阵的逆矩阵。

取$\boldsymbol{X}_\phi^*$作为$f(\boldsymbol{X})$的下一个迭代点$\boldsymbol{X}^{(k+1)}$,则有

$$\boldsymbol{X}^{(k+1)}=\boldsymbol{X}^{(k)}-\boldsymbol{H}_k^{-1}\boldsymbol{g}_k$$

即为原始牛顿法的迭代公式。由上式可知，牛顿法的搜索方向为$\boldsymbol{S}^{(k)}=-\boldsymbol{H}_k^{-1}\boldsymbol{g}_k$，该方向称为牛顿方向，其步长恒等于1，是一种定步长的迭代方法。

综上所述，原始牛顿法的特点如下：

1）若目标函数为二次函数，从任意初始点出发，用原始牛顿法只需迭代一次即找到最优点。若某一迭代方法能使二次型函数在有限次迭代内到达极小点，则称此迭代方法具有二次收敛性，可见，原始牛顿法是一种具有二次收敛性的算法。

2）由于迭代公式中步长恒取$\alpha^{(k)}=1$，在迭代过程中有时会使函数值上升，见例4-5。改进措施为在原始牛顿法中增加阻尼因子，即采用阻尼牛顿法。

例4-4 试用原始牛顿法求解无约束优化问题$\min f(\boldsymbol{X})=x_1^2+25x_2^2$，给定初始点$\boldsymbol{X}^{(0)}=(2,\ 2)^{\mathrm{T}}$，迭代精度取$\varepsilon=0.005$。

解 求目标函数$f(\boldsymbol{X})$在初始点$\boldsymbol{X}^{(0)}$的梯度,得

$$g=\nabla f(\boldsymbol{X}^{(0)})=\begin{pmatrix}\dfrac{\partial f}{\partial x_1}\\[2ex]\dfrac{\partial f}{\partial x_2}\end{pmatrix}_{\boldsymbol{X}^{(0)}}=\begin{pmatrix}2x_1\\50x_2\end{pmatrix}_{\boldsymbol{X}^0}=\begin{pmatrix}4\\100\end{pmatrix}$$

计算函数$f(\boldsymbol{X})$在$\boldsymbol{X}^{(0)}$处的海赛矩阵，得

$$\boldsymbol{H}=\nabla^2 f(\boldsymbol{X}^{(0)})=\begin{pmatrix}2&0\\0&50\end{pmatrix}$$

计算海赛矩阵的逆矩阵，得

$$\boldsymbol{H}^{-1}=\frac{\boldsymbol{H}^*}{|\boldsymbol{H}|}=\frac{1}{\begin{vmatrix}2&0\\0&50\end{vmatrix}}\begin{pmatrix}50&0\\0&2\end{pmatrix}=\begin{pmatrix}\dfrac{1}{2}&0\\0&\dfrac{1}{50}\end{pmatrix}$$

求迭代点

$$\boldsymbol{X}^{(1)}=\boldsymbol{X}^{(0)}-\boldsymbol{H}^{-1}\boldsymbol{g}=\begin{pmatrix}2\\2\end{pmatrix}-\begin{pmatrix}\frac{1}{2} & 0\\0 & \frac{1}{50}\end{pmatrix}\begin{pmatrix}4\\100\end{pmatrix}=\begin{pmatrix}2\\2\end{pmatrix}-\begin{pmatrix}2\\2\end{pmatrix}=\begin{pmatrix}0\\0\end{pmatrix}$$

该点梯度为 **0**，满足迭代终止条件。由此可见，用原始牛顿法一次迭代即到达该二次函数的极小点。

例 4-5 试用原始牛顿法求解如下无约束优化问题：

$$f(\boldsymbol{X})=x_1^4-2x_1^2x_2+x_1^2+2x_2^2-2x_1x_2+\frac{9}{2}x_1-4x_2+4$$

给定初始点 $\boldsymbol{X}^{(0)}=(-0.2,\ 0.2)^{\mathrm{T}}$。

解 目标函数 $f(\boldsymbol{X})$ 在 $\boldsymbol{X}^{(0)}$ 处的梯度为

$$g_0=\nabla f(\boldsymbol{X}^{(0)})=\begin{pmatrix}4x_1^3-4x_1x_2+2x_1-2x_2+\frac{9}{2}\\-2x_1^2+4x_2-2x_1-4\end{pmatrix}_{\boldsymbol{X}^{(0)}}=\begin{pmatrix}3.828\\-2.88\end{pmatrix}$$

计算该梯度的模，得

$$\|\boldsymbol{g}_0\|=4.7904$$

函数 $f(\boldsymbol{X})$ 在 $\boldsymbol{X}^{(0)}$ 处的海赛矩阵为

$$\boldsymbol{H}_0=\boldsymbol{H}(\boldsymbol{X}^{(0)})=\begin{pmatrix}12x_1^2-4x_2+2 & -4x_1-2\\-4x_1-2 & 4\end{pmatrix}_{\boldsymbol{X}^{(0)}}=\begin{pmatrix}1.68 & -1.2\\-1.2 & 4\end{pmatrix}$$

计算该海赛矩阵的逆矩阵,得

$$\boldsymbol{H}_0^{-1}=\frac{\boldsymbol{H}_0^*}{|\boldsymbol{H}_0|}=\frac{1}{\begin{vmatrix}1.68 & -1.2\\-1.2 & 4\end{vmatrix}}\begin{pmatrix}4 & 1.2\\1.2 & 1.68\end{pmatrix}=\frac{1}{5.28}\begin{pmatrix}4 & 1.2\\1.2 & 1.68\end{pmatrix}=\frac{1}{66}\begin{pmatrix}50 & 15\\15 & 21\end{pmatrix}$$

计算迭代点

$$\boldsymbol{X}^{(1)}=\boldsymbol{X}^{(0)}-\boldsymbol{H}_0^{-1}\boldsymbol{g}_0=\begin{pmatrix}-0.2\\0.2\end{pmatrix}-\frac{1}{66}\begin{pmatrix}50 & 15\\15 & 21\end{pmatrix}\begin{pmatrix}3.828\\-2.88\end{pmatrix}=\begin{pmatrix}-2.4455\\0.2464\end{pmatrix}$$

$$f(\boldsymbol{X}^{(0)})=2.4856$$

$$f(\boldsymbol{X}^{(1)})=32.135537>f(\boldsymbol{X}^{(0)})$$

可见，新点的函数值比旧点的函数值大，函数值上升。

讨论：

1）若取初始点为 $\boldsymbol{X}^{(0)}=(1,\ 1)^{\mathrm{T}}$，计算其函数值 $f(\boldsymbol{X}^{(0)})=4.5$；

2）采用原始牛顿法搜索，算得迭代点：$\boldsymbol{X}^{(1)}=(2.5,4.25)^{\mathrm{T}}$；

3）新迭代点的函数值：$f(\boldsymbol{X}^{(1)})=5.3125>f(\boldsymbol{X}^{(0)})=4.5$，函数值依旧上升。

上例说明原始牛顿法并不能保证迭代点的函数值稳定下降，有时甚至可能造成迭代点序列发散而导致求优计算失败。造成这一现象的主要原因是，在原始牛顿法的推导过程中使用了函数 $\phi(\boldsymbol{X})$ 取得极值的必要条件（函数在极值点处的梯度为零），但这只是函数在该点取得极值而非在该点一定取得极小值的必要条件，亦即函数可能在该点取得极大值。如函数在该点取得极大值，函数值势必上升而非下降。

4.5.2　阻尼牛顿法

为了保证每次迭代的函数值有所下降，需对原始牛顿法进行改进——在原始牛顿法基础上，增加最优步长因子 $\alpha^{(k)}$，即将迭代公式改为

$$X^{(k+1)}=X^{(k)}-\alpha^{(k)}H_k^{-1}g_k$$

式中，$\alpha^{(k)}$ 又称为阻尼因子，它可通过沿牛顿方向 $S^{(k)}=-H_k^{-1}g_k$ 进行一维搜索算得数值，由于 $\alpha^{(k)}$ 取值可正可负，这样就保证了新点函数值的下降性。

当目标函数的海赛矩阵在迭代区域处处正定时，阻尼牛顿法能够保证每次迭代的目标函数值有所下降，因此，它既保持了原始牛顿法的二次收敛性质，对于非二次函数其迭代点也具有稳定的函数值下降性，而且对于初始点的选择没有苛刻的要求。

阻尼牛顿法的算法步骤如下：

1）给定初始点 $X^{(0)}$、迭代精度 ε，置 $k\leftarrow 0$。

2）计算 $X^{(k)}$ 点的梯度及其模：

$$g_k=\nabla f(X^{(k)})=\left(\frac{\partial f}{\partial x_1},\frac{\partial f}{\partial x_2},\cdots,\frac{\partial f}{\partial x_n}\right)^{\mathrm{T}}$$

$$\|g_k\|=\sqrt{\sum_{i=1}^{n}\left(\frac{\partial f}{\partial x_i}\right)^2}$$

3）迭代终止条件判断

$$\|g_k\|\leqslant\varepsilon$$

若满足该条件，则输出最优解

$$X^*\leftarrow X^{(k)},\ f^*\leftarrow f(X^{(k)})$$

若不满足，则转到下一步。

4）计算目标函数在点 $X^{(k)}$ 处的海赛矩阵 H_k 及其逆矩阵 H_k^{-1}。

5）计算牛顿方向 $S^{(k)}=-H_k^{-1}g_k$，并沿牛顿方向作一维搜索，求出在 $S^{(k)}$ 方向上的最优步长 $\alpha^{(k)}$。

6）计算第 $k+1$ 个迭代点 $X^{(k+1)}=X^{(k)}-\alpha^{(k)}H_k^{-1}g_k$。

7）置 $k\leftarrow k+1$，返回步骤2)。

阻尼牛顿法的计算流程图如图4-10所示。

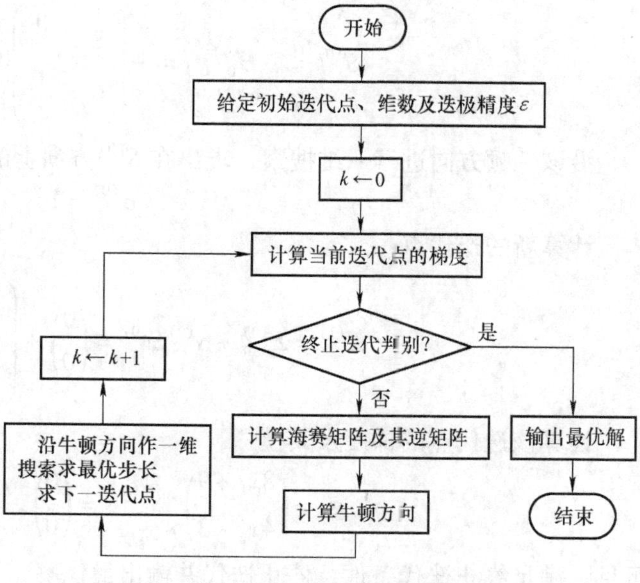

图4-10　阻尼牛顿法的计算流程图

4.5.3　牛顿型方法的特点

牛顿法在具有二次收敛性优点的同时，也存在着明显的不足：

（1）对目标函数有较严格的要求　梯度和海赛矩阵的计算要求函数必须具有连续的一阶、二阶偏导数，且函数的海赛矩阵必须正定非奇异。

（2）计算量大且十分复杂　每次迭代都要求计算海赛矩阵及其逆矩阵，当维数 n 较高时，对计算机的内存和计算速度要求很高。

正因为如此，牛顿法的应用受到了一定的限制。为此，人们提出了一些对牛顿型方法进行改进的新方法，变尺度法即属于此类方法之一。

例 4-6　试用阻尼牛顿法求解如下无约束优化问题：

$$\min f(\boldsymbol{X})=4(x_1+1)^2+2(x_2-1)^2+x_1+x_2+10$$

给定初始点 $\boldsymbol{X}^{(0)}=(0,0)^{\mathrm{T}}$，$\varepsilon=10^{-5}$。

解　目标函数 $f(\boldsymbol{X})$ 在 $\boldsymbol{X}^{(0)}$ 处的梯度为

$$\boldsymbol{g}_0=\nabla f(\boldsymbol{X}^{(0)})=\begin{pmatrix}8x_1+9\\4x_2-3\end{pmatrix}_{\boldsymbol{X}^{(0)}}=\begin{pmatrix}9\\-3\end{pmatrix}$$

函数 $f(\boldsymbol{X})$ 在 $\boldsymbol{X}^{(0)}$ 处的海赛矩阵为

$$\boldsymbol{H}_0=\boldsymbol{H}(\boldsymbol{X}^{(0)})=\begin{pmatrix}8&0\\0&4\end{pmatrix}$$

该海赛矩阵的逆矩阵为

$$\boldsymbol{H}_0^{-1}=\begin{pmatrix}\dfrac{1}{8}&0\\0&\dfrac{1}{4}\end{pmatrix}$$

计算本次搜索的牛顿方向，得

$$\boldsymbol{S}^{(0)}=-\boldsymbol{H}_0^{-1}\boldsymbol{g}_0=-\begin{pmatrix}\dfrac{1}{8}&0\\0&\dfrac{1}{4}\end{pmatrix}\begin{pmatrix}9\\-3\end{pmatrix}=\begin{pmatrix}-\dfrac{9}{8}\\\dfrac{3}{4}\end{pmatrix}$$

沿该牛顿方向进行一维搜索，求出在 $\boldsymbol{S}^{(0)}$ 方向上的最佳步长得

$$\alpha^{(0)}=1$$

计算新的迭代点

$$\boldsymbol{X}^{(1)}=\boldsymbol{X}^{(0)}+\alpha^{(0)}\boldsymbol{S}^{(0)}=\begin{pmatrix}0\\0\end{pmatrix}+\begin{pmatrix}-\dfrac{9}{8}\\\dfrac{3}{4}\end{pmatrix}=\begin{pmatrix}-\dfrac{9}{8}\\\dfrac{3}{4}\end{pmatrix}$$

计算该迭代点的梯度及其模：

$$\boldsymbol{g}_1=\begin{pmatrix}8x_1+9\\4x_2-3\end{pmatrix}_{\left(-\frac{9}{8},\frac{3}{4}\right)}=\begin{pmatrix}0\\0\end{pmatrix},\quad \|\boldsymbol{g}_1\|=0<\varepsilon$$

可见，满足终止迭代条件，停止迭代并输出最优解

$$\boldsymbol{X}^*=\left(-\frac{9}{8}\quad\frac{3}{4}\right)^{\mathrm{T}},\ f^*=f(\boldsymbol{X}^*)=9.8125$$

4.6　DFP 变尺度法

变尺度法是对于牛顿法进行了重大改进的一种方法，被公认为求解无约束极值问题最有

效的算法之一，在工程优化设计中得到了广泛应用。本节介绍的变尺度法最先由 Davidon 于 1959 年提出，后来又经 Fletcher 和 Powell 加以发展和完善，故称 DFP 变尺度法或 DFP 法。

如前所述，牛顿型方法虽然收敛很快，但需计算 $\boldsymbol{X}^{(k)}$ 点处的海赛矩阵 $\boldsymbol{H}_k$ 并求其逆矩阵 $\boldsymbol{H}_k^{-1}$，才能求得牛顿方向 $\boldsymbol{S}^{(k)}=-\boldsymbol{H}_k^{-1}\boldsymbol{g}_k$，计算十分繁琐。如果能设法构造一个对称正定矩阵 $\boldsymbol{A}_k$ 来代替 $\boldsymbol{H}_k^{-1}$，并在迭代过程中使得 $\boldsymbol{A}_k$ 逐渐逼近 $\boldsymbol{H}_k^{-1}$，那么就简化了牛顿法的计算，并保持了牛顿法快速收敛的优点，这就是变尺度法的基本思想。由于这类方法的迭代形式与牛顿法类似，不同的是在迭代公式 $\boldsymbol{X}^{(k+1)}=\boldsymbol{X}^{(k)}-\alpha^{(k)}\boldsymbol{H}_k^{-1}\boldsymbol{g}_k$ 中，用 $\boldsymbol{A}_k$ 来代替 $\boldsymbol{H}_k^{-1}$ 并在迭代过程中使 $\boldsymbol{A}_k$ 逐渐逼近 $\boldsymbol{H}_k^{-1}$，故又被称为拟牛顿法。

变尺度法的迭代公式为

$$\boldsymbol{X}^{(k+1)}=\boldsymbol{X}^{(k)}-\alpha^{(k)}\boldsymbol{A}_k\boldsymbol{g}_k$$

式中，$\boldsymbol{A}_k$ 是人们根据需要构造的一个 $n\times n$ 阶对称方阵，且随着迭代点位置的变化而变化，是一个矩阵序列；$\boldsymbol{g}_k$ 为函数的梯度，即 $\boldsymbol{g}_k=\nabla f(\boldsymbol{X}^{(k)})$；$\boldsymbol{S}^{(k)}=-\boldsymbol{A}_k\boldsymbol{g}_k$，为搜索方向。

有几种情况需要说明：

1）如果令 $\boldsymbol{A}_k=\boldsymbol{E}$（单位矩阵），则上述迭代公式即为梯度法的迭代公式，即

$$\boldsymbol{X}^{(k+1)}=\boldsymbol{X}^{(k)}-\alpha^{(k)}\boldsymbol{g}_k$$

2）如果令 $\boldsymbol{A}_k=\boldsymbol{H}_k^{-1}$（海赛矩阵的逆矩阵），则上述迭代公式就是阻尼牛顿法的迭代公式，即

$$\boldsymbol{X}^{(k+1)}=\boldsymbol{X}^{(k)}-\alpha^{(k)}\boldsymbol{H}_k^{-1}\boldsymbol{g}_k$$

3）如果令 $\boldsymbol{A}_K=\boldsymbol{H}_k^{-1}$（海赛矩阵的逆矩阵）且步常因子 $\alpha^{(k)}=1$，则上述迭代公式就是原始牛顿法的迭代公式，即

$$\boldsymbol{X}^{(k+1)}=\boldsymbol{X}^{(k)}-\boldsymbol{H}_k^{-1}\boldsymbol{g}_k$$

可见，若在初始点 $\boldsymbol{X}^{(0)}$ 处取 $\boldsymbol{A}_0=\boldsymbol{E}$，则变尺度法的第一个搜索方向为负梯度方向。如果随着迭代过程的进行，不断地修正矩阵 $\boldsymbol{A}_k$，使它逐步地逼近函数在迭代点 $\boldsymbol{X}^{(k)}$ 处的海赛矩阵的逆矩阵 $\boldsymbol{H}_k^{-1}$，则变尺度法的迭代方向就逐步趋于牛顿方向。这样，就综合了梯度法和牛顿法的优点，从而形成了一种更为有效的新的算法。变尺度法迭代公式中的 $-\boldsymbol{A}_k\boldsymbol{g}_k$ 即为变尺度法所规定的搜索方向 $\boldsymbol{S}^{(k)}=-\boldsymbol{A}_k\boldsymbol{g}_k$，称为拟牛顿方向。

变尺度法中的 $n\times n$ 阶对称方阵 $\boldsymbol{A}_k$ 可以看成是搜索过程中的一种尺度变换矩阵，它从一次迭代到另一次迭代是变化的。

所以，如何构造变尺度矩阵 $\boldsymbol{A}_k$ 是实现变尺度法基本构想的关键。

4.6.1　DFP 变尺度法构造矩阵序列的产生

根据线性代数的有关知识，正定二次 n 维函数 $f(\boldsymbol{X})$ 可写成如下矩阵表达式：

$$f(\boldsymbol{X})=\frac{1}{2}\boldsymbol{X}^{\mathrm{T}}\boldsymbol{H}\boldsymbol{X}+\boldsymbol{B}^{\mathrm{T}}\boldsymbol{X}+C$$

其梯度的矩阵表达式为

$$\boldsymbol{g}_k=\boldsymbol{H}\boldsymbol{X}^{(k)}+\boldsymbol{B}$$

$$\boldsymbol{g}_{k+1}=\boldsymbol{H}\boldsymbol{X}^{(k+1)}+\boldsymbol{B}$$

$$\boldsymbol{g}_{k+1}-\boldsymbol{g}_k=\boldsymbol{H}(\boldsymbol{X}^{(k+1)}-\boldsymbol{X}^{(k)})$$

设
$$Y_k = g_{k+1} - g_k \text{（称为梯度矢量差）}$$
$$S_k = X^{(k+1)} - X^{(k)} \text{（迭代中两点的距离，称为位移矢量）}$$
则有
$$S_k = H_k^{-1} Y_k$$
现在需构造一个矩阵 A_{k+1} 来代替 H_k^{-1}，要求其满足
$$S_k = A_{k+1} Y_k$$
这就是产生构造矩阵 A_{k+1} 应满足的条件，称为拟牛顿条件。

如果已知在第 k 次迭代中的矩阵 A_k、位移矢量 S_k 和梯度矢量差 Y_k，令
$$A_{k+1} = A_k + \Delta A$$
式中，ΔA 称为校正矩阵，则产生构造矩阵序列 $A_k(k=0,1,2,\cdots)$ 的计算将十分简单。上式称为校正公式。这样，A_k 的计算即为简单迭代计算，接下来的关键问题是 ΔA 该如何求得。

通过反复推论，由 W. C. Davidon 提出并经 R. Fletcher 和 M. J. Powell 的修改，求得校正矩阵为
$$\Delta A = \frac{S_k S_k^{\mathrm{T}}}{S_k^{\mathrm{T}} Y_k} - \frac{A_k Y_k (A_k Y_k)^{\mathrm{T}}}{Y_k^{\mathrm{T}} A_k Y_k}$$
即得到构造矩阵的校正公式为
$$A_{k+1} = A_k + \frac{S_k S_k^{\mathrm{T}}}{S_k^{\mathrm{T}} Y_k} - \frac{A_k Y_k (A_k Y_k)^{\mathrm{T}}}{Y_k^{\mathrm{T}} A_k Y_k}$$
其中，$A_0 = E$，此公式为 DFP 变尺度法构造矩阵的递推公式，通常称为 DFP 公式。

由上式可见，第 $k+1$ 次构造矩阵 A_{k+1} 取决于在第 k 次迭代中的构造矩阵 A_k、迭代点位移矢量 S_k 和梯度矢量差 Y_k，而不必计算海赛矩阵及求其逆矩阵，计算难度大为降低。

4.6.2 变尺度法的特点

DFP 法的校正公式 $A_{k+1} = A_k + \dfrac{S_k S_k^{\mathrm{T}}}{S_k^{\mathrm{T}} Y_k} - \dfrac{A_k Y_k (A_k Y_k)^{\mathrm{T}}}{Y_k^{\mathrm{T}} A_k Y_k}$ 总有确切的解；DFP 法的构造矩阵序列 A_1，A_2，…都是正定矩阵，这也保证了搜索方向 $S^{(k)}$ 与负梯度方向这两个矢量的点积应为正，即 $S^{(k)} \cdot (-g_k) > 0$（或者说它们的夹角为锐角），即保证了拟牛顿方向 $S^{(k)} = -A_k g_k$ 指向目标函数的下降方向，所以每次迭代都能使目标函数值单调下降；可以证明，DFP 变尺度法搜索方向 $S^{(0)}, S^{(1)}, S^{(2)}, \cdots, S^{(n-1)}$ 为一组关于海赛矩阵 H 的共轭矢量，故 DFP 变尺度法属于共轭方向法。

但实际上，由于每次迭代的一维搜索只能获得一定的精确度，且存在机器运算的舍入误差，构造矩阵的正定性仍可能遭到破坏，从而不能完全保证每次迭代都能使目标函数值单调下降。为了提高实际计算中的稳定性，通常采用的办法是在 n 次迭代后重新将 A_k 设置为单位矩阵。

1970 年，Broyden、Fletcher、Goldstein、Shanno 等人导出了一种更为稳定的构造矩阵迭代公式，即 BFGS 变尺度公式。
$$A_{k+1} = A_k + \frac{1}{S_k^{\mathrm{T}} Y_k}\left[\left(1 + \frac{Y_k^{\mathrm{T}} A_k Y_k}{S_k^{\mathrm{T}} Y_k}\right) S_k S_k^{\mathrm{T}} - A_k Y_k S_k^{\mathrm{T}} - S_k Y_k^{\mathrm{T}} A_k\right]$$
此后，又出现了许多变尺度的算法，读者可查阅有关资料。

4.6.3 DFP 变尺度法的迭代步骤

DFP 变尺度法的算法流程图如图 4-11 所示。

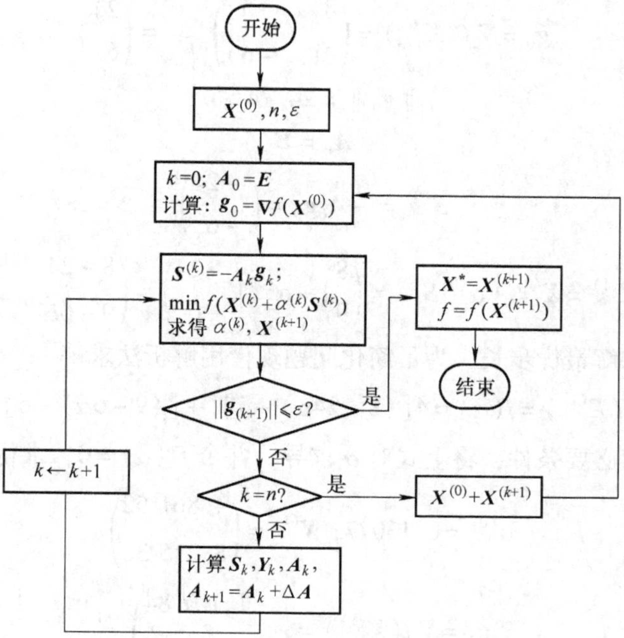

图 4-11 DFP 变尺度法的算法流程图

其迭代步骤如下:

1) 选取初始点 $X^{(0)}$, 给定迭代收敛精度 ε, 计算初始点梯度 $g_k\leftarrow\nabla f(X^{(0)})$ 及其模 $\|g_k\|$, 若 $\|g_k\|\leqslant\varepsilon$, 转步骤 7); 否则, 转入下一步。

2) 置 $k\leftarrow 0$, 取 $A_k=E$。

3) 计算迭代方向 $S^{(k)}=-A_k g_k$, 沿该方向作一维搜索求最优步长 $\alpha^{(k)}$, 使

$$f(X^{(k)}+\alpha^{(k)}S^{(k)})=\min f(X^{(k)}+\alpha S^{(k)})$$

算得下一个迭代点

$$X^{(k+1)}=X^{(k)}+\alpha^{(k)}S^{(k)}$$

4) 计算 $X^{(k+1)}$ 处的梯度 $g_{k+1}\leftarrow\nabla f(X^{(k+1)})$ 及其模 $\|g_{k+1}\|$, 若 $\|g_{k+1}\|\leqslant\varepsilon$, 转步骤 7); 否则, 转入下一步。

5) 计算位移矢量 S_k 和梯度矢量差 Y_k:

$$S_k=X^{(k+1)}-X^{(k)},\ Y_k=g_{k+1}-g_k$$

计算构造矩阵

$$A_{k+1}=A_k+\frac{S_k S_k^{\mathrm{T}}}{S_k^{\mathrm{T}}Y_k}-\frac{A_k Y_k(A_k Y_k)^{\mathrm{T}}}{Y_k^{\mathrm{T}}A_k Y_k}$$

6) 置 $k\leftarrow k+1$, 若 $k=n$ (n 为优化问题的维数), 返回步骤 2); 否则, 返回步骤 3)。

7) 终止计算, 输出最优解 (X^*, f^*)。

例 4-7 试用 DFP 变尺度法求解如下无约束优化问题:

$$\min f(\boldsymbol{X}) = 4(x_1-5)^2 + (x_2-6)^2$$

给定初始点 $\boldsymbol{X}^{(0)} = (8, 9)^{\mathrm{T}}$，迭代精度 $\varepsilon = 0.01$。

解 进行第一次迭代：

$$\boldsymbol{g}_0 = \nabla f(\boldsymbol{X}^{(0)}) = \begin{pmatrix} 8(x_1-5) \\ 2(x_2-6) \end{pmatrix}_{(8,9)} = \begin{pmatrix} 24 \\ 6 \end{pmatrix}$$

$$\|\boldsymbol{g}_0\| = 24.74 > \varepsilon$$

$$\boldsymbol{A}_0 = \boldsymbol{E}$$

$$\boldsymbol{S}^{(0)} = -\boldsymbol{A}_0\boldsymbol{g}_0 = \begin{pmatrix} -24 \\ -6 \end{pmatrix}$$

$$\boldsymbol{X}^{(1)} = \boldsymbol{X}^{(0)} + \alpha^{(0)}\boldsymbol{S}^{(0)} = \begin{pmatrix} 8 \\ 9 \end{pmatrix} + \alpha^{(0)}\begin{pmatrix} -24 \\ -6 \end{pmatrix} = \begin{pmatrix} 8-24\alpha^{(0)} \\ 9-6\alpha^{(0)} \end{pmatrix}$$

应用一维搜索方法求解最优步长，为了简化问题现借用解析法求解

$$f(\boldsymbol{X}^{(1)}) = f(\alpha) = 4[(8-24\alpha)-5]^2 + [(9-6\alpha)-6]^2$$

的极小点，根据极值必要条件，将上式对 α 求导，并令 $f'(\alpha)=0$，求得

$$\alpha^{(0)} = 0.13077,\ \boldsymbol{X}^{(1)} = \begin{pmatrix} 4.861\,52 \\ 8.215\,38 \end{pmatrix}$$

$$\boldsymbol{g}_1 = \nabla f(\boldsymbol{X}^{(1)}) = \begin{pmatrix} -1.107\,84 \\ 4.430\,76 \end{pmatrix}$$

$$\|\boldsymbol{g}_1\| = 4.567\,16 > \varepsilon$$

进行第二次迭代。

计算 $\boldsymbol{X}^{(1)}$ 点的拟牛顿方向 $\boldsymbol{S}^{(1)}$：

$$\boldsymbol{S}_0 = \boldsymbol{X}^{(1)} - \boldsymbol{X}^{(0)} = \begin{pmatrix} -3.138\,48 \\ -0.784\,62 \end{pmatrix}$$

$$\boldsymbol{Y}_0 = \boldsymbol{g}_1 - \boldsymbol{g}_0 = \begin{pmatrix} -25.107\,84 \\ -1.569\,24 \end{pmatrix}$$

按 DFP 公式计算构造矩阵

$$\boldsymbol{A}_1 = \boldsymbol{A}_0 + \frac{\boldsymbol{S}_0\boldsymbol{S}_0^{\mathrm{T}}}{\boldsymbol{S}_0^{\mathrm{T}}\boldsymbol{Y}_0} - \frac{\boldsymbol{A}_0\boldsymbol{Y}_0(\boldsymbol{A}_0\boldsymbol{Y}_0)^{\mathrm{T}}}{\boldsymbol{Y}_0^{\mathrm{T}}\boldsymbol{A}_0\boldsymbol{Y}_0}$$

代入相关数据计算得

$$\boldsymbol{A}_1 = \begin{pmatrix} 0.126\,97 & -0.031\,487 \\ -0.031\,487 & 1.003\,801 \end{pmatrix}$$

故拟牛顿方向为

$$\boldsymbol{S}^{(1)} = -\boldsymbol{A}_1\boldsymbol{g}_1 = \begin{pmatrix} 0.280\,17 \\ -4.482\,48 \end{pmatrix}$$

沿 $\boldsymbol{S}^{(1)}$ 方向进行一维搜索求最优点 $\boldsymbol{X}^{(2)}$，求得一维搜索步长为

$$\alpha^{(1)} = 0.4942$$

计算迭代点并判断是否满足迭代终止条件

$$\boldsymbol{X}^{(2)} = \boldsymbol{X}^{(1)} + \alpha^{(1)}\boldsymbol{S}^{(1)} = \begin{pmatrix} 4.99998 \\ 6.00014 \end{pmatrix}$$

$$\boldsymbol{g}_2 = \nabla f(\boldsymbol{X}^{(2)}) = \begin{pmatrix} -0.00016 \\ 0.00028 \end{pmatrix}$$

$$\| \boldsymbol{g}_2 \| = 0.00032 < \varepsilon$$

满足精度要求，终止迭代并输出优化解

$$\boldsymbol{X}^* = \boldsymbol{X}^{(2)} = \begin{pmatrix} 4.99998 \\ 6.00014 \end{pmatrix}, f^* = f(\boldsymbol{X}^*) = 2.1 \times 10^{-8}$$

习　题

4.1　用坐标轮换法求解 $\min f(\boldsymbol{X}) = 2x_1^2 + 3x_2^2 - 8x_1 + 10$，给定初始点 $\boldsymbol{X}^{(0)} = (1,2)^{\mathrm{T}}$，精度要求 $\varepsilon = 0.3$。

4.2　用梯度法求解 $\min f(\boldsymbol{X}) = (x_1 - 1)^2 + (x_2 - 2)^2$，给定初始点 $\boldsymbol{X}^{(0)} = (0, 0)^{\mathrm{T}}$，$\varepsilon = 0.1$。

4.3　用共轭梯度法求函数 $f(\boldsymbol{X}) = x_1^2 + 16x_2^2$ 的极小点及极小值，设 $\boldsymbol{X}^{(0)} = (2,2)^{\mathrm{T}}$，$\varepsilon = 0.01$。

4.4　用牛顿法求解习题 4-2。

4.5　用阻尼牛顿法求解

$$\min f(\boldsymbol{X}) = 2x_1^3 + 4x_1x_2^3 - 10x_1x_2 + x_2^2$$

设 $\boldsymbol{X}^{(0)} = (5,1.2)^{\mathrm{T}}, \varepsilon \leqslant 0.01$。

第 5 章　约束优化方法

实际工程中的优化问题大多属于有约束的问题，其数学模型为

$$\min f(\boldsymbol{X})\ (\boldsymbol{X}\in D\subset\mathbf{R}^n)$$

$$\text{s. t.}\ h_v(\boldsymbol{X})=0\ (v=1,2,\cdots,p)$$

$$g_u(\boldsymbol{X})\leqslant 0\ (u\leqslant 1,2,\cdots,m)$$

求解这类问题的方法称为约束优化方法。根据对约束条件的处理方法不同，约束优化方法可以分为两大类，即直接法和间接法。

直接法通常适用于仅含不等式约束的问题，其基本思想是设法把每一次迭代产生的新迭代点都限制在可行域内，并一步一步地降低迭代点的目标函数值，直到获得一个可行域内的最优解。在迭代过程中，对每一个迭代点 $\boldsymbol{X}^{(k+1)}$ 都要进行可行性和下降性条件的检验。

可行性条件是指迭代点 $\boldsymbol{X}^{(k+1)}$ 必须在可行域内，即满足

$$g_j(\boldsymbol{X}^{(k+1)})\leqslant 0\ (j=1,2,\cdots,p)$$

下降性条件是指迭代点 $\boldsymbol{X}^{(k+1)}$ 的目标函数值较前一点是下降的，即满足

$$f(\boldsymbol{X}^{(k+1)})<f(\boldsymbol{X}^{(k)})$$

间接法的基本思想是按照一定的原则构造一个包含原目标函数和所有约束条件在内的新目标函数，使约束优化问题通过一定形式的变换，转化为无约束优化问题，然后用无约束优化方法进行求解。

5.1　约束坐标轮换法

作为直接法的一种，现以二维约束优化问题为例（见图 5-1）介绍这种方法的基本思想。

1）初始点 $\boldsymbol{X}^{(0)}$ 应为可行点，必须选在可行域内。

2）沿坐标轴 $\boldsymbol{e}_i$ 方向搜索的迭代步长不能采用最优步长，而应采用加倍或加速步长 $\alpha\to2\alpha\to4\alpha\to8\alpha\to\cdots$ 的方法，即在某一方向搜索，其步长应由初始步长逐渐加大进行迭代，因为按最优步长所得新迭代点 $\boldsymbol{X}^{(k+1)}$ 可能会越出可行域成为非可行点。

3）对于每次迭代得到的新迭代点 $\boldsymbol{X}^{(k+1)}$，都要检查其下降性和可行性，即

$$f(\boldsymbol{X}^{(k+1)})<f(\boldsymbol{X}^{(k)})$$

$$g_j(\boldsymbol{X}^{(k+1)})\leqslant 0\ (j=1,2,\cdots,p)$$

若不满足，则应减小步长，将迭代点回缩到可行域。

4）沿某坐标轴方向搜索时，通常先沿正向搜索，若不满足下降、可行条件，则应改为反向搜索。

5）当不论沿哪个坐标轴方向进行搜索，都不能找到同时满足下降性和可行性条件的新迭代点时，即可终止迭代。

6）若要提高求解精度，可以将步长缩短（如逐次减小步长，即乘以小于 1 的正数），再继续迭代，当步长减小到某一充分小数即 $\alpha < \varepsilon$ 时，可把最后得到的设计点，作为最优点。

7）如图 5-1 所示，本方法存在着无法克服的缺陷——易出现伪最优点（也称死点）。

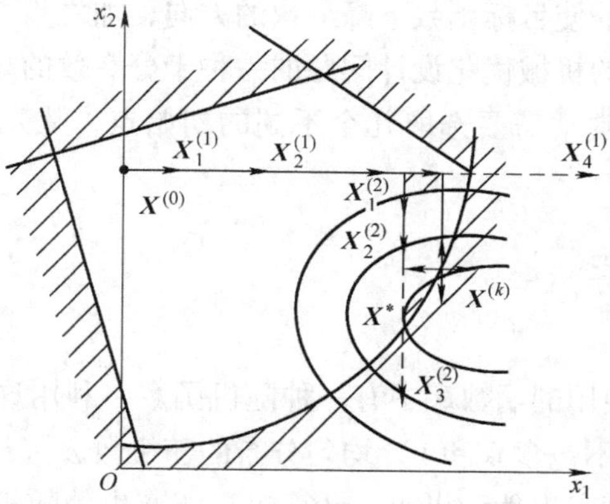

图 5-1　二维约束优化问题的坐标轮换法迭代过程

5.2　随机方向法

随机方向法属于直接解法，该方法既适用于无约束优化问题的求解，也适用于约束优化问题的求解，但对于约束优化问题，该方法仅适用于只有不等式约束情况。如图 5-2 所示，在可行域内选择一个初始点 $X^{(0)}$，分别沿着随机方向 $S^{(k)}$（$k = 0, 1, 2, 3, \cdots$）进行搜索，并进行对比，从中找出下降最快的可行性搜索方向。

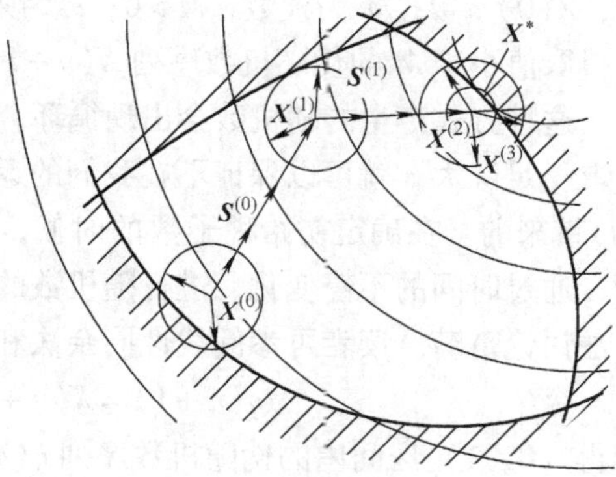

图 5-2　随机方向法

当在可行域内的初始点 $X^{(0)}$ 选定后，利用随机数的概率特性产生若干个随机方向作为搜索方向，分别沿这些搜索方向按给定的步长 $\alpha \leftarrow \alpha^{(0)}$ 取试探点 $X = X^{(0)} + \alpha S^{(1)}$。

检查分别沿这些随机方向得到的若干个 X 点的下降性和可行性，即检查是否满足

$$f(X) < f(X^{(0)})$$

和

$$X \in D$$

从那些同时满足下降性和可行性的迭代点中找出函数值下降最大的点，连接初始点和该点作为本次搜索的方向，并将 $S^{(1)}$ 加大步长，迭代点可沿 $S^{(1)}$ 方向前进，直至所得迭代点不能同时满足下降性和可行性条件时为止，退到前一点作为该方向搜索的最终成功点，记为 $X^{(1)}$。

将 $X^{(1)}$ 作为新的始点 $X^{(0)} \leftarrow X^{(1)}$，再产生若干随机方向，从该新的始点出发，分别沿这些随机方向试走一个小步长，得到若干新搜索点，从中找出函数值最小的下降可行点，连接

该新始点和该函数值最小的下降可行点作为搜索方向 $\boldsymbol{S}^{(2)}$，以步长 $\alpha \leftarrow \alpha^{(0)}$ 重复以上过程，得到沿 $\boldsymbol{S}^{(2)}$ 方向的最终成功点 $\boldsymbol{X}^{(3)}$，如此循环，所得迭代点序列将无限逼近于约束最优点 $\boldsymbol{X}^*$。当步长足够小，又找不到新的下降可行方向时，即可停止迭代。

随机方向法对目标函数的性态没有特殊要求，程序设计简单，使用方便。由于搜索方向是从许多随机方向中选择的使目标函数下降最快的方向，加之步长可以灵活变化，所以收敛速度比较快，是求解小型的机械优化设计问题的一种十分有效的算法。但为了避免所求得的结果仅仅是局部最优解，常常需要选取几个不同的初始点，从几次计算结果中做出正确分析，得出全局最优解。

5.2.1 随机方向的产生

1. 随机数的产生

1）在计算机语言所使用的函数库中有一种随机函数，利用这一随机函数可在程序运行中产生一组 0 到 1 之间（不包含 0 和 1）均匀分布的随机数 ε_i（$i=1, 2, \cdots, n$）。

2）按一定的数学模型产生伪随机数。计算机只能产生伪随机数，而不能产生真正的随机数。所谓伪随机数即这些随机数是有规律的。产生伪随机数的算法有多种，下面向读者介绍线性同余法中最简单的一种。

选择三个正整数 a，b，M 和种子数 X（0），按下式计算

$$X(n+1)=(a \cdot X(n)+b)\mathrm{mod}(M) \quad (n=0,1,2,3\cdots)$$

该式表示 $X(n+1)$)取($a \cdot X(n)+b$)被 M 整除之后的余数。式中，种子数 $X(0)$)为非负整数，$X(0)<M$；M 为模数，$M>0$；a 为乘数，$M>a>0$；b 为增量，$M>b>0$；即得取值小于 M 的伪随机数序列 $X(n+1)$。

这种方式产生的随机数会出现循环，并在一个周期内呈单调增长的趋势。但只要我们将 M 取得足够大，就可以保证不在我们的运算中出现循环。这种循环是由一个固定的种子数 $X(0)$带来的。在确定初始种子数的时候，可以有多种形式，例如将某时刻的时钟数据做种子，通过时间的不停变化，进行随机数的求取来达到随机效果。这些都是方法问题了，不在算法讨论范畴。读者可参阅线性同余法和其他伪随机数产生方法的有关论述。

令
$$q(n+1)=X(n+1)/M \quad (n=0,1,2,3\cdots)$$

即得（0，1）区间内的伪随机数序列 $q(n+1)$。

2. 随机方向的产生

首先，将（0，1）区间内的随机数（伪随机数）按下式转换成为另一个在区间（-1，1）之间的随机数 $y_i=2q_i-1$，然后由随机数 y_i 构成如下的随机方向：

$$\boldsymbol{S}=\frac{1}{\sqrt{\sum_{i=1}^{n} y_i^2}}\begin{pmatrix} y_1 \\ y_2 \\ \vdots \\ y_n \end{pmatrix}$$

由于随机数 y_i 是在区间（-1，1）内产生的，因此，所构成的随机方向矢量 $\boldsymbol{S}$ 一定是在超越球面空间里均匀分布且模等于 1 的单位矢量

$$e^{(i)}\ (i=1,2,\cdots,k)$$

3. 搜索方向的产生

根据基本迭代公式 $X^{(i+1)}=X^{(i)}+\alpha^{(i)}e^{(i)}$，沿每个方向取相同的试算步长，可计算得 k 个分布在同一球面上的随机点。检验 k 个随机点 $X^{(i)}\ (i=1,2,\cdots,k)$ 是否为可行点，并计算可行随机点的目标函数值，比较其大小并选出目标函数值最小的点 X_L。比较 X_L 与 $X^{(0)}$ 两点的目标函数值，若 $f(X_L)<f(X^{(0)})$，则取 $X^{(0)}$ 和 X_L 的连线方向作为可行搜索方向。若 $f(X_L)\geqslant f(X^{(0)})$ 则重新产生随机方向，缩小步长并计算随机点，直至 $f(X_L)<f(X^{(0)})$ 找到目标函数下降可行方向或者满足迭代终止条件为止。

5.2.2 迭代终止条件

(1) $k>m$

式中，k 为随机方向数；m 为预先设定的在迭代点处产生随机方向所允许的最大数目，一般可在 50～500 范围内选取。对于性态不好的目标函数或可行域复杂的问题，m 应取较大的值以提高解题的成功率。

(2) $\alpha\leqslant\varepsilon$

当在某个迭代点处沿 m 个随机方向试探均失败，则说明以此为中心、α 为半径的圆周上各点都不是适用可行点。此时，可将步长缩短后继续试探直到 $\alpha\leqslant\varepsilon$，且沿 m 个随机方向试探均失败时，则最后一个迭代点就是达到预定精度 ε 要求的约束最优点，即可结束迭代。

约束随机方向法的流程图如图 5-3 所示。

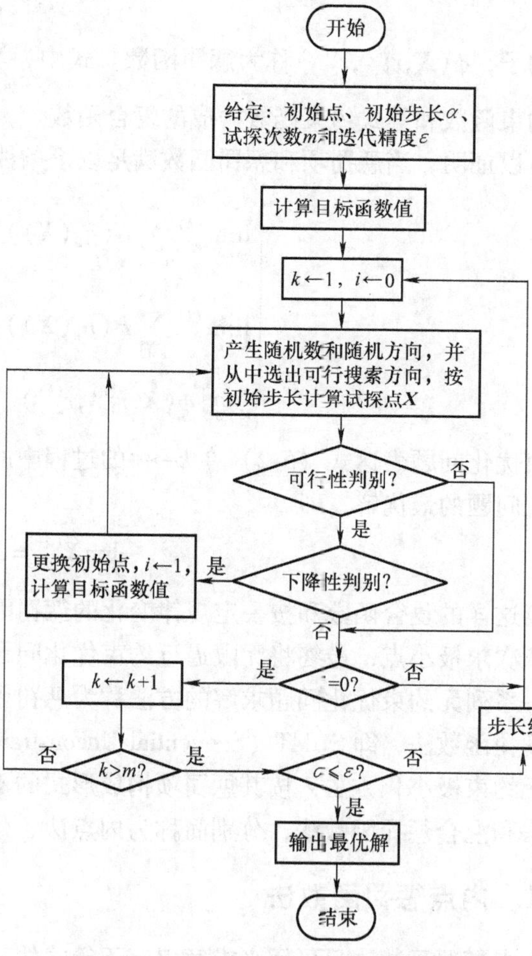

图 5-3 约束随机方向法的流程图

5.3 惩罚函数法

惩罚函数法是求解约束优化问题的一种间接法。其基本思想是将式（5-1）所示的约束优化问题转化为一系列的无约束优化问题进行求解。即：将约束优化问题

$$\begin{cases}\min f(X)\ (X\in\mathbf{R}^n)\\ \text{s.t. } g_u(X)\leqslant 0\quad (u=1,2,\cdots,m)\\ h_v(X)=0\quad (v=1,2,\cdots,p;p<n)\end{cases}\tag{5-1}$$

转化成如下无约束优化问题

$$\min\phi(\boldsymbol{X},r_1^{(k)},r_2^{(k)})=f(\boldsymbol{X})+r_1^{(k)}\sum_{u=1}^{m}G(g_u(\boldsymbol{X})+r_2^{(k)}\sum_{v=1}^{p}H[h_v(\boldsymbol{X}))\tag{5-2}$$

并且要求当点 $\boldsymbol{X}$ 不满足约束条件时，等号后第二项和第三项取值变得很大；反之，当点 $\boldsymbol{X}$ 满足约束条件时，这两项取值变得很小或等于零。即：当点 $\boldsymbol{X}$ 在可行域之外时对目标函数的值加以惩罚，故将 $r_1^{(k)}\sum_{u=1}^{m}G(g_u(\boldsymbol{X}))$ 和 $r_2^{(k)}\sum_{v=1}^{p}\boldsymbol{H}(h_v(\boldsymbol{X}))$ 称为惩罚项，将 $r_1^{(k)}$ 和 $r_2^{(k)}$ 称为惩罚因子，$\phi(\boldsymbol{X},r_1^{(k)},r_2^{(k)})$称为惩罚函数。式中，$\sum_{u=1}^{m}G(g_u(\boldsymbol{X}))$ 和 $\sum_{v=1}^{p}H(h_v(\boldsymbol{X}))$ 分别是由不等式约束函数和等式约束函数构成的复合函数。

可以证明，当惩罚项和惩罚函数满足以下条件时，有

$$\begin{cases}\lim\limits_{k\to\infty}r_1^{(k)}\sum\limits_{u=1}^{m}G(g_u(\boldsymbol{X}))=0\\ \lim\limits_{k\to\infty}r_2^{(k)}\sum\limits_{v=1}^{p}H(h_v(\boldsymbol{X}))=0\\ \lim\limits_{k\to\infty}|\phi(\boldsymbol{X},r_1^{(k)},r_2^{(k)})-f(\boldsymbol{X}^{(k)})|=0\end{cases}\tag{5-3}$$

无约束优化问题表达式（5-2）在 $k\to\infty$的过程中所产生的极小点 $\boldsymbol{X}^{(k)}$ 序列将逐渐逼近于原约束优化问题的最优解，即

$$\lim_{k\to\infty}\boldsymbol{X}^{(k)}=\boldsymbol{X}^*$$

以这样的复合函数和按一定规律变化的惩罚因子构造一系列惩罚函数，并对每一个惩罚函数依次求极小点，最终将无限逼近约束优化问题的最优解。我们把这种将约束优化问题转化为一系列无约束优化问题求解的方法称为惩罚函数法。

惩罚函数法，即 SUMT（Sequential Unconstrained Minimization Technique）法，也可称为序列无约束极小化方法，按其惩罚项构成形式的不同，又可分为内点惩罚函数法、外点惩罚函数法和混合惩罚函数法，分别简称为内点法、外点法和混合法。

5.3.1 内点惩罚函数法

内点惩罚函数法只可用来求解仅有不等式约束优化问题。其主要特点是将惩罚函数定义在可行域之内，并要求迭代过程始终限制在可行域内进行，所求得的一系列无约束优化问题的最优解总是可行解，从而从可行域内部逐渐逼近原约束优化问题的最优解。

对于不等式约束优化问题，将惩罚函数定义在可行域内部，其内点惩罚函数的一般形式为

$$\phi(\boldsymbol{X},r^{(k)})=f(\boldsymbol{X})-r^{(k)}\sum_{u=1}^{m}\frac{1}{g_u(\boldsymbol{X})}\tag{5-4}$$

或

$$\phi(\boldsymbol{X},r^{(k)})=f(\boldsymbol{X})-r^{(k)}\sum_{u=1}^{m}\ln[-g_u(\boldsymbol{X})]\tag{5-5}$$

式中，惩罚因子 $r^{(k)}>0$，是一递减的正数序列，即 $r^{(0)}>r^{(1)}>r^{(2)}>\cdots>r^{(k)}>\cdots$，且 $\lim\limits_{k\to\infty} r^{(k)}=0$。

由式（5-4）和式（5-5）可知，对于某一给定的惩罚因子 $r^{(k)}$，当迭代点在可行域内时，惩罚项的值均大于零，且当迭代点向约束边界靠近时，惩罚项的值迅速增大并趋于无穷大。由求优（求极小点）原理可知，只要初始点取在可行域内，迭代点就不可能越出可行域边界。此外，惩罚项取值的大小也受惩罚因子的影响。当惩罚因子逐渐减小并趋于零时，对应惩罚项的值也逐渐减小并趋于零，惩罚函数的值和目标函数的值逐渐逼近、趋于相等。分析式（5-2）可知，当惩罚因子趋于零时，惩罚函数的极小点就是约束优化问题的最优点。可见，该惩罚函数的极小点是从可行域内向约束最优点逼近的。

内点惩罚函数法的迭代步骤如下：

1）在可行域内确定一个初始点 $\boldsymbol{X}^{(0)}$，最好不邻近任何约束边界。

2）给定初始罚因子 $r^{(0)}$、惩罚因子递减系数 C 和收敛精度 ε_1，ε_2，置 $k=0$。

3）构造惩罚函数

$$\phi(\boldsymbol{X},r^{(k)})=f(\boldsymbol{X})-r^{(k)}\sum_{u=1}^{m}\frac{1}{g_u(\boldsymbol{X})}$$

4）求解无约束优化问题 $\min\phi(\boldsymbol{X},r^{(k)})$，得 $\boldsymbol{X}^*(r^{(k)})$。

5）进行收敛判断，若满足

$$\|\boldsymbol{X}^{(k+1)}-\boldsymbol{X}^{(k)}\|\leqslant\varepsilon_1$$

或

$$\left|\frac{\phi(\boldsymbol{X},r^{(k+1)})-\phi(\boldsymbol{X},r^{(k)})}{\phi(\boldsymbol{X},r^{(k)})}\right|\leqslant\varepsilon_2$$

则令 $\boldsymbol{X}^*=\boldsymbol{X}^*(r^{(k)})$，$f^*=f(\boldsymbol{X}^*(r^{(k)}))$，停止迭代计算，输出最优解 X^*，f^*；否则，转入下一步。

6）取 $r^{(k+1)}=Cr^{(k)}$，以 $\boldsymbol{X}^{(0)}=\boldsymbol{X}^*(r^{(k)})$ 作为新的初始点，置 $k=k+1$ 转入步骤 3）继续迭代。

内点法的程序框图如图 5-4 所示。

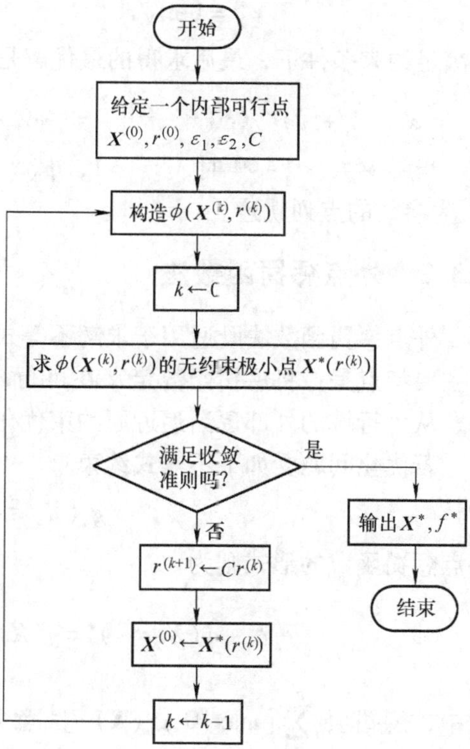

图 5-4　内点法的程序框图

内点法的应用、初始罚因子 $r^{(0)}$ 的选择对计算效率影响很大，是惩罚函数法中一个重要环节，需要一定的技巧和经验，其选取是否恰当，会显著地影响到惩罚函数法的收敛速度，甚至解题的成败。根据经验，一般可取 $r^{(0)}=1\sim50$，但多数情况是取 $r^{(0)}=1$。也可按初始惩罚项作用与初始目标函数作用相近原则来确定 $r^{(0)}$ 的取值，即

$$r^{(0)}=\left|\frac{f(\boldsymbol{X}^{(0)})}{\sum\limits_{u=1}^{m}\dfrac{1}{g_u(\boldsymbol{X}^{(0)})}}\right|$$

内点法惩罚因子递减数列的关系为

$$r^{(k+1)}=Cr^{(k)}\quad(k=0,1,2,\cdots)$$

$$0<C<1$$

其中，C 称为惩罚因子递减系数，它的取值对迭代计算的收敛性影响不大。根据经验：$C=0.1\sim0.5$，常取 0.1 或者 0.2。

例 5-1 用内点惩罚函数法求解

$$\min f(x)=x(x\in D\subset \mathbf{R}^n)$$

$$\text{s.t.}\quad g(x)=1-x\leqslant 0$$

解 按内点法构造惩罚函数

$$\phi(x,r^{(k)})=x-r^{(k)}\frac{1}{1-x}$$

当 $r^{(k)}$ 取不同值时，如 $r^{(1)}>r^{(2)}>r^{(3)}>\cdots$ 时，得到相应的曲线和对应的极值点，如图 5-5 所示。

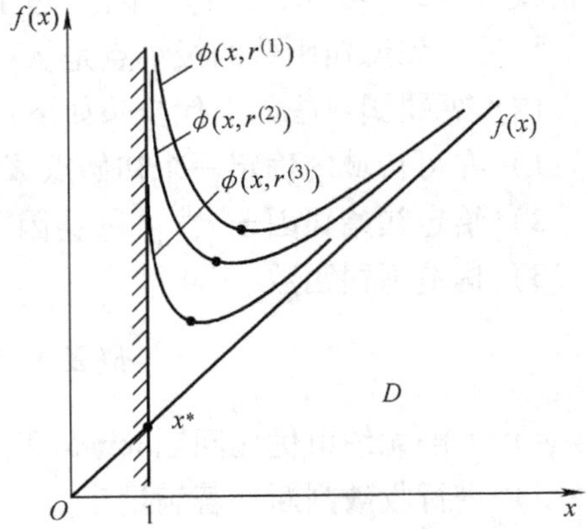

图 5-5 一元惩罚函数内点收敛关系

借用解析法求解极值点，根据极值条件

$$\frac{\mathrm{d}\phi}{\mathrm{d}x}=1-\frac{r^{(k)}}{(1-x)^2}=0$$

故 $$x^*=1\pm\sqrt{r^{(k)}}$$

在满足约束条件下，最后求得的最优解是

$$x^*=1+\sqrt{r^{(k)}},\phi(x^*,r^{(k)})=1+2\sqrt{r^{(k)}}$$

当 $k\to\infty$，$r^{(k)}\to 0$ 时，$x^*=1$，$\phi(\boldsymbol{x}^*,r^{(k)})=1$。可以看出，序列最优点 $x^*(r^{(k)})$ 是以 $r^{(k)}$ 为参数的点列轨迹。

5.3.2 外点惩罚函数法

外点惩罚函数法既适用于求解不等式约束优化问题，也适用于求解等式约束优化问题，其主要特点是：将惩罚函数定义在可行域之外，从而在求解一系列无约束优化问题的过程中，从可行域的外部逐渐逼近原约束优化问题的最优点。

若优化问题受如下不等式约束：

$$g_u(\boldsymbol{X})\leqslant 0\quad (u=1,2,\cdots,m)$$

外点惩罚函数的形式则为

$$\phi(\boldsymbol{X},r^{(k)})=f(\boldsymbol{X})+r^{(k)}\sum_{u=1}^{m}[\max\{0,g_u(\boldsymbol{X})\}]^2 \tag{5-6}$$

式中，惩罚项 $\sum_{u=1}^{m}[\max\{0,g_u(\boldsymbol{X})\}]^2$ 意义为：当迭代点 $\boldsymbol{X}$ 在可行域内时，由于 $g_u(\boldsymbol{X})\leqslant 0(u=1,2,\cdots,m)$，惩罚项的值始终取零，惩罚函数取值不受惩罚，惩罚函数等价于原目标函数 $f(\boldsymbol{X})$；当迭代点 $\boldsymbol{X}$ 违反某一约束，处于可行域之外时，由于 $g_j(\boldsymbol{X})\geqslant 0$，无论 $r^{(k)}$ 取何正值，必有

$$r^{(k)}\sum_{u=1}^{m}[\max\{0,\ g_u(\boldsymbol{X})\}]^2=r^{(k)}[g_j(\boldsymbol{X})]^2>0$$

即：惩罚函数的函数值大于原目标函数值，这表明 $\boldsymbol{X}$ 在可行域外时，惩罚项起着惩罚作用。

X 在可行域之外且离开约束边界越远，$g_j(X)$ 越大，惩罚作用也越大。

惩罚项与惩罚函数的取值也随惩罚因子取值的变化而变化，当外点法的惩罚因子 $r^{(k)}$ 按一个递增的正实数序列

$$r^{(0)} < r^{(1)} < r^{(2)} < \cdots < r^{(k)} < \cdots \rightarrow \infty$$

变化时，依次求解各个 $r^{(k)}$ 所对应的惩罚函数的极小化问题，得到的极小点序列

$$X^*(r^{(0)}),\ X^*(r^{(1)}),\ \cdots,\ X^*(r^{(k)}),\ X^*(r^{(k+1)}),\ \cdots$$

将逐步逼近于原约束问题的最优解。通常，当初始点取在可行域外时，该极小点序列是由可行域外向可行域边界逼近的。

对于等式约束优化问题，外点惩罚函数形式如下：

$$\phi(X,r^{(k)}) = f(X) + r^{(k)} \sum_{v=1}^{p} [h_v(X)]^2 \tag{5-7}$$

当迭代点在满足等式约束条件，惩罚项取零（因 $h_v(X)=0$）时，惩罚函数值不受到惩罚；若迭代点在非可行域，惩罚项取值大于零，即起到其惩罚作用。由于惩罚函数中惩罚因子 $r^{(k)}$ 是一个递增的正数序列，随着迭代次数的增加，$r^{(k)}$ 值越来越大，这将迫使所求迭代点 $X^*(r^{(k)})$ 向原约束优化问题的最优点逼近。

对于既有不等式约束又有等式约束的优化问题（如式（5-1）），外点惩罚函数形式为

$$\phi(X,r^{(k)}) = f(X) + r^{(k)} \left\{ \sum_{u=1}^{m} [\max\{0, g_u(X)\}]^2 + \sum_{v=1}^{p} [h_v(X)]^2 \right\} \tag{5-8}$$

可见，外点法是通过对非可行点上的函数值加以惩罚，促使迭代点向可行域和最优点逼近的算法，因此，初始点取可行域的外点。这种方法既可以处理不等式约束，又可以处理等式约束，所以，外点法是一种适应性较好的惩罚函数法。

利用外点惩罚函数法，可将原来的约束优化问题转化成一系列的无约束优化问题（通过改变惩罚因子 $r^{(k)}$ 的取值），然后可选用无约束优化方法对其求解。

外点惩罚函数法的迭代计算步骤如下（外点法的程序框图如图 5-6 所示）：

1）选取初始点 $X^{(0)}$（在可行域之外），收敛精度 ε_1，ε_2，初始罚因子 $r^{(0)}$ 和惩罚因子递增系数 C（C 取正数），置 $k=0$。

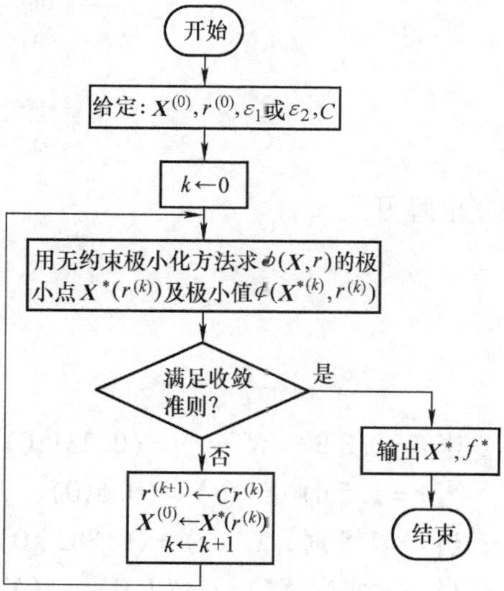

图 5-6　外点法的程序框图

2）构造惩罚函数

$$\phi(X,r^{(k)}) = f(X) + r^{(k)} \left\{ \sum_{u=1}^{m} [\max\{0, g_u(X)\}]^2 + \sum_{v=1}^{p} [h_v(X)]^2 \right\}$$

3）求解无约束优化问题 $\min\phi(X,r^{(k)})$，得 $X^*(r^{(k)})$。

4）进行迭代终止条件判断：若满足

$$\| X^*(r^{(k)}) - X^*(r^{(k-1)}) \| \leqslant \varepsilon_1$$

或

$$\left|\frac{\phi(X^*(r^{(k)}))-\phi(X^*(r^{(k-1)}))}{\phi(X^*(r^{(k-1)}))}\right|\leqslant\varepsilon_2$$

则终止迭代，输出最优解 $X^*=X^*(r^{(k)})$，$f(X^*)$；否则，转入下一步。

5）取 $r^{(k+1)}=Cr^{(k)}$，$X^{(0)}=X^*(r^{(k)})$，置 $k\leftarrow k+1$，转入步骤 2）继续迭代。

外点法的初始罚因子 $r^{(0)}$ 的选取十分重要，惩罚因子的递增系数 C 通常选取 $C=5\sim10$。许多计算表明，取 $r^{(0)}=1$，$C=10$，常常可以得到满意的结果。有时可利用经验公式

$$r^{(0)}=\frac{0.02}{mg_u\ (X^{(0)})\ f\ (X^{(0)})}\quad (u=1,\ 2,\ \cdots,\ m)\text{，取最大者}$$

下面仍用一简例来说明外点法的基本原理。

例 5-2 用外点法求问题

$$\min f\ (X)\ =x_1^2+x_2^2$$
$$\text{s. t. } g\ (X)\ =1-x_1\leqslant0$$

的约束最优解。

解 首先按式（5-8）构造外点惩罚函数

$$\phi\ (X,\ r)\ =x_1^2+x_2^2+r\ (1-x_1)^2$$

对于任意给定的惩罚因子 $r(r>0)$，函数 $\phi(x,r)$ 为凸函数。用解析法求 $\phi(X,r)$ 的无约束极小值，即令 $\nabla\phi(X,r)=\mathbf{0}$，得方程组

$$\begin{cases}\dfrac{\partial\phi}{\partial x_1}=2x_1-2r(1-x_1)=0\\[2ex]\dfrac{\partial\phi}{\partial x_2}=2x_2=0\end{cases}$$

联立求解得

$$x_1^*(r)=\frac{r}{1+r}$$

$$x_2^*(r)=0$$

当 $r=0.3$ 时，$X^*(r)=(0.231,0)^{\mathrm T}$，$f(X^*(r))=0.053$

当 $r=1.5$ 时，$X^*(r)=(0.6,0)^{\mathrm T}$，$f(X^*(r))=0.36$

当 $r=7.5$ 时，$X^*(r)=(0.882,\ 0)^{\mathrm T}$，$f(X^*(r))=0.78$

当 $r\to\infty$ 时，$X^*(r)=(1,0)^{\mathrm T}$，$f(X^*(r))=1$

由计算可知，当逐渐增大 r 值，直至趋近于∞时，$X^*(r)$ 逼近原约束问题的最优解。

当 $r=0.3$，1.5，7.5 时，惩罚函数 $\phi(X,r)$ 的等值线图分别示于图 5-7a、b、c。从图中可清楚地看出，当 r 逐渐增大时，无约束极值点 $X^*(r)$ 的序列，将在可行域之外逐步逼近约束最优点。

5.3.3 混合惩罚函数法

混合惩罚函数法是综合内点法和外点法的优点而建立的一种惩罚函数法，对于不等式约束按内点法构造惩罚项，对于等式约束按外点法构造惩罚项，由此得到混合法的惩罚函数形

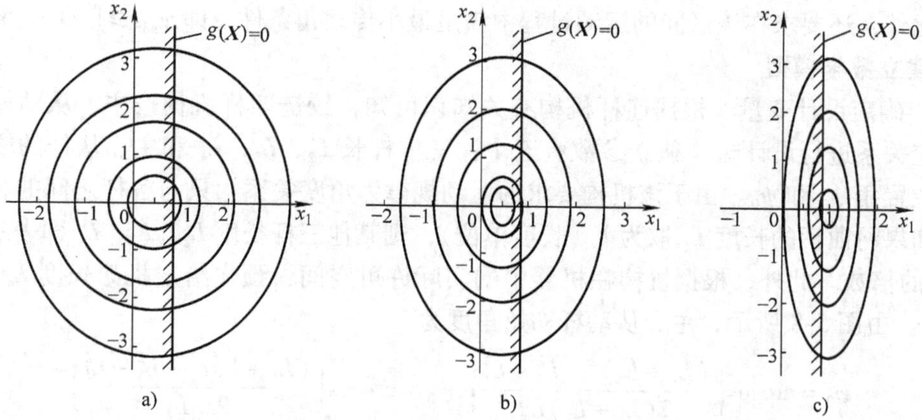

图 5-7 外点惩罚函数的极小点向约束最优点逼近

a) $r=0.3$, $X^*(r)=\begin{pmatrix}0.231\\0\end{pmatrix}$ b) $r=1.5$, $X^*(r)=\begin{pmatrix}0.6\\0\end{pmatrix}$ c) $r=7.5$, $X^*(r)=\begin{pmatrix}0.882\\0\end{pmatrix}$

式，简称混合罚函数，即

$$\phi(X,r_1^{(k)},r_2^{(k)}) = f(X) - r_1^{(k)}\sum_{u=1}^{m}\frac{1}{g_u(X)} + r_2^{(k)}\sum_{v=1}^{p}[h_v(X)]^2 \tag{5-9}$$

式中，$r_1^{(k)}$ 为递减的正数序列；$r_2^{(k)}$ 为递增的正数序列。

如果将上述两个惩罚因子加以合并，取 $r_1^{(k)}=r^{(k)}$ 和 $r_2^{(k)}=1/r^{(k)}$，则得以下混合罚函数：

$$\phi(X,r^{(k)}) = f(X) - r^{(k)}\sum_{u=1}^{m}\frac{1}{g_u(X)} + \frac{1}{r^{(k)}}\sum_{v=1}^{p}[h_v(X)]^2 \tag{5-10}$$

式中，$r^{(k)}$ 为一递减的正数序列。

混合法可以用来求解既包含不等式约束又包含等式约束的约束优化问题。应该指出，初始点 $X^{(0)}$ 虽然不要求是一个完全的内点，但必须满足所有不等式约束。其惩罚因子递减系数的取值原则与内点法相同。

混合法的计算步骤和程序框图也与内点法相似。

5.4 工程优化设计实例——平面连杆机构的优化设计

平面连杆机构的形式较多，要求也各不相同，其优化设计最常见的是实现给定运动规律或者再现已知运动轨迹。本例为一个要求再现预期的运动规律的平面连杆机构的优化设计实例。

如图 5-8 所示，试设计一个曲柄连杆机构，要求当曲柄由 φ_0 回转至 $\varphi_0+90°$ 期间，摇杆的输出角 ψ_i 与输入角之间实现如下给定的函数关系：

$$\psi_i = \psi_0 + \frac{2}{3\pi}(\varphi_i - \varphi_0)$$

式中，φ_0 和 ψ_0 分别为对应于摇杆在右极限位置时曲柄和摇杆的位置角（即为初始位置角），它们是以机架 AD 为零位逆时针度量的

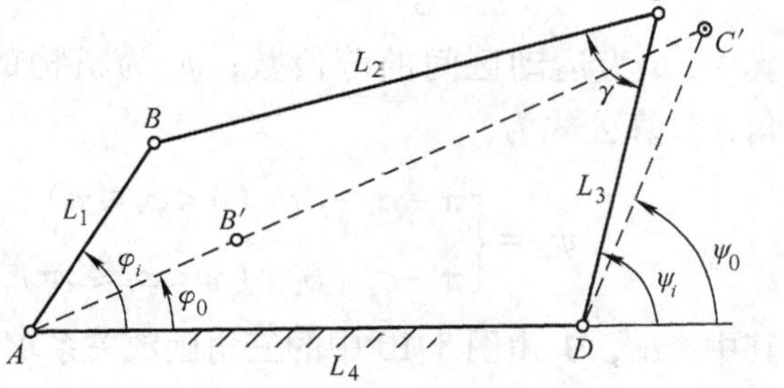

图 5-8 曲柄连杆机构简图

角度；此外，还要求在该区间的运动过程中满足最小传动角条件，即 $\gamma_{\min}\geqslant[\gamma]=45°$。

1. 建立数学模型

（1）确定设计变量　根据连杆机构有关知识可知，铰链四杆机构按主、从动杆给定的角度对应关系进行设计时，独立参数有五个：三根杆长 L_2，L_3，L_4 和主、从杆的输入和输出起始位置角 φ_0 和 ψ_0。由于该机构要求的运动规律为角度关系，只与各杆之间的相对长度有关，如果将曲柄的长度 L_1 取为 1（长度单位），则其他三杆长度 L_2，L_3，L_4 即表示为曲柄杆长 L_1 的倍数。此外，根据机构在机器中的实际许可空间，预先给定机架长度 $L_4=5$（长度单位）。由图 5-8 所示，主、从动杆初始角度为

$$\varphi_0=\arccos\left[\frac{(L_1+L_2)^2-L_3^2+L_4^2}{2(L_1+L_2)L_4}\right],\psi_0=\arccos\left[\frac{(L_1+L_2)^2-L_3^2-L_4^2}{2L_3L_4}\right]$$

可见，φ_0 和 ψ_0 也不再是独立的参数，而是杆长的函数。经以上分析，只剩下 L_2，L_3 两个独立变量，所以该优化问题的设计变量为

$$\boldsymbol{X}=(x_1,x_2)^{\mathrm{T}}=(L_2,L_3)^{\mathrm{T}}$$

本题被简化为一个二维优化问题。

（2）建立目标函数　求解任何优化设计课题，首先应分析可自由选择的独立参数。对于该实现给定运动规律的铰链四杆机构，独立参数最多为 5 个，而具体到本题的情况只有 2 个。因此，利用平面四连杆机构只能近似地实现给定的运动规律。所以，对这类问题，可利用函数的再现精度来建立目标函数。

对于本优化设计问题，可以根据从动杆输出角的实际运动规律与给定运动规律之间的偏差最小为原则来建立目标函数。为此，把曲柄在从 φ_0 和 $\varphi_0+90°$的运动区间分成 s 等份，曲柄每转动到某一位置从动杆输出角 ψ 也有相应的点与之对应。若将各点标号记作 i，以各点输出角的偏差平方总和最小作为优化目标，则有

$$f(\boldsymbol{X})=\sum_{i=0}^{s}(\psi_i-\psi_{si})^2\rightarrow\min$$

如图 5-9 所示，这一优化目标就是为使实际的运动规律 ψ_{si}与预期的运动规律 ψ_i 之间的误差最小。式中，ψ_i 为期望输出角，按给定的运动规律计算

$$\psi_i=\psi_0+\frac{2}{3\pi}(\varphi_i-\varphi_0)$$

$$\varphi_i=\varphi_0+\frac{\pi}{2}\cdot\frac{1}{S}\cdot i\quad(i=0,\ 1,\ 2,\ \cdots,\ s)$$

其中，s 为运动区间的分段数；ψ_{si}为机构的实际输出角，计算公式为

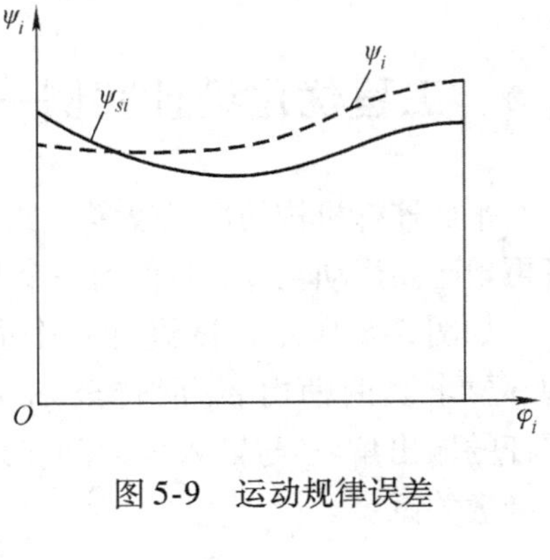

图 5-9　运动规律误差

$$\psi_{si}=\begin{cases}\pi-\alpha_i-\beta_i & (0<\varphi_i\leqslant\pi)\\ \pi-\alpha_i+\beta_i & (\pi<\varphi_i\leqslant2\pi)\end{cases}$$

其中，α_i，β_i 由图 5-10 中的三角函数关系求得，有

$$\alpha_i=\arccos\left(\frac{r_i^2+L_3^2-L_2^2}{2r_iL_3}\right)$$

$$\beta_i = \arccos\left(\frac{r_i^2 + L_4^2 - L_1^2}{2r_iL_4}\right)$$

$$r_i = \sqrt{L_1^2 + L_4^2 - 2L_1L_4\,|\cos\varphi_i|}$$

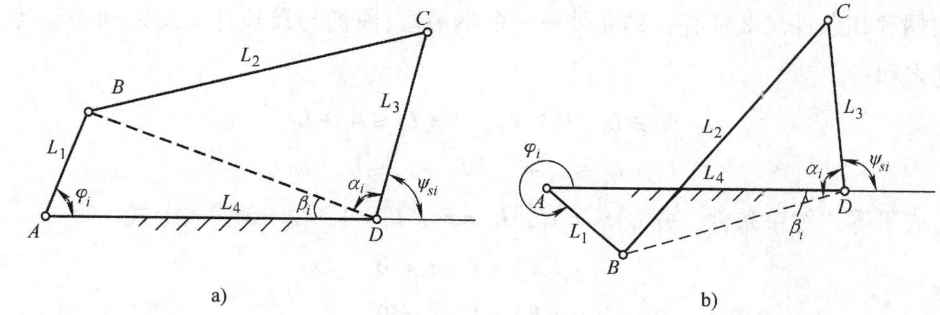

图5-10　曲柄连杆机构的运动学关系

a）$0<\varphi_i\leqslant\pi$　b）$\pi<\varphi_i\leqslant 2\pi$

将上述各式代换整理，便得到目标函数的数学表达式，对应于每一个机械设计方案，即可计算出输出角的偏差平方和值$f(\boldsymbol{X})$。

（3）确定约束条件　由四连杆机构的设计规则知，该机构应满足两方面的约束：一是运动传递过程中的最小传动角γ应大于45°；二是保证四连杆机构满足曲柄存在的条件。据此，我们可建立本优化问题的约束条件。

1）保证传动角$\gamma>45°$。按传动角定义，分析图5-8所示机构可能发生传动角最小值的位置，由余弦定理有

$$\gamma = \arccos\frac{(L_1+L_4)^2 - L_2^2 - L_3^2}{2L_2L_3} \geqslant \arccos\frac{\sqrt{2}}{2}\quad（图5\text{-}11a）$$

即

$$(L_1+L_4)^2 - L_2^2 - L_3^2 \leqslant \sqrt{2}L_2L_3 \tag{a}$$

另有

$$\gamma = \arccos\frac{L_2^2 + L_3^2 - (L_4-L_1)^2}{2L_2L_3} \geqslant \arccos\frac{\sqrt{2}}{2}\quad（图5\text{-}11b）$$

即

$$L_2^2 + L_3^2 - (L_4-L_1)^2 \leqslant \sqrt{2}L_2L_3 \tag{b}$$

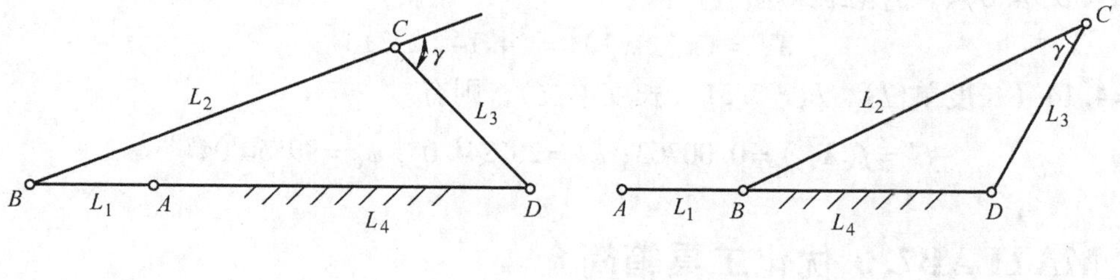

图5-11　最小传动角位置

式（a）、式（b）为两个约束条件，将$L_2=x_1$，$L_3=x_2$，$L_1=1$，$L_4=5$代入式（a）、式

(b)，可得

$$g_1(\boldsymbol{X}) = -x_1^2 - x_2^2 - 1.414x_1x_2 + 36 \leqslant 0$$

$$g_2(\boldsymbol{X}) = x_1^2 + x_2^2 - 1.414x_1x_2 - 16 \leqslant 0$$

2)曲柄存在条件。曲柄存在的条件——曲柄最短;曲柄与最长杆长度之和小于等于另外两杆长度之和:

$$L_2 \geqslant L_1,\ L_3 \geqslant L_1,\ L_1 + L_4 \leqslant L_2 + L_3$$

$$L_1 + L_2 \leqslant L_3 + L_4,\ L_1 + L_3 \leqslant L_2 + L_4$$

将它们写成不等式约束条件，并令 $L_2 = x_1$，$L_3 = x_2$，$L_1 = 1$，$L_4 = 5$ 代入上式，得

$$g_3(\boldsymbol{X}) = 1 - x_1 \leqslant 0$$

$$g_4(\boldsymbol{X}) = 1 - x_2 \leqslant 0$$

$$g_5(\boldsymbol{X}) = 6 - x_1 - x_2 \leqslant 0$$

$$g_6(\boldsymbol{X}) = x_1 - x_2 - 4 \leqslant 0$$

$$g_7(\boldsymbol{X}) = x_2 - x_1 - 4 \leqslant 0$$

分析上述 7 个约束条件不等式可知，凡是满足 $g_1(\boldsymbol{X}) \leqslant 0$ 和 $g_2(\boldsymbol{X}) \leqslant 0$ 的 $\boldsymbol{X}$，必定满足不等式的约束条件 $g_3(\boldsymbol{X}) \leqslant 0 \sim g_7(\boldsymbol{X}) \leqslant 0$，即：$g_1(\boldsymbol{X})$ 和 $g_2(\boldsymbol{X})$ 为紧约束条件（起作用），$g_3(\boldsymbol{X}) \sim g_7(\boldsymbol{X})$ 为松约束条件（不起作用）。所以，本题实际起作用的只有 $g_1(\boldsymbol{X})$ 和 $g_2(\boldsymbol{X})$ 两个不等式约束条件。

（4）写出数学模型表达式。

综合以上分析，可得本优化问题的数学模型为

$$\min f(\boldsymbol{X}) = \sum_{i=0}^{s} (\psi_i - \psi_{si})^2$$

$$\text{s. t.}\ g_1(\boldsymbol{X}) = -x_1^2 - x_2^2 - 1.414x_1x_2 + 36 \leqslant 0$$

$$g_2(\boldsymbol{X}) = x_1^2 + x_2^2 - 1.414x_1x_2 - 16 \leqslant 0$$

故，本优化问题是一个具有两个不等式约束的二维约束优化问题。

2. 选择优化方法并进行优化计算

本优化问题为二维问题，有两个不等式约束条件，选用随机方向法求解，取初始点 $\boldsymbol{X}^{(0)} = (4.5, 4.0)^{\mathrm{T}}$，优化结果为

$$\boldsymbol{X}^* = (x_1^*, x_2^*)^{\mathrm{T}} = (4.14, 2.31)^{\mathrm{T}}$$

即 $L_2 = 4.14$（长度单位），$L_3 = 2.31$（长度单位）；则有

$$f^* = f(\boldsymbol{X}^*) = 0.00763;\ \varphi_0 = 26°24'20'',\ \psi_0 = 99°50'04''$$

5.5 MATLAB7.0 优化工具箱简介

MATLAB 诞生于 20 世纪 70 年代，其名为矩阵（Matrix）和实验室（Laboratory）的组合，是由美国 Mathworks 公司开发的集数值计算、符号计算和图形可视化三大基本功能于一体的、功能强大、操作简单的数学软件，是国际上公认的优秀数学应用软件之一，是科学研

究、工程计算和产品开发难得的好工具。

概括地讲，MATLAB 系统由两部分组成，即 MATLAB 内核和辅助工具箱，两者的调用构成了 MATLAB 的强大功能。MATLAB 语言是以数组为基本数据单位，包括控制流语句、函数、数据结构、输入输出以及面向对象等的高级语言。其主要特点如下：

1）运算符和函数库非常丰富，语言简洁，编程效率高。除了提供和 C 语言一样的运算符号外，还提供了广泛的矩阵和向量运算符，两三行语句就可实现几十行甚至几百行 C 语言或者 FORTRAN 语言程序的功能。

2）既具有结构化的控制语句（如 for 循环、while 循环、break 语句、if 语句、switch 语句等），又具有面向对象的编程特征。

3）图形化功能强大。既可实现二维、三维数据的可视化，图像处理，动画制作，也具有修改图形和编制完整图形界面的绘图命令。

4）功能强大的工具箱。工具箱分为两类：功能性工具箱和学科性工具箱。功能性工具箱主要用来扩充有关功能，如符号计算功能、图示仿真功能、文字处理功能以及硬件实时交互功能等。学科性工具箱专业性较强，包括优化工具箱、控制工具箱、统计工具箱、信号分析工具箱、通信工具箱、财政金融工具箱和图像处理工具箱等。

5）易于扩充。除内部函数外，所有 MATLAB 的核心文件和工具箱文件都是可读可改的源文件，用户可以修改源文件和加入自己的文件，它们可以像库文件一样被调用。

MATLAB 7.0 所带优化工具箱（Optimization Toolbox）被放在 toolbox 目录下的 optim 子目录中，其应用很广，可以解决许多工程实际问题。其主要功能如下：

1）求解无约束非线性极小值问题。

2）求解约束非线性极小值问题，包括目标逼近问题、极大—极小值问题以及半无限极小值问题。

3）求解线性规划和二次规划问题。

4）非线性最小二乘逼近和曲线拟合。

5）非线性系统的方程求解。

6）约束条件下的线性最小二乘优化。

7）求解复杂结构的大规模优化问题。

MATLAB 优化工具箱中用于求解优化问题常用的函数功能及语法见表 5-1。

表 5-1 常用的函数功能及语法

函数	描述	一般语法
fgoalattain	求解多目标规划的优化问题	[x,fval] = fgoalattain(fun,x0,goal,weight,A,b,lb,ub)
fminbnd	求解边界约束条件下的非线性最小化	[x,fval] = fminbnd(fun,x1,x2)
fmincon	求解有约束的非线性最小化	[x,fval] = fmincon(fun,x0,A,B)
fminimax	求解最小最大化	[x,fval] = fminimax(fun,x0)
fminsearch	求解无约束非线性最小化	[x,fval] = fminsearch(fun,x0)
fminunc	求解多变量函数的最小化问题	[x,fval] = fminunc(fun,x0)
linprog	求解线性规划问题	[x,fval] = linprog(f,A,b,Aeq,beq,lb,ub)
quadprog	求解二次规划问题	[x,fval] = quadprog(H,f,A,b,Aeq,beq)

如前所述，解决机械设计优化问题的核心是建模和求解。利用 MATLAB 求解优化问题，其步骤如下：

1）根据实际的优化设计问题，建立相应的数学模型。

2）对建立的数学模型进行仔细的分析和研究，选择合适的求解方法。

3）根据最优化方法的算法，选择 MATLAB 的优化函数，然后在 MATLAB 环境下编写求解程序，最后利用计算机求出最优解。

下面用一个线性**规划问题**作为实例，予以说明。

例 5-3 某车间有两台车床 A 和 B，用于加工 3 种工件，已知这两台车床的可用台时数分别为 500 和 600，要求加工的 3 种工件数量分别为 400，450，500。此外，还已知道用两台不同车床加工单位数量的不同工件所需的台时数和加工费用如表 5-2 所示，试分配车床的加工任务，使得总加工费用最低。

解 设在车床 A 上加工工件 1，2，3 的数量分别为 x_{11}，x_{12}，x_{13}，在车床 B 上加工工件 1，2，3 的数量分别为 x_{21}，x_{22}，x_{23}。根据 3 种工件的数量要求，有

$$x_{11}+x_{21}=400$$

$$x_{12}+x_{22}=450$$

$$x_{13}+x_{23}=500$$

表 5-2 车床加工不同工件耗费构成表

车床类型	单位工件所需加工台时数			单位工件的加工费用			可用台时数
	工件 1	工件 2	工件 3	工件 1	工件 2	工件 3	
A	0.5	1.2	1.3	15	12	10	500
B	0.6	1.1	1.5	13	10	11	600

根据题意可建立如下数学模型：

$$\min \quad 15x_{11}+12x_{12}+10x_{13}+13x_{21}+10x_{22}+11x_{23}$$

$$\begin{aligned}\text{s.t.}\quad & 0.5x_{11}+1.2x_{12}+1.3x_{13}\leqslant 500\\ & 0.6x_{21}+1.1x_{22}+1.5x_{23}\leqslant 600\\ & x_{11}+x_{21}=400\\ & x_{12}+x_{22}=450\\ & x_{13}+x_{23}=500\\ & x_j\geqslant 0,\ j=1,2,\cdots,6\end{aligned}$$

用 MATLAB 求解的程序清单如下：

```
>>f=[15,12,10,13,10,11];
A=[0.5,1.2,1.3,0,0,0;0,0,0,0.6,1.1,1.5];
b=[500,600];
Aeq=[1,0,0,1,0,0;0,1,0,0,1,0;0,0,1,0,0,1];
beq=[400,450,500];
lb=zeros(6,1);
[x,fval]=linprog(f,A,b,Aeq,beq,lb)   回车
```

输出结果为

```
x =
  400.0000
  0.0000
  230.7966
  0.0000
  178.3896
  269.2034
fval =
    1.3053e+004
```

说明　在车床 A 上加工 400 个工件 1 和 231 个工件 2，在车床 B 上加工 178 个工件 2 和 269 个工件 3 时，可使总加工费用最少，最少加工费用为 13000 元。

欲更多地了解和学习 MATLAB 优化工具的功能和使用，请参阅相关教程和资料。

习　题

5.1　用外点惩罚函数法求解问题

$$\begin{aligned} \min \quad & f(\boldsymbol{X}) = x_1 + 2x_2^2 \\ \text{s.t.} \quad & g(\boldsymbol{X}) = -x_1 - x_2 + 1 \leqslant 0 \end{aligned}$$

5.2　用内点惩罚函数法求解问题

$$\begin{aligned} \min f \quad & (\boldsymbol{X}) = \frac{1}{3}(x_1+3)^2 + x_2^2 \\ \text{s.t.} \quad & g_1(\boldsymbol{X}) = 1 - x_1 \leqslant 0 \\ & g_2(\boldsymbol{X}) = -x_2 \leqslant 0 \end{aligned}$$

5.3　用混合惩罚函数法求解问题

$$\begin{aligned} \min \quad & f(\boldsymbol{X}) = 4x_1 - x_2^2 - 12 \\ \text{s.t.} \quad & h(\boldsymbol{X}) = x_1^2 + x_2^2 - 25 = 0 \\ & g_1(\boldsymbol{X}) = x_1^2 + x_2^2 - 10x_1 - 10x_2 + 34 \leqslant 0 \\ & g_2(\boldsymbol{X}) = -x_1 \leqslant 0 \\ & g_3(\boldsymbol{X}) - x_2 \leqslant 0 \end{aligned}$$

第2篇

动态设计

第 6 章　两自由度系统的振动

两自由度系统是最简单的多自由度系统。从单自由度系统到两自由度系统，振动的性质和研究的方法有质的不同。但从两自由度系统到更多自由度系统的振动，无论是模型的简化、振动微分方程的建立和求解的一般方法，以及系统响应表现出来的振动特性等，却没有本质上的区别，主要是量上的差别。因此研究两自由度系统是分析和掌握多自由度系统振动特性的基础。

所谓两自由度系统是指要用两个独立坐标才能确定系统在振动过程中任何瞬时的几何位置的振动系统。很多生产实际中的问题都可以简化为两自由度的振动系统。

在多自由度系统中，阻尼的作用与在单自由度系统中的作用相同。因此，为了使数学式简化，并突出振动特性，本章在分析两自由度系统振动的基本规律时，没有把阻尼引入系统。

6.1　两自由度系统的自由振动

6.1.1　系统的运动微分方程

以图 6-1 所示的两弹簧–质量系统为例。设弹簧的刚度系数分别为 k_1，k_2，质量分别为 m_1，m_2。质量的位移分别用 x_1，x_2 来表示，并以静平衡位置为坐标原点，以向下为正方向。

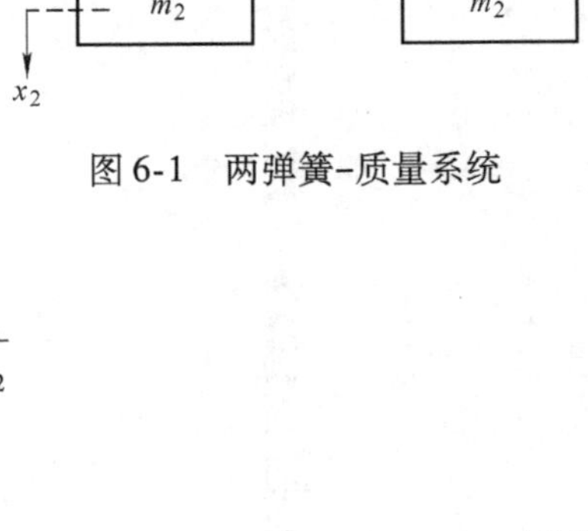

图 6-1　两弹簧–质量系统

在振动过程的任一瞬间 t，m_1 和 m_2 的位移分别为 x_1 及 x_2。此时，在质量 m_1 上作用有弹性恢复力 k_1x_1 及 $k_2(x_2-x_1)$，在质量 m_2 上作用有弹性恢复力 $k_2(x_2-x_1)$。这些力的作用方向如图所示。

应用牛顿运动定律或达朗贝尔原理，均可建立该系统的振动微分方程：

$$\begin{cases} m_1\ddot{x}_1+k_1x_1-k_2(x_2-x_1)=0 \\ m_2\ddot{x}_2+k_2(x_2-x_1)=0 \end{cases} \tag{6-1}$$

令
$$a=\frac{k_1+k_2}{m_1},\ b=\frac{k_2}{m_1},\ c=\frac{k_2}{m_2}$$

则式（6-1）可改写成如下形式

$$\begin{cases} \ddot{x}_1+ax_1-bx_2=0 \\ \ddot{x}_2-cx_1+cx_2=0 \end{cases} \tag{6-2}$$

这是一个二阶常系数线性齐次微分方程组。在第一个方程中包含 $-bx_2$ 项，第二个方程中则包含 $-cx_1$ 项，称为“耦合项”。这表明，质量 m_1 除受到弹簧 k_1 的恢复力作用外，还受

到弹簧 k_2 的恢复力作用，而且弹簧 k_2 的变形是质量 m_1 和 m_2 之间的相对位移。质量 m_2 虽然只受一个弹簧 k_2 恢复力的作用，但这一恢复力也受到第一质量 m_1 位移的影响。我们把这种位移之间有耦合的情况称为弹性耦合。有时，在振动微分方程组中还会出现加速度之间有耦合的情况，则称之为惯性耦合。关于耦合的概念将在下一章中详细讨论。

6.1.2 固有频率和主振型

从单自由度系统振动理论得知，系统的无阻尼自由振动是简谐振动。我们希望在两自由度系统无阻尼自由振动中找到简谐振动的解。因此可先假设方程组（6-2）有简谐振动解，然后用待定系数法来寻找有简谐振动解的条件。

设在振动时，两个质量按同样的频率和相位角作简谐振动。故可设方程组（6-2）的特解为

$$\begin{cases} x_1 = A_1\sin(\omega_n t+\varphi) \\ x_2 = A_2\sin(\omega_n t+\varphi) \end{cases} \tag{6-3}$$

其中振幅 A_1 与 A_2、频率 ω_n、初相位角 φ 都有待于确定。

对式（6-3）分别取一阶及二阶导数，得

$$\begin{cases} \dot{x}_1 = A_1\omega_n\cos(\omega_n t+\varphi);\ \ddot{x}_1 = -A_1\omega_n^2\sin(\omega_n t+\varphi) \\ \dot{x}_2 = A_2\omega_n\cos(\omega_n t+\varphi);\ \ddot{x}_2 = -A_2\omega_n^2\sin(\omega_n t+\varphi) \end{cases} \tag{6-4}$$

将式（6-3）、式（6-4）代入式（6-2），并加以整理后得

$$\begin{cases} (a-\omega_n^2)A_1 - bA_2 = 0 \\ -cA_1 + (c-\omega_n^2)A_2 = 0 \end{cases} \tag{6-5}$$

式（6-5）是关于 A_1，A_2 的线性齐次代数方程组，它的一个解是 $A_1 = A_2 = 0$，将其代入式（6-3）后，引出了 $x_1 = x_2 = 0$。这只是系统处于静平衡位置的情况，不说明振动的任何性质，所以显然不是所要的振动解。

要使 A_1，A_2 有非零解，式（6-5）的系数行列式必须等于零，即

$$\begin{vmatrix} a-\omega_n^2 & -b \\ -c & c-\omega_n^2 \end{vmatrix} = 0$$

将上式展开得

$$(a-\omega_n^2)(c-\omega_n^2) - bc = 0$$

即

$$\omega_n^4 - (a+c)\omega_n^2 + c(a-b) = 0 \tag{6-6}$$

解上述方程，可得到如下的两个根：

$$\begin{aligned} \omega_{n1,2}^2 &= \frac{a+c}{2} \mp \sqrt{\left(\frac{a+c}{2}\right)^2 - c(a-b)} \\ &= \frac{a+c}{2} \mp \sqrt{\left(\frac{a-c}{2}\right)^2 + bc} \end{aligned} \tag{6-7}$$

因为式（6-7）中的根式永为正值，且（$a-b$）也是正值，故式（6-7）中的根式永远

小于$\frac{a+c}{2}$。所以ω_{n1}^2及ω_{n2}^2是两个正实根。因此，可以从中得到两个带正号或带负号的频率ω_{n1}及ω_{n2}。但在实用上只考虑正根。

由此可见，式（6-6）是决定系统频率的方程，故称为系统的频率方程或特征方程。特征方程的特征值，即频率ω_n只与参数a，b，c有关，而这些参数又只决定于系统的质量m_1，m_2和刚度系数k_1，k_2，即频率ω_n只决定于系统本身的物理性质，故称ω_n为系统的固有频率，也称之为主频率。两自由度系统的固有频率有两个，即ω_{n1}和ω_{n2}，且$\omega_{n1}<\omega_{n2}$。我们把ω_{n1}称为系统第一主频率，或第一阶固有频率，亦称基频。把ω_{n2}称为系统第二主频率，或第二阶固有频率。理论证明，n个自由度系统的频率方程是ω_n^2的n次代数方程，在无阻尼的情况下，它的n个根必定都是正实根，故主频率的个数与系统的自由度数目相等。

将所求得的ω_{n1}和ω_{n2}代入式（6-5）中得

$$\begin{cases}\beta_1=\dfrac{A_2^{(1)}}{A_1^{(1)}}=\dfrac{a-\omega_{n1}^2}{b}=\dfrac{c}{c-\omega_{n1}^2}\\[2ex]\beta_2=\dfrac{A_2^{(2)}}{A_1^{(2)}}=\dfrac{a-\omega_{n2}^2}{b}=\dfrac{c}{c-\omega_{n2}^2}\end{cases}\tag{6-8}$$

式中，$A_1^{(1)}$，$A_2^{(1)}$分别对应于ω_{n1}的质量m_1，m_2的振幅；$A_1^{(2)}$，$A_2^{(2)}$分别对应于ω_{n2}的质量m_1，m_2的振幅。

由此可见，对应于ω_{n1}与ω_{n2}，振幅A_1与A_2之间有两个确定的比值β_1与β_2，这个比值称之为振幅比。虽然振幅的大小与振动的初始条件有关，但当系统按任一固有频率振动时，振幅比却只决定于系统本身的物理性质。

将式（6-8）与式（6-3）联系起来还可以看出，两个质量m_1与m_2任一瞬间位移的比值x_2/x_1也是确定的，并且等于振幅比A_2/A_1。系统其他各点的位移都可以由x_1及x_2来决定。这样，在振动过程中，系统各点位移的相对比值都可以由振幅比确定，也就是振幅比决定了整个系统的振动形态。因此，我们将振幅比称为系统的主振型，也称为系统的固有振型。其中：

β_1——第一主振型，对应于第一主频率ω_{n1}的振幅比；

β_2——第二主振型，对应于第二主频率ω_{n2}的振幅比。

当系统以某一阶固有频率按其相应的主振型作振动时，即称为系统的主振动。

所以，第一主振动为

$$\begin{cases}x_1^{(1)}=A_1^{(1)}\sin\ (\omega_{n1}t+\varphi_1)\\x_2^{(1)}=A_2^{(1)}\sin(\omega_{n1}t+\varphi_1)=\beta_1A_1^{(1)}\sin(\omega_{n1}\mathrm{t}+\varphi_1)\end{cases}\tag{6-9}$$

第二主振动为

$$\begin{cases}x_1^{(2)}=A_1^{(2)}\sin(\omega_{n2}t+\varphi_2)\\x_2^{(2)}=A_2^{(2)}\sin(\omega_{n2}t+\varphi_2)=\beta_2A_1^{(2)}\sin(\omega_{n2}t+\varphi_2)\end{cases}\tag{6-10}$$

为了进一步研究主振型的性质，可以将式（6-7）改写成如下形式：

因为
$$\omega_{n1,2}^2=\frac{a+c}{2}\mp\sqrt{\left(\frac{a-c}{2}\right)^2+bc}$$

所以

$$a-\omega_{n1}^{2}=a-\left[\frac{a+c}{2}-\sqrt{\left(\frac{a-c}{2}\right)^{2}+bc}\right]$$
$$=\frac{a-c}{2}+\sqrt{\left(\frac{a-c}{2}\right)^{2}+bc}$$

因为上式的等式右边恒大于零，所以 $a-\omega_{n1}^{2}>0$。由式（6-8）知，$\beta_1>0$。

又

$$a-\omega_{n2}^{2}=a-\left[\frac{a+c}{2}+\sqrt{\left(\frac{a-c}{2}\right)^{2}+bc}\right]$$
$$=\frac{a-c}{2}-\sqrt{\left(\frac{a-c}{2}\right)^{2}+bc}$$

上式的等号右边恒小于零，所以 $a-\omega_{n2}^{2}<0$，由式（6-8）知，$\beta_2<0$。

由此可见，$\beta_1>0$ 表示 $A_1^{(1)}$ 和 $A_2^{(1)}$ 的符号相同，即第一主振动中两个质量的相位相同。因此，若系统按第一主振型进行振动的话，两个质量就同时向同方向运动，它们同时经过平衡位置，又同时达到最大偏离位置，如图 6-2a 所示。而 $\beta_2<0$，则表示 $A_1^{(2)}$ 和 $A_2^{(2)}$ 的符号相反，即第二主振动中两个质量的相位相反，永远相差 180°。因此，若系统按第二主振型进行振动，两个质量就同时向相反方向运动，当质量 m_1 到达最低位置时，质量 m_2 恰好到达最高位置。它们一会相互分离，一会又相向运动，如图 6-2b 所示。这样，在联系质量 m_1 和 m_2 之间的弹簧上就会出现这样的一点，它在整个第二主振动的任一瞬间的位置都不改变。这样的点称为“结点”。由于振动系统在结点处不动，因而振幅受结点的限制就不易增大。

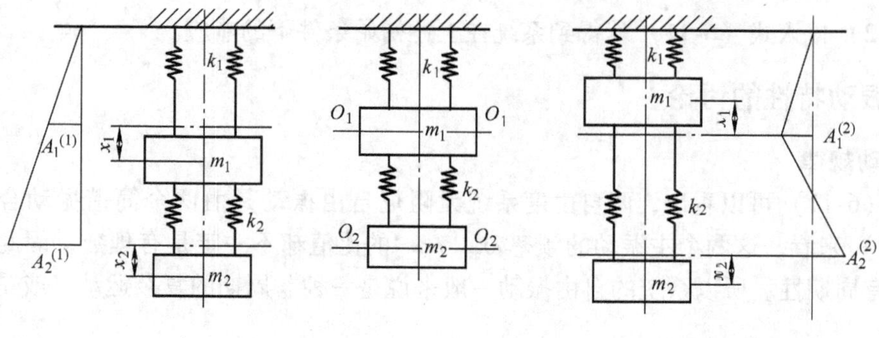

图 6-2　两自由度振动系统的主振动和主振型

振动理论证明，多自由度系统的 i 阶主振型一般有 $i-1$ 个结点。这就是说，高一阶的主振型就比前一阶主振型多一个结点。阶次越高的主振动，结点数就越多，故其相应的振幅就越难增大。相反，低阶的主振动由于结点数少，振动就容易激起。所以，在多自由度系统中，低频主振动比高频主振动危险。

6.1.3　系统对初始条件的响应

前面分析了两自由度系统的主振动，而这些主振动又都是简谐振动。但两自由度系统在受到干扰后出现的自由振动究竟是什么形式呢？这要取决于初始条件。

从微分方程的理论来说，两阶主振动式（6-9）及式（6-10）只是微分方程组式（6-2）的两组特解。而式（6-2）的通解则应由这两组特解相叠加组成。从振动的实践来看，两自由度系统在受到任意初干扰时，一般来说，系统的各阶主振动都要激发，因而出现的自由振动应是这些简谐振动的合成。

所以，在一般的初干扰下，系统的响应是

$$\begin{cases} x_1 = A_1^{(1)}\sin(\omega_{n1}t+\varphi_1)+A_1^{(2)}\sin(\omega_{n2}t+\varphi_2) \\ x_2 = \beta_1 A_1^{(1)}\sin(\omega_{n1}t+\varphi_1)+\beta_2 A_1^{(2)}\sin(\omega_{n2}t+\varphi_2) \end{cases} \tag{6-11}$$

式中，$A_1^{(1)}$，$A_1^{(2)}$，φ_1，φ_2 四个未知数要由振动的四个初始条件来决定。

设初始条件为：当 $t=0$ 时，$x_1=x_{10}$，$x_2=x_{20}$，$\dot{x}_1=\dot{x}_{10}$，$\dot{x}_2=\dot{x}_{20}$。经过运算，可以求出：

$$\begin{cases} A_1^{(1)} = \dfrac{1}{\beta_2-\beta_1}\sqrt{(\beta_2 x_{10}-x_{20})^2+\left(\dfrac{\beta_2\dot{x}_{10}-\dot{x}_{20}}{\omega_{n1}}\right)^2} \\ A_1^{(2)} = \dfrac{1}{\beta_1-\beta_2}\sqrt{(\beta_1 x_{10}-x_{20})^2+\left(\dfrac{\beta_1\dot{x}_{10}-\dot{x}_{20}}{\omega_{n2}}\right)^2} \\ \varphi_1 = \arctan\dfrac{\omega_{n1}(\beta_2 x_{10}-x_{20})}{\beta_2\dot{x}_{10}-\dot{x}_{20}} \\ \varphi_2 = \arctan\dfrac{\omega_{n2}(\beta_1 x_{10}-x_{20})}{\beta_1\dot{x}_{10}-\dot{x}_{20}} \end{cases} \tag{6-12}$$

将式（6-12）代入式（6-11）就得到系统在上述初始条件下的响应。

6.1.4 振动特性的讨论

1. 运动规律

从式（6-11）可以看出，两自由度系统无阻尼自由振动是由两个简谐振动合成的。但从式（6-7）来看，这两个主振动的频率 ω_{n1} 与 ω_{n2} 的比值却不一定是有理数，因此合成振动不一定具有周期性。所以系统的自由振动一般来说是一种非周期的复杂运动，或是一种似周期运动。

在振动中，各阶主振动所占的比例由初始条件决定。由于低阶振型易被激发，所以通常情况下总是低阶主振动占优势。只有在某种特殊的初始条件下，系统才按一种主振型进行振动。例如，对于图 6-1 所示的两弹簧-质量系统，若将质量 m_1 和 m_2 像第二主振型那样，向相反方向按比例拉开，使位移的比例正好符合 β_2 的要求，然后无初速地释放。在这种情况下激发起来的系统自由振动就是第二主振动。

2. 频率和振型

两自由度系统有两个不同数值的固有频率，称为主频率。其各自的数值取决于频率方程（6-6）。即各个主频率只取决于系统本身的物理性质，而与初始条件无关。

当系统按任一个固有频率作自由振动时，即称为主振动。主振动是一种简谐振动。系统作主振动时，任何瞬间的各点位移之间具有一定的相对比值，即整个系统具有确定的振动形态，称为主振型。主振型和固有频率一样只取决于系统本身的物理性质，而与初始条件无关。但主振型却与固有频率密切相关，系统有几个固有频率，就有几个主振型。多自由度系统具有多个主频率和相应的主振型，这是多自由度系统振动的重要特性。

3. 结点和节面

在两自由度系统的高阶主振型中存在着结点，而在第一阶主振型中却不存在结点。对多自由度系统来说也是如此，而且主振型的阶数越高，结点数也就越多。一般来说，第 i 阶主振型有 $i-1$ 个结点。

对于弹性体（即无穷多自由度系统）来说，结点已经不是一个点，而是连成线或面，称为节线和节面。

4. 阻尼

若系统存在阻尼，则阻尼对多自由度系统的影响和单自由度系统相似。由于在工程结构中一般阻尼较小，故可略去不计。

例　试求图 6-3 所示的振动系统的固有频率和主振型。已知 $m_1=m$，$m_2=2m$，$k_1=k_2=k$，$k_3=2k$。又若已知初始条件为 $x_{10}=1.2$，$x_{20}=\dot{x}_{10}=\dot{x}_{20}=0$。试求系统的响应。

解　该系统的运动微分方程为

$$\begin{cases} m_1\ddot{x}_1+(k_1+k_2)x_1-k_2x_2=0 \\ m_2\ddot{x}_2-k_2x_1+(k_2+k_3)x_2=0 \end{cases}$$

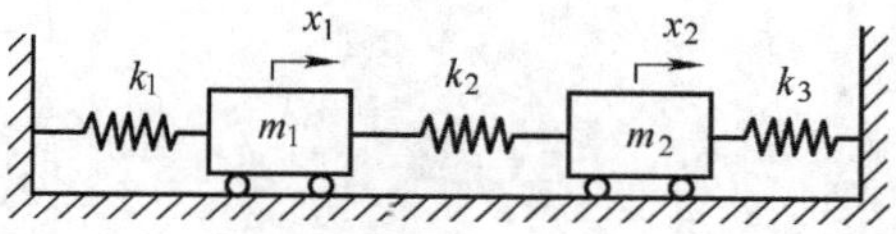

图 6-3　两自由度振动系统

令　$a=\dfrac{k_1+k_2}{m_1}$，$b=\dfrac{k_2}{m_1}$，$c=\dfrac{k_2}{m_2}$，$d=\dfrac{k_2+k_3}{m_2}$

则

$$\begin{cases} \ddot{x}_1+ax_1-bx_2=0 \\ \ddot{x}_2-cx_1+dx_2=0 \end{cases}$$

可解出：

$$\omega_{n1,2}^2=\frac{a+d}{2}\mp\sqrt{\left(\frac{a-d}{2}\right)^2+bc}$$

$$\beta_1=\frac{a-\omega_{n1}^2}{b}$$

$$\beta_2=\frac{a-\omega_{n2}^2}{b}$$

因为

$$a=\frac{2k}{m},\ b=\frac{k}{m},\ c=\frac{k}{2m},\ d=\frac{3k}{2m}$$

所以

$$\omega_{n1,2}^2=\left[\frac{1}{2}\left(2+\frac{3}{2}\right)\mp\sqrt{\frac{1}{4}\left(2-\frac{3}{2}\right)^2+\frac{1}{2}}\right]\frac{k}{m}$$

$$=\left(\frac{7}{4}\mp\frac{3}{4}\right)\frac{k}{m}$$

故

$$\omega_{n1}=\sqrt{\frac{k}{m}},\ \beta_1=\frac{\dfrac{2k}{m}-\dfrac{k}{m}}{\dfrac{k}{m}}=1$$

$$\omega_{n2}=1.581\sqrt{\frac{k}{m}},\ \beta_2=\frac{\frac{2k}{m}-\frac{5k}{2m}}{\frac{k}{m}}=-\frac{1}{2}$$

以横坐标表示系统各点的静平衡位置、纵坐标表示各点振幅比，可作出图 6-4 所示的系统主振型图。图中 6-4a 所示为第一阶主振型，图 6-4b 所示为第二阶主振型。可看出，在第二主振型中弹簧 k_2 上有一个始终保持不动的点，即为结点。

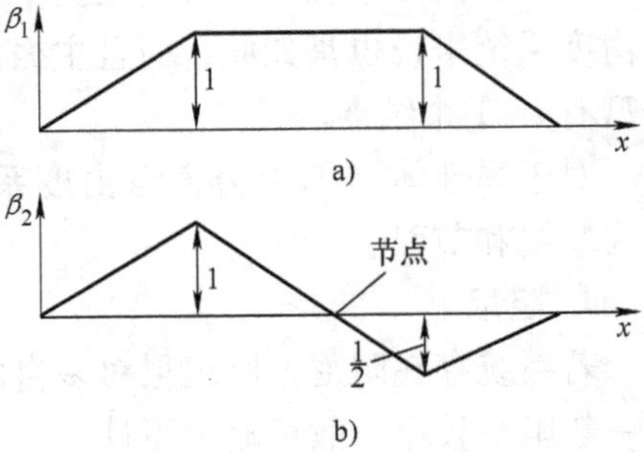

图 6-4　系统的主振型

根据给定的初始条件，代入式（6-12）得

$$A_1^{(1)}=\frac{1}{-\frac{1}{2}-1}\left(\frac{1}{2}\times1.2\right)=-0.4$$

$$A_1^{(2)}=\frac{1}{1-\left(-\frac{1}{2}\right)}(1\times1.2)=0.8$$

$$\varphi_1=-\frac{\pi}{2},\ \varphi_2=\frac{\pi}{2}$$

故系统的响应为

$$\begin{cases}x_1=0.4\cos\sqrt{\frac{k}{m}}t+0.8\cos1.581\sqrt{\frac{k}{m}}t\\x_2=0.4\cos\sqrt{\frac{k}{m}}t-0.4\cos1.581\sqrt{\frac{k}{m}}t\end{cases}$$

6.2　两自由度系统的受迫振动

6.2.1　系统的运动微分方程

和单自由度系统一样，两自由度系统在受到持续的激振力作用时就会产生受迫振动，而且在一定条件下也会产生共振。

图 6-5 所示为两自由度无阻尼受迫振动系统的动力学模型。在质量 m_1 上持续作用着一个简谐激振力 $P_x=P_0\sin\omega t$。我们把受有简谐激振力作用的 m_1-k_1 质量-弹簧系统称为主系统，把不受激振力作用的 m_2-k_2 质量-弹簧系统称为副系统。

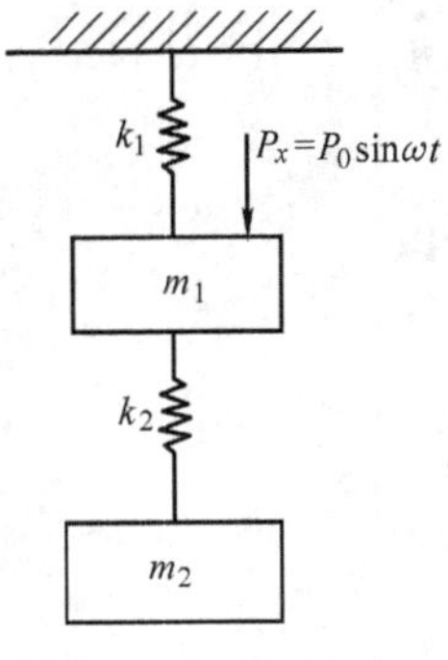

图 6-5　两自由度系统受迫振动

这一振动系统的运动微分方程为

$$\begin{cases}m_1\ddot{x}_1+k_1x_1-k_2(x_2-x_1)=P_0\sin\omega t\\m_2\ddot{x}_2+k_2(x_2-x_1)=0\end{cases}\tag{6-13}$$

令
$$a=\frac{k_1+k_2}{m_1},\ b=\frac{k_2}{m_1},\ c=\frac{k_2}{m_2},\ p=\frac{P_0}{m_1}$$

则式（6-13）可改写为

$$\begin{cases} \ddot{x}_1 + ax_1 - bx_2 = p\sin\omega t \\ \ddot{x}_2 - cx_1 + cx_2 = 0 \end{cases} \tag{6-14}$$

这是一个二阶线性常系数非齐次微分方程组，其通解由两部分组成。一是对应于齐次方程组的解，即为上一节讨论过的自由振动。当系统存在阻尼时，这一自由振动经过一段时间后就逐渐衰减了。二是对应于上述非齐次方程组的一个特解，它是由激振力引起的受迫振动，即系统的稳态振动。

我们只研究稳态振动，设上述微分方程组有简谐振动的特解：

$$\begin{cases} x_1 = B_1\sin\omega t \\ x_2 = B_2\sin\omega t \end{cases} \tag{6-15}$$

式中，B_1，B_2 分别是质量 m_1，m_2 的振幅，在方程组中是待定常数。

对式（6-15）分别求一阶及二阶导数，得

$$\begin{cases} \dot{x}_1 = B_1\omega\cos\omega t, \quad \ddot{x}_1 = -B_1\omega^2\sin\omega t \\ \dot{x}_2 = B_2\omega\cos\omega t, \quad \ddot{x}_2 = -B_2\omega^2\sin\omega t \end{cases} \tag{6-16}$$

将式（6-15）及式（6-16）代入式（6-14）得

$$\begin{cases} (a-\omega^2)B_1 - bB_2 = p \\ -cB_1 + (c-\omega^2)B_2 = 0 \end{cases} \tag{6-17}$$

这是一个二元非齐次联立代数方程，它的解可如下求出：

$$\Delta = \begin{vmatrix} a-\omega^2 & -b \\ -c & c-\omega^2 \end{vmatrix} = (a-\omega^2)(c-\omega^2) - bc$$

$$\Delta_1 = \begin{vmatrix} p & -b \\ 0 & c-\omega^2 \end{vmatrix} = p(c-\omega^2)$$

$$\Delta_2 = \begin{vmatrix} a-\omega^2 & p \\ -c & 0 \end{vmatrix} = pc$$

故

$$\begin{cases} B_1 = \dfrac{\Delta_1}{\Delta} = \dfrac{p(c-\omega^2)}{(a-\omega^2)(c-\omega^2) - bc} \\ B_2 = \dfrac{\Delta_2}{\Delta} = \dfrac{pc}{(a-\omega^2)(c-\omega^2) - bc} \end{cases} \tag{6-18}$$

式（6-18）确定了 B_1，B_2 两个待定常数。这就是说，我们期待的方程组（6-14）的简谐振动特解是可以得到的。

6.2.2　振动特性的讨论

1. 运动规律

由式（6-15）得知，两自由度系统无阻尼受迫振动的运动规律是简谐振动。

2. 频率

两自由度系统受迫振动的频率与激振力的频率 ω 相同。

3. 振幅

由式（6-18）得知，两自由度系统受迫振动的振幅决定于激振力幅值、激振力频率，以及系统本身的物理性质。现分别讨论如下：

（1）激振力幅值 P_0 的影响 因为 $p \propto P_0$，所以 P_0 与 B_1，B_2 呈线性关系。即 P_0 越大，振幅 B_1，B_2 也越大。

（2）激振力频率 ω 的影响 为了说明 ω 对振幅的影响，我们以 B_1，B_2 为纵坐标，以 ω 为横坐标，将式（6-18）作成曲线示于图6-6中，称之为振幅频率响应曲线，或称幅频特性曲线，它表明了系统位移对频率的响应特性，图中实线是主系统的曲线，虚线是副系统的曲线。

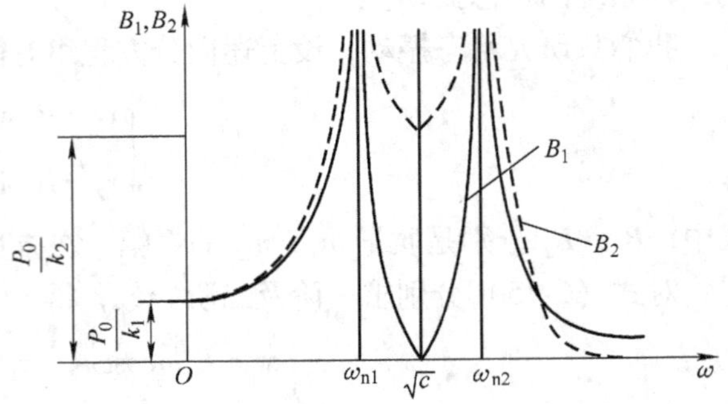

图6-6 两自由度系统的幅频特性曲线

当 $\omega=0$ 时，$B_1=B_2=\dfrac{P_0}{k_1}$。这表明，此时激振力的作用和静力的作用相当。这时弹簧 k_2 不产生变形，质量 m_1 与 m_2 之间的距离保持不变。所以当激振力变化缓慢时，其动力影响不大，受迫振动的振幅和静变形无大的区别。

当 $\omega=\omega_{n1}$，或 $\omega=\omega_{n2}$时，即激振力频率等于系统第一阶或第二阶固有频率时，系统即出现共振现象，振幅 B_1，B_2 均急剧增加。因为当 $\omega=\omega_n$ 时，式（6-18）的分母就变为 $(a-\omega_n^2)(c-\omega_n^2)-bc$。这就是自由振动中的频率方程的左端，而频率方程（6-6）的右端为零，故$(a-\omega_n^2)(c-\omega_n^2)-bc=0$。因而振幅 B_1，B_2 此时就趋于无穷大，即出现共振现象。这就是说，在两自由度系统中，如果激振力的频率和系统的任何一阶固有频率相近时，系统都将产生共振。也就是说，两自由度系统有两个共振区。

现在我们来分析一下系统共振时的振型。

由式（6-18）可得质量 m_2 和 m_1 的振幅比为

$$\frac{B_2}{B_1}=\frac{c}{c-\omega^2} \tag{6-19}$$

这说明，在一定的激振频率下，两个质量的振幅比是一个确定值。当激振频率 ω 等于第一阶固有频率 ω_{n1}时，两个质量的振幅比即为

$$\left(\frac{B_2}{B_1}\right)_{\omega_{n1}}=\frac{c}{c-\omega_{n1}^2} \tag{6-20}$$

当 $\omega=\omega_{n2}$时，则

$$\left(\frac{B_2}{B_1}\right)_{\omega_{n2}}=\frac{c}{c-\omega_{n2}^2} \tag{6-21}$$

由式（6-8）得知，两自由度系统的第一、第二主振型分别为

$$\beta_1=\frac{A_2^{(1)}}{A_1^{(1)}}=\frac{c}{c-\omega_{n1}^2}$$

$$\beta_2 = \frac{A_2^{(2)}}{A_1^{(2)}} = \frac{c}{c-\omega_{n2}^2}$$

所以

$$\begin{cases} \beta_1 = \dfrac{A_2^{(1)}}{A_1^{(1)}} = \left(\dfrac{B_2}{B_1}\right)_{\omega_{n1}} \\ \beta_2 = \dfrac{A_2^{(2)}}{A_1^{(2)}} = \left(\dfrac{B_2}{B_1}\right)_{\omega_{n2}} \end{cases} \tag{6-22}$$

这表明，系统以哪一阶固有频率共振，则此时的共振振型就是那一阶主振型。这是多自由度系统受迫振动的一个极为重要的特性。在实践中，经常用共振法测定系统的固有频率，并根据测出的振型来判定固有频率的阶次，就是利用了这一规律。

当 $\omega=\sqrt{c}$ 时，$x_2 = B_2\sin\omega t = -\dfrac{P_0}{k_2}\sin\omega t$

故

$$k_2x_2 = -P_0\sin\omega t$$

这就是说，副系统通过弹簧 k_2 传给主系统的力，正好与作用在主系统上的激振力相平衡。这样，主系统的受迫振动就被副系统吸收掉了。主系统的质量 m_1 就如同不受激振力作用一样，保持静止。这种现象可以被利用来作为减小振动的一种措施。

当 $\omega\to\infty$ 时，B_1，$B_2\to 0$。即激振力的频率很高时，两个质量 m_1 和 m_2 都几乎不动。这也和单自由度系统受迫振动的特性相似。也就是说，这时受迫振动现象已进入惯性区了。

4. 相位

由于系统无阻尼，所以只要观察振幅的正负变化就可以说明相位的变化。

现将振幅计算公式（6-18）的分母作如下的变换：

$$(a-\omega^2)(c-\omega^2)-bc = \omega^4-(a+c)\omega^2+c(a-b) \tag{6-23}$$

从系统的频率方程（6-6），再应用代数理论，可以得知频率方程的两个根 ω_{n1}^2、ω_{n2}^2 必定满足下列关系式：

$$\begin{cases} \omega_{n1}^2+\omega_{n2}^2 = a+c \\ \omega_{n1}^2\,\omega_{n2}^2 = c(a-b) \end{cases} \tag{6-24}$$

将式（6-24）代入式（6-23）得

$$\begin{aligned}(a-\omega^2)(c-\omega^2)-bc &= \omega^4-(\omega_{n1}^2+\omega_{n2}^2)\omega^2+\omega_{n1}^2\omega_{n2}^2 \\ &= (\omega^2-\omega_{n1}^2)(\omega^2-\omega_{n2}^2)\end{aligned} \tag{6-25}$$

因而式（6-18）可改写成为

$$\begin{cases} B_1 = \dfrac{p(c-\omega^2)}{(\omega^2-\omega_{n1}^2)(\omega^2-\omega_{n2}^2)} \\ B_2 = \dfrac{pc}{(\omega^2-\omega_{n1}^2)(\omega^2-\omega_{n2}^2)} \end{cases} \tag{6-26}$$

从式（6-25）中可以看出：

在 $0\leqslant\omega\leqslant\omega_{n1}$ 阶段，B_1，B_2 均为正值。故质量 m_1，m_2 的位移与激振力是同相的，即两个质量的位移也同相。

当 $\omega=\omega_{n1}$ 时，运动的相位对于激振力要出现相位突跳的反相。因为只要 ω 稍大于 ω_{n1}，

则 B_1，B_2 同时由正变负，即两质量的位移相对激振力的相位突然相反。但此时两个质量之间仍保持同相。

当 $\omega=\sqrt{c}$时，$B_1=0$。此后，B_1 又重新成为正值，但 B_2 却仍保持负值。这就是说，在 $\sqrt{c}<\omega<\omega_{n2}$阶段，$B_1$ 与激振力同相，B_2 与激振力反相。即两个质量之间的相位相反。

当 $\omega>\omega_{n2}$以后，B_1 又改变为负值，而 B_2 却保持正值。这表明，在第二次共振时，两个质量又经历了相位突变的反相现象。

根据以上分析，可作出图 6-7 所示的相频特性曲线。

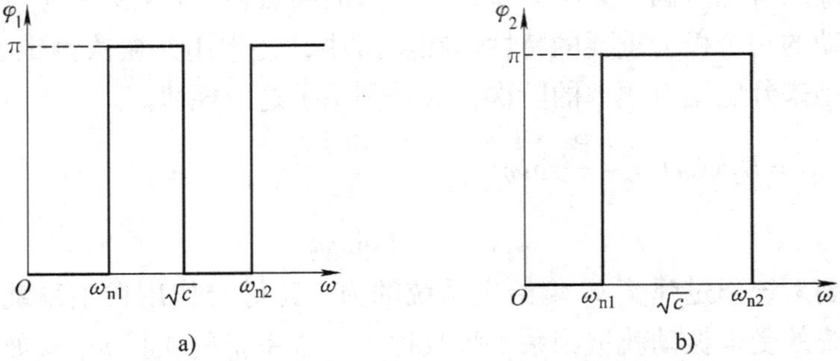

图 6-7 两自由度系统的相频特性曲线

习 题

6.1 计算如图 6-8 所示系统的固有频率和主振型。

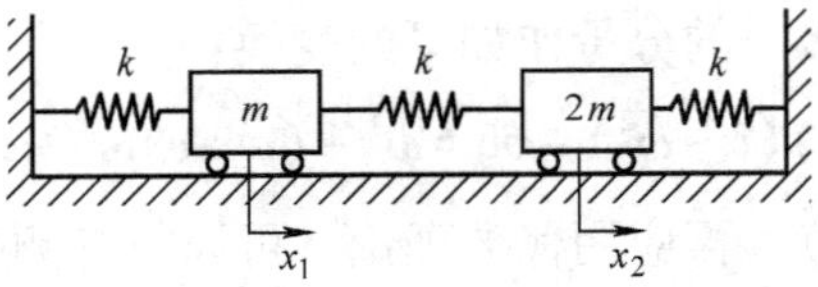

图 6-8 习 6.1 题图

参考答案

$$\omega_{n1,2}^2=\frac{k}{2m}(3\mp\sqrt{3}),\beta_1=\frac{1}{2}(1+\sqrt{3}),\beta_2=\frac{1}{2}(1-\sqrt{3})$$

第 7 章　多自由度系统的振动

7.1　多自由度系统运动方程的建立

工程中的机械振动问题，有一些可以简化成一个或两个自由度系统的振动问题，可以用前面介绍的方法进行分析计算。但是也有很多问题不能采用这种过于简化的力学模型来进行分析。一般来说，各种机器及其零部件的质量和刚度都具有分布的性质，因此理论上都是无限多自由度系统，即为弹性体。但由于机器的结构比较复杂，若都按无限多自由度来处理，在数学上有很大的、甚至目前还无法解决的困难。因此只好将系统的结构用一些离散的结构来理想化。这样就把弹性体变成数目为有限个的离散单元组成的有限多自由度系统。

如前所述，振动系统有多少个自由度就有多少个固有频率和主振型，也就有多少阶主振动，因此弹性体就有无穷多阶主振动。但有意义的只有前几阶，因为低阶主振动的结点少，比高阶主振动危险。因此把机器结构看成有限多自由度，并只研究其前几阶主振动一般已经足够了。

建立和求解多自由度系统振动的运动微分方程，可以采用牛顿运动定律和达朗贝尔原理。但是随着自由度数目的增加，方程组中包含的方程的数量和复杂程度大大增加，不仅计算工作量很大，而且在建立和求解振动方程的过程中还容易出错。因此，对一些自由度数目较多的系统，常常应用分析力学的方法，即根据拉格朗日方程来建立系统的振动方程，并应用矩阵这一数学工具来进行分析计算。

下面我们分别介绍建立多自由度系统振动方程的拉格朗日法和影响系数法。

7.1.1　拉格朗日法

采用拉格朗日方程来建立系统的振动方程，这种方法比较规格化，不易出错。而矩阵这一数学工具，不仅提供了一种简明的表示方法，而且矩阵计算的程序比较成熟，可以利用计算机来完成复杂的计算工作。这样，无论在理论探讨上和分析计算上都给我们带来很大的方便。

由拉格朗日法，系统的振动方程可通过动能 T、位能（或势能）U、能量散失函数 D 来表示。即

$$\frac{\mathrm{d}}{\mathrm{d}t}\left(\frac{\partial T}{\partial \dot{q}_i}\right)-\frac{\partial T}{\partial q_i}+\frac{\partial U}{\partial q_i}+\frac{\partial D}{\partial \dot{q}_i}=Q_i\ (i=1,\ 2,\ \cdots,\ n) \tag{7-1}$$

式中，q_i，$\dot{q}_i$分别为广义坐标和广义速度；T，U 分别为系统的动能和位能（或势能）；D 为能量散失函数；Q_i 为广义干扰力。

考虑图 7-1 所示的三自由度弹簧-质量系统，P_1，P_2，P_3 分别为作用于各质量上的干扰力。取各质量偏离其平衡位置的位移 x_1，x_2，x_3 为广义坐标，则广义速度分别为 $\dot{x}_1$，$\dot{x}_2$，$\dot{x}_3$。

系统的动能即为质量 m_1，m_2，m_3 的动能之和，即

$$T=\frac{1}{2}(m_1\dot{x}_1^2+m_2\dot{x}_2^2+m_3\dot{x}_3^2) \qquad (7\text{-}2)$$

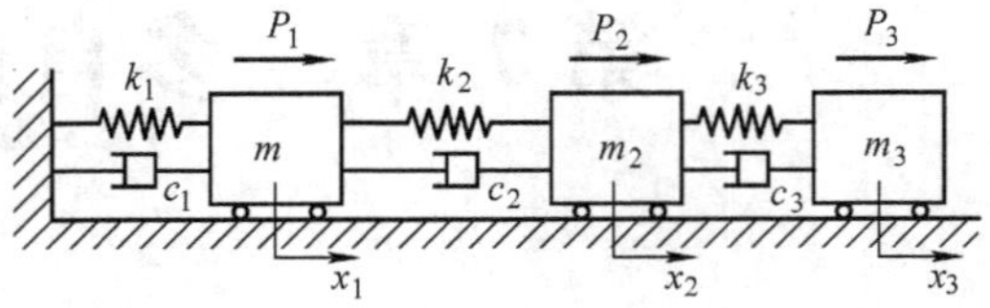

图 7-1 三自由度弹簧-质量系统

系统的势能即为弹簧 1，2，3 的变形势能之和。而弹簧的势能可通过计算弹性力所做的功来求得。当质量从平衡位置移动 x 距离后，弹簧的弹性恢复力 kx 对质量所做的功为

$$A_k = \int_0^x kx\mathrm{d}x = \frac{1}{2}kx^2$$

所以系统的势能为

$$U=\frac{1}{2}[k_1x_1^2+k_2(x_2-x_1)^2+k_3(x_3-x_2)^2] \qquad (7\text{-}3)$$

系统的能量散失函数即为系统在振动过程中为克服阻尼 c_1，c_2，c_3 所做的功，因为阻尼力 $c\dot{x}$ 与振动速度 $\dot{x}$ 呈线性关系，所以在振动速度从 0 到 $\dot{x}$ 的整个过程中，阻尼力对振动质量所做的功为

$$A_0 = \int_0^{\dot{x}} c\dot{x}\mathrm{d}\dot{x} = \frac{1}{2}c\dot{x}^2$$

所以系统的能量散失函数为

$$D=\frac{1}{2}[c_1\dot{x}_1^2+c_2(\dot{x}_2-\dot{x}_1)^2+c_3(\dot{x}_3-\dot{x}_2)^2] \qquad (7\text{-}4)$$

广义干扰力就是激振力，在这一系统中就是分别作用在各质量上的干扰力 P_1，P_2，P_3。故

$$\frac{\mathrm{d}}{\mathrm{d}t}\left(\frac{\partial T}{\partial \dot{x}_1}\right)=\frac{\mathrm{d}}{\mathrm{d}t}\frac{\partial}{\partial \dot{x}_1}\frac{1}{2}(m_1\dot{x}_1^2+m_2\dot{x}_2^2+m_3\dot{x}_3^2)=m_1\ddot{x}_1$$

$$\frac{\partial T}{\partial x_1}=\frac{\partial}{\partial x_1}\frac{1}{2}(m_1\dot{x}_1^2+m_2\dot{x}_2^2+m_3\dot{x}_3^2)=0$$

$$\frac{\partial U}{\partial x_1}=\frac{\partial}{\partial x_1}\frac{1}{2}[k_1x_1^2+k_2(x_2-x_1)^2+k_3(x_3-x_2)^2]=(k_1+k_2)x_1-k_2x_2$$

$$\frac{\partial D}{\partial \dot{x}_1}=\frac{\partial}{\partial \dot{x}_1}\frac{1}{2}[c_1\dot{x}_1^2+c_2(\dot{x}_2-\dot{x}_1)^2+c_3(\dot{x}_3-\dot{x}_2)^2]=(c_1+c_2)\dot{x}_1-c_2\dot{x}_2$$

将上列各式代入式（7-1），即可求得质量 m_1 的振动方程为

$$m_1\ddot{x}_1+(c_1+c_2)\dot{x}_1-c_2\dot{x}_2+(k_1+k_2)x_1-k_2x_2=P_1 \qquad (7\text{-}5)$$

又

$$\frac{\mathrm{d}}{\mathrm{d}t}\left(\frac{\partial T}{\partial \dot{x}_2}\right)=\frac{\mathrm{d}}{\mathrm{d}t}\frac{\partial}{\partial \dot{x}_2}\frac{1}{2}(m_1\dot{x}_1^2+m_2\dot{x}_2^2+m_3\dot{x}_3^2)=m_2\ddot{x}_2$$

$$\frac{\partial T}{\partial x_2}=0$$

$$\frac{\partial U}{\partial x_2}=\frac{\partial}{\partial x_2}\frac{1}{2}[k_1x_1^2+k_2(x_2-x_1)^2+k_3(x_3-x_2)^2]=-k_2x_1+(k_2+k_3)x_2-k_3x_3$$

$$\frac{\partial D}{\partial \dot{x}_2}=\frac{\partial}{\partial \dot{x}_2}\frac{1}{2}[c_1\dot{x}_1^2+c_2(\dot{x}_2-\dot{x}_1)^2+c_3(\dot{x}_3-\dot{x}_2)^2]=-c_2\dot{x}_1+(c_2+c_3)\dot{x}_2-c_3\dot{x}_3$$

将上列各式再代入式（7-1），即可求得质量 m_2 的振动方程为

$$m_2\ddot{x}_2-c_2\dot{x}_1+(c_2+c_3)\dot{x}_2-c_3\dot{x}_3-k_2x_1+(k_2+k_3)x_2-k_3x_3=P_2 \tag{7-6}$$

又

$$\frac{\mathrm{d}}{\mathrm{d}t}\left(\frac{\partial T}{\partial \dot{x}_3}\right)=\frac{\mathrm{d}}{\mathrm{d}t}\frac{\partial}{\partial \dot{x}_3}\frac{1}{2}(m_1\dot{x}_1^2+m_2\dot{x}_2^2+m_3\dot{x}_3^2)=m_3\ddot{x}_3$$

$$\frac{\partial T}{\partial x_3}=0$$

$$\frac{\partial U}{\partial x_3}=\frac{\partial}{\partial x_3}\frac{1}{2}[k_1x_1^2+k_2(x_2-x_1)^2+k_3(x_3-x_2)^2]=k_3x_3-k_3x_2$$

$$\frac{\partial D}{\partial \dot{x}_3}=\frac{\partial}{\partial \dot{x}_3}\frac{1}{2}[c_1\dot{x}_1^2+c_2(\dot{x}_2-\dot{x}_1)^2+c_3(\dot{x}_3-\dot{x}_2)^2]=c_3\dot{x}_3-c_3\dot{x}_2$$

将上列各式仍代入式（7-1），即可求得质量 m_3 的振动方程为

$$m_3\ddot{x}_3-c_3\dot{x}_2+c_3\dot{x}_3-k_3x_2+k_3x_3=P_3 \tag{7-7}$$

综合以上的计算结果，将式（7-5）、式（7-6）及式（7-7）组成下列微分方程组，即得图 7-1所示系统的运动微分方程为

$$\begin{cases}m_1\ddot{x}_1+(c_1+c_2)\dot{x}_1-c_2\dot{x}_2+(k_1+k_2)x_1-k_2x_2=P_1\\ m_2\ddot{x}_2-c_2\dot{x}_1+(c_2+c_3)\dot{x}_2-c_3\dot{x}_3-k_2x_1+(k_2+k_3)x_2-k_3x_3=P_2\\ m_3\ddot{x}_3-c_3\dot{x}_2+c_3\dot{x}_3-k_3x_2+k_3x_3=P_3\end{cases} \tag{7-8}$$

上式可用矩阵形式表达为

$$\boldsymbol{m}\ddot{\boldsymbol{x}}+\boldsymbol{c}\dot{\boldsymbol{x}}+\boldsymbol{k}\boldsymbol{x}=\boldsymbol{P} \tag{7-9}$$

其中各列阵及系数矩阵分别为

位移列阵 $\boldsymbol{x}=\begin{pmatrix}x_1\\x_2\\x_3\end{pmatrix}$；速度列阵 $\dot{\boldsymbol{x}}=\begin{pmatrix}\dot{x}_1\\\dot{x}_2\\\dot{x}_3\end{pmatrix}$

加速度列阵 $\ddot{\boldsymbol{x}}=\begin{pmatrix}\ddot{x}_1\\\ddot{x}_2\\\ddot{x}_3\end{pmatrix}$；干扰力列阵 $\boldsymbol{P}=\begin{pmatrix}P_1\\P_2\\P_3\end{pmatrix}$

质量矩阵 $\boldsymbol{m}=\begin{pmatrix}m_1&0&0\\0&m_2&0\\0&0&m_3\end{pmatrix}$

阻尼矩阵 $\boldsymbol{c}=\begin{pmatrix}c_1+c_2&-c_2&0\\-c_2&c_2+c_3&-c_3\\0&-c_3&c_3\end{pmatrix}$

$$\text{刚度矩阵}\ \boldsymbol{k} = \begin{pmatrix} k_1+k_2 & -k_2 & 0 \\ -k_2 & k_2+k_3 & -k_3 \\ 0 & -k_3 & k_3 \end{pmatrix}$$

式（7-8）及式（7-9）都是系统的有阻尼受迫振动方程。若在上述系统中忽略阻尼，又无干扰力的作用，则系统的无阻尼自由振动方程可根据式（7-9）用矩阵形式直接写出：

$$\boldsymbol{m}\ddot{\boldsymbol{x}} + \boldsymbol{k}\boldsymbol{x} = \boldsymbol{0} \tag{7-10}$$

其中，零列阵为

$$\boldsymbol{0} = \begin{pmatrix} 0 \\ 0 \\ 0 \end{pmatrix}$$

若系统的自由度数为 n，则位移列阵 $\boldsymbol{x}$、速度列阵 $\dot{\boldsymbol{x}}$ 、加速度列阵 $\ddot{\boldsymbol{x}}$ ，以及干扰力列阵 $\boldsymbol{P}$ 均为 n 阶列阵。而质量矩阵 $\boldsymbol{m}$、阻尼矩阵 $\boldsymbol{c}$，以及刚度矩阵 $\boldsymbol{k}$ 则均为 n 阶对称的方阵。

还必须注意，当我们将弹性体离散化成有限自由度系统时，得到的质量矩阵 $\boldsymbol{m}$ 不一定都是前面那样的对角阵。因此，以后我们按 $\boldsymbol{m}$ 为一般非对角阵进行讨论。

7.1.2 影响系数法

1. 刚度影响系数和刚度矩阵

如前所述，多自由度系统振动方程的矩阵表达式为

$$\boldsymbol{m}\ddot{\boldsymbol{x}} + \boldsymbol{c}\dot{\boldsymbol{x}} + \boldsymbol{k}\boldsymbol{x} = \boldsymbol{P}$$

因此，若能设法求出系统的质量矩阵 $\boldsymbol{m}$、阻尼矩阵 $\boldsymbol{c}$ 和刚度矩阵 $\boldsymbol{k}$，就可以直接按上式写出系统的运动微分方程。

$\boldsymbol{m}$，$\boldsymbol{c}$，$\boldsymbol{k}$ 的一般形式为

$$\boldsymbol{m} = \begin{pmatrix} m_{11} & m_{12} & \cdots & m_{1n} \\ m_{21} & m_{22} & \cdots & m_{2n} \\ \vdots & \vdots & & \vdots \\ m_{n1} & m_{n2} & \cdots & m_{nn} \end{pmatrix} \tag{7-11}$$

$$\boldsymbol{c} = \begin{pmatrix} c_{11} & c_{12} & \cdots & c_{1n} \\ c_{21} & c_{22} & \cdots & c_{2n} \\ \vdots & \vdots & & \vdots \\ c_{n1} & c_{n2} & \cdots & c_{nn} \end{pmatrix} \tag{7-12}$$

$$\boldsymbol{k} = \begin{pmatrix} k_{11} & k_{12} & \cdots & k_{1n} \\ k_{21} & k_{22} & \cdots & k_{2n} \\ \vdots & \vdots & & \vdots \\ k_{n1} & k_{n2} & \cdots & k_{nn} \end{pmatrix} \tag{7-13}$$

上列矩阵中的任一元素 m_{ij}，c_{ij}，k_{ij}分别代表第 i 坐标和第 j 坐标之间的惯性、阻尼和刚度的相互影响，故分别称之为惯性影响系数、阻尼影响系数和刚度影响系数。显然，只要能确定 m_{ij}，c_{ij}和 k_{ij}这些影响系数的数值，即可求出 $\boldsymbol{m}$，$\boldsymbol{c}$ 和 $\boldsymbol{k}$。

惯性影响系数、阻尼影响系数和刚度影响系数的定义分别为：

m_{ij}——使系统的第 j 坐标产生单位加速度，而其他坐标的加速度为零时，在第 i 坐标上所需加的作用力大小。

c_{ij}——使系统的第 j 坐标产生单位速度，而其他坐标的速度为零时，在第 i 坐标上所需加的作用力大小。

k_{ij}——使系统的第 j 坐标产生单位位移，而其他坐标的位移为零时，在第 i 坐标上所需加的作用力大小。

现以图 7-1 所示的三自由度系统为例，来说明确定影响系数和系数矩阵的方法。

（1）确定 k_{ij} 及 $\boldsymbol{k}$　设 $x_1=1$，$x_2=x_3=0$。即使 m_1 产生单位位移，而 m_2，m_3 不动，则在 m_1 上需要加大小等于 k_1+k_2 的力，以克服弹簧 k_1 和 k_2 的弹性阻力。由于 m_1 的位移为正方向，所以弹簧 k_1 和 k_2 的弹性阻力的方向为负。因此在 m_1 上所需加的作用力的方向为正。故 $k_{11}=k_1+k_2$。

为了在 $x_1=1$ 时，使 $x_2=0$。即使 m_1 产生单位位移时，m_2 不动．则需要在 m_2 上加大小等于 k_2 的力，以克服弹簧 k_2 对 m_2 作用的弹性力 k_2。由于 m_1 的位移方向为正，所以弹簧 k_2 被压缩，其对 m_2 作用的弹性力方向为正。因此，在 m_2 上所需加的作用力的方向应为负，故 $k_{21}=-k_2$。

当 $x_1=1$ 时，要使 $x_3=0$。即使 m_1 产生单位位移时，m_3 不动。由于 m_3 和 m_1 之间没有直接的联系，而且 m_1 产生单位位移时，m_2 又不动，所以弹簧 k_3 没有变形，m_3 没有受到弹性力的作用。因此要使 $x_3=0$，并不需要在 m_3 上加力，故 $k_{31}=0$。

设 $x_2=1$，$x_1=x_3=0$。即使 m_2 产生单位位移，而 m_1，m_3 不动。要使 m_2 产生单位位移，必须克服弹簧 k_2 及 k_3 的弹性阻力 $-(k_2+k_3)$。故在 m_2 上所需加的作用力为 k_2+k_3。即 $k_{22}=k_2+k_3$。

为了在 $x_2=1$ 时，使 $x_1=0$，则必须克服弹簧 k_2 作用于 m_1 的弹性力 k_2。故在 m_1 上所需加的作用力为 $-k_2$，即 $k_{12}=-k_2$。

为了在 $x_2=1$ 时，使 $x_3=0$，则必须克服弹簧 k_3 作用于 m_3 的弹性力 k_3。故在 m_3 上所需加的作用力为 $-k_3$，即 $k_{32}=-k_3$。

再设 $x_3=1$，$x_1=x_2=0$。即使 m_3 产生单位位移，而 m_1，m_2 不动。要使 m_3 产生单位位移，必须克服弹簧 k_3 的弹性阻力 $-k_3$。故在 m_3 上所需加的作用力为 k_3，即 $k_{33}=k_3$。

为了在 $x_3=1$ 时，$x_2=0$，则必须克服弹簧 k_3 作用于 m_2 的弹性力 k_3。故在 m_2 上所需加的作用力为 $-k_3$。即 $k_{23}=-k_3$。

当 $x_3=1$ 时，要使 $x_1=0$，由于 m_3 与 m_1 没有直接的联系，故 $k_{13}=0$。

将以上求得的全部刚度影响系数按下标写成矩阵形式，就得到系统的刚度矩阵：

$$\boldsymbol{k}=\begin{pmatrix} k_{11} & k_{12} & k_{13} \\ k_{21} & k_{22} & k_{23} \\ k_{31} & k_{32} & k_{33} \end{pmatrix}=\begin{pmatrix} k_1+k_2 & -k_2 & 0 \\ -k_2 & k_2+k_3 & -k_3 \\ 0 & -k_3 & k_3 \end{pmatrix}$$

（2）确定 c_{ij} 及 $\boldsymbol{c}$　设 $\dot{x}_1=1$，$\dot{x}_2=\dot{x}_3=0$，即使 m_1 产生单位速度，而 m_2 及 m_3 的速度为零。为了使 m_1 产生单位速度，则必须克服阻尼器 c_1 和 c_2 的阻尼力 $-(c_1+c_2)\dot{x}_1=-(c_1+c_2)$。因此在 m_1 上所需加的作用力为 c_1+c_2，故 $c_{11}=c_1+c_2$。

为了在 $\dot{x}_1=1$ 时，$\dot{x}_2=0$，即使 m_1 产生单位速度时，m_2 的速度仍为零，则必须克服阻尼器 c_2 作用于 m_2 的阻尼力 c_2。因此在 m_2 上所需加的作用力为 $-c_2$，故 $c_{21}=-c_2$。

当 $\dot{x}_1=1$ 时，要使 $\dot{x}_3=0$，即使 m_1 产生单位速度时，m_3 的速度仍为零，由于 m_3 与 m_1 没有直接的联系，因此不需在 m_3 上加力，故 $c_{31}=0$。

同理，当设 $\dot{x}_2=1$，$\dot{x}_1=\dot{x}_3=0$ 时，可以求出

$$c_{22}=c_2+c_3,\quad c_{12}=-c_2,\quad c_{32}=-c_3$$

又设 $\dot{x}_3=1$，$\dot{x}_1=\dot{x}_2=0$ 时，可以求出

$$c_{33}=c_3,\ c_{23}=-c_3,\quad c_{13}=0$$

将以上求得的全部阻尼影响系数按下标写成矩阵形式，就得到系统的阻尼矩阵：

$$\boldsymbol{c}=\begin{pmatrix}c_{11}&c_{12}&c_{13}\\c_{21}&c_{22}&c_{23}\\c_{31}&c_{32}&c_{33}\end{pmatrix}=\begin{pmatrix}c_1+c_2&-c_2&0\\-c_2&c_2+c_3&-c_3\\0&-c_3&c_3\end{pmatrix}$$

（3）确定 m_{ij} 及 $\boldsymbol{m}$　设 $\ddot{x}_1=1$，$\ddot{x}_2=\ddot{x}_3=0$，即使 m_1 产生单位加速度，而 m_2 及 m_3 的加速度为零。为了使 m_1 产生单位加速度，则必须对 m_1 施加作用力 $m_1\ddot{x}_1=m_1$，故 $m_{11}=m_1$。

当 $\ddot{x}_1=1$ 时，要使 $\ddot{x}_2=\ddot{x}_3=0$，则对 m_2 和 m_3 都不能施加作用力，故 $m_{21}=0$，$m_{31}=0$。

同理，设 $\ddot{x}_2=1$，$\ddot{x}_1=\ddot{x}_3=0$ 时，可以求出

$$m_{22}=m_2,\ m_{12}=0,\ m_{32}=0$$

又设 $\ddot{x}_3=1$，$\ddot{x}_1=\ddot{x}_2=0$ 时，可以求出

$$m_{33}=m_3,\ m_{13}=0,\ m_{23}=0$$

将以上求得的全部惯性影响系数按下标写成矩阵形式，就得到系统的质量矩阵：

$$\boldsymbol{m}=\begin{pmatrix}m_{11}&m_{12}&m_{13}\\m_{21}&m_{22}&m_{23}\\m_{31}&m_{32}&m_{33}\end{pmatrix}=\begin{pmatrix}m_1&0&0\\0&m_2&0\\0&0&m_3\end{pmatrix}$$

由此可见，应用影响系数法可以根据系统的动力学模型直接求出各个系数矩阵，从而直接写出系统振动方程的矩阵表达式。例如，图 7-1 所示的三自由度振动系统的矩阵表达式，可根据以上的计算结果直接写出

$$\begin{pmatrix}m_1&0&0\\0&m_2&0\\0&0&m_3\end{pmatrix}\begin{pmatrix}\ddot{x}_1\\\ddot{x}_2\\\ddot{x}_3\end{pmatrix}+\begin{pmatrix}c_1+c_2&-c_2&0\\-c_2&c_2+c_3&-c_3\\0&-c_3&c_3\end{pmatrix}\begin{pmatrix}\dot{x}_1\\\dot{x}_2\\\dot{x}_3\end{pmatrix}+$$

$$\begin{pmatrix}k_1+k_2&-k_2&0\\-k_2&k_2+k_3&-k_3\\0&-k_3&k_3\end{pmatrix}\begin{pmatrix}x_1\\x_2\\x_3\end{pmatrix}=\begin{pmatrix}P_1\\P_2\\P_3\end{pmatrix}$$

2. 柔度影响系数和柔度矩阵

以上讨论的应用刚度矩阵来建立系统运动的作用力方程，对许多振动系统是方便的。但是对于静定系统，有时采用系统运动的位移方程则更为简便而易于求解。为此，我们引进符

号 δ，并称之为刚度系数为 k 的弹簧的柔度系数。即

$$\delta=\frac{1}{k} \tag{7-14}$$

现在先用一个较为简单的三自由度无阻尼系统来说明位移方程的建立方法。

在图 7-2 所示的系统中，三个弹簧的柔度系数各为

$$\delta_1=\frac{1}{k_1},\ \delta_2=\frac{1}{k_2},\ \delta_3=\frac{1}{k_3}$$

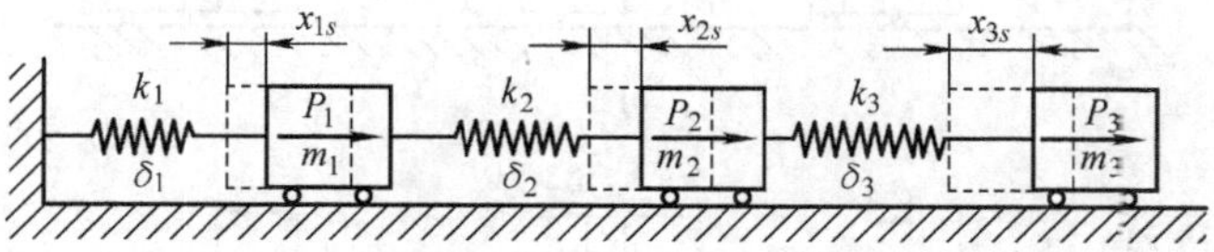

图 7-2　三自由度无阻尼系统

先假设作用在各质量上的力 P_1，P_2，P_3 是静止作用上去的，则系统各质量的位移可表示为

$$\begin{cases}x_{1s}=\delta_1(P_1+P_2+P_3)\\ x_{2s}=\delta_1(P_1+P_2+P_3)+\delta_2(P_2+P_3)\\ x_{3s}=\delta_1(P_1+P_2+P_3)+\delta_2(P_2+P_3)+\delta_3P_3\end{cases} \tag{7-15}$$

式中，x_{1s}，x_{2s}，x_{3s} 分别为质量 m_1，m_2，m_3 的静位移。此时可按矩阵形式写成为

$$\begin{pmatrix}x_1\\x_2\\x_3\end{pmatrix}_s=\begin{pmatrix}x_{1s}\\x_{2s}\\x_{3s}\end{pmatrix}=\begin{pmatrix}\delta_1 & \delta_1 & \delta_1\\ \delta_1 & \delta_1+\delta_2 & \delta_1+\delta_2\\ \delta_1 & \delta_1+\delta_2 & \delta_1+\delta_2+\delta_3\end{pmatrix}\begin{pmatrix}P_1\\P_2\\P_3\end{pmatrix} \tag{7-16}$$

上式还可简写成如下形式：

$$\boldsymbol{x}_s=\boldsymbol{\delta P} \tag{7-17}$$

式中，$\boldsymbol{\delta}$ 称为柔度矩阵，它的一般形式为

$$\boldsymbol{\delta}=\begin{pmatrix}\delta_{11} & \delta_{12} & \delta_{13}\\ \delta_{21} & \delta_{22} & \delta_{23}\\ \delta_{31} & \delta_{32} & \delta_{33}\end{pmatrix} \tag{7-18}$$

柔度矩阵中的各元素 δ_{ij} 称为柔度影响系数，它定义为在系统的第 j 坐标上作用一单位力时，在第 i 坐标上所产生的位移大小。

我们也可以应用求刚度矩阵 $\boldsymbol{k}$ 的类似方法，直接从系统的动力学模型中求出柔度矩阵 $\boldsymbol{\delta}$。即对系统的每一个坐标依次作用于一单位力，计算各坐标所产生的位移，来导出全部柔度影响系数，从而得出柔度矩阵。

下面我们用图 7-3 来说明图 7-2 所示系统建立柔度矩阵的过程。

先在质量 m_1 上作用一单位力，而在质量 m_2，m_3 上的作用力为零。此时，各质量所产生的静位移分别为 δ_{11}，δ_{21}，δ_{31}。根据柔度影响系数的定义，可以得出 $\delta_{11}=\delta_{21}=\delta_{31}=\delta_1$。

再在质量 m_2 上作用一单位力，而在质量 m_1，m_3 上的作用力为零。此时，m_1，m_2，m_3 产生的位移分别为 $\delta_{12}=\delta_1$，$\delta_{22}=\delta_1+\delta_2$，$\delta_{32}=\delta_1+\delta_2$。

最后在质量 m_3 上作用一单位力，而在质量 m_1，m_2 上的作用力为零。此时，m_1，m_2，m_3 产生的位移分别为 $\delta_{13}=\delta_1$，$\delta_{23}=\delta_1+\delta_2$，$\delta_{33}=\delta_1+\delta_2+\delta_3$。

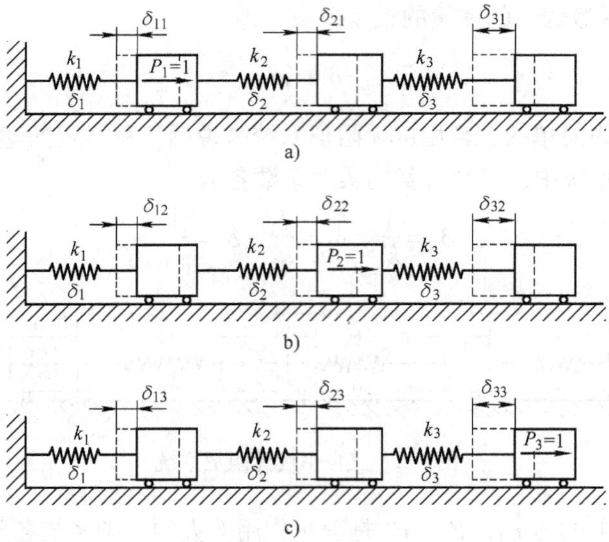

图 7-3　建立系统柔度矩阵的示意图

将以上求得的全部柔度影响系数按下标写成矩阵形式，就得到与式（7-16）中的柔度矩阵完全一致的系统柔度矩阵：

$$\boldsymbol{\delta}=\begin{pmatrix}\delta_{11} & \delta_{12} & \delta_{13}\\ \delta_{21} & \delta_{22} & \delta_{23}\\ \delta_{31} & \delta_{32} & \delta_{33}\end{pmatrix}=\begin{pmatrix}\delta_1 & \delta_1 & \delta_1\\ \delta_1 & \delta_1+\delta_2 & \delta_1+\delta_2\\ \delta_1 & \delta_1+\delta_2 & \delta_1+\delta_2+\delta_3\end{pmatrix}$$

可以看出，柔度影响系数 $\delta_{ij}=\delta_{ji}$，这种对称性在刚度矩阵中也同样存在。实际上，对于线弹性系统，柔度矩阵和刚度矩阵都总是对称的，即都是对称阵。

在方程（7-16）中，假如 P_1，P_2，P_3 不是静力，而是动力作用的力，则系统的惯性力就必须计入。这时式（7-16）应改写成为

$$\begin{pmatrix}x_1\\ x_2\\ x_3\end{pmatrix}=\begin{pmatrix}\delta_1 & \delta_1 & \delta_1\\ \delta_1 & \delta_1+\delta_2 & \delta_1+\delta_2\\ \delta_1 & \delta_1+\delta_2 & \delta_1+\delta_2+\delta_3\end{pmatrix}\begin{pmatrix}P_1-m_1\ddot{x}_1\\ P_2-m_2\ddot{x}_2\\ P_3-m_3\ddot{x}_3\end{pmatrix} \tag{7-19}$$

$$\begin{pmatrix}x_1\\ x_2\\ x_3\end{pmatrix}=\begin{pmatrix}\delta_1 & \delta_1 & \delta_1\\ \delta_1 & \delta_1+\delta_2 & \delta_1+\delta_2\\ \delta_1 & \delta_1+\delta_2 & \delta_1+\delta_2+\delta_3\end{pmatrix}\left(\begin{pmatrix}P_1\\ P_2\\ P_3\end{pmatrix}-\begin{pmatrix}m_1 & 0 & 0\\ 0 & m_2 & 0\\ 0 & 0 & m_3\end{pmatrix}\begin{pmatrix}\ddot{x}_1\\ \ddot{x}_2\\ \ddot{x}_3\end{pmatrix}\right) \tag{7-20}$$

上式还可以简写成为

$$\boldsymbol{x}=\boldsymbol{\delta}\left(\boldsymbol{P}-\boldsymbol{m}\ddot{\boldsymbol{x}}\right) \tag{7-21}$$

式（7-21）表明，在动力作用下系统产生的位移等于系统的柔度矩阵与作用力的乘积。它也可写成为

$$\boldsymbol{\delta m}\ddot{\boldsymbol{x}}+\boldsymbol{x}=\boldsymbol{\delta P} \tag{7-22}$$

式（7-22）是用柔度矩阵表示的多自由度无阻尼系统的运动方程，式中的每一项都有位移的量纲，故称为系统运动的位移方程。

我们把用刚度矩阵表示的多自由度系统的运动方程称为系统的作用力方程。对于多自由度无阻尼系统，作用力方程的一般形式为

$$\boldsymbol{m}\ddot{\boldsymbol{x}}+\boldsymbol{k}\boldsymbol{x}=\boldsymbol{P} \tag{7-23}$$

式（7-23）可写成如下形式：

$$\boldsymbol{k}\boldsymbol{x}=\boldsymbol{P}-\boldsymbol{m}\ddot{\boldsymbol{x}} \tag{7-24}$$

用柔度矩阵的逆矩阵$\boldsymbol{\delta}^{-1}$左乘方程（7-21）得

$$\boldsymbol{\delta}^{-1}\boldsymbol{x}=\boldsymbol{P}-\boldsymbol{m}\ddot{\boldsymbol{x}} \tag{7-25}$$

比较式（7-24）与式（7-25）可以看出

$$\begin{cases}\boldsymbol{k}=\boldsymbol{\delta}^{-1}\\ \boldsymbol{\delta}=\boldsymbol{k}^{-1}\end{cases} \tag{7-26}$$

这就是说，对于同一个系统，若选取相同的广义坐标，则系统的刚度矩阵和柔度矩阵互为逆矩阵。这是一个很重要的性质，对于那些直接确定刚度矩阵比确定柔度矩阵困难得多的系统，可以借助求柔度矩阵的逆矩阵的办法来得到系统的刚度矩阵。

对于梁、轴等类型的系统，其柔度影响系数可以直接应用材料力学的公式来求出它的数值。因此用位移方程的形式来建立系统的运动方程就更为方便。现举例说明如下。

例7-1　图7-4所示为一简支梁，梁上等距分布有集中质量m_1，m_2，m_3。在m_1，m_2，m_3上分别作用有动力P_1，P_2，P_3。设梁的弯曲刚度为EI，试用柔度影响系数建立系统运动的位移方程。

解　以三个集中质量m_1，m_2，m_3离开其静平衡位置的垂直位移y_1，y_2，y_3为系统的广义坐标（图7-4a）。

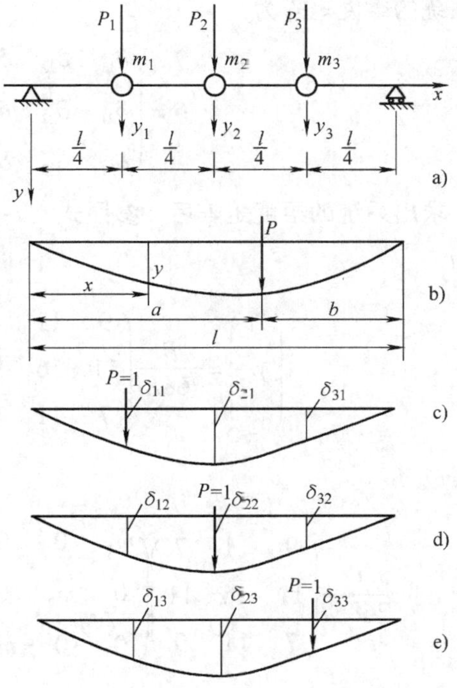

图7-4　具有三个质量的简支梁

由材料力学得知，当简支梁受P力作用时，其挠度计算公式为（图7-4b）

$$\begin{cases}y=\dfrac{Pbx}{6EIl}(l^2-x^2-b^2),0\leqslant x\leqslant a\\ y=\dfrac{Pb}{6EIl}\left(\dfrac{l}{b}(l-a)^3+(l^2-b^2)x-x^3\right),a\leqslant x\leqslant l\end{cases} \tag{7-27}$$

根据柔度影响系数的定义，我们首先在坐标y_1处作用一单位力，则在坐标y_1，y_2，y_3处所产生的挠度即分别为δ_{11}，δ_{21}，δ_{31}（图7-4c）。

再在坐标y_2处作用一单位力，则在坐标y_1，y_2，y_3处所产生的挠度即分别为δ_{12}，δ_{22}，δ_{32}（图7-4d）。

最后在坐标 y_3 处作用一单位力，则在坐标 y_1，y_2，y_3 处所产生的挠度即分别为 δ_{13}，δ_{23}，δ_{33}（图 7-4e）。

根据式（7-27）可以计算出各柔度影响系数的数值为

$$\delta_{11}=\delta_{33}=\frac{9l^3}{768EI}$$

$$\delta_{21}=\delta_{12}=\delta_{23}=\delta_{32}=\frac{11l^3}{768EI}$$

$$\delta_{31}=\delta_{13}=\frac{7l^3}{768EI}$$

$$\delta_{22}=\frac{16l^3}{768EI}$$

故系统的柔度矩阵为

$$\boldsymbol{\delta}=\begin{pmatrix}\delta_{11} & \delta_{12} & \delta_{13}\\ \delta_{21} & \delta_{22} & \delta_{23}\\ \delta_{31} & \delta_{32} & \delta_{33}\end{pmatrix}=\frac{l^3}{768EI}\begin{pmatrix}9 & 11 & 7\\ 11 & 16 & 11\\ 7 & 11 & 9\end{pmatrix}$$

求出系统的柔度矩阵后，参照式（7-20）即可直接写出图 7-4a 所示系统的运动位移方程为

$$\begin{pmatrix}y_1\\ y_2\\ y_3\end{pmatrix}=\frac{l^3}{768EI}\begin{pmatrix}9 & 11 & 7\\ 11 & 16 & 11\\ 7 & 11 & 9\end{pmatrix}\left(\begin{pmatrix}P_1\\ P_2\\ P_3\end{pmatrix}-\begin{pmatrix}m_1 & 0 & 0\\ 0 & m_2 & 0\\ 0 & 0 & m_3\end{pmatrix}\begin{pmatrix}\ddot{y}_1\\ \ddot{y}_2\\ \ddot{y}_3\end{pmatrix}\right)$$

或写成

$$\frac{l^3}{768EI}\begin{pmatrix}9 & 11 & 7\\ 11 & 16 & 11\\ 7 & 11 & 9\end{pmatrix}\begin{pmatrix}m_1 & 0 & 0\\ 0 & m_2 & 0\\ 0 & 0 & m_3\end{pmatrix}\begin{pmatrix}\ddot{y}_1\\ \ddot{y}_2\\ \ddot{y}_3\end{pmatrix}+\begin{pmatrix}y_1\\ y_2\\ y_3\end{pmatrix}=\frac{l^3}{768EI}\begin{pmatrix}9 & 11 & 7\\ 11 & 16 & 11\\ 7 & 11 & 9\end{pmatrix}\begin{pmatrix}P_1\\ P_2\\ P_3\end{pmatrix}$$

当考虑系统阻尼的作用时，多自由度系统运动的作用力方程，如前所述应为如下形式：

$$\boldsymbol{m\ddot{x}}+\boldsymbol{c\dot{x}}+\boldsymbol{kx}=\boldsymbol{P}$$

通过下列运算，可将这一作用力方程改变成位移方程。

将上式两端左乘 $\boldsymbol{\delta}$，得

$$\boldsymbol{\delta m\ddot{x}}+\boldsymbol{\delta c\dot{x}}+\boldsymbol{\delta kx}=\boldsymbol{\delta P}$$

因为 $\boldsymbol{\delta}=\boldsymbol{k}^{-1}$，所以

$$\boldsymbol{\delta k}=\boldsymbol{I}$$

故上式又可简化成为

$$\boldsymbol{\delta m\ddot{x}}+\boldsymbol{\delta c\dot{x}}+\boldsymbol{x}=\boldsymbol{\delta P} \tag{7-28}$$

式（7-28）就是多自由度有阻尼系统的运动位移方程的一般形式。

7.2　多自由度系统的固有频率和主振型

7.2.1　固有频率

在上一章中已经分析过，通过求解系统的无阻尼自由振动方程，可以求得系统的固有频率。而多自由度无阻尼自由振动微分方程的一般形式为

$$\boldsymbol{m}\ddot{\boldsymbol{x}} + \boldsymbol{k}\boldsymbol{x} = \boldsymbol{0} \tag{7-29}$$

设上列方程的解为

$$\boldsymbol{x} = \boldsymbol{A}\mathrm{e}^{\mathrm{i}\omega_{\mathrm{n}}t} \tag{7-30}$$

式中，$\boldsymbol{A}$ 是系统自由振动时，各个坐标上的振幅所组成的列阵，称为振幅向量。即

$$\boldsymbol{A} = \begin{pmatrix} A_1 \\ A_2 \\ \vdots \\ A_n \end{pmatrix} \tag{7-31}$$

对式（7-30）求二阶导数，连同式（7-30）一起代入式（7-29），并经过简化后得

$$(\boldsymbol{k} - \omega_{\mathrm{n}}^2\boldsymbol{m})\ \boldsymbol{A} = \boldsymbol{0} \tag{7-32}$$

求解上列方程的问题，在数学上称为求特征值问题。

显然要使 $\boldsymbol{A}$ 有非零解，则上式中 $\boldsymbol{A}$ 的系数行列式必须为零，即

$$\Delta(\omega_{\mathrm{n}}^2) = \det(\boldsymbol{k} - \omega_{\mathrm{n}}^2\boldsymbol{m}) = 0 \tag{7-33}$$

上式也可写成以下的形式：

$$\det(\boldsymbol{k} - \omega_{\mathrm{n}}^2\boldsymbol{m}) = \begin{vmatrix} k_{11} - m_{11}\omega_{\mathrm{n}}^2 & k_{12} - m_{12}\omega_{\mathrm{n}}^2 & \cdots & k_{1n} - m_{1n}\omega_{\mathrm{n}}^2 \\ k_{21} - m_{21}\omega_{\mathrm{n}}^2 & k_{22} - m_{22}\omega_{\mathrm{n}}^2 & \cdots & k_{2n} - m_{2n}\omega_{\mathrm{n}}^2 \\ \vdots & \vdots & & \vdots \\ k_{n1} - m_{n1}\omega_{\mathrm{n}}^2 & k_{n2} - m_{n2}\omega_{\mathrm{n}}^2 & \cdots & k_{nn} - m_{nn}\omega_{\mathrm{n}}^2 \end{vmatrix} = 0 \tag{7-34}$$

式（7-33）和式（7-34）都称为系统的特征方程或频率方程。将其展开后可得到 ω_{n}^2 的 n 次代数方程：

$$\omega_{\mathrm{n}}^{2n} + a_1\omega_{\mathrm{n}}^{2(n-1)} + a_2\omega_{\mathrm{n}}^{2(n-2)} + \cdots + a_{n-1}\omega_{\mathrm{n}}^2 + a_n = 0 \tag{7-35}$$

式中，a_1，a_2，…，a_n 等系数都是 k_{ij} 与 m_{ij} 的组合。

对于一个 n 自由度的系统，求解其特征方程后，可以得到 ω_{n}^2 的 n 个正实根，这 ω_{n}^2 的 n 个根称为方程（7-32）的 n 个特征值，也就是系统各阶固有频率的平方值。将这 n 个固有频率由小到大按次序排列，分别称之为一阶固有频率（基频）、二阶固有频率、…、n 阶固有频率。即

$$\omega_{\mathrm{n}1} < \omega_{\mathrm{n}2} < \cdots < \omega_{\mathrm{n}n} \tag{7-36}$$

7.2.2　主振型

求得系统的各阶固有频率后，将其中某一阶固有频率（即某一个特征值）$\omega_{\mathrm{n}r}$ 代回式（7-32），并加以展开，得

$$\begin{cases}(k_{11}-m_{11}\omega_{nr}^2)A_1^{(r)}+(k_{12}-m_{12}\omega_{nr}^2)A_2^{(r)}+\cdots+(k_{1n}-m_{1n}\omega_{nr}^2)A_n^{(r)}=0\\(k_{21}-m_{21}\omega_{nr}^2)A_1^{(r)}+(k_{22}-m_{22}\omega_{nr}^2)A_2^{(r)}+\cdots+(k_{2n}-m_{2n}\omega_{nr}^2)A_n^{(r)}=0\\\vdots\\(k_{n1}-m_{n1}\omega_{nr}^2)A_1^{(r)}+(k_{n2}-m_{n2}\omega_{nr}^2)A_2^{(r)}+\cdots+(k_{nn}-m_{nn}\omega_{nr}^2)A_n^{(r)}=0\end{cases}\tag{7-37}$$

显然，上式是由 n 个齐次代数方程所组成的方程组。因此，从中只能求得 n 个未知量 $A_i^{(r)}$ 之间的比值，而无法求出 $A_1^{(r)}$，$A_2^{(r)}$，…，$A_n^{(r)}$ 的确定解。现在，将方程组（7-37）中划去其中不独立的某一式（如最后一式），并将剩下独立的 $n-1$ 个方程中某一相同的 $A_i^{(r)}$ 项（如 $A_n^{(r)}$ 项）移到等式右边，即可得到下列代数方程组：

$$\begin{cases}(k_{11}-m_{11}\omega_{nr}^2)A_1^{(r)}+(k_{12}-m_{12}\omega_{nr}^2)A_2^{(r)}+\cdots+(k_{1,n-1}-m_{1,n-1}\omega_{nr}^2)A_{n-1}^{(r)}\\\qquad=-(k_{1n}-m_{1n}\omega_{nr}^2)A_n^{(r)}\\(k_{21}-m_{21}\omega_{nr}^2)A_1^{(r)}+(k_{22}-m_{22}\omega_{nr}^2)A_2^{(r)}+\cdots+(k_{2,n-1}-m_{2,n-1}\omega_{nr}^2)A_{n-1}^{(r)}\\\qquad=-(k_{2n}-m_{2n}\omega_{nr}^2)A_n^{(r)}\\\vdots\\(k_{n-1,1}-m_{n-1,1}\omega_{nr}^2)A_1^{(r)}+(k_{n-1,2}-m_{n-1,2}\omega_{nr}^2)A_2^{(r)}+\cdots+(k_{n-1,n-1}-m_{n-1,n-1}\omega_{nr}^2)A_{n-1}^{(r)}\\\qquad=-(k_{n-1,n}-m_{n-1,n}\omega_{nr}^2)A_n^{(r)}\end{cases}\tag{7-38}$$

根据式（7-38），就可以对 $A_1^{(r)}$，$A_2^{(r)}$，…，$A_{n-1}^{(r)}$ 求解，而求得的 $A_i^{(r)}$ 值（$i=1$，2，…，$n-1$）都是与 $A_n^{(r)}$ 成正比的。这样就可以得到对应于第 r 阶固有频率 ω_{nr} 的 n 个振幅 $A_1^{(r)}$，$A_2^{(r)}$，…，$A_n^{(r)}$ 之间的比例关系，也就是系统按第 r 阶固有频率振动（即作第 r 阶主振动）时各坐标的振幅比。显然，这一振幅比表示了系统按第 r 阶固有频率作振动时的振动形态。所以，我们把由这 n 个具有确定的相对比值的振幅所组成的列阵，称为系统的第 r 阶主振型。即

$$\boldsymbol{A}^{(r)}=\begin{pmatrix}A_1^{(r)}\\A_2^{(r)}\\\vdots\\A_n^{(r)}\end{pmatrix}\tag{7-39}$$

若将系统的各阶固有频率依次代入式（7-32），即可得到系统的第一阶、第二阶、…、第 n 阶主振型。

$$\boldsymbol{A}^{(1)}=\begin{pmatrix}A_1^{(1)}\\A_2^{(1)}\\\vdots\\A_n^{(1)}\end{pmatrix},\ \boldsymbol{A}^{(2)}=\begin{pmatrix}A_1^{(2)}\\A_2^{(2)}\\\vdots\\A_n^{(2)}\end{pmatrix},\ \cdots,\ \boldsymbol{A}^{(n)}=\begin{pmatrix}A_1^{(n)}\\A_2^{(n)}\\\vdots\\A_n^{(n)}\end{pmatrix}\tag{7-40}$$

可见，n 个自由度的系统就有 n 个固有频率和 n 个相应的主振型。在数学上，把这种性质称为对应于每一个特征值 ω_{nr} 具有某一个特征向量 $\boldsymbol{A}^{(r)}$。

如前所述，由于对应于某一阶固有频率 ω_{nr}，只能求得 n 个振幅 $A_i^{(r)}$（$i=1$，2，…，n）之间的比值，因此在计算主振型时，要任意规定其中某一坐标的振幅数值。例如，若 $A_1^{(r)}\neq$

0，则可规定 $A_1^{(r)}=1$。然后，再根据式（7-38）来确定用 $A_1^{(r)}$ 表示的其余 $n-1$ 个坐标的振幅值。

例 7-2　如图 7-5 所示的三自由度系统，已知 $m_1=m_2=m_3=m$，$k_1=k_4=2k$，$k_2=k_3=k$。试计算此系统的固有频率和主振型。

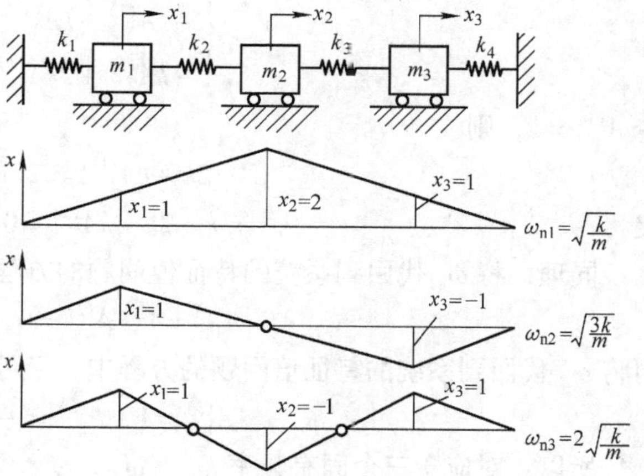

图 7-5　三自由度系统及其振型

解　取质量 m_1，m_2，m_3 各自偏离平衡位置的位移 x_1，x_2，x_3 为广义坐标，则该系统的运动方程为

$$\boldsymbol{m}\ddot{\boldsymbol{x}}+\boldsymbol{k}\boldsymbol{x}=\boldsymbol{0}$$

其中，

$$\boldsymbol{m}=\begin{pmatrix} m_1 & 0 & 0 \\ 0 & m_2 & 0 \\ 0 & 0 & m_3 \end{pmatrix}=m\begin{pmatrix} 1 & 0 & 0 \\ 0 & 1 & 0 \\ 0 & 0 & 1 \end{pmatrix}$$

$$\boldsymbol{k}=\begin{pmatrix} k_1+k_2 & -k_2 & 0 \\ -k_2 & k_2+k_3 & -k_3 \\ 0 & -k_3 & k_3+k_4 \end{pmatrix}=k\begin{pmatrix} 3 & -1 & 0 \\ -1 & 2 & -1 \\ 0 & -1 & 3 \end{pmatrix}$$

代入式（7-32）得系统的特征值问题：

$$\left(k\begin{pmatrix} 3 & -1 & 0 \\ -1 & 2 & -1 \\ 0 & -1 & 3 \end{pmatrix}-\omega_n^2 m\begin{pmatrix} 1 & 0 & 0 \\ 0 & 1 & 0 \\ 0 & 0 & 1 \end{pmatrix}\right)\begin{pmatrix} A_1 \\ A_2 \\ A_3 \end{pmatrix}=\begin{pmatrix} 0 \\ 0 \\ 0 \end{pmatrix}$$

故系统的特征方程为

$$\begin{vmatrix} 3k-m\omega_n^2 & -k & 0 \\ -k & 2k-m\omega_n^2 & -k \\ 0 & -k & 3k-m\omega_n^2 \end{vmatrix}=0$$

将上式展开，并简化后得

$$(\omega_n^2)^3-8\left(\frac{k}{m}\right)(\omega_n^2)^2+19\left(\frac{k}{m}\right)^2\omega_n^2-12\left(\frac{k}{m}\right)^3=0$$

解上式，得系统的三个固有频率：

$$\omega_{n1}=\sqrt{\frac{k}{m}},\ \omega_{n2}=\sqrt{\frac{3k}{m}},\ \omega_{n3}=2\sqrt{\frac{k}{m}}$$

将一阶固有频率 ω_{n1} 代回到系统的特征值问题的方程中，得

$$\begin{pmatrix} 3k-k & -k & 0 \\ -k & 2k-k & -k \\ 0 & -k & 3k-k \end{pmatrix}\begin{pmatrix} A_1^{(1)} \\ A_2^{(1)} \\ A_3^{(1)} \end{pmatrix}=\begin{pmatrix} 0 \\ 0 \\ 0 \end{pmatrix}$$

将上式展开，得

$$\begin{cases} 2kA_1^{(1)} - kA_2^{(1)} = 0 \\ -kA_1^{(1)} + kA_2^{(1)} - kA_3^{(1)} = 0 \\ -kA_2^{(1)} + 2kA_3^{(1)} = 0 \end{cases}$$

令 $A_1^{(1)}=1$，则

$$2k - kA_2^{(1)} = 0，故 A_2^{(1)} = 2$$

又

$$-k + 2k - kA_3^{(1)} = 0，故 A_3^{(1)} = 1$$

同理，将 ω_{n2}代回到系统的特征值问题的方程中，可求出

$$A_1^{(2)} = 1，A_2^{(2)} = 0，A_3^{(2)} = -1。$$

再将 ω_{n3}代回到系统的特征值问题的方程中，又可求出

$$A_1^{(3)} = 1，A_2^{(3)} = -1，A_3^{(3)} = 1$$

所以，对应于三个固有频率 ω_{n1}，ω_{n2}，ω_{n3}，系统的第一阶、第二阶、第三阶主振型列阵分别为

$$\boldsymbol{A}^{(1)} = \begin{pmatrix} 1 \\ 2 \\ 1 \end{pmatrix},\ \boldsymbol{A}^{(2)} = \begin{pmatrix} 1 \\ 0 \\ -1 \end{pmatrix},\ \boldsymbol{A}^{(3)} = \begin{pmatrix} 1 \\ -1 \\ 1 \end{pmatrix}$$

各阶主振型的示意图表示在图 7-5 之中。从图上可以看出，第二阶主振型中有一个结点，第三阶主振型中则有两个结点。

7.2.3 主振型的正交性

在两自由度系统以及在多自由度系统中，各阶主振型之间存在着正交性。这是两自由度系统以及多自由度系统的一个十分有用的性质。

现在来研究多自由度系统任意两组主振型之间的关系。已知对应于两个固有频率 ω_{nr}和 ω_{ns}的主振型 $\boldsymbol{A}^{(r)}$和 $\boldsymbol{A}^{(s)}$，它们分别满足下列关系式（见式（7-32））：

$$\boldsymbol{kA}^{(r)} = \omega_{nr}^2 \boldsymbol{mA}^{(r)} \tag{7-41}$$

$$\boldsymbol{kA}^{(s)} = \omega_{ns}^2 \boldsymbol{mA}^{(s)} \tag{7-42}$$

以 $\boldsymbol{A}^{(s)\mathrm{T}}$ 左乘式（7-41）的两端，而以 $\boldsymbol{A}^{(r)\mathrm{T}}$左乘式（7-42）的两端，得

$$\boldsymbol{A}^{(s)\mathrm{T}}\boldsymbol{kA}^{(r)} = \boldsymbol{A}^{(s)\mathrm{T}}\omega_{nr}^2 \boldsymbol{mA}^{(r)} \tag{7-43}$$

$$\boldsymbol{A}^{(r)\mathrm{T}}\boldsymbol{kA}^{(s)} = \boldsymbol{A}^{(r)\mathrm{T}}\omega_{ns}^2 \boldsymbol{mA}^{(s)} \tag{7-44}$$

将式（7-44）的两端转置得

$$\boldsymbol{A}^{(s)\mathrm{T}}\boldsymbol{kA}^{(r)} = \omega_{ns}^2 \boldsymbol{A}^{(s)\mathrm{T}}\boldsymbol{mA}^{(r)} \tag{7-45}$$

用式（7-43）减去式（7-45）得

$$(\omega_{nr}^2 - \omega_{ns}^2)\ \boldsymbol{A}^{(s)\mathrm{T}}\boldsymbol{mA}^{(r)} = 0 \tag{7-46}$$

当 $\omega_{nr} \neq \omega_{ns}$时，必然有

$$\boldsymbol{A}^{(s)\mathrm{T}}\boldsymbol{mA}^{(r)} = 0\ (r \neq s) \tag{7-47}$$

将式（7-47）代回式（7-43）得

$$\boldsymbol{A}^{(s)\mathrm{T}}\boldsymbol{kA}^{(r)} = 0\ (r \neq s) \tag{7-48}$$

式（7-47）和式（7-48）表示了任意两个主振型之间的关系。式（7-47）称为主振型对质量矩阵的正交性，式（7-48）则称为主振型对刚度矩阵的正交性。必须强调指出，主

振型的正交关系式（7-47）和式（7-48），只是在质量矩阵 $\boldsymbol{m}$ 和刚度矩阵 $\boldsymbol{k}$ 为对称矩阵时才有效。

主振型正交性的物理意义可以从能量观点来加以解释。

根据分析力学的理论，多自由度系统的动能 T_Σ 与势能 U_Σ 可用矩阵形式表达为

$$T_\Sigma=\frac{1}{2}\dot{\boldsymbol{x}}^{\mathrm{T}}\boldsymbol{m}\dot{\boldsymbol{x}} \tag{7-49}$$

$$U_\Sigma=\frac{1}{2}\boldsymbol{x}^{\mathrm{T}}\boldsymbol{k}\boldsymbol{x} \tag{7-50}$$

现假设系统同时存在两种主振动（即按固有频率和相应的主振型所作的振动），即

$$\boldsymbol{x}=a_i\boldsymbol{A}^{(i)}\sin(\omega_{ni}t+\varphi_i)+a_j\boldsymbol{A}^{(j)}\sin(\omega_{nj}t+\varphi_j) \tag{7-51}$$

则其振动速度为

$$\dot{\boldsymbol{x}}=a_i\omega_{ni}\boldsymbol{A}^{(i)}\cos(\omega_{ni}t+\varphi_i)+a_j\omega_{nj}\boldsymbol{A}^{(j)}\cos(\omega_{nj}t+\varphi_j) \tag{7-52}$$

式中，a_i 及 a_j 均为常数。

这时，系统的动能 T 及势能 U 分别为

$$\begin{aligned}T_\Sigma&=\frac{1}{2}(\boldsymbol{A}^{(i)\mathrm{T}}a_i\omega_{ni}\cos(\omega_{ni}t+\varphi_i)+\boldsymbol{A}^{(j)\mathrm{T}}a_j\omega_{nj}\cos(\omega_{nj}t+\varphi_j))\cdot\\&\quad\boldsymbol{m}(\boldsymbol{A}^{(i)}a_i\omega_{ni}\cos(\omega_{ni}t+\varphi_i)+\boldsymbol{A}^{(j)}a_j\omega_{nj}\cos(\omega_{nj}t+\varphi_j))\\&=\frac{1}{2}\boldsymbol{A}^{(i)\mathrm{T}}\boldsymbol{m}\boldsymbol{A}^{(i)}a_i^2\omega_{ni}^2\cos^2(\omega_{ni}t+\varphi_i)+\\&\quad\frac{1}{2}\boldsymbol{A}^{(j)\mathrm{T}}\boldsymbol{m}\boldsymbol{A}^{(j)}a_j^2\omega_{nj}^2\cos^2(\omega_{nj}t+\varphi_j)+\\&\quad\frac{1}{2}\boldsymbol{A}^{(i)\mathrm{T}}\boldsymbol{m}\boldsymbol{A}^{(j)}+\boldsymbol{A}^{(j)\mathrm{T}}\boldsymbol{m}\boldsymbol{A}^{(i)}a_ia_j\omega_{ni}\omega_{nj}\cdot\\&\quad\cos(\omega_{ni}t+\varphi_i)\cos(\omega_{nj}t+\varphi_j)\end{aligned} \tag{7-53}$$

$$\begin{aligned}U_\Sigma&=\frac{1}{2}(\boldsymbol{A}^{(i)\mathrm{T}}a_i\sin(\omega_{ni}t+\varphi_i)+\{\boldsymbol{A}^{(j)\mathrm{T}}a_j\sin(\omega_{nj}t+\varphi_j))\boldsymbol{k}\cdot\\&\quad(\boldsymbol{A}^{(i)}a_i\sin(\omega_{ni}t+\varphi_i)+\boldsymbol{A}^{(j)}a_j\sin(\omega_{nj}t+\varphi_j))\\&=\frac{1}{2}\boldsymbol{A}^{(i)\mathrm{T}}\boldsymbol{k}\boldsymbol{A}^{(i)}a_i^2\sin^2(\omega_{ni}t+\varphi_i)+\\&\quad\frac{1}{2}\boldsymbol{A}^{(j)\mathrm{T}}\boldsymbol{k}\boldsymbol{A}^{(j)}a_j^2\sin^2(\omega_{nj}t+\varphi_j)+\\&\quad\frac{1}{2}(\boldsymbol{A}^{(i)\mathrm{T}}\boldsymbol{k}\boldsymbol{A}^{(j)}+\boldsymbol{A}^{(j)\mathrm{T}}\boldsymbol{k}\boldsymbol{A}^{(i)})a_ia_j\sin(\omega_{ni}t+\varphi_i)\sin(\omega_{nj}t+\varphi_j)\end{aligned} \tag{7-54}$$

由正交性的表达式（7-47）和式（7-48）知，式（7-53）和式（7-54）中的最后一项为零，故得

$$\begin{aligned}T_\Sigma&=\frac{1}{2}\boldsymbol{A}^{(i)\mathrm{T}}\boldsymbol{m}\boldsymbol{A}^{(i)}a_i^2\omega_{ni}^2\cos^2(\omega_{ni}t+\varphi_i)+\\&\quad\frac{1}{2}\boldsymbol{A}^{(j)\mathrm{T}}\boldsymbol{m}\boldsymbol{A}^{(j)}a_j^2\omega_{nj}^2\cos^2(\omega_{nj}t+\varphi_j)\\&=\frac{1}{2}M_ia_i^2\omega_{ni}^2\cos^2(\omega_{ni}t+\varphi_i)+\frac{1}{2}M_ja_j^2\omega_{nj}^2\cos^2(\omega_{nj}t+\varphi_j)\end{aligned} \tag{7-55}$$

$$U_{\Sigma}=\frac{1}{2}\boldsymbol{A}^{(i)\mathrm{T}}\boldsymbol{k}\boldsymbol{A}^{(i)}a_i^2\sin^2(\omega_{ni}t+\varphi_i)+$$
$$\frac{1}{2}\boldsymbol{A}^{(j)\mathrm{T}}\boldsymbol{k}\boldsymbol{A}^{(j)}a_j^2\sin^2(\omega_{nj}t+\varphi_j)$$
$$=\frac{1}{2}K_ia_i^2\sin^2(\omega_{ni}t+\varphi_i)+\frac{1}{2}K_ja_j^2\sin^2(\omega_{nj}t+\varphi_j) \tag{7-56}$$

式中，$M_i=\boldsymbol{A}^{(i)\mathrm{T}}\boldsymbol{m}\boldsymbol{A}^{(i)}$，称为第 i 阶主质量；$M_j=\boldsymbol{A}^{(j)\mathrm{T}}\boldsymbol{m}\boldsymbol{A}^{(j)}$，称为第 j 阶主质量；$K_i=\boldsymbol{A}^{(i)\mathrm{T}}\boldsymbol{k}\boldsymbol{A}^{(i)}$，称为第 i 阶主刚度；$K_j=\boldsymbol{A}^{(j)\mathrm{T}}\boldsymbol{k}\boldsymbol{A}^{(j)}$，称为第 j 阶主刚度。

先来看一下主质量与主刚度之间存在什么关系：

对式（7-41）两边左乘 $\boldsymbol{A}^{(r)\mathrm{T}}$，得

$$\boldsymbol{A}^{(r)\mathrm{T}}\boldsymbol{k}\boldsymbol{A}^{(r)}=\omega_{nr}^2\boldsymbol{A}^{(r)\mathrm{T}}\boldsymbol{m}\boldsymbol{A}^{(r)}$$

故

$$K_r=M_r\omega_{nr}^2 \tag{7-57}$$

这个关系式与单自由度系统的刚度、质量和固有频率的关系完全相似。这就是说，当多自由度系统作第 r 阶主振动时，系统的第 r 阶主刚度、主质量和第 r 阶固有频率之间的关系，就如同系统在作单自由度系统振动一样。

而单自由度无阻尼系统在作自由振动时，其动能 T 和势能 U 分别为

$$T=\frac{1}{2}m\dot{x}^2=\frac{1}{2}mA^2\omega_n^2\cos^2(\omega_nt+\varphi) \tag{7-58}$$

$$U=\frac{1}{2}kx^2=\frac{1}{2}kA^2\sin^2(\omega_nt+\varphi) \tag{7-59}$$

将式（7-55）、式（7-56）分别与式（7-58）、式（7-59）相比较，可以得出以下关系式：

$$T_{\Sigma}=T_i+T_j \tag{7-60}$$

$$U_{\Sigma}=U_i+U_j \tag{7-61}$$

式中，T_i，U_i 分别代表系统仅作第 i 阶主振动时系统的动能与势能；T_j，U_j 则分别代表系统仅作第 j 阶主振动时系统的动能与势能。

式（7-60）和式（7-61）表明，多自由度系统同时存在两种主振动时，系统的动能或势能分别是这两种主振动单独存在时每种主振动所产生的动能或势能之和。而计算多自由度系统每种主振动所产生的动能和势能时，可将系统看成是一个具有某阶主质量和主刚度系数，并按同阶固有频率及相应的主振型作振动的单自由度系统。

由式（7-55）、式（7-56）和式（7-60）、式（7-61）还可得出

$$T_i+U_i=\frac{1}{2}M_ia_i^2\omega_{ni}^2\cos^2(\omega_{ni}t+\varphi_i)+\frac{1}{2}K_ia_i^2\sin^2(\omega_{ni}t+\varphi_i)$$
$$=\frac{1}{2}M_ia_i^2\omega_{ni}^2\cos^2(\omega_{ni}t+\varphi_i)+\frac{1}{2}M_ia_i^2\omega_{ni}^2\sin^2(\omega_{ni}t+\varphi_i)=\frac{1}{2}M_ia_i^2\omega_{ni}^2 \tag{7-62}$$

$$T_j+U_j=\frac{1}{2}M_ja_j^2\omega_{nj}^2 \tag{7-63}$$

式（7-62）、式（7-63）表明对每一个主振动来说，它的动能与势能之和永远是个常数。这就是说，在多自由度系统振动过程中，每一个主振动内部的动能与势能可以互相转化，就像一个独立的单自由度系统振动时的情况一样，而在各阶主振动之间都不会发生能量的传递。

所以，主振型正交性的物理意义就是，各阶主振动之间的能量不能传递，彼此是独立的。

7.3　多自由度系统运动方程的模态分析法

从式（7-8）或式（7-9）可以清楚地看出，多自由度系统运动方程是一个二阶常系数线性微分方程组。系统有多少个自由度，方程组中就有多少个方程。但解多自由度系统运动方程的困难不在于方程的数目较多，而在于各个方程之间有互相关联的耦合项。因此求解多自由度系统运动方程时，就不能应用解单自由度和两自由度系统运动方程时所用的一般方法，而要用另一种模态分析法。在介绍模态分析法之前，先要搞清楚有关耦合的概念，并研究消除耦合的方法。

7.3.1　惯性耦合与弹性耦合

从前面讨论过的多自由度系统的运动方程中可以看出，质量矩阵 $\boldsymbol{m}$ 都是对角阵。而刚度矩阵 $\boldsymbol{k}$ 和柔度矩阵 $\boldsymbol{\delta}$ 却都不是对角阵，即出现了耦合项，这类耦合称为弹性耦合。但在某些情况下，系统的质量矩阵也会成为非对角阵，即也会出现耦合项，这类耦合则称为惯性耦合。

为了说明系统运动方程中如何出现惯性耦合与弹性耦合的情况，下面来分析一个有刚体存在的振动系统，如图 7-6 所示。

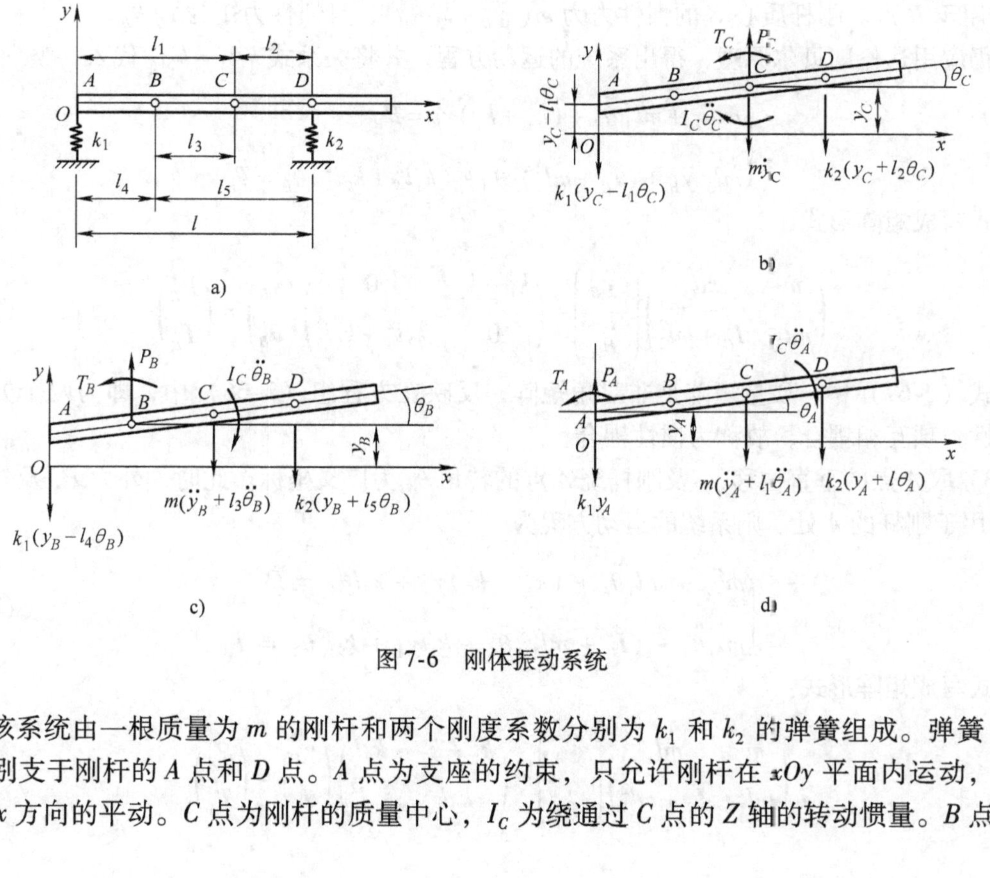

图 7-6　刚体振动系统

该系统由一根质量为 m 的刚杆和两个刚度系数分别为 k_1 和 k_2 的弹簧组成。弹簧 k_1 和 k_2 分别支于刚杆的 A 点和 D 点。A 点为支座的约束，只允许刚杆在 xOy 平面内运动，而限制沿 x 方向的平动。C 点为刚杆的质量中心，I_C 为绕通过 C 点的 Z 轴的转动惯量。B 点则是

满足 $k_1l_4=k_2l_5$ 的特殊点。如果在 B 点作用有沿 y 方向的力，系统仅产生平动而不产生转动；若在 B 点作用有力矩，则系统只产生转动而无平动。

现选取以下三组不同的广义坐标来分别写出系统的运动作用力方程。

1）取 C 点的垂直位移 y_C 和刚杆绕 C 点的转角 θ_C 为广义坐标。此时作用在刚杆上的各力为：

P_C，T_C——作用于 C 点处的外力和外力矩；

$k_1(y_C-l_1\theta_C)$，$k_2(y_C+l_2\theta_C)$——支承弹簧 k_1，k_2 的弹性力；

$m\ddot{y}_C$，$I_C\ddot{\theta}_C$——惯性力和惯性力矩。

应用达朗贝尔原理，得出系统的运动方程为

$$\begin{cases} m\ddot{y}_C+(k_1+k_2)y_C+(k_2l_2-k_1l_1)\theta_C=P_C \\ I_C\ddot{\theta}_C+(k_2l_2-k_1l_1)y_C+(k_1l_1^2+k_2l_2^2)\theta_C=T_C \end{cases} \tag{7-64}$$

将上式写成矩阵形式：

$$\begin{pmatrix} m & 0 \\ 0 & I_C \end{pmatrix}\begin{pmatrix} \ddot{y}_C \\ \ddot{\theta}_C \end{pmatrix}+\begin{pmatrix} k_1+k_2 & k_2l_2-k_1l_1 \\ k_2l_2-k_1l_1 & k_1l_1^2+k_2l_2^2 \end{pmatrix}\begin{pmatrix} y_C \\ \theta_C \end{pmatrix}=\begin{pmatrix} P_C \\ T_C \end{pmatrix} \tag{7-65}$$

式（7-65）中，刚度矩阵是非对角矩阵，反映在方程组（7-64）中，即为两个方程通过弹性力项互相耦合，故称为弹性耦合。

2）取 B 点的垂直位移 y_B 及刚杆绕 B 点的转角 θ_B 为广义坐标。此时，外力 P_B 及外力矩 T_B 作用于 B 点。刚杆质心 C 的惯性力为 $m(\ddot{y}_B+l_3\ddot{\theta}_B)$，且惯性力矩为 $I_C\ddot{\theta}_B$。

仍应用达伦朗贝尔原理，得出系统的运动方程，并将关系式 $k_1l_4=k_2l_5$ 代入，整理后得

$$\begin{cases} m\ddot{y}_B+ml_3\ddot{\theta}_B+(k_1+k_2)y_B=P_B \\ ml_3\ddot{y}_B+(I_C+ml_3^2)\ddot{\theta}_B+(k_1l_4^2+k_2l_5^2)\theta_B=T_B \end{cases} \tag{7-66}$$

将上式写成矩阵形式：

$$\begin{pmatrix} m & ml_3 \\ ml_3 & I_C+ml_3^2 \end{pmatrix}\begin{pmatrix} \ddot{y}_B \\ \ddot{\theta}_B \end{pmatrix}+\begin{pmatrix} k_1+k_2 & 0 \\ 0 & k_1l_4^2+k_2l_5^2 \end{pmatrix}\begin{pmatrix} y_B \\ \theta_B \end{pmatrix}=\begin{pmatrix} P_B \\ T_B \end{pmatrix} \tag{7-67}$$

式（7-67）中，质量矩阵是非对角矩阵，反映在方程组（7-66）中，即为两个方程通过惯性力项互相耦合，故称为惯性耦合。

3）取 A 点的垂直位移 y_A 及刚杆绕 A 点的转角 θ_A 为广义坐标。此时，外力 P_A 及外力矩 T_A 作用于刚杆的 A 处。则系统的运动方程为

$$\begin{cases} m\ddot{y}_A+ml_1\ddot{\theta}_A+(k_1+k_2)y_A+k_2l\theta_A=P_A \\ ml_1\ddot{\theta}_A+(I_C+ml_1^2)\ddot{\theta}_A+k_2ly_A+k_2l^2\theta_A=T_A \end{cases} \tag{7-68}$$

将上式写成矩阵形式：

$$\begin{pmatrix} m & ml_1 \\ ml_1 & I_C+ml_1^2 \end{pmatrix}\begin{pmatrix} \ddot{y}_A \\ \ddot{\theta}_A \end{pmatrix}+\begin{pmatrix} k_1+k_2 & k_2l \\ k_2l & k_2l^2 \end{pmatrix}\begin{pmatrix} y_A \\ \theta_A \end{pmatrix}=\begin{pmatrix} P_A \\ T_A \end{pmatrix} \tag{7-69}$$

式（7-69）中，质量矩阵和刚度矩阵均为非对角阵，反映在方程组（7-68）中，即为两个方程之间既有惯性耦合，又有弹性耦合。

由以上分析可以看出，同一个振动系统可以选用不同的广义坐标来建立它的运动方程。但所选的坐标不同时，系统的运动方程的形式和耦合情况也不同。这就表明，运动方程的耦合并不是振动系统所固有的性质，而只是广义坐标选择的结果。至于运动方程的耦合情况，则可用方程的系数矩阵是否为对角阵来判断。这就使我们想到，假如能选择这样一组广义坐标，使运动方程的各个系数矩阵均成为对角阵，就能使运动方程组的各个方程之间都没有任何耦合。这时，每一个方程的结构就都和一个单自由度系统的运动方程完全相同，因而就很容易求解。

现在的问题就成为如何使运动方程的系数矩阵都同时对角化。要解决这个问题，再回过来研究一下用不同的广义坐标所建立的同一个系统的运动方程之间的关系。

仍用图 7-6 所示的系统来进行分析。图 7-6 中所选用的两组坐标 y_A，θ_A 和 y_C，θ_C 之间存在以下关系（见图 7-7）：

$$\begin{cases} y_A = y_C - l_1\theta_C \\ \theta_A = \theta_C \end{cases}$$

上列方程组表明 y_A，θ_A 这一组变量可用 y_C，θ_C 这组变量的线性组合来表示。

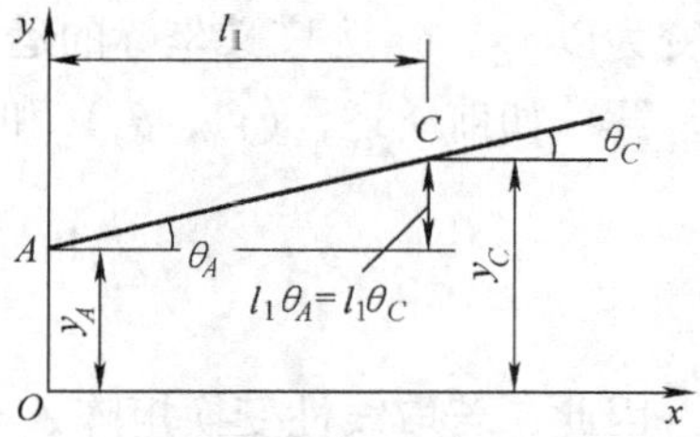

图 7-7　两组坐标之间的关系

将上列方程组写成矩阵形式：

$$\begin{pmatrix} y_A \\ \theta_A \end{pmatrix} = \begin{pmatrix} 1 & -l_1 \\ 0 & 1 \end{pmatrix} \begin{pmatrix} y_C \\ \theta_C \end{pmatrix}$$

推广到 n 维的一般情况时，则有

$$\boldsymbol{x} = \boldsymbol{A}\boldsymbol{q} \tag{7-70}$$

即变量 x_i（$i = 1, 2, \cdots, n$）可以用变量 q_j（$j = 1, 2, \cdots, n$）的线性组合来表示。式（7-70）称为线性变换。式中，$\boldsymbol{A}$ 称为线性变换矩阵，它是一个非奇异的 n 阶常数方阵，是一个使变量 x_i 变换为 q_i 的变换因子。

对于线性振动系统，若以 $\boldsymbol{x}$ 和 $\boldsymbol{q}$ 分别表示两组不同的广义坐标，则两组广义坐标之间的坐标变换就是线性变换。若已知系统的任一组运动方程，则通过线性变换即可得到用其他广义坐标表达的系统的运动方程。

例如，无阻尼多自由度系统按广义坐标 $\boldsymbol{x}$ 建立的运动方程为

$$\boldsymbol{m}\ddot{\boldsymbol{x}} + \boldsymbol{k}\boldsymbol{x} = \boldsymbol{P} \tag{7-71}$$

对上式作如下的线性变换：

$$\boldsymbol{x} = \boldsymbol{A}\boldsymbol{q}$$

因为 $\boldsymbol{A}$ 是一个常数方阵，故

$$\dot{\boldsymbol{x}} = \boldsymbol{A}\dot{\boldsymbol{q}}$$
$$\ddot{\boldsymbol{x}} = \boldsymbol{A}\ddot{\boldsymbol{q}}$$

将以上各式代入式（7-71）得

$$\boldsymbol{m}\boldsymbol{A}\ddot{\boldsymbol{q}} + \boldsymbol{k}\boldsymbol{A}\boldsymbol{q} = \boldsymbol{P}$$

将上式两端左乘A^T，得

$$A^T m A \ddot{q} + A^T k A q = A^T P$$

令$M = A^T m A$，称为系统在广义坐标q上的质量矩阵，

$K = A^T k A$，称为系统在广义坐标q上的刚度矩阵，

$Q = A^T P$，称为系统在广义坐标q上的激振力列阵。

这样，即可得到系统用广义坐标q表达的运动方程：

$$M\ddot{q} + Kq = Q \tag{7-72}$$

可见，通过坐标变换，可以将原来用广义坐标x表达的运动方程变换为用另外的广义坐标q表达的另一个运动方程，这种变换并未改变系统的性质，但却改变了运动方程的耦合情况。

例 7-3 将图 7-6 所示系统中以广义坐标y_A，θ_A建立起来的运动方程，通过线性变换，改变为以y_C，θ_C为广义坐标的运动方程。

解 如前所述，（y_A，θ_A）和（y_C，θ_C）这两组广义坐标之间存在以下关系：

$$\begin{pmatrix} y_A \\ \theta_A \end{pmatrix} = \begin{pmatrix} 1 & -l_1 \\ 0 & 1 \end{pmatrix} \begin{pmatrix} y_C \\ \theta_C \end{pmatrix}$$

因此，若取线性变换矩阵$A = \begin{pmatrix} 1 & -l_1 \\ 0 & 1 \end{pmatrix}$，则经过坐标变换，即可将以$y_A$，$\theta_A$为广义坐标的运动方程（7-69）改变为以$y_C$、$\theta_C$为广义坐标的运动方程（7-65）。下面我们来加以证明：

因为

$$A = \begin{pmatrix} 1 & -l_1 \\ 0 & 1 \end{pmatrix}$$

所以

$$M = \begin{pmatrix} 1 & -l_1 \\ 0 & 1 \end{pmatrix}^T \begin{pmatrix} m & ml_1 \\ ml_1 & I_C + ml_1^2 \end{pmatrix} \begin{pmatrix} 1 & -l_1 \\ 0 & 1 \end{pmatrix} = \begin{pmatrix} m & 0 \\ 0 & I_C \end{pmatrix}$$

$$K = \begin{pmatrix} 1 & -l_1 \\ 0 & 1 \end{pmatrix}^T \begin{pmatrix} k_1 + k_2 & k_2 l \\ k_2 l & k_2 l^2 \end{pmatrix} \begin{pmatrix} 1 & -l_1 \\ 0 & 1 \end{pmatrix} = \begin{pmatrix} k_1 + k_2 & k_2 l_2 - k_1 l_1 \\ k_2 l_2 - k_1 l_1 & k_1 l_1^2 + k_2 l_2^2 \end{pmatrix}$$

$$Q = \begin{pmatrix} 1 & -l_1 \\ 0 & 1 \end{pmatrix}^T \begin{pmatrix} P_A \\ T_A \end{pmatrix} = \begin{pmatrix} P_A \\ T_A - l_1 P_A \end{pmatrix} = \begin{pmatrix} P_C \\ T_C \end{pmatrix}$$

故以y_C，θ_C为广义坐标的运动方程为

$$\begin{pmatrix} m & 0 \\ 0 & I_C \end{pmatrix} \begin{pmatrix} \ddot{y}_C \\ \ddot{\theta}_C \end{pmatrix} + \begin{pmatrix} k_1 + k_2 & k_2 l_2 - k_1 l_1 \\ k_2 l_2 - k_1 l_1 & k_1 l_1^2 + k_2 l_2^2 \end{pmatrix} \begin{pmatrix} y_C \\ \theta_C \end{pmatrix} = \begin{pmatrix} P_C \\ T_C \end{pmatrix}$$

可见，上式与以y_C，θ_C为广义坐标所直接建立起来的系统运动方程（7-65）完全相同。但经过这一变换，原来以y_A，θ_A为广义坐标的运动方程（7-69）中的质量矩阵已经变成对角阵，即消除了惯性耦合。

那么，能否找到这样一个线性变换矩阵，用它对原方程进行坐标变换后，使运动方程的

所有系数矩阵 $\boldsymbol{m}$、$\boldsymbol{k}$ 都同时对角化，从而使运动方程完全消除耦合？理论分析证明，符合以上要求的变换矩阵是存在的，它就是由系统的 n 个主振型所组成的矩阵，这样的矩阵称为模态矩阵。下面就来详细介绍这种矩阵。

7.3.2 模态矩阵

由于主振型对质量矩阵 $\boldsymbol{m}$ 和刚度矩阵 $\boldsymbol{k}$ 都具有正交性，因此以主振型组成的矩阵作为线性变换矩阵，对系统的原方程进行坐标变换，可以使 $\boldsymbol{m}$ 和 $\boldsymbol{k}$ 同时对角化。

我们把由系统的 n 个主振型（即主模态）按阶次排列成的一个 n 阶方阵称为模态矩阵（或振型矩阵），以 $\boldsymbol{\phi}$ 表示。

$$\boldsymbol{\phi} = (\boldsymbol{A}^{(1)},\ \boldsymbol{A}^{(2)},\ \cdots,\ \boldsymbol{A}^{(n)}) = \begin{pmatrix} A_1^{(1)} & A_1^{(2)} & \cdots & A_1^{(n)} \\ A_2^{(1)} & A_2^{(2)} & \cdots & A_2^{(n)} \\ \vdots & \vdots & & \vdots \\ A_n^{(1)} & A_n^{(2)} & \cdots & A_n^{(n)} \end{pmatrix} \tag{7-73}$$

已知系统以广义坐标 $\boldsymbol{x}$ 表示的原运动方程为

$$\boldsymbol{m}\ddot{\boldsymbol{x}} + \boldsymbol{k}\boldsymbol{x} = \boldsymbol{P}$$

现以模态矩阵 $\boldsymbol{\phi}$ 对上式作线性变换：

$$\boldsymbol{x} = \boldsymbol{\phi}\,\boldsymbol{q}$$

则

$$\ddot{\boldsymbol{x}} = \boldsymbol{\phi}\ddot{\boldsymbol{q}}$$

故以新的广义坐标 $\boldsymbol{q}$ 表示的系统运动方程为

$$\boldsymbol{\phi}^{\mathrm{T}}\boldsymbol{m}\boldsymbol{\phi}\ddot{\boldsymbol{q}} + \boldsymbol{\phi}^{\mathrm{T}}\boldsymbol{k}\boldsymbol{\phi}\boldsymbol{q} = \boldsymbol{\phi}^{\mathrm{T}}\boldsymbol{P} \tag{7-74}$$

或

$$\boldsymbol{M}\ddot{\boldsymbol{q}} + \boldsymbol{K}\boldsymbol{q} = \boldsymbol{Q} \tag{7-75}$$

式（7-75）称为系统的模态方程。

式中，$\boldsymbol{M} = \boldsymbol{\phi}^{\mathrm{T}}\boldsymbol{m}\boldsymbol{\phi}$，称为模态质量矩阵；$\boldsymbol{K} = \boldsymbol{\phi}^{\mathrm{T}}\boldsymbol{k}\boldsymbol{\phi}$，称为模态刚度矩阵。

现在来分析一下，$\boldsymbol{M}$ 和 $\boldsymbol{K}$ 是否为对角阵。

$$\begin{aligned} \boldsymbol{M} &= \boldsymbol{\phi}^{\mathrm{T}}\boldsymbol{m}\boldsymbol{\phi} \\ &= (\boldsymbol{A}^{(1)},\ \boldsymbol{A}^{(2)},\ \cdots,\ \boldsymbol{A}^{(n)})^{\mathrm{T}}\boldsymbol{m}\ (\boldsymbol{A}^{(1)},\ \boldsymbol{A}^{(2)},\ \cdots,\ \boldsymbol{A}^{(n)}) \\ &= \begin{pmatrix} \boldsymbol{A}^{(1)\mathrm{T}}\boldsymbol{m}\boldsymbol{A}^{(1)} & \boldsymbol{A}^{(1)\mathrm{T}}\boldsymbol{m}\boldsymbol{A}^{(2)} & \cdots & \boldsymbol{A}^{(1)\mathrm{T}}\boldsymbol{m}\boldsymbol{A}^{(n)} \\ \boldsymbol{A}^{(2)\mathrm{T}}\boldsymbol{m}\boldsymbol{A}^{(1)} & \boldsymbol{A}^{(2)\mathrm{T}}\boldsymbol{m}\boldsymbol{A}^{(2)} & \cdots & \boldsymbol{A}^{(2)\mathrm{T}}\boldsymbol{m}\boldsymbol{A}^{(n)} \\ \vdots & \vdots & & \vdots \\ \boldsymbol{A}^{(n)\mathrm{T}}\boldsymbol{m}\boldsymbol{A}^{(1)} & \boldsymbol{A}^{(n)\mathrm{T}}\boldsymbol{m}\boldsymbol{A}^{(2)} & \cdots & \boldsymbol{A}^{(n)\mathrm{T}}\boldsymbol{m}\boldsymbol{A}^{(n)} \end{pmatrix} \end{aligned}$$

从上列矩阵中可以看出，所有非对角线上的元素都符合主振型对质量矩阵的正交性，故均等于零，而对角线上的元素则均不为零。因此模态质量矩阵可写成以下形式：

$$
\boldsymbol{M}=\begin{pmatrix} \boldsymbol{A}^{(1)\mathrm{T}}\boldsymbol{m}\boldsymbol{A}^{(1)} & 0 & \cdots & 0 \\ 0 & \boldsymbol{A}^{(2)\mathrm{T}}\boldsymbol{m}\boldsymbol{A}^{(2)} & \cdots & 0 \\ \vdots & \vdots & & \vdots \\ 0 & 0 & \cdots & \boldsymbol{A}^{(n)\mathrm{T}}\boldsymbol{m}\boldsymbol{A}^{(n)} \end{pmatrix} = \begin{pmatrix} M_1 & & & \\ & M_2 & & \\ & & \ddots & \\ & & & M_n \end{pmatrix} \tag{7-76}
$$

式中，$M_r=\boldsymbol{A}^{(r)\mathrm{T}}\boldsymbol{m}\boldsymbol{A}^{(r)}$（$r=1$，2，…，$n$）称为第 r 阶模态质量（或主质量）；$\boldsymbol{M}$ 为由各阶模态质量组成的对角阵，即模态质量矩阵。

同样可以证明：

$$
\boldsymbol{K}=\begin{pmatrix} K_1 & & & \\ & K_2 & & \\ & & \ddots & \\ & & & K_n \end{pmatrix} \tag{7-77}
$$

式中，$K_r=\boldsymbol{A}^{(r)\mathrm{T}}\boldsymbol{k}\boldsymbol{A}^{(r)}$（$r=1$，2，…，$n$），称为第 r 阶模态刚度（或主刚度）；K 为由各阶模态刚度组成的对角阵，即模态刚度矩阵。

由此可见，以主振型组成的模态矩阵作为线性变换矩阵，对系统的原方程进行坐标变换，可以使方程中的质量矩阵和刚度矩阵同时对角线化。因此在变换后所得到的模态方程中已经完全消除了各方程之间的所有耦合项，因而便于求解。

下面再进一步分析同一阶模态的模态质量和模态刚度的关系。

将各阶固有频率和相应的主振型代入系统的特征值问题表达式（7-32），得

$$
\begin{aligned}
\boldsymbol{k}\boldsymbol{A}^{(1)} &= \omega_{\mathrm{n}1}^2\boldsymbol{m}\boldsymbol{A}^{(1)} \\
\boldsymbol{k}\boldsymbol{A}^{(2)} &= \omega_{\mathrm{n}2}^2\boldsymbol{m}\boldsymbol{A}^{(2)} \\
&\ \ \vdots \\
\boldsymbol{k}\boldsymbol{A}^{(n)} &= \omega_{\mathrm{n}n}^2\boldsymbol{m}\boldsymbol{A}^{(n)}
\end{aligned}
$$

将以上 n 个方程集中在一起，仍写成矩阵形式：

$$
\boldsymbol{k}\boldsymbol{\phi}=\boldsymbol{m}\boldsymbol{\phi}\boldsymbol{\omega}_{\mathrm{n}}^2 \tag{7-78}
$$

式中，

$$
\boldsymbol{\phi}=\left(\boldsymbol{A}^{(1)},\ \boldsymbol{A}^{(2)},\ \cdots,\ \boldsymbol{A}^{(n)}\right)
$$

$$
\boldsymbol{\omega}_{\mathrm{n}}^2=\begin{pmatrix} \omega_{\mathrm{n}1}^2 & & & \\ & \omega_{\mathrm{n}2}^2 & & \\ & & \ddots & \\ & & & \omega_{\mathrm{n}n}^2 \end{pmatrix}
$$

将式（7-78）左乘 $\boldsymbol{\phi}^{\mathrm{T}}$ 得

$$
\boldsymbol{\phi}^{\mathrm{T}}\boldsymbol{k}\boldsymbol{\phi}=\boldsymbol{\phi}^{\mathrm{T}}\boldsymbol{m}\boldsymbol{\phi}\boldsymbol{\omega}_{\mathrm{n}}^2
$$

$$
\boldsymbol{K}=\boldsymbol{M}\boldsymbol{\omega}_{\mathrm{n}}^2 \tag{7-79}
$$

即

$$K_r = M_r\omega_{nr}^2 \quad (r=1,\ 2,\ \cdots,\ n) \tag{7-80}$$

或

$$\omega_{nr}^2 = \frac{K_r}{M_r} \quad (r=1,\ 2,\ \cdots,\ n) \tag{7-81}$$

上式表明，第 r 阶固有频率平方的值 ω_{nr}^2 等于第 r 阶模态刚度 K_r 与第 r 阶模态质量 M_r 的比值。这个关系式与单自由度系统的刚度、质量和固有频率之间的关系完全相似。

从式（7-81）可以看出系统的固有频率随刚度和质量变化的趋势，即当系统的刚度增加时，也就是刚度矩阵 $\boldsymbol{k}$ 中的元素值增大时，模态刚度 K_r 值随之增加，则 ω_{nr}^2 值也随之增加，即固有频率值提高；反之，则固有频率值要降低。当系统的质量增加时，即质量矩阵 $\boldsymbol{m}$ 中的元素值增大时，模态质量 M_r 值随之增加，则 ω_{nr}^2 值将减小，即亩有频率值要降低；反之，则固有频率值要提高。上述这种固有频率随系统刚度与质量变化的趋势，不管系统的自由度数是多少，都是同样存在的。

7.3.3　模态坐标及正则坐标

1. 模态坐标

如前所述，以模态矩阵 $\boldsymbol{\phi}$ 对系统原方程进行坐标变换，可使以广义坐标 $\boldsymbol{x}$ 表示的运动方程改变为以新的广义坐标 $\boldsymbol{q}$ 表示的、完全消除了耦合项的运动方程。我们把这组新的广义坐标 $\boldsymbol{q}$ 称为模态坐标，或主坐标。下面来分析一下这组新的坐标——模态坐标的物理意义。

因为

$$\begin{aligned}
\boldsymbol{x} &= \boldsymbol{\phi q} \\
&= (\boldsymbol{A}^{(1)}, \boldsymbol{A}^{(2)}, \cdots, \boldsymbol{A}^{(n)}) \begin{pmatrix} q_1 \\ q_2 \\ \vdots \\ q_n \end{pmatrix} \\
&= q_1\boldsymbol{A}^{(1)} + q_2\boldsymbol{A}^{(2)} + \cdots + q_n\boldsymbol{A}^{(n)} \\
&= \sum_{r=1}^{n} q_r\boldsymbol{A}^{(r)}
\end{aligned} \tag{7-82}$$

可以看出，原广义坐标 x_1，x_2，…，x_n 的任意一组位移值，都可以看成是由 n 个主振型按一定的比例组合而成的，也就是说，系统的任何振动情况都是各阶主振型按一定比例叠加起来的。这 n 个比例因子就是 n 个新广义坐标 q_1，q_2，…，q_n 的值。

若 $q_1=1$，而其他各 q_r 都为零，则由式（7-82）得

$$\boldsymbol{x} = 1\cdot\boldsymbol{A}^{(1)} + 0\boldsymbol{A}^{(2)} + \cdots + 0\boldsymbol{A}^{(n)} = \boldsymbol{A}^{(1)}$$

即这时系统各坐标值正好与第一阶主振型值相等，这就是第一个模态坐标 q_1 取单位值的意义。其他各模态坐标值的意义也类似。

所以，每一个模态坐标的值 q_1，q_2，…，q_n 就反映了各阶主振型在系统振动中所占分量的大小。

此外，由 $\boldsymbol{x}=\boldsymbol{\phi q}$，可得

$$\boldsymbol{q} = \boldsymbol{\phi}^{-1}\boldsymbol{x} \tag{7-83}$$

因为 $\boldsymbol{\phi}$ 是一个常数矩阵，故 $\boldsymbol{\phi}^{-1}$ 也是一个常数矩阵，若以 b_{ij} 来表示 $\boldsymbol{\phi}^{-1}$ 矩阵的各元素，则 b_{ij} 也都是常数。因此，式（7-83）可写成为

$$q_r = b_{1r}x_1 + b_{2r}x_2 + \cdots + b_{nr}x_n \quad (r=1,\ 2,\ \cdots,\ n) \tag{7-84}$$

由上式可以看出，模态坐标是原广义坐标 x_1，x_2，…，x_n 按一定比例组合起来的，而原广义坐标一组位移值的线性组合表示了系统的一种振动形态，所以每一个模态坐标 q_1，q_2，…，q_n 都各自单独表示了系统的某一种振动形态。

同时，K_1，K_2，…，K_n 及 M_1，M_2，…，M_n 则分别表示了系统在各种振动形态时的综合刚度和综合质量。

所以用模态坐标 $\boldsymbol{q}$、模态质量 $\boldsymbol{M}$ 和模态刚度 $\boldsymbol{K}$ 所表示的系统运动方程组（7-75）中的每一个方程，都可以当作单自由度系统来进行分析和求解。

但从式（7-82）或式（7-83）均可看出，模态坐标 $\boldsymbol{q}$ 决定于模态矩阵 $\boldsymbol{\phi}$，而模态矩阵则由系统各阶主振型所组成。由于主振型只是系统各坐标振动位移的比值，而其振幅值却是不确定的。因此模态坐标也是不确定的，它可以有无限多个选择，这在实用中是不方便的。

2. 正则坐标

在实际使用中，为了方便起见，常使模态矩阵正则化。常用的方法是将模态质量矩阵正则化为单位矩阵，即对每一个主振型分别选择一个适当的因子 α_i，使各阶模态质量均等于1。即

$$\boldsymbol{A}_N^{(i)} = \alpha_i \boldsymbol{A}^{(i)} \tag{7-85}$$

$$M_{Ni} = \boldsymbol{A}_N^{(i)\mathrm{T}} \boldsymbol{m} \boldsymbol{A}_N^{(i)} = 1 \tag{7-86}$$

式中，α_i 为正则化因子；$\boldsymbol{A}_N^{(i)}$ 为第 i 阶正则振型；M_{Ni} 为第 i 阶正则模态质量。

将式（7-85）代入式（7-86）得

$$\alpha_i \boldsymbol{A}^{(i)\mathrm{T}} \boldsymbol{m} \boldsymbol{A}^{(i)} \alpha_i = 1$$

已知第 i 阶模态质量 $M_i = \boldsymbol{A}^{(i)\mathrm{T}} \boldsymbol{m} \boldsymbol{A}^{(i)}$，将其代入上式即得

$$\alpha_i^2 M_i = 1$$

因而可得到正则化因子的计算公式为

$$\alpha_i = \frac{1}{\sqrt{M_i}} = \frac{1}{\sqrt{\boldsymbol{A}^{(i)\mathrm{T}} \boldsymbol{m} \boldsymbol{A}^{(i)}}} \tag{7-87}$$

根据上式即可求得 n 个正则化因子 α_1，α_2，…，α_n，并将它们排成对角阵：

$$\boldsymbol{\alpha} = \begin{pmatrix} \alpha_1 & & & \\ & \alpha_2 & & \\ & & \ddots & \\ & & & \alpha_n \end{pmatrix} \tag{7-88}$$

计算出正则化因子后，即可根据式（7-85）分别计算出 n 个正则振型，再将这 n 个正则振型依次合并在一起，就构成了一个 $n \times n$ 阶的正则模态矩阵 $\boldsymbol{\phi}_N$：

$$\begin{aligned} \boldsymbol{\phi}_N &= (\boldsymbol{A}_N^{(1)},\ \boldsymbol{A}_N^{(2)},\ \cdots,\ \boldsymbol{A}_N^{(n)}) \\ &= (\alpha_1 \boldsymbol{A}^{(1)},\ \alpha_2 \boldsymbol{A}^{(2)},\ \cdots,\ \alpha_n \boldsymbol{A}^{(n)}) \\ &= \boldsymbol{\phi\alpha} \end{aligned} \tag{7-89}$$

以正则模态矩阵 $\boldsymbol{\phi}_N$ 作为变换矩阵，对原方程进行坐标变换，所得到的新的广义坐标，

即为正则坐标 $\boldsymbol{q}_N$：

$$\boldsymbol{x}=\boldsymbol{\phi}_N\boldsymbol{q}_N \tag{7-90}$$

$$\boldsymbol{q}_N=\boldsymbol{\phi}_N^{-1}\boldsymbol{x} \tag{7-91}$$

此时，对应于正则坐标的正则质量矩阵 $\boldsymbol{M}_N$ 是一个单位矩阵，即

$$\boldsymbol{M}_N=\boldsymbol{\phi}_N^{\mathrm{T}}\boldsymbol{m}\boldsymbol{\phi}_N=\boldsymbol{I} \tag{7-92}$$

即

$$\boldsymbol{M}_N=\begin{pmatrix}1 & 0 & \cdots & 0\\ 0 & 1 & \cdots & 0\\ \vdots & \vdots & & \vdots\\ 0 & 0 & \cdots & 1\end{pmatrix} \tag{7-93}$$

对应于正则坐标的正则刚度矩阵 $\boldsymbol{K}_N$ 可用以下方法进行计算。

由式（7-76）、式（7-77）及式（7-81）知

$$\omega_{\mathrm{n}i}^2=\frac{K_i}{M_i}=\frac{\boldsymbol{A}^{(i)\mathrm{T}}\boldsymbol{k}\boldsymbol{A}^{(i)}}{\boldsymbol{A}^{(i)\mathrm{T}}\boldsymbol{m}\boldsymbol{A}^{(i)}}\quad(i=1,\ 2,\ \cdots,\ n)$$

现用正则振型列阵 $\boldsymbol{A}_N^{(i)}$ 代入上式，得

$$\omega_{\mathrm{n}i}^2=\frac{\boldsymbol{A}_N^{(i)\mathrm{T}}\boldsymbol{k}\boldsymbol{A}_N^{(i)}}{\boldsymbol{A}_N^{(i)\mathrm{T}}\boldsymbol{m}\boldsymbol{A}_N^{(i)}}\quad(i=1,\ 2,\ \cdots,\ n)$$

显然，上式分母项即为正则模态质量 M_{Ni}，根据式（7-86）知，$M_{Ni}=1$；分子项则为正则模态刚度 K_{Ni}。故上式可写成为

$$\omega_{\mathrm{n}i}^2=K_{Ni}\quad(i=1,\ 2,\ \cdots,\ n) \tag{7-94}$$

而

$$K_{Ni}=\boldsymbol{A}_N^{(i)\mathrm{T}}\boldsymbol{k}\boldsymbol{A}_N^{(i)} \tag{7-95}$$

由此可见，按式（7-95）计算出来的正则模态刚度 K_{Ni} 等于系统固有频率的平方值 $\omega_{\mathrm{n}i}^2$。因此，由各阶正则模态刚度 K_{Ni} 依次排列成的正则刚度矩阵 $\boldsymbol{K}_N$，它的对角线元素分别是各阶固有频率的平方值，即

$$\boldsymbol{K}_N=\boldsymbol{\phi}_N^{\mathrm{T}}\boldsymbol{k}\boldsymbol{\phi}_N=\boldsymbol{\omega}_{\mathrm{n}}^2 \tag{7-96}$$

$$\boldsymbol{K}_N=\begin{pmatrix}K_{N1} & & & \\ & K_{N2} & & \\ & & \ddots & \\ & & & K_{Nn}\end{pmatrix}=\begin{pmatrix}\omega_{\mathrm{n}1}^2 & & & \\ & \omega_{\mathrm{n}2}^2 & & \\ & & \ddots & \\ & & & \omega_{\mathrm{nn}}^2\end{pmatrix} \tag{7-97}$$

因此，用正则坐标 $\boldsymbol{q}_N$ 所表示的系统运动方程可以有最简单的形式。

系统的原方程为

$$\boldsymbol{m}\ddot{\boldsymbol{x}}+\boldsymbol{k}\boldsymbol{x}=\boldsymbol{P}$$

现以正则模态矩阵 $\boldsymbol{\phi}_N$ 作为线性变换矩阵，对原方程进行坐标变换，即

$$\boldsymbol{x}=\boldsymbol{\phi}_N\boldsymbol{q}_N$$

$$\ddot{\boldsymbol{x}}=\boldsymbol{\phi}_N\ddot{\boldsymbol{q}}_N$$

代入原方程，并在方程两端左乘 $\boldsymbol{\phi}_N^{\mathrm{T}}$，得

$$\boldsymbol{\phi}_N^{\mathrm{T}}\boldsymbol{m}\boldsymbol{\phi}_N\ddot{q}_N+\boldsymbol{\phi}_N^{\mathrm{T}}\boldsymbol{k}\boldsymbol{\phi}_N\boldsymbol{q}_N=\boldsymbol{\phi}_N^{\mathrm{T}}\boldsymbol{P}$$

即

$$M_N \ddot{q}_N + K_N q_N = Q_N \tag{7-98}$$

或

$$\ddot{q}_N + \omega_n^2 q_N = Q_N \tag{7-99}$$

式中，

$$Q_N = \phi_N^T P$$

式（7-98）或式（7-99）就是以正则坐标 q_N 表示的系统运动方程，称之为系统的正则模态方程。可见这是一种最简单的形式，因而很容易求解。

必须强调的是：无论坐标怎样变换，即分别用一般广义坐标 x 或模态坐标 q 或正则坐标 q_N 来表示系统的运动方程，方程的形式虽各有不同，但都不会影响系统的振动特性，系统的各阶固有频率和主振型都不会有任何改变。

例 7-4 如图 7-5 所示的系统，试建立它的模态方程和正则模态方程。

解 前已求出，该系统的原运动方程为

$$m\begin{pmatrix}1&0&0\\0&1&0\\0&0&1\end{pmatrix}\begin{pmatrix}\ddot{x}_1\\ \ddot{x}_2\\ \ddot{x}_3\end{pmatrix}+k\begin{pmatrix}3&-1&0\\-1&2&-1\\0&-1&3\end{pmatrix}\begin{pmatrix}x_1\\x_2\\x_3\end{pmatrix}=\begin{pmatrix}0\\0\\0\end{pmatrix}$$

该系统的各阶主振型是

$$A^{(1)}=\begin{pmatrix}1\\2\\1\end{pmatrix},\ A^{(2)}=\begin{pmatrix}1\\0\\-1\end{pmatrix},\ A^{(3)}=\begin{pmatrix}1\\-1\\1\end{pmatrix}$$

故模态矩阵 ϕ 为

$$\phi=\begin{pmatrix}1&1&1\\2&0&-1\\1&-1&1\end{pmatrix}$$

模态质量矩阵 M 为

$$\begin{aligned}M&=\phi^T m\phi\\&=\begin{pmatrix}1&1&1\\2&0&-1\\1&-1&1\end{pmatrix}^T m\begin{pmatrix}1&0&0\\0&1&0\\0&0&1\end{pmatrix}\begin{pmatrix}1&1&1\\2&0&-1\\1&-1&1\end{pmatrix}\\&=m\begin{pmatrix}6&0&0\\0&2&0\\0&0&3\end{pmatrix}\end{aligned}$$

模态刚度矩阵 K 为

$$\begin{aligned}K&=\phi^T k\phi\\&=\begin{pmatrix}1&1&1\\2&0&-1\\1&-1&1\end{pmatrix}^T k\begin{pmatrix}3&-1&0\\-1&2&-1\\0&-1&3\end{pmatrix}\begin{pmatrix}1&1&1\\2&0&-1\\1&-1&1\end{pmatrix}=k\begin{pmatrix}6&0&0\\0&6&0\\0&0&12\end{pmatrix}\end{aligned}$$

故系统的模态方程为

$$m\begin{pmatrix}6&0&0\\0&2&0\\0&0&3\end{pmatrix}\begin{pmatrix}\ddot{q}_1\\\ddot{q}_2\\\ddot{q}_3\end{pmatrix}+6k\begin{pmatrix}1&0&0\\0&1&0\\0&0&2\end{pmatrix}\begin{pmatrix}q_1\\q_2\\q_3\end{pmatrix}=\begin{pmatrix}0\\0\\0\end{pmatrix}$$

因为各阶模态质量的值为

$$M_1=6m,\ M_2=2m,\ M_3=3m$$

所以各正则化因子的值为

$$\alpha_1=\frac{1}{\sqrt{M_1}}=\frac{1}{\sqrt{6m}}=\frac{1}{2.45\sqrt{m}}$$

$$\alpha_2=\frac{1}{\sqrt{M_2}}=\frac{1}{\sqrt{2m}}=\frac{1}{1.414\sqrt{m}}$$

$$\alpha_3=\frac{1}{\sqrt{M_3}}=\frac{1}{\sqrt{3m}}=\frac{1}{1.732\sqrt{m}}$$

故正则化因子矩阵 $\boldsymbol{\alpha}$ 为

$$\boldsymbol{\alpha}=\begin{pmatrix}\alpha_1&&\\&\alpha_2&\\&&\alpha_3\end{pmatrix}=\frac{1}{\sqrt{m}}\begin{pmatrix}\frac{1}{2.45}&0&0\\0&\frac{1}{1.414}&0\\0&0&\frac{1}{1.732}\end{pmatrix}$$

$$=\frac{1}{\sqrt{m}}\begin{pmatrix}0.408163&0&0\\0&0.707214&0\\0&0&0.577367\end{pmatrix}$$

所以正则模态矩阵 $\boldsymbol{\phi}_N$ 为

$$\boldsymbol{\phi}_N=\boldsymbol{\phi\alpha}$$

$$=\frac{1}{\sqrt{m}}\begin{pmatrix}1&1&1\\2&0&-1\\1&-1&1\end{pmatrix}\begin{pmatrix}0.408163&0&0\\0&0.707214&0\\0&0&0.577367\end{pmatrix}$$

$$=\frac{1}{\sqrt{m}}\begin{pmatrix}0.408163&0.707214&0.577367\\0.816326&0&-0.577367\\0.408163&-0.707214&0.577367\end{pmatrix}$$

正则质量矩阵 $\boldsymbol{M}_N$ 为单位矩阵，即

$$\boldsymbol{M}_N=\boldsymbol{\phi}_N^{\mathrm{T}}\boldsymbol{m}\boldsymbol{\phi}_N=\boldsymbol{I}$$

正则刚度矩阵 $\boldsymbol{K}_N$ 为

$$\boldsymbol{K}_N=\boldsymbol{\phi}_N^{\mathrm{T}}\boldsymbol{k}\boldsymbol{\phi}_N$$

$$=\frac{1}{\sqrt{m}}\cdot\frac{1}{\sqrt{m}}\cdot k\begin{pmatrix}0.408163&0.816326&0.408163\\0.707214&0&-0.707214\\0.577367&-0.577367&0.577367\end{pmatrix}\cdot$$

$$\begin{pmatrix} 3 & -1 & 0 \\ -1 & 2 & -1 \\ 0 & -1 & 3 \end{pmatrix}\begin{pmatrix} 0.408163 & 0.707214 & 0.577367 \\ 0.816326 & 0 & -0.577367 \\ 0.408163 & -0.707214 & 0.577367 \end{pmatrix}$$

$$=\frac{k}{m}\begin{pmatrix} 0.999583 & 0 & 0 \\ 0 & 3.000910 & 0 \\ 0 & 0 & 4.000232 \end{pmatrix}=\begin{pmatrix} \omega_{n1}^2 & 0 & 0 \\ 0 & \omega_{n2}^2 & 0 \\ 0 & 0 & \omega_{n3}^2 \end{pmatrix}$$

故系统的各阶固有频率为

$$\omega_{n1}=\sqrt{\frac{k}{m}},\ \omega_{n2}=\sqrt{\frac{3k}{m}},\ \omega_{n3}=2\sqrt{\frac{k}{m}}$$

显然，这一结果与前例中用解特征方程的方法所求得的各阶固有频率值完全相同。所以，系统的正则模态方程为

$$\begin{Bmatrix} \ddot{q}_{N1} \\ \ddot{q}_{N2} \\ \ddot{q}_{N3} \end{Bmatrix}+\begin{pmatrix} \frac{k}{m} & 0 & 0 \\ 0 & \frac{3k}{m} & 0 \\ 0 & 0 & \frac{4k}{m} \end{pmatrix}\begin{pmatrix} q_{N1} \\ q_{N2} \\ q_{N3} \end{pmatrix}=\begin{pmatrix} 0 \\ 0 \\ 0 \end{pmatrix}$$

7.3.4 模态分析法求系统的动态响应

前面我们分析了模态分析法的基本原理，下面来介绍模态分析法的具体应用。

所谓模态分析法，就是应用由系统各阶主振型组成的模态矩阵作为变换矩阵，对系统原来的运动方程进行坐标变换，使质量矩阵和刚度矩阵都同时对角化，得到一组独立的、互不耦合的模态方程，因而可以应用单自由度系统的方法分别求解每一个方程，从而求得多自由度系统的响应的整个过程。模态分析法又称为振型叠加法。

现应用模态分析法来计算多自由度系统在动态力 $\boldsymbol{P}$ 作用下的响应，为使问题简化，仍忽略系统阻尼，则系统的运动方程为

$$\boldsymbol{m}\ddot{\boldsymbol{x}}+\boldsymbol{k}\boldsymbol{x}=\boldsymbol{P}$$

用模态分析法求解上列方程的步骤如下：

1）求出系统的各阶固有频率 ω_{n1}，ω_{n2}，…，ω_{nn} 和相应的各阶主振型 $\boldsymbol{A}^{(1)}$，$\boldsymbol{A}^{(2)}$，…，$\boldsymbol{A}^{(n)}$。并按式（7-73）组成模态矩阵 $\boldsymbol{\phi}$，或按式（7-89）组成正则模态矩阵 $\boldsymbol{\phi}_N$。

2）用模态矩阵 $\boldsymbol{\phi}$，或正则模态矩阵 $\boldsymbol{\phi}_N$，对原方程作如下的坐标变换：

$$\boldsymbol{x}=\boldsymbol{\phi}\boldsymbol{q}$$

或

$$\boldsymbol{x}=\boldsymbol{\phi}_N\boldsymbol{q}_N$$

将原方程变换为模态方程，或正则模态方程：

$$\boldsymbol{M}\ddot{\boldsymbol{q}}+\boldsymbol{K}\boldsymbol{q}=\boldsymbol{Q}$$

或

$$\ddot{\boldsymbol{q}}_N+\boldsymbol{\omega}_n^2\boldsymbol{q}_N=\boldsymbol{Q}_N$$

3）按单自由度系统的方法分别求解模态方程，或正则模态方程中 n 个互相独立的方

程，求得 $\boldsymbol{q}$ 或 $\boldsymbol{q}_N$。而 $\boldsymbol{q}$ 或 $\boldsymbol{q}_N$ 即是以模态坐标或正则坐标表示的系统对动态力 $\boldsymbol{P}$ 的响应。

4）应用 $\boldsymbol{x}=\boldsymbol{\phi q}$，或 $\boldsymbol{x}=\boldsymbol{\phi}_N\boldsymbol{q}_N$ 的线性变换，将模态坐标 $\boldsymbol{q}$ 或正则坐标 $\boldsymbol{q}_N$ 变为物理坐标 $\boldsymbol{x}$（即系统原来的广义坐标）。最后求得的这一组物理坐标 $\boldsymbol{x}$，就是系统运动方程的解。

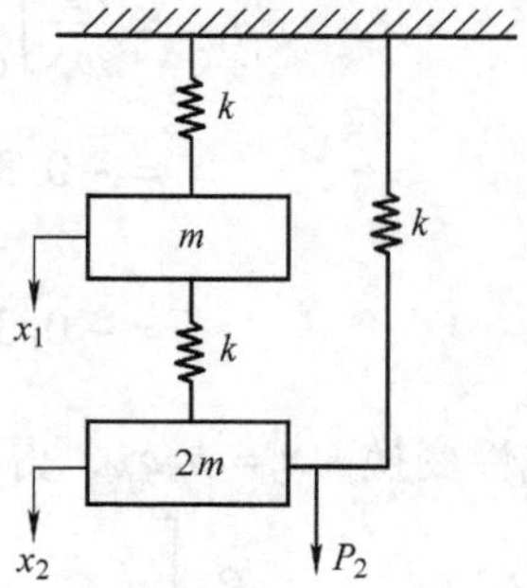

图 7-8　两自由度受迫振动系统

例 7-5　在图 7-8 所示的系统上，受到 $P_1=0$，$P_2=P\sin\omega t$ 的作用，试用模态分析法来确定系统的响应。

解　该系统的运动方程可写成为

$$\boldsymbol{m}\ddot{\boldsymbol{x}}+\boldsymbol{k}\boldsymbol{x}=\boldsymbol{P}$$

其中，

$$\boldsymbol{m}=m\begin{pmatrix}1&0\\0&2\end{pmatrix};\ \boldsymbol{k}=k\begin{pmatrix}2&-1\\-1&2\end{pmatrix};\ \boldsymbol{P}=\begin{pmatrix}0\\P\sin\omega t\end{pmatrix}$$

通过求解该系统的自由振动方程，可求得系统的各阶固有频率和相应的主振型：

$$\omega_{n1}=0.796266\sqrt{\frac{k}{m}}$$

$$\omega_{n2}=1.538188\sqrt{\frac{k}{m}}$$

$$\boldsymbol{A}^{(1)}=\begin{pmatrix}1.000000\\1.366025\end{pmatrix}$$

$$\boldsymbol{A}^{(2)}=\begin{pmatrix}1.000000\\-0.366025\end{pmatrix}$$

经过计算，可以求得正则模态矩阵 $\boldsymbol{\phi}_N$ 为

$$\boldsymbol{\phi}_N=\frac{1}{\sqrt{m}}\begin{pmatrix}0.459701&0.888074\\0.627963&-0.325057\end{pmatrix}$$

故正则化激振力 $\boldsymbol{Q}_N$ 为

$$\begin{aligned}\boldsymbol{Q}_N&=\boldsymbol{\phi}_N^{\mathrm{T}}\boldsymbol{P}=\frac{1}{\sqrt{m}}\begin{pmatrix}0.459701&0.627963\\0.888074&-0.325057\end{pmatrix}\begin{pmatrix}0\\P\sin\omega t\end{pmatrix}\\&=\frac{P}{\sqrt{m}}\begin{pmatrix}0.627963\\-0.325057\end{pmatrix}\sin\omega t\end{aligned}$$

由此，可直接写出系统的正则模态方程：

$$\begin{pmatrix}\ddot{q}_{N1}\\\ddot{q}_{N2}\end{pmatrix}+\begin{pmatrix}\omega_{n1}^2&0\\0&\omega_{n2}^2\end{pmatrix}\begin{pmatrix}q_{N1}\\q_{N2}\end{pmatrix}=\frac{P}{\sqrt{m}}\begin{pmatrix}0.627963\\-0.325057\end{pmatrix}\sin\omega t$$

应用 Duhamel 积分求解，即

$$\begin{aligned}q_{N1}&=\frac{1}{\omega_{n1}}\int_0^t Q_{N1}\sin\omega_{n1}(t-\tau)\,\mathrm{d}\tau\\&=0.627963\frac{P}{\sqrt{m}}\frac{1}{\omega_{n1}^2}\int_0^t\sin\omega\tau\sin\omega_{n1}(t-\tau)\,\mathrm{d}\tau\end{aligned}$$

$$= 0.627963 \frac{P}{\sqrt{m} \cdot \omega_{n1}^2}\left(\sin\omega t - \frac{\omega}{\omega_{n1}}\sin\omega_{n1} t\right)\left(\frac{1}{1 - \omega^2/\omega_{n1}^2}\right)$$

$$q_{N2} = \frac{1}{\omega_{n2}}\int_0^t Q_{N2}\sin\omega_{n2}(t-\tau)d\tau$$

$$= -0.325057 \frac{P}{\sqrt{m}}\frac{1}{\omega_{n2}}\int_0^t \sin\omega\tau\sin\omega_{n2}(t-\tau)d\tau$$

$$= -0.325057 \frac{P}{\sqrt{m} \cdot \omega_{n2}^2}\left(\sin\omega t - \frac{\omega}{\omega_{n2}}\sin\omega_{n2} t\right)\left(\frac{1}{1 - \omega^2/\omega_{n2}^2}\right)$$

由线性变换 $\boldsymbol{x} = \boldsymbol{\phi}_N \boldsymbol{q}_N$，得

$$x_1 = \frac{P}{m}\left[0.459701 \times 0.627963 \frac{1}{\omega_{n1}^2}\left(\sin\omega t - \frac{\omega}{\omega_{n1}}\sin\omega_{n1} t\right) \cdot \left(\frac{1}{1-\frac{\omega^2}{\omega_{n1}^2}}\right) - 0.888074 \times 0.325057 \frac{1}{\omega_{n2}^2} \cdot \left(\sin\omega t - \frac{\omega}{\omega_{n2}}\sin\omega_{n2} t\right)\left(\frac{1}{1-\frac{\omega^2}{\omega_{n2}^2}}\right)\right]$$

$$= \frac{P}{k}\left[0.455295\left(\sin\omega t - \frac{\omega}{\omega_{n1}}\sin 0.796266\sqrt{\frac{k}{m}}t\right) \cdot \left(\frac{1}{1-\frac{\omega^2}{\omega_{n1}^2}}\right) - 0.122009\left(\sin\omega t - \frac{\omega}{\omega_{n2}}\sin 1.538188\sqrt{\frac{k}{m}}t\right) \cdot \left(\frac{1}{1-\frac{\omega^2}{\omega_{n2}^2}}\right)\right]$$

$$x_2 = \frac{P}{m}\left[0.627963 \times 0.627963 \frac{1}{\omega_{n1}^2}\left(\sin\omega t - \frac{\omega}{\omega_{n1}}\sin\omega_{n1} t\right) \cdot \left(\frac{1}{1-\frac{\omega^2}{\omega_{n1}^2}}\right) + 0.325057 \times 0.325057 \frac{1}{\omega_{n2}^2} \cdot \left(\sin\omega t - \frac{\omega}{\omega_{n2}}\sin\omega_{n2} t\right)\left(\frac{1}{1-\frac{\omega^2}{\omega_{n2}^2}}\right)\right]$$

$$= \frac{P}{k}\left[0.621945\left(\sin\omega t - \frac{\omega}{\omega_{n1}}\sin 0.796266\sqrt{\frac{k}{m}}t\right) \cdot \left(\frac{1}{1-\frac{\omega^2}{\omega_{n1}^2}}\right) + 0.044658\left(\sin\omega t - \frac{\omega}{\omega_{n2}}\sin 1.538188\sqrt{\frac{k}{m}}t\right) \cdot \left(\frac{1}{1-\frac{\omega^2}{\omega_{n2}^2}}\right)\right]$$

7.3.5 不同阻尼下系统的动态响应

振动系统在动态力 $\boldsymbol{P}$ 作用下，即处在受迫振动或自激振动或两者兼有的状态下，可用模态分析法来识别振动系统的动态响应。但是随着振动系统的阻尼情况不同，则分析处理方法也不一样。通常的阻尼情况包括无阻尼、比例阻尼、振型阻尼、结构阻尼与一般阻尼等。这里仅对无阻尼、比例阻尼、振型阻尼和结构阻尼下的动态响应进行介绍。

1. 无阻尼情况

无阻尼受迫振动的数学模型为

$$\boldsymbol{m}\ddot{\boldsymbol{x}} + \boldsymbol{k}\boldsymbol{x} = \boldsymbol{P}$$

经过坐标转换，建立模态方程

$$M\ddot{q}+Kq=Q \tag{7-100}$$

式中，

$$M=\begin{pmatrix} M_1 & & & \\ & M_2 & & \\ & & \ddots & \\ & & & M_n \end{pmatrix},\ K=\begin{pmatrix} K_1 & & & \\ & K_2 & & \\ & & \ddots & \\ & & & K_n \end{pmatrix}$$

式（7-100）是一个方程组，由 n 个独立方程组成，其中第 r 个方程为

$$M_r\ddot{q}_r+K_rq_r=Q_r\ (r=1,\ 2,\ \cdots,\ n) \tag{7-101a}$$

式中，

$$Q_r=A^{(r)\mathrm{T}}P=A^{(r)\mathrm{T}}P\mathrm{e}^{\mathrm{i}\omega t}$$

所以式（7-101a）写成为

$$\ddot{q}_r+\frac{K_r}{M_r}q_r=\frac{A^{(r)\mathrm{T}}P}{M_r}\mathrm{e}^{\mathrm{i}\omega t} \tag{7-101b}$$

设 $\bar{q}_r$ 为 q_r 的幅值，因为作简谐振动，所以有

$$q_r=\bar{q}_r\mathrm{e}^{\mathrm{i}\omega t}$$

$$\ddot{q}_r=-\omega^2\bar{q}_r\mathrm{e}^{\mathrm{i}\omega t}=-\omega^2q_r$$

又因为

$$\frac{K_r}{M_r}=\omega_{nr}^2$$

其中，ω 为激振频率，ω_{nr} 为第 r 阶固有频率。代入式（7-101b），得

$$(\omega_{nr}^2-\omega^2)q_r=\frac{A^{(r)}P}{M_r}\mathrm{e}^{\mathrm{i}\omega t}$$

因此得到方程（7-101a）的解为

$$q_r=\frac{A^{(r)\mathrm{T}}P}{M_r(\omega_{nr}^2-\omega^2)}\mathrm{e}^{\mathrm{i}\omega t} \tag{7-102}$$

另外，根据坐标转换关系有

$$x=\phi q=(A^{(1)},A^{(2)},\cdots,A^{(n)})\begin{pmatrix} q_1 \\ q_2 \\ \vdots \\ q_n \end{pmatrix}$$

$$=q_1A^{(1)}+q_2A^{(2)}+\cdots+q_nA^{(n)}=\sum_{r=1}^{n}q_rA^{(r)}$$

又因为 x 本身是个简谐函数，有

$$x=X\mathrm{e}^{\mathrm{i}\omega t}$$

以上两式 x 相等，故得到

$$X=\sum_{r=1}^{n}q_rA^{(r)}\mathrm{e}^{-\mathrm{i}\omega t}$$

用式（7-102）代入，得到

$$X = \sum_{r=1}^{n} \frac{A^{(r)\mathrm{T}} P A^{(r)}}{M_r(\omega_{\mathrm{n}r}^2 - \omega^2)}$$

因为

$$\lambda_r = \frac{\omega}{\omega_{\mathrm{n}r}},\ M_r = \frac{K_r}{\omega_{\mathrm{n}r}^2}$$

所以系统的振幅列阵为

$$X = \sum_{r=1}^{n} \frac{A^{(r)\mathrm{T}} P A^{(r)}}{K_r(1 - \lambda_r^2)} \tag{7-103}$$

单纯用振幅值大小还不能反映振动系统的抗振能力，因为它没有考虑激振力大小的因素。在单位激振力作用下系统的振幅越小，说明抗振能力越大，这是系统的动柔度。由于表示幅值 X 的基本参数还都是模态参数（如式（7-103）所示），所以反映系统动态响应的是模态动柔度。又由于系统的受激励点和响应点的部位不同，模态动柔度分成原点模态动柔度和交叉（或称跨点）模态动柔度两种。

当 j 点激振，h 点拾振时，所反映的是系统的交叉模态动柔度。表示为

$$R_{hj} = \frac{X_h}{P_j} = \sum_{r=1}^{n} \frac{A_j^{(r)} A_h^{(r)}}{K_r(1 - \lambda_r^2)} = \sum_{r=1}^{n} (f_{hj})_r W_r \tag{7-104a}$$

式中，

$$(f_{hj})_r = \frac{A_j^{(r)} A_h^{(r)}}{K_r}$$

$$W_r = \frac{1}{1 - \lambda_r^2}$$

$(f_{hj})_r$ 值是反映系统柔度大小的主要因素，它只取决于系统本身的振动特性，所以在模态分析中已统一称它为第 r 阶模态柔度。它是评价和优化系统动态性能的重要参数。其中，W_r 称为第 r 阶模态动柔度系数，也称动态放大因子，W_r 值与外界激振频率有密切关系。

当 j 点激振，原点拾振时，所反映的是系统的原点模态动柔度。表示为

$$R_{jj} = \frac{X_j}{P_j} = \sum_{r=1}^{n} \frac{(A_j^{(r)})^2}{K_r(1 - \lambda_r^2)} = \sum_{r=1}^{n} (f_{jj})_r W_r \tag{7-104b}$$

式中，

$$(f_{jj})_r = \frac{(A_j^{(r)})^2}{K_r}$$

式（7-104a）与式（7-104b）便是无阻尼情况下动态响应的表达式，模态柔度 $(f_{hj})_r$ 或 $(f_{jj})_r$ 是反映系统动态性能的重要参数，是动态优化设计的重要依据。

2. 比例阻尼与振型阻尼情况

当振动系统存在阻尼时，它的运动方程为

$$m\ddot{x} + c\dot{x} + kx = P$$

式中，c 为阻尼矩阵，由阻尼系数构成。它的模态方程为

$$M\ddot{q} + C\dot{q} + Kq = Q \tag{7-105}$$

通常模态阻尼矩阵 C 不是对角阵，主振型对阻尼不具有正交性，所以存在阻尼耦合。但是，在下列两种情况下却可以得到对角阵而解除耦合。

（1）比例阻尼情况　比例阻尼是指阻尼矩阵正比于质量矩阵或刚度矩阵，或者正比于

它们二者的线性组合。这样的阻尼矩阵可以表示为

$$\boldsymbol{c}=\alpha\boldsymbol{m}+\beta\boldsymbol{k}$$

式中，α 和 β 都是比例系数。

有阻尼受迫振动的模态方程为

$$\boldsymbol{M}\ddot{\boldsymbol{q}}+\boldsymbol{C}\dot{\boldsymbol{q}}+\boldsymbol{K}\boldsymbol{q}=\boldsymbol{Q}$$

现在要证明在比例阻尼情况下，模态阻尼矩阵 $\boldsymbol{C}$ 是对角阵，并求矩阵 $\boldsymbol{C}$。

根据模态方程构成的原理，模态阻尼矩阵结构为

$$\begin{aligned}\boldsymbol{C}&=\boldsymbol{\phi}^{\mathrm{T}}\boldsymbol{c}\boldsymbol{\phi}=\boldsymbol{\phi}^{\mathrm{T}}(\alpha\boldsymbol{m}+\beta\boldsymbol{k})\boldsymbol{\phi}\\&=\alpha\boldsymbol{\phi}^{\mathrm{T}}\boldsymbol{m}\boldsymbol{\phi}+\beta\boldsymbol{\phi}^{\mathrm{T}}\boldsymbol{k}\boldsymbol{\phi}=\alpha\boldsymbol{M}+\beta\boldsymbol{K}\\&=\begin{pmatrix}\alpha M_1&&&\\&\alpha M_2&&\\&&\ddots&\\&&&\alpha M_n\end{pmatrix}+\begin{pmatrix}\beta K_1&&&\\&\beta K_2&&\\&&\ddots&\\&&&\beta K_n\end{pmatrix}\\&=\begin{pmatrix}\alpha M_1+\beta K_1&&&\\&\alpha M_2+\beta K_2&&\\&&\ddots&\\&&&\alpha M_n+\beta K_n\end{pmatrix}\end{aligned}$$

可见模态阻尼矩阵是对角阵，对角元素的表达式为

$$C_r=\alpha M_r+\beta K_r\ (r=1,\ 2,\ \cdots,\ n)$$

式中，M_r 与 K_r 是模态质量与模态刚度。

同样可证明，在比例阻尼情况下，正则方程中的正则阻尼矩阵也是对角阵。它的对角元素值有以下两种情况：

1）当以 $\boldsymbol{M}=\boldsymbol{I}$ 为正则条件时，正则阻尼矩阵对角元素为

$$C_{Nr}=\alpha+\beta\omega_{nr}^2\ (r=1,\ 2,\ \cdots,\ n)$$

2）当以 $\boldsymbol{K}=\boldsymbol{I}$ 为正则条件时，有

$$C_{Nr}=\frac{\alpha}{\omega_{nr}^2}+\beta\ (r=1,\ 2,\ \cdots,\ n)$$

（2）振型阻尼情况　振型阻尼情况也称小阻尼情况。当系统的各阶模态阻尼比 ζ_r 较小（一般认为小于0.2），各阶固有频率不十分接近时，可以简便地略去模态阻尼矩阵中的非对角元素，成为对角阵来解除阻尼耦合。工程实践证明，这种简化方法通常可以获得很好的近似解。这时的模态阻尼矩阵为

$$\boldsymbol{C}=\boldsymbol{\phi}^{\mathrm{T}}\boldsymbol{c}\boldsymbol{\phi}=\begin{pmatrix}C_1&&&\\&C_2&&\\&&\ddots&\\&&&C_n\end{pmatrix}$$

式中，矩阵对角元素值为

$$C_r = A^{(r)\mathrm{T}} c A^{(r)} = \sum_{j=1}^{n}\sum_{h=1}^{n} c_{jh} A_j^{(r)} A_h^{(r)} \quad (r = 1,2,\cdots,n)$$

C_r 称为第 r 阶模态阻尼系数。

如上所述，振动系统的阻尼情况只要符合以上情况的某一种，那么它的模态阻尼矩阵就成为对角阵，系统模态方程（7-105）不存在耦合现象。组成式（7-105）的是 n 个独立方程。其中第 r 阶模态方程为

$$M_r \ddot{q}_r + C_r \dot{q}_r + K_r q_r = Q_r \quad (r=1,\ 2,\ \cdots,\ n)$$

由于模态阻尼比 ζ_r 为

$$\zeta_r = \frac{C_r}{2\omega_{nr} M_r}$$

所以模态阻尼系数 C_r 为

$$C_r = 2\zeta_r M_r \omega_{nr}$$

所以第 r 阶模态方程为

$$M_r \ddot{q}_r + 2\zeta_r M_r \omega_{nr} \dot{q}_r + K_r q_r = Q_r$$

按前面推导，其解有

$$q_r = \frac{A^{(r)\mathrm{T}} P \mathrm{e}^{\mathrm{i}\omega t}}{M_r\ (\omega_{nr}^2 - \omega^2 + \mathrm{i}2\zeta_r \omega_{nr}\omega)} \quad (r=1,\ 2,\ \cdots,\ n)$$

如前所述由于坐标关系，能得到

$$X = \sum_{r=1}^{n} q_r A^{(r)} \mathrm{e}^{-\mathrm{i}\omega t}$$

所以系统的振幅为

$$X = \sum_{r=1}^{n} \frac{A^{(r)\mathrm{T}} P A^{(r)}}{M_r(\omega_{nr}^2 - \omega^2 + \mathrm{i}2\zeta_r\omega_{nr}\omega)} = \sum_{r=1}^{n} \frac{A^{(r)\mathrm{T}} P A^{(r)}}{K_r(1 - \lambda_r^2 + \mathrm{i}2\zeta_r\lambda_r)} \tag{7-106}$$

系统的模态交叉动柔度为

$$R_{hj} = \frac{X_h}{P_j} = \sum_{r=1}^{n} \frac{A_h^{(r)} A_j^{(r)}}{K_r(1 - \lambda_r^2 + \mathrm{i}2\zeta_r\lambda_r)} = \sum_{r=1}^{n} (f_{hj})_r W_r \tag{7-107}$$

式中，第 r 阶模态柔度

$$(f_{hj})_r = \frac{A_h^{(r)} A_j^{(r)}}{K_r} \tag{7-108a}$$

第 r 阶模态柔度系数

$$W_r = \frac{1}{1 - \lambda_r^2 + \mathrm{i}2\zeta_r\lambda_r} \tag{7-108b}$$

工程中常把式（7-107）绘成图来评价系统的动态响应，为此作如下演算：

$$\begin{aligned} R_{hj} &= \sum_{r=1}^{n} (f_{hj})_r \left(\frac{1 - \lambda_r^2}{(1 - \lambda_r^2)^2 + 4\zeta_r^2\lambda_r^2} - \mathrm{i}\,\frac{2\zeta_r\lambda_r}{(1 - \lambda_r^2)^2 + 4\zeta_r^2\lambda_r^2} \right) \\ &= \sum_{r=1}^{n} (R_{hj}^{(\mathrm{R})} - \mathrm{i}R_{hj}^{(\mathrm{I})}) \end{aligned} \tag{7-108c}$$

得到动柔度的实部 $R_{hj}^{(\mathrm{R})}$ 与虚部 $R_{hj}^{(\mathrm{I})}$：

$$R_{hj}^{(\mathrm{R})} = \sum_{r=1}^{n} (f_{hj})_r \frac{1-\lambda_r^2}{(1-\lambda_r^2)^2 + 4\zeta_r^2\lambda_r^2} \tag{7-108d}$$

$$R_{hj}^{(\mathrm{I})} = \sum_{r=1}^{n} (f_{hj})_r \frac{-2\zeta_r\lambda_r}{(1-\lambda_r^2)^2 + 4\zeta_r^2\lambda_r^2} \tag{7-108e}$$

动柔度的模 z 与相位角 φ 分别为

$$z = |R_{hj}| = \sqrt{(R_{hj}^{(\mathrm{R})})^2 + (R_{hj}^{(\mathrm{I})})^2}$$

$$\varphi = \arctan \frac{R_{hj}^{(\mathrm{I})}}{R_{hj}^{(\mathrm{R})}}$$

在不同频率时，求出对应的 z 与 φ 值，逐点绘制多自由度系统的动态响应曲线，即幅相特性曲线，如图 7-9 所示。

必须指出的是式（7-104a）、式（7-104b）与式（7-107）中适合于绝对激振情况，无论交叉动柔度或原点动柔度，式中的 $A_j^{(r)}$ 都表示作绝对激振时，系统被激部件上激振点 j 的第 r 阶主振型，激振器是固定在地面上的。但目前广泛采用相对激振，例如车床，激振器装在刀架上（模拟刀具），对工件激振；外圆磨床，用头、尾架顶住激振器（模拟工件），对砂轮激振。设激振器上的 i 点与被激振体上的 g 点相接触，振动时它们各有自己的主振型 $A_i^{(r)}$ 与 $A_g^{(r)}$。由于激振器和被激振体都是系统的一部分，激振点（i 点与 g 点接触处）的相对主振型 $A_i^{(r)} - A_g^{(r)}$ 值将直接影响系统的动态响应，它相当于绝对激振中的激振点 j 处的 $A_j^{(r)}$ 值。所以相对激振时的模态交叉动柔度和模态原点动柔度分别为

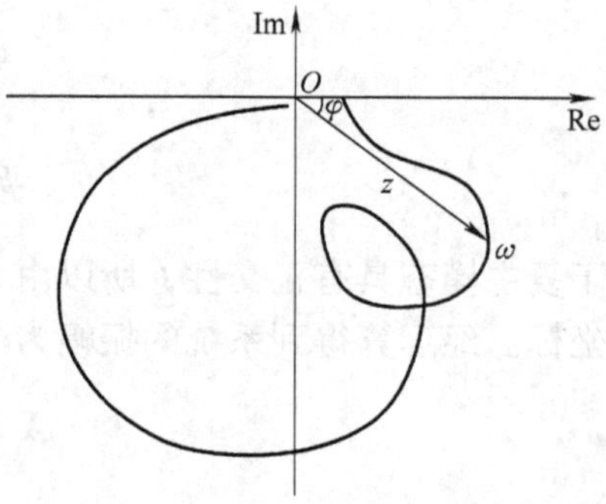

图 7-9　幅相特性曲线

$$R_{hj} = \sum_{r=1}^{n} \frac{A_h^{(r)}(A_j^{(r)} - A_g^{(r)})}{K_r(1-\lambda_r^2 + 2\mathrm{i}\zeta_r\lambda_r)} \tag{7-109a}$$

$$R_{jj} = \sum_{r=1}^{n} \frac{(A_j^{(r)} - A_g^{(r)})^2}{K_r(1-\lambda_r^2 + 2\mathrm{i}\zeta_r\lambda_r)} \tag{7-109b}$$

3. 结构阻尼情况

因结构阻尼系数为 h，结构阻尼因子为 g，构件刚度为 k，则有

$$h = gk$$

结构阻尼力与振动位移成正比，但通常运动方程中用的是黏性阻尼系数，唯黏性阻尼力才与振动速度成正比。所以应把结构阻尼系数换算成等效黏性阻尼系数 c'。

$$c' = \frac{h}{\omega} = \frac{gk}{\omega}$$

所以可将运动方程写成为

$$m\ddot{x} + \frac{gk}{\omega}\dot{x} + kx = P$$

由于简谐振动时，

$$\dot{x} = \mathrm{i}\omega x$$

所以运动方程可写成为

$$m\ddot{x}+k(1+\mathrm{i}g)x=P$$

引入复数刚度 k^*，且其为

$$k^*=k(1+\mathrm{i}g)$$

所以运动方程为

$$m\ddot{x}+k^*x=P$$

把这个概念引入到多自由度的运动方程，得

$$\boldsymbol{m}\ddot{\boldsymbol{x}}+\boldsymbol{k}^*\boldsymbol{x}=\boldsymbol{P}$$

这是一个复数矩阵方程，它的特征方程为

$$(\boldsymbol{k}^*-v_r\boldsymbol{m})\boldsymbol{\psi}^{(r)}=\boldsymbol{0}$$

可以得到复特征值 v_r 和复特征向量 $\boldsymbol{\psi}^{(r)}$（称复主模态）。复主模态也具有正交性：

$$\boldsymbol{\psi}^{(r)\mathrm{T}}\boldsymbol{m}\boldsymbol{\psi}^{(s)}=\begin{cases}0, & r\neq s\\ M_r, & r=s\end{cases}$$

$$\boldsymbol{\psi}^{(r)\mathrm{T}}\boldsymbol{k}^*\boldsymbol{\psi}^{(s)}=\begin{cases}0, & r\neq s\\ K_r^*, & r=s\end{cases}$$

由于复主模态具有正交性，所以由 n 个复主模态构成复模态矩阵 $\boldsymbol{\psi}$，将原来坐标转换到复模态坐标。经运算得到系统的振幅为

$$\boldsymbol{X}=\sum_{r=1}^{n}\frac{\boldsymbol{\psi}^{(r)\mathrm{T}}\boldsymbol{P}\boldsymbol{\psi}^{(r)}}{K_r^*(1-\lambda_r^2+\mathrm{i}\eta_r)}$$

复模态交叉动柔度为

$$R_{hj}=\frac{X_h}{P_j}=\sum_{r=1}^{n}\frac{\psi_h^{(r)}\psi_j^{(r)}}{K_r^*(1-\lambda_r^2+\mathrm{i}\eta_r)}=\sum_{r=1}^{n}W_r\left[(f_{hj})+\mathrm{i}(f_{hj})'_r\right] \tag{7-110}$$

式中，第 r 阶复模态动柔度系数为

$$W_r=\frac{1}{1-\lambda_r^2+\mathrm{i}\eta_r}$$

第 r 阶复模态柔度为

$$(f_{hj})_r+\mathrm{i}(f_{hj})'_r=\frac{\psi_h^{(r)}\psi_j^{(r)}}{K_r^*}$$

式（7-110）便是结构阻尼情况下的动态响应表达式。

本节介绍了振动系统模态分析方法的基本问题。在进行分析时首先要求将振动系统正确地简化成一个集中质量的动力学模型和对应的数学模型。由于物理坐标下的系统普遍存在耦合现象，所以“解耦”就成为一个突出的问题。为了解决这个问题，首先应该进行坐标的转换，通过解特征值问题，可以得到系统的固有频率和主振型。然后以系统主振型矩阵作为转换矩阵进行坐标转换，建立模态坐标，从而构成模态方程。解模态方程的目的在于用模态参数来表示系统的动态响应。各个系统的阻尼情况不同，分析动态响应的方法与结果也不一样。在取得了模态参数与动态响应之后，就可以对系统的动态性能进行预测、评价和优化。它将涉及优化的指标、模态柔度的概念、能量分布和阻尼分配等问题。

习　题

7.1　什么叫做惯性耦合、弹性耦合？

7.2 多自由度系统运动方程出现惯性及弹性耦合项的原因是什么？如何消除这类耦合项？

7.3 惯性影响系数、阻尼影响系数、刚度影响系数和柔度影响系数的定义是什么？柔度影响系数与刚度影响系数的关系是什么？对于同一系统，若选用相同的广义坐标，则系统的柔度矩阵和刚度矩阵有什么关系？

7.4 对于什么系统的运动方程，其柔度矩阵和刚度矩阵都是对称阵？

7.5 多自由度系统主振型的正交关系只有在质量矩阵和刚度矩阵是什么矩阵时才有效？

7.6 在什么坐标下系统的质量矩阵和刚度矩阵是对角阵？该坐标称为什么坐标？

7.7 在广义坐标、模态坐标以及正则坐标下系统的振动特性会发生改变吗？

7.8 简述用模态分析法求解系统动力响应的步骤。

7.9 多自由度系统中模态刚度、模态质量和固有频率之间的关系是什么？这种关系和系统的自由度的数目有关吗？

7.10 利用拉格朗日方程推导双摆的微幅振动微分方程。设双摆由质量 m_1 和 m_2 通过长 l_1 及 l_2 的无重杆铰接而成。(取图 7-10 所示广义坐标 φ_1，φ_2)

参考答案：

$$\begin{cases}(m_1+m_2)l_1^2\ddot{\varphi}_1+m_2l_1l_2\ddot{\varphi}_2+(m_1+m_2)gl_1\varphi_1=0\\ m_2l_1l_2\ddot{\varphi}_1+m_2l_2^2\ddot{\varphi}_2+m_2gl_2\varphi_2=0\end{cases}$$

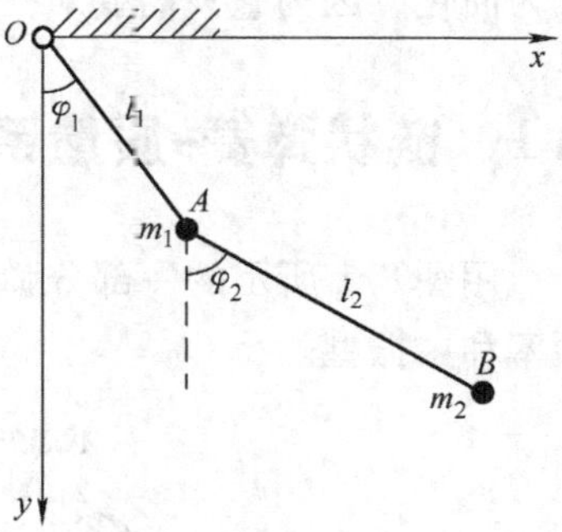

图 7-10 习题 7.10 图

7.11 求图 7-11 所示系统的柔度矩阵。

参考答案：$\boldsymbol{\delta}=\dfrac{l^3}{3EI}\begin{pmatrix}1 & 2.5\\ 2.5 & 8\end{pmatrix}$

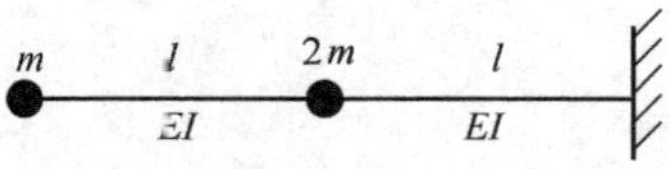

图 7-11 习题 7.11 图

第 8 章　传递矩阵建模法

对于由一系列弹簧元件和质量元件一个接一个连接而成的链状结构，在计算其固有频率和主振型时，可以采用另一种很有效的计算方法，即传递矩阵法。这种方法可以使计算工作大为简化，因为它只需要对一些阶次很低的传递矩阵进行连续的矩阵乘法运算即可。

8.1　链状弹簧–质量系统的振动

用图 8-1 所示的一部分弹簧–质量系统来说明如何用传递矩阵法来计算链状结构的固有频率和主振型。

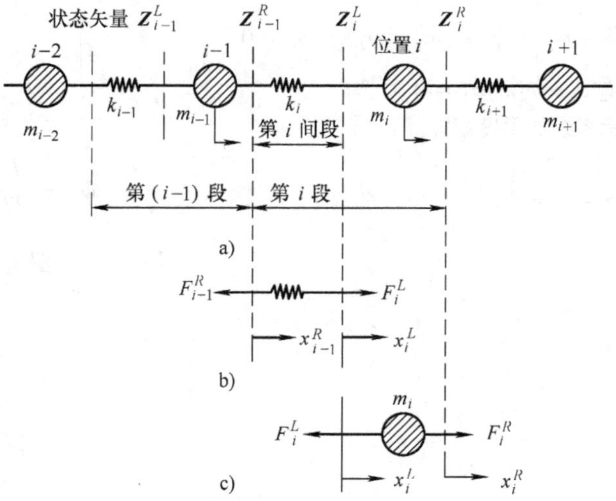

图 8-1　多自由度弹簧–质量系统

a）有限单元　b）无质量弹簧　c）点质量

先从系统中截取质量元件 m_i，并分析其运动状态和受力状态。从图中可以看出，当 m_i 有振动位移 x_i 时，左边弹簧 k_i 对质量元件 m_i 作用有弹性力 F_i^L；右边弹簧 k_{i+1} 对质量元件作用有弹性力 F_i^R。若设系统作简谐振动，其振动频率为 ω，则质量元件 m_i 所产生的惯性力为 $m_i\omega^2x_i$。根据达朗贝尔原理可得以下关系式：

$$F_i^R = F_i^L - m_i\omega^2 x_i \tag{8-1}$$

另设质量元件 m_i 为绝对刚体，则其左右两边的位移应相同，故有以下关系式：

$$x_i = x_i^L = x_i^R \tag{8-2}$$

将式（8-1）与式（8-2）合并成下列矩阵形式：

$$\begin{pmatrix} x \\ F \end{pmatrix}_i^R = \begin{pmatrix} 1 & 0 \\ -m\omega^2 & 1 \end{pmatrix}_i \begin{pmatrix} x \\ F \end{pmatrix}_i^L \tag{8-3}$$

上式可以简写成为

$$Z_i^R = P_i Z_i^L \tag{8-4}$$

式中，Z_i^L、Z_i^R 分别为质量元件 m_i 左、右两边的状态矢量，它们分别表明了 m_i 左、右两边的运动状态和受力状态；P_i 为点传递矩阵，它表明了 m_i 左边的状态到右边的状态的传递关系。

再从系统中截取弹簧元件 k_i，并分析其运动和受力状态。从图中可以看出，当弹簧元件 k_i 的左端位移为 x_{i-1}^R，右端位移为 x_i^L 时，则弹簧元件 k_i 的弹性力 F_i 为

$$F_i = k_i\ (x_i^L - x_{i-1}^R) \tag{8-5}$$

或

$$x_i^L - x_{i-1}^R = \frac{F_i}{k_i} \tag{8-6}$$

又因为弹簧 k_i 两端的端部力相等，即

$$F_i = F_{i-1}^R = F_i^L \tag{8-7}$$

将式（8-6）与式（8-7）合并成下列矩阵形式：

$$\begin{pmatrix} x \\ F \end{pmatrix}_i^L = \begin{pmatrix} 1 & \dfrac{1}{k} \\ 0 & 1 \end{pmatrix}_i \begin{pmatrix} x \\ F \end{pmatrix}_{i-1}^R \tag{8-8}$$

上式可简写成为

$$Z_i^L = F_i Z_{i-1}^R \tag{8-9}$$

式中，Z_{i-1}^R，Z_i^L 分别为弹簧元件 k_i 左、右两边的状态矢量；F_i 为场传递矩阵，它表明了 k_i 左边的状态到右边的状态的传递关系。

将式（8-4）与式（8-9）联合起来，可以建立第 i 个质量 m_i 右边的状态矢量与第 $i-1$ 个质量 m_{i-1} 右边状态矢量之间的关系为

$$\begin{aligned} Z_i^R &= P_i Z_i^L \\ &= P_i F_i Z_{i-1}^R = T_i Z_{i-1}^R \end{aligned} \tag{8-10}$$

式中，T_i 为第 i 段的传递矩阵，它表明了系统第 $i-1$ 点的状态矢量到第 i 点的状态矢量的传递关系。

$$\begin{aligned} T_i &= P_i F_i \\ &= \begin{pmatrix} 1 & 0 \\ -m\omega^2 & 1 \end{pmatrix}_i \begin{pmatrix} 1 & \dfrac{1}{k} \\ 0 & 1 \end{pmatrix}_i \\ &= \begin{pmatrix} 1 & \dfrac{1}{k} \\ -m\omega^2 & 1 - \dfrac{m\omega^2}{k} \end{pmatrix}_i \end{aligned} \tag{8-11}$$

可见，只要应用上述方法，分别求出链状结构各段的传递矩阵，就可以建立起从系统最左端到最右端各点状态矢量之间的关系。若系统的最左端点以 0 表示，最右端点以 n 表示，则 0 点与 n 点状态矢量之间的关系式为

$$\begin{aligned} Z_n^R &= T_n Z_{n-1}^R \\ &= T_n T_{n-1} Z_{n-2}^R \end{aligned}$$

$$
\begin{aligned}
&= \cdots \\
&= \boldsymbol{T}_n \boldsymbol{T}_{n-1} \cdots \boldsymbol{T}_2 \boldsymbol{T}_1 \boldsymbol{Z}_0^R \\
&= \boldsymbol{T} \boldsymbol{Z}_0^R
\end{aligned} \tag{8-12}
$$

式中，$\boldsymbol{T}$ 为系统的传递矩阵，它是系统各段传递矩阵 $\boldsymbol{T}_i$ 的乘积。

由于各传递矩阵已满足各段的微分方程，如果再要求满足已知的边界条件，就可以求出系统的固有频率及主振型。

例 试求如图 8-2 所示的有三个圆盘的扭振系统的固有频率及主振型。

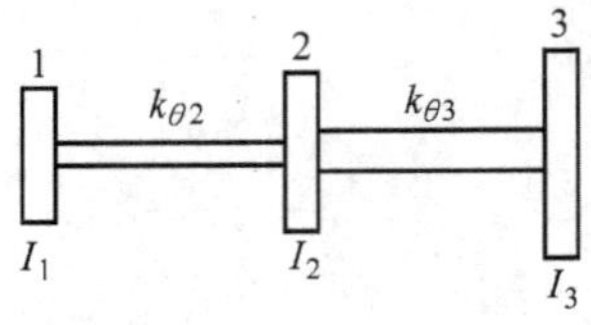

图 8-2 扭振系统

解 对于扭转振动系统，其点传递矩阵 $\boldsymbol{P}_i$、场传递矩阵 $\boldsymbol{F}_i$ 及各段的传递矩阵 $\boldsymbol{T}_i$ 可以应用前述方法分别加以建立。

若设第 i 个圆盘的转动惯量为 I_i，它的左右两边各有扭矩 M_i^L 与 M_i^R 作用，从而使圆盘产生转角 θ_i（左右两面转角相等，即 $\theta_i = \theta_i^R = \theta_i^L$）。另设第 i 段轴的抗扭刚度为 k_θ，则

$$
\boldsymbol{P}_i = \begin{pmatrix} 1 & 0 \\ -\omega^2 I & 1 \end{pmatrix}_i \tag{8-13}
$$

$$
\boldsymbol{F}_i = \begin{pmatrix} 1 & \dfrac{1}{k_\theta} \\ 0 & 1 \end{pmatrix}_i \tag{8-14}
$$

$$
\begin{aligned}
\boldsymbol{T}_i &= \begin{pmatrix} 1 & 0 \\ -\omega^2 I & 1 \end{pmatrix}_i \begin{pmatrix} 1 & \dfrac{1}{k_\theta} \\ 0 & 1 \end{pmatrix}_i \\
&= \begin{pmatrix} 1 & \dfrac{1}{k_\theta} \\ -\omega^2 I & 1 - \dfrac{\omega^2 I}{k_\theta} \end{pmatrix}_i
\end{aligned} \tag{8-15}
$$

在本例中，应用以上各式，则可得出下列各关系式：

$$
\begin{pmatrix} \theta \\ M \end{pmatrix}_1^R = \begin{pmatrix} 1 & 0 \\ -\omega^2 I & 1 \end{pmatrix}_1 \begin{pmatrix} \theta \\ M \end{pmatrix}_1^L \tag{8-16}
$$

$$
\begin{pmatrix} \theta \\ M \end{pmatrix}_2^R = \begin{pmatrix} 1 & \dfrac{1}{k_\theta} \\ -\omega^2 I & 1 - \dfrac{\omega^2 I}{k_\theta} \end{pmatrix}_2 \begin{pmatrix} \theta \\ M \end{pmatrix}_1^R \tag{8-17}
$$

$$
\begin{pmatrix} \theta \\ M \end{pmatrix}_3^R = \begin{pmatrix} 1 & \dfrac{1}{k_\theta} \\ -\omega^2 I & 1 - \dfrac{\omega^2 I}{k_\theta} \end{pmatrix}_3 \begin{pmatrix} \theta \\ M \end{pmatrix}_2^R \tag{8-18}
$$

将式（8-17）代入式（8-18）可得

$$\begin{pmatrix}\theta\\M\end{pmatrix}_3^R=\begin{pmatrix}1 & \dfrac{1}{k_{\theta3}}\\-\omega^2 I_3 & 1-\dfrac{\omega^2 I_3}{k_{\theta3}}\end{pmatrix}\begin{pmatrix}1 & \dfrac{1}{k_{\theta2}}\\-\omega^2 I_2 & 1-\dfrac{\omega^2 I_2}{k_{\theta2}}\end{pmatrix}\begin{pmatrix}\theta\\M\end{pmatrix}_1^R$$

$$=\begin{pmatrix}1-\dfrac{\omega^2 I_2}{k_{\theta3}} & \dfrac{1}{k_{\theta2}}+\dfrac{1}{k_{\theta3}}-\dfrac{\omega^2 I_2}{k_{\theta2}k_{\theta3}}\\-\omega^2 I_3-\omega^2 I_2\left(1-\dfrac{\omega^2 I_3}{k_{\theta3}}\right) & -\dfrac{\omega^2 I_3}{k_{\theta2}}+\left(1-\dfrac{\omega^2 I_3}{k_{\theta3}}\right)\left(1-\dfrac{\omega^2 I_2}{k_{\theta2}}\right)\end{pmatrix}\begin{pmatrix}\theta\\M\end{pmatrix}_1^R \tag{8-19}$$

从式（8-16）可得

$$M_1^R=-\omega^2 I_1\theta_1^L+M_1^L=-\omega^2 I_1\theta_1^R+M_1^L \tag{8-20}$$

而系统的边界条件为

$$M_1^L=M_3^R=0 \tag{8-21}$$

将式（8-20）及式（8-21）代入式（8-19）可得以下关系式：

$$-\omega^2 I_3-\omega^2 I_2\left(1-\frac{\omega^2 I_3}{k_{\theta3}}\right)-\omega^2 I_1\left[-\frac{\omega^2 I_3}{k_{\theta2}}+\left(1-\frac{\omega^2 I_3}{k_{\theta3}}\right)\left(1-\frac{\omega^2 I_2}{k_{\theta2}}\right)\right]=0 \tag{8-22}$$

由上式可得出

$$\begin{cases}\omega^2=0\\ \omega^4-\left[\left(\dfrac{1}{I_1}+\dfrac{1}{I_2}\right)k_{\theta2}+\left(\dfrac{1}{I_2}+\dfrac{1}{I_3}\right)k_{\theta3}\right]\omega^2+\left(\dfrac{1}{I_1 I_2}+\dfrac{1}{I_2 I_3}+\dfrac{1}{I_3 I_1}\right)k_{\theta2}k_{\theta3}=0\end{cases} \tag{8-23}$$

式（8-23）就是图 8-2 所示系统的频率方程。解这一方程，即可求得系统的三个固有频率。但对于轴上圆盘数目较多的情况，一般不用以上的公式进行演算，而是直接采用数值计算的方法，即先假定一系列不同的 ω 值，根据系统最左端的边界条件及式（8-16）～式（8-18）就可计算出一系列的 $\begin{pmatrix}\theta\\M\end{pmatrix}_1^R$，$\begin{pmatrix}\theta\\M\end{pmatrix}_2^R$，$\begin{pmatrix}\theta\\M\end{pmatrix}_3^R$ 的值，当算出的系统最右端的状态矢量中的元素值恰好满足系统最右端的边界条件时，则此时的 ω 值就是系统的固有频率值。也可根据计算结果画出 M_3^R 随 ω 值变化的曲线，如图 8-3 所示，则图中与 $M_3^R=0$ 相对应的各个 ω 值，就是系统的各固有频率值。系统的各阶固有频率值确定后，再代入式（8-16）～式（8-18）即可算出与各阶固有频率相对应的 θ_1^R，θ_2^R，θ_3^R 的数值，从而得到系统的各阶主振型。

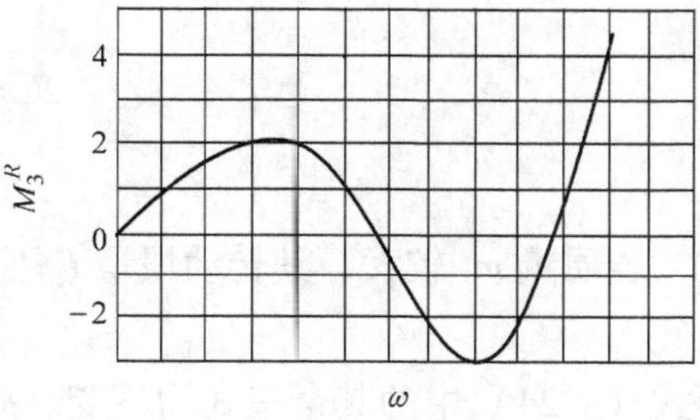

图 8-3　M_3^R 的变化曲线

8.2　具有多个集中质量的梁的横向振动

图 8-4 所示为一个有多个集中质量的梁，为了研究该梁横向振动时的固有频率及主振型，可以应用前述方法建立其传递矩阵。

为此，先从系统中截取出第 i 个集中质量 m_i 及第 i 段梁 L_i，并分析其运动状态和受力状态。显然，对于质量 m_i 来说，左段梁 L_i 对其作用有弯矩 M_i^L 及剪力 Q_i^L，右段梁 L_{i+1} 对其作

用有弯矩 M_i^R 及剪力 Q_i^R。

当系统作简谐振动时，某一瞬间质量 m_i 有振动位移 y_i^L，此时产生惯性力 $m_i\omega^2 y_i^L$。假设质量 m_i 为绝对刚体，则其左右两边的位移与转角均相等。

根据以上分析，质量 m_i 左右两边的运动和受力应有如下关系：

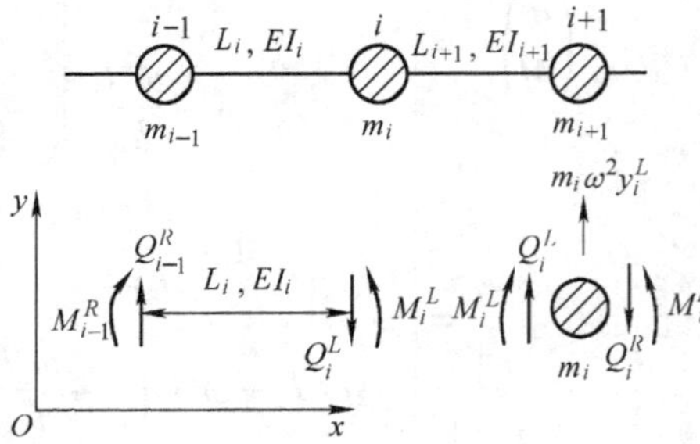

图 8-4　具有多个集中质量的梁

$$\begin{cases} y_i^R = y_i^L \\ \theta_i^R = \theta_i^L \\ M_i^R = M_i^L \\ Q_i^R = Q_i^L + m_i\omega^2 y_i^L \end{cases} \tag{8-24}$$

将上式写成矩阵形式，则有

$$\begin{pmatrix} y \\ \theta \\ M \\ Q \end{pmatrix}_i^R = \begin{pmatrix} 1 & 0 & 0 & 0 \\ 0 & 1 & 0 & 0 \\ 0 & 0 & 1 & 0 \\ m\omega^2 & 0 & 0 & 1 \end{pmatrix}_i \begin{pmatrix} y \\ \theta \\ M \\ Q \end{pmatrix}_i^L \tag{8-25}$$

式（8-25）又可简写成为

$$\boldsymbol{Z}_i^R = \boldsymbol{P}_i \boldsymbol{Z}_i^L \tag{8-26}$$

故有集中质量的梁的点传递矩阵为

$$\boldsymbol{P}_i = \begin{pmatrix} 1 & 0 & 0 & 0 \\ 0 & 1 & 0 & 0 \\ 0 & 0 & 1 & 0 \\ m\omega^2 & 0 & 0 & 1 \end{pmatrix}_i \tag{8-27}$$

若质量 m_i 较大，其转动惯量 I_i 不能忽略，则应考虑它的惯性力矩 $I_i\omega^2\theta_i^L$，则有

$$M_i^R = M_i^L - I_i\omega^2\theta_i^L \tag{8-28}$$

而式（8-24）中的其余三式均不变。故质量 m_i 左右两边运动和受力状态的传递关系变为

$$\begin{pmatrix} y \\ \theta \\ M \\ Q \end{pmatrix}_i^R = \begin{pmatrix} 1 & 0 & 0 & 0 \\ 0 & 1 & 0 & 0 \\ 0 & -I\omega^2 & 1 & 0 \\ m\omega^2 & 0 & 0 & 1 \end{pmatrix}_i \begin{pmatrix} y \\ \theta \\ M \\ Q \end{pmatrix}_i^L \tag{8-29}$$

则此时系统的点传递矩阵变为

$$\boldsymbol{P}_i = \begin{pmatrix} 1 & 0 & 0 & 0 \\ 0 & 1 & 0 & 0 \\ 0 & -I\omega^2 & 1 & 0 \\ m\omega^2 & 0 & 0 & 1 \end{pmatrix}_i \tag{8-30}$$

再分析第 i 段梁 L_i 的运动状态和受力状态。对于第 i 段梁来说，左端质量 m_{i-1} 对其作用有弯矩 M_{i-1}^R 及剪力 Q_{i-1}^R，右端质量 m_i 对其作用有弯矩 M_i^L 及剪力 Q_i^L。在弯矩及剪力的作用下，第 i 段梁的左端产生位移 y_{i-1}^R 及转角 θ_{i-1}^R，右端则产生位移 y_i^L 及转角 θ_i^L（图 8-5）。

由于忽略梁段的质量，故可不计入惯性力和惯性力矩，因而按力的平衡条件有

$$\begin{cases} Q_i^L = Q_{i-1}^R \\ M_i^L = M_{i-1}^R + Q_{i-1}^R l_i \end{cases} \tag{8-31}$$

为了建立这一段梁左右两边的挠度和转角之间的关系，要引入下列材料力学的关系式：

$$\begin{cases} M = EI\dfrac{\mathrm{d}^2y}{\mathrm{d}x^2} = EI\dfrac{\mathrm{d}\theta}{\mathrm{d}x} \\ \theta = \dfrac{1}{EI}\int M\mathrm{d}x \\ y = \int \theta \mathrm{d}x \end{cases} \tag{8-32}$$

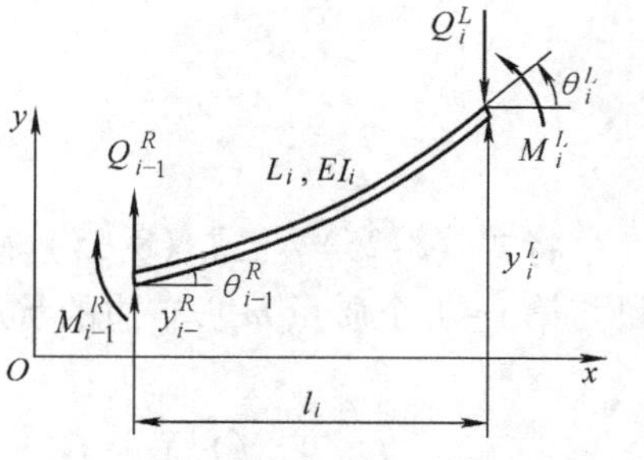

图 8-5　第 i 段梁的运动和受力状态

根据以上关系式，可以从图 8-5 中看出，第 i 段梁左边在弯矩 M_{i-1}^R 作用下产生转角 θ_{i-1}^R，右边的转角除 θ_{i-1}^R 外，在弯矩 M_i^L 作用下还要产生一个附加转角 $\dfrac{1}{(EI)_i}\int_0^{l_i} M_i^L \mathrm{d}x$。此外，第 i 段梁左边在剪力 Q_{i-1}^R 作用下产生位移 y_{i-1}^R，右边的位移除 y_{i-1}^R 外，在转角 θ_i^L 的作用下还要产生一个附加位移 $\int_0^{l_i} \theta_i^L \mathrm{d}x$。即

$$\begin{aligned} \theta_i^L &= \theta_{i-1}^R + \frac{1}{(EI)_i}\int_0^{l_i} M_i^L \mathrm{d}x \\ &= \theta_{i-1}^R + \frac{1}{(EI)_i}\int_0^{l_i} (M_{i-1}^R + Q_{i-1}^R x)\mathrm{d}x \\ &= \theta_{i-1}^R + \frac{l_i}{(EI)_i} M_{i-1}^R + \frac{l_i^2}{2(EI)_i} Q_{i-1}^R \end{aligned} \tag{8-33}$$

$$\begin{aligned} y_i^L &= y_{i-1}^R + \int_0^{l_i} \theta_i^L \mathrm{d}x \\ &= y_{i-1}^R + \int_0^{l_i} \left[\theta_{i-1}^R + \frac{M_{i-1}^R x}{(EI)_i} + \frac{Q_{i-1}^R x^2}{2(EI)_i}\right]\mathrm{d}x \\ &= y_{i-1}^R + l_i\theta_{i-1}^R + \frac{l_i^2}{2(EI)_i} M_{i-1}^R + \frac{l_i^3}{6(EI)_i} Q_{i-1}^R \end{aligned} \tag{8-34}$$

将式（8-31）、式（8-33）、式（8-34）合并后写成矩阵形式，则有

$$\begin{pmatrix} y \\ \theta \\ M \\ Q \end{pmatrix}_i^L = \begin{pmatrix} 1 & l & \dfrac{l^2}{2EI} & \dfrac{l^3}{6EI} \\ 0 & 1 & \dfrac{l}{EI} & \dfrac{l^2}{2EI} \\ 0 & 0 & 1 & l \\ 0 & 0 & 0 & 1 \end{pmatrix}_i \begin{pmatrix} y \\ \theta \\ M \\ Q \end{pmatrix}_{i-1}^R \tag{8-35}$$

上式可简写成为

$$\boldsymbol{Z}_i^L = \boldsymbol{F}_i \boldsymbol{Z}_{i-1}^R \tag{8-36}$$

故有集中质量的无重量梁段的场传递矩阵为

$$F_i = \begin{pmatrix} 1 & l & \dfrac{l^2}{2EI} & \dfrac{l^3}{6EI} \\ 0 & 1 & \dfrac{l}{EI} & \dfrac{l^2}{2EI} \\ 0 & 0 & 1 & l \\ 0 & 0 & 0 & 1 \end{pmatrix}_i \tag{8-37}$$

将式（8-25）与式（8-35）两式联合起来，即可建立梁上第 i 个质量 m_i 右边的状态矢量与第 $i-1$ 个质量 m_{i-1} 右边的状态矢量之间的关系。

$$\begin{aligned} \begin{pmatrix} y \\ \theta \\ M \\ Q \end{pmatrix}_i^R &= \begin{pmatrix} 1 & 0 & 0 & 0 \\ 0 & 1 & 0 & 0 \\ 0 & 0 & 1 & 0 \\ m\omega^2 & 0 & 0 & 1 \end{pmatrix}_i \begin{pmatrix} 1 & l & \dfrac{l^2}{2EI} & \dfrac{l^3}{6EI} \\ 0 & 1 & \dfrac{l}{EI} & \dfrac{l^2}{2EI} \\ 0 & 0 & 1 & l \\ 0 & 0 & 0 & 1 \end{pmatrix}_i \begin{pmatrix} y \\ \theta \\ M \\ Q \end{pmatrix}_{i-1}^R \\ &= \begin{pmatrix} 1 & l & \dfrac{l^2}{2EI} & \dfrac{l^3}{6EI} \\ 0 & 1 & \dfrac{l}{EI} & \dfrac{l^2}{2EI} \\ 0 & 0 & 1 & l \\ m\omega^2 & ml\omega^2 & \dfrac{ml^2\omega^2}{2EI} & 1+\dfrac{ml^3\omega^2}{6EI} \end{pmatrix}_i \begin{pmatrix} y \\ \theta \\ M \\ Q \end{pmatrix}_{i-1}^R \end{aligned} \tag{8-38}$$

上式也可简写成为

$$Z_i^R = T_i Z_{i-1}^R \tag{8-39}$$

故有集中质量的梁的第 i 段传递矩阵为

$$T_i = \begin{pmatrix} 1 & l & \dfrac{l^2}{2EI} & \dfrac{l^3}{6EI} \\ 0 & 1 & \dfrac{l}{EI} & \dfrac{l^2}{2EI} \\ 0 & 0 & 1 & l \\ m\omega^2 & ml\omega^2 & \dfrac{ml^2\omega^2}{2EI} & 1+\dfrac{ml^3\omega^2}{6EI} \end{pmatrix}_i \tag{8-40}$$

根据以上各式，就可以建立有集中质量的梁的最左端 0 点到最右端 n 点的状态矢量之间的关系式，其一般形式为

$$\begin{pmatrix} y \\ \theta \\ M \\ Q \end{pmatrix}_n^R = \begin{pmatrix} u_{11} & u_{12} & u_{13} & u_{14} \\ u_{21} & u_{22} & u_{23} & u_{24} \\ u_{31} & u_{32} & u_{33} & u_{34} \\ u_{41} & u_{42} & u_{43} & u_{44} \end{pmatrix} \begin{pmatrix} y \\ \theta \\ M \\ Q \end{pmatrix}_0^R \tag{8-41}$$

显然，系统传递矩阵中的各元素 u_{ij} 都是频率 ω 的函数。因此，只要将系统两端的边界条件代入上式，即可求出系统的固有频率及主振型。

例如，对于两端简支梁，其边界条件为

$$y_0^L=0,\ M_0^L=0,\ y_n^R=0,\ M_n^R=0$$

将它们代入式（8-41），由式（8-24）可得

$$\begin{cases}0=u_{12}\theta_0^L+u_{14}Q_0^L\\0=u_{32}\theta_0^L+u_{34}Q_0^L\end{cases}\tag{8-42}$$

因为 $\theta_0\neq0$，$Q_0\neq0$，故要使上式成立，必须有下列行列式的值为零：

$$\Delta(\omega)=\begin{vmatrix}u_{12} & u_{14}\\u_{32} & u_{34}\end{vmatrix}=0\tag{8-43}$$

式（8-43）就是两端简支的有集中质量的梁的频率方程，解此方程即可求出系统的各阶固有频率。

又如，对于悬臂梁，其边界条件为

$$y_0^L=0,\ \theta_0^L=0,\ M_n^R=0,\ Q_n^R=0$$

把它们代入式（8-41），可得

$$\begin{cases}0=u_{33}M_0^L+u_{34}Q_0^L\\0=u_{43}M_0^L+u_{44}Q_0^L\end{cases}\tag{8-44}$$

由上式可得有集中质量的悬臂梁的频率方程为

$$\Delta(\omega)=\begin{vmatrix}u_{33} & u_{34}\\u_{43} & u_{44}\end{vmatrix}=0\tag{8-45}$$

解式（8-45）即可求出悬臂梁的各阶固有频率。

但是，由于式（8-43）、式（8-45）所表示的系统频率方程，都是 ω^2 的高次代数方程，求解比较困难。因此，一般也采用数值计算的方法。即先假设一系列的 ω 值，代入频率方程后计算出一系列相应的 $\Delta(\omega)$ 值。根据这些数值画出如图8-6所示的 $\Delta(\omega)$-ω 曲线，则图中使 $\Delta(\omega)=0$ 的各个 ω 值，即为系统的各阶固有频率 ω_{n1}，ω_{n2}，…，ω_{nn}。

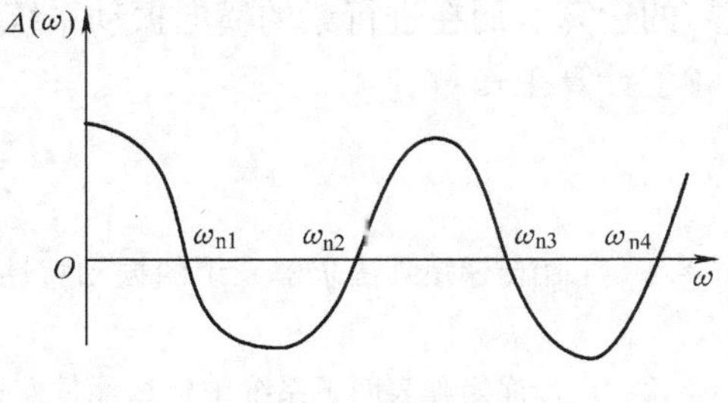

图8-6 $\Delta(\omega)$-ω 曲线

在求出系统的各阶固有频率后，即可求得系统的各阶主振型。其方法如下：

首先将求出的某阶固有频率 ω_{nr} 代回系统在相应边界条件下的传递方程，求出相应的始端状态矢量。仍以两端简支梁为例，根据式（8-42）知，它存在以下关系式

$$\begin{cases}u_{12}\theta_0^L+u_{14}Q_0^L=0\\u_{32}\theta_0^L+u_{34}Q_0^L=0\end{cases}\tag{8-46}$$

由于主振型只是各点振幅的比值，因此可将始端状态矢量的振幅作为正则化标准，即设

$$\theta_0^L=1$$

代入式（8-46）得

$$Q_0^L=-\frac{u_{12}}{u_{14}}=-\frac{u_{32}}{u_{34}}$$

故两端简支梁的始端状态矢量为

$$Z_0 = \begin{pmatrix} 0 \\ 1 \\ 0 \\ -\dfrac{u_{12}}{u_{14}} \end{pmatrix}, \text{或} \ Z_0 = \begin{pmatrix} 0 \\ 1 \\ 0 \\ -\dfrac{u_{32}}{u_{34}} \end{pmatrix} \tag{8-47}$$

然后，根据始端状态矢量，应用传递矩阵 $\boldsymbol{T}_i$ 逐点传递，求出系统各点的状态矢量：

$$\begin{cases} \boldsymbol{Z}_1 = \boldsymbol{T}_1\boldsymbol{Z}_0 \\ \boldsymbol{Z}_2 = \boldsymbol{T}_2\boldsymbol{T}_1\boldsymbol{Z}_0 \\ \boldsymbol{Z}_3 = \boldsymbol{T}_3\boldsymbol{T}_2\boldsymbol{T}_1\boldsymbol{Z}_0 \\ \vdots \\ \boldsymbol{Z}_n = \boldsymbol{T}_n\boldsymbol{T}_{n-1}\cdots\boldsymbol{T}_2\boldsymbol{T}_1\boldsymbol{Z}_0 \end{cases} \tag{8-48}$$

最后，从各点状态矢量中取出第二元素 θ，按次序排成列阵 $\boldsymbol{\theta}^{(r)}$ 即得到该系统对应于第 r 阶固有频率 ω_{nr} 的第 r 阶主振型：

$$\boldsymbol{\theta}^{(r)} = \begin{pmatrix} \theta_0^{(r)} \\ \theta_1^{(r)} \\ \theta_2^{(r)} \\ \vdots \\ \theta_n^{(r)} \end{pmatrix} \tag{8-49}$$

由以上分析可以看出，用传递矩阵法来计算系统的固有频率和主振型时，只需计算低阶次的传递矩阵和行列式。因为传递矩阵的阶数只决定于系统各单元的性质，描写该单元运动的微分方程的阶数就是传递矩阵的阶数。所以在进行轴盘扭振系统计算时，只需要进行二阶矩阵的运算。而在进行梁的横向振动系统计算时也只需要进行四阶矩阵的运算。这样就大大节省了计算工作量。

习　题

8.1　采用传递矩阵法求解系统的振动特性对哪类结构系统比较有效？采用这种方法的主要优点是什么？

8.2　点传递矩阵表明了系统中什么元件左边的状态到右边的状态的传递关系？场传递矩阵表明了系统中什么元件左边的状态到右边的状态的传递关系？左、右两边的状态包含哪些内容？如何表示？

8.3　传递矩阵法求解系统的振动特性时，边界条件有何意义？

8.4　用传递矩阵法求图 8-7 所示系统的固有频率和主振型。其中 $k_1 = k_2 = k$，$m_1 = m_2 = m$。

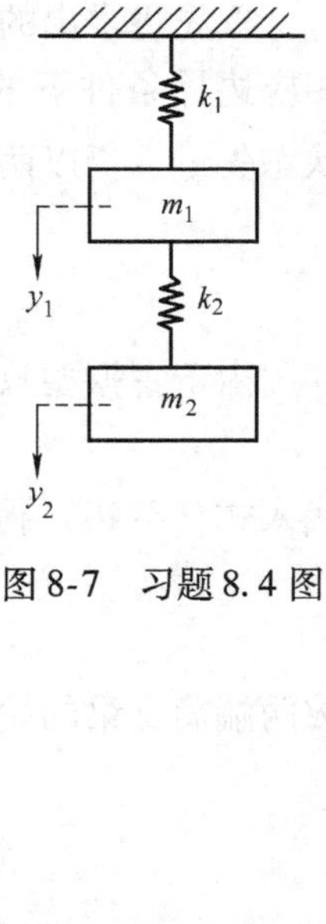

图 8-7　习题 8.4 图

参考答案：$\omega_{n1}^2 = \dfrac{(3-\sqrt{5})k}{2m}$，$\omega_{n2}^2 = \dfrac{(3+\sqrt{5})k}{2m}$

$$\boldsymbol{A}^{(1)} = \begin{pmatrix} y_1^{(1)} \\ y_2^{(1)} \end{pmatrix} = \frac{1}{k}\begin{pmatrix} 1.000 \\ 1.618 \end{pmatrix}, \ \boldsymbol{A}^{(2)} = \begin{pmatrix} y_1^{(2)} \\ y_2^{(2)} \end{pmatrix} = \frac{1}{k}\begin{pmatrix} 1.000 \\ -0.618 \end{pmatrix}$$

第 9 章　机械系统动力修改和动态优化设计

根据结构变化和动态性能变化之间的相互关系进行结构动力修改有正逆两类问题：已知结构变化求动态性能变化称为动力修改的正问题，简称再分析；已知动态性能变化求结构变化量是动力修改的逆问题，简称再设计。对于复杂的机械结构系统，用数学规划法自动地进行结构动力优化设计是非常困难的。目前常用的方法是用人机交互的方式，采用建模、性能分析，根据设计者的要求进行结构修改，然后再在计算机上进行再分析，多次反复，直到所设计的机械动态性能满足要求，这是一个再设计和再分析的修改过程。这种设计过程是广义概念上的优化，很大程度上依赖于设计者的经验和专业知识来完成。进一步的发展方向仍然是减少人机交互的程度，采用数学规划法或准则法，由计算机自动完成结构系统分析的优化过程。这种自动优化设计，还有大量的理论工作和实际问题有待解决，目前对于简单的零件或自由度不多的系统才有可能实现。

9.1　系统动态性能优化原理

优化系统的动态性能，是确保系统的抗振能力达到一定水平。所谓系统的抗振能力是指系统抵抗受迫振动与自激振动的能力。

系统对受迫振动的抗振能力主要在于避开共振。这个问题一般比较容易解决，因为所涉及的因素比较直观。对于各主要强迫振源的激振频率可以通过测试取得，在设计时只要控制系统的固有频率远离激振频率就可以了。当调整固有频率有困难时，采用隔振和减振措施同样能提高系统抵抗受迫振动的能力。

提高系统对自激振动的抗振能力问题只能以适当的间接参数作为判据来评定。例如，以机床设计为例，目前公认的以稳定性极限切削宽度 $b_{\lim}$ 作为机床抵抗再生颤振的稳定性判据，是运用较广泛的一种。一般认为 $b_{\lim}$ 值大，说明抗振性能好。然而影响 $b_{\lim}$ 值的因素有很多，就机床来说，$b_{1\mathrm{im}}$ 值主要取决于机床动柔度的最大负实部。机床动柔度的负实部同样是一个综合指标，其中起主要作用的是机床的各阶模态柔度和模态阻尼比。它们的本质因素是机床各子结构在各阶模态中的能量分布和阻尼分配。但是能量分布是否平衡，取决于各子结构的质量与刚度。所以质量、刚度与阻尼是决定机床动态性能最本质的因素，但是这几个因素不能直接用来作为优化判据的参数。这就是以控制机床再生颤振为目标，以模态柔度和能量平衡为基础的机床结构动态优化设计的基本思想。

9.1.1　优化指标

以机床为例，机床动柔度的最大负实部是判别机床抵抗再生颤振能力大小的指标。

1. 控制动柔度最大负实部的物理概念

自激振动的力学模型如图 9-1 所示。该力学模型的动力学方程如下：

$$m\ddot{x} + c\dot{x} + kx = Fu \tag{9-1}$$

式中，$F=k_c ba(t)$为动态切削力，$k_c=\dfrac{\partial F}{\partial a}$为切削刚度，即单位切削厚度引起的切削力变化值，$b$，$a$ 分别为切削宽度与厚度；$u=\cos\alpha\cos(\beta-\alpha)$为方向系数。

解式（9-1）得其动柔度，它的拉普拉斯变换形式为

$$R(s)=\frac{u}{k}W(s)$$

式中，$W(s)$为动柔度系统的拉普拉斯变换。它的结构式为

$$W(s)=\frac{1}{1+\dfrac{2\zeta}{\omega_0}s+\dfrac{s^2}{\omega_0^2}}$$

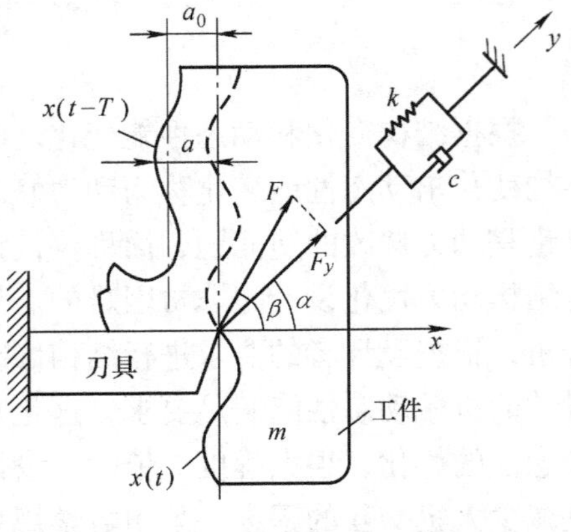

图 9-1 再生颤振的动力学模型

振动系统是个闭环系统，它的框图如图 9-2 所示，系统的传递函数为

$$\frac{x(s)}{a_0(s)}=\frac{k_c b\dfrac{u}{k}W(s)}{1+(1-\mu e^{-sT})k_c b\dfrac{u}{k}W(s)} \tag{9-2}$$

式中，μ 为先后两次切削波纹的重合度（$\mu\leqslant 1$）。式（9-2）的特征方程为

$$1+(1-\mu e^{-sT})k_c b\frac{u}{k}W(s)=0 \tag{9-3}$$

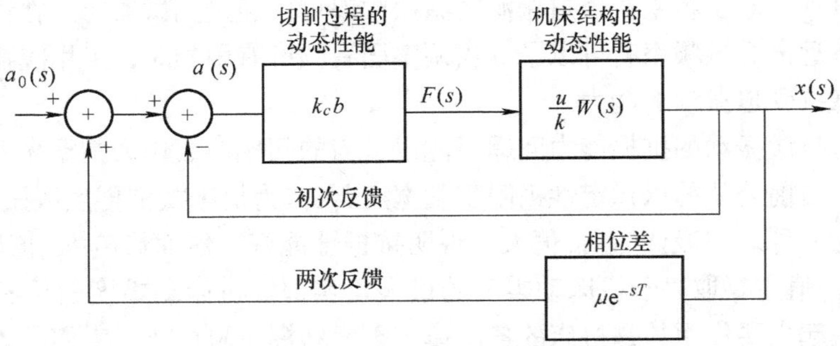

图 9-2 再生颤振的框图

即
$$\frac{u}{k}W(s)=\frac{-1}{k_c b(1-\mu e^{-sT})}$$

式（9-3）的根 s 是复数，即

$$s=\sigma+i\omega$$

可以分析：

当 $\sigma>0$ 时，系统的振动发散；

当 $\sigma<0$ 时，系统的振动衰减；

当 $\sigma=0$ 时，系统为稳定性极限。

所以稳定性临界状态为 $\sigma=0$ 时，即

$$s=\mathrm{i}\omega$$

亦即

$$\frac{u}{k}W(\mathrm{i}\omega)=\frac{-1}{k_c b(1-\mu \mathrm{e}^{-\mathrm{i}\omega t})} \tag{9-4}$$

显然，式（9-4）是振动系统的稳定性极限条件，并根据框图的原意，这个稳定性极限条件式（9-4）两边的物理意义都是动柔度，并且左边表达式是机床动柔度，右边是切削动柔度，即为

$$R_{机}=R_{切}$$

式中，$R_{机}$ 为机床动柔度；$R_{切}$ 为切削动柔度。

（1）机床动柔度 $R_{机}$

$$R_{机}=\frac{u}{k}W(\mathrm{i}\omega)$$

第 r 阶模态动柔度系数为

$$W_r=\frac{1}{1-\lambda_r^2+2\mathrm{i}\zeta_r\lambda_r}$$

将第 7 章中式（7-108b）模态动柔度系数代入上式得

$$R_{机}=\frac{u}{k}\frac{1}{1-\lambda^2+2\mathrm{i}\zeta\lambda}=\frac{u}{k}\frac{1-\lambda^2}{(1-\lambda^2)^2+(2\zeta\lambda)^2}-\mathrm{i}\frac{u}{k}\frac{2\zeta\lambda}{(1-\lambda^2)^2+(2\zeta\lambda)^2}=G-\mathrm{i}H \tag{9-5}$$

按式（9-5）可绘出机床的幅相特性曲线（如图 7-9 所示），G 是实部，H 是虚部。

（2）切削动柔度 $R_{切}$

$$R_{切}=\frac{-1}{k_c b(1-u\mathrm{e}^{-\mathrm{i}\omega t})}=\frac{-1}{k_c b}\left(\frac{1-\mu\cos\omega t}{1-2\mu\cos\omega t+\mu^2}+\mathrm{i}\frac{\mu\sin\omega t}{1-2\mu\cos\omega t+\mu^2}\right) \tag{9-6}$$

式（9-6）在复平面上是一组不同半径的圆，圆心在负实轴上的各处，如图 9-3 所示。

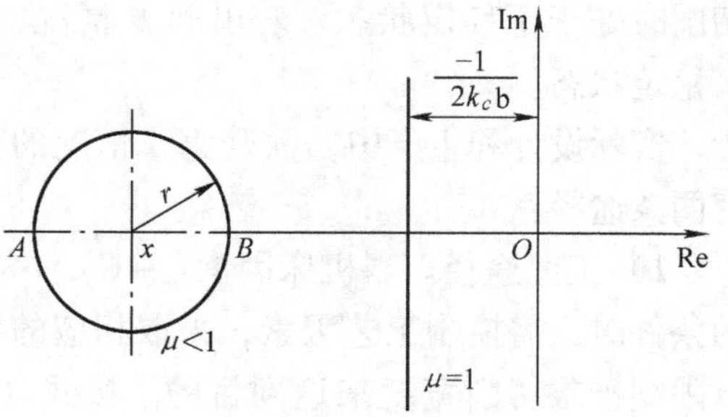

图 9-3　切削动柔度特性曲线

当 $\omega t=0°$时，$\sin\omega t=0$，$\cos\omega t=1$，即图 9-3 中 A 点值为

$$R_{切A}=\frac{-1}{k_c b}\left(\frac{1-\mu}{1-2\mu+\mu^2}+0\right)=\frac{-1}{k_c b(1-\mu)}$$

当 $\omega t=180°$时，$\sin\omega t=0$，$\cos\omega t=-1$，即图 9-3 中 B 点值为

$$R_{切B}=\frac{-1}{k_c b}\left(\frac{1+\mu}{1+2\mu+\mu^2}+0\right)=\frac{-1}{k_c b(1+\mu)}$$

圆半径为

$$|r|=\frac{1}{2}|R_{切A}-R_{切B}|=\left|\frac{-\mu}{k_c b(1-\mu^2)}\right|$$

圆心坐标为

$$x=R_{切A}+r=\frac{-1}{k_c b(1-\mu^2)}$$

由上式可知：当μ减小时，$|r|$减小，x减小。即圆缩小，圆心靠近坐标原点。

$$当\ \mu=1\ 时,\ |r|\Rightarrow\infty,\ x\Rightarrow\infty,\ R_{切A}\Rightarrow\infty,\ R_{切B}=\frac{-1}{2k_c b}$$

这时圆心在无穷远处，半径无穷大，原来的圆变成了一条与Im轴平行的直线。

由于重合度$\mu=1$时，再生效应最大，切削稳定性最差，为极限状态，这时，式（9-6）所代表的切削动柔度成为

$$R_{切}=R_{切B}=\frac{-1}{2k_c b}$$

写成复数形式

$$R_{切}=G'+\mathrm{i}H'=\frac{-1}{2k_c b}=G'+0 \tag{9-7}$$

式中，G'与H'分别是极限状态下切削动柔度的实部与虚部。

通过上述分析可知，稳定性极限条件式（9-4）可用式（9-5）和式（9-7）表示，即

$$G+\mathrm{i}H=G'+0$$

$$G=G' \tag{9-8}$$

欲使此条件成立，意味着图 7-9 所示曲线与图 9-3 所示直线应该相切，构成图 9-4 所示关系。$R_{机}$曲线的切点值，为此曲线的最大负实部$(-G)_{\max}$，显然为

$$(-G)_{\max}=\frac{-1}{2k_c b} \tag{9-9}$$

最后得到再生颤振稳定性极限条件为式（9-9）和图 9-4 所示关系。

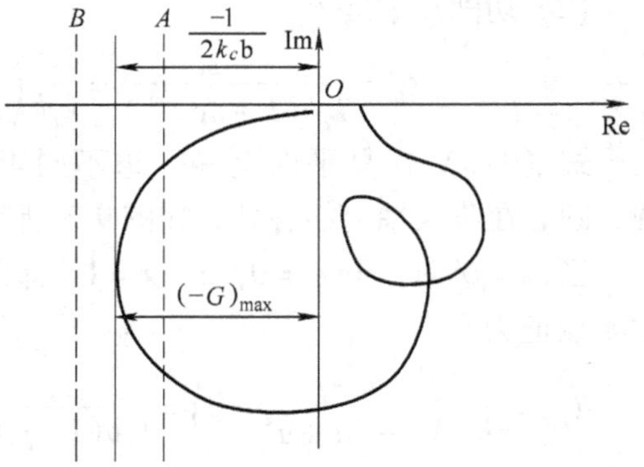

图 9-4　再生颤振稳定性图

如图 9-4 所示，若出现A情况，说明机床切削时处于不稳定状态。若出现B情况，则处于稳定状态。

实际设计和生产中，欲避免A情况的出现，有两条途径：

1）工艺途径。当机床因素$(-G)_{\max}$为不变的条件时，需控制工艺因素，采取相应的措施，以限制极限切削宽度来达到目的。按式（9-9）应该为

$$b_{\lim}\leqslant\frac{-1}{2k_c(-G)_{\max}} \tag{9-10}$$

2）机床途径。当工艺因素不允许随意更改时，则应该对机床采取措施，在满足工艺要求的前提下保证稳定性极限条件实现。按式（9-9），机床应该限制在以下范围内：

$$(-G)_{\max}\leqslant\frac{-1}{2k_c b} \tag{9-11}$$

提高机床的动态性能，使其动柔度的最大负实部$(-G)_{\max}$绝对值减小。但是不应该理解为越小越好，只要满足式（9-11）就可以了，否则也不属于最佳化，反而会造成不应有的

浪费。

2. 具体指标

提高机床动态性能，实质上是限制机床的动柔度。按式（7-108d）、式（7-108e），当 $\lambda_r=\dfrac{\omega}{\omega_{nr}}=1$ 处于危险状态时，$R_{hj}^{(R)}=0$，$R_{hj}^{(I)}$ 的绝对值为最大值，在虚轴上，

$$R_{hj}^{(I)}=-\frac{(f_{hj})_r}{2\zeta_r}$$

此值是拟合圆上的直径 d_r，如图 9-5 所示，且

$$d_r=\frac{(f_{hj})_r}{2\zeta_r}$$

圆上其他各点的动柔度值为

$$z_r=\left|\frac{X_h}{P_j}\right|=\frac{(f_{hj})_r}{2\zeta_r}\sin\varphi_r \tag{9-12}$$

所以欲限制机床的 $(-G)_{\max}$ 值，具体通过限制 $\dfrac{(f_{hj})_r}{2\zeta_r}$ 值来实现。为了达到这个目的，在优化设计时，具体的指标应该是

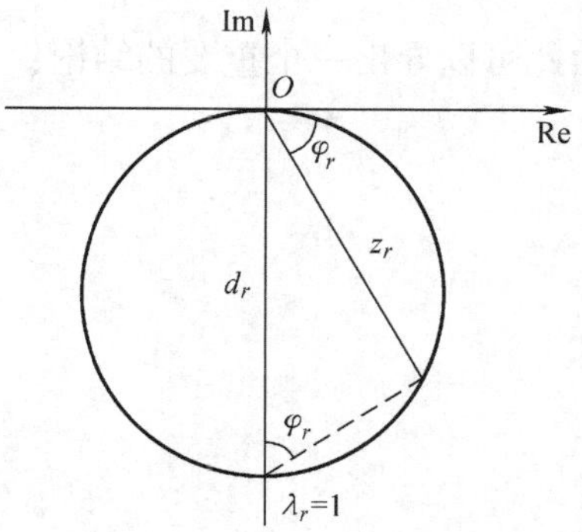

图 9-5　动柔度拟合圆

1）各阶模态柔度 $(f_{hj})_r$ 要小；

2）各阶模态阻尼比 ξ_r 要大。

至于如何实施这两项指标，还需进一步分析。

9.1.2　模态柔度

机械系统是个连续弹性体，它的模态柔度大小与弹性变形能有关。

对一个刚度系数为 k 的弹簧，当其形变量为 x 时，其弹性势能为

$$U=\int_0^x kx\mathrm{d}x=\frac{1}{2}kx^2$$

和单个弹簧类似，由弹性体所组成的系统第 r 阶模态的最大势能为

$$U_{A\max}=\frac{1}{2}\boldsymbol{A}^{(r)\mathrm{T}}\boldsymbol{k}\boldsymbol{A}^{(r)}=\frac{1}{2}K_r$$

即

$$K_r=2U_{A\max}$$

因此，由式（7-104a）该系统第 r 阶模态动柔度可写成为

$$(f_{hj})_r=\frac{A_h^{(r)}A_j^{(r)}}{2U_{A\max}} \tag{9-13}$$

另外，系统的静柔度可以表示为

$$\left(\frac{X_h}{P_j}\right)_z=(f_{hj})_z$$

在动柔度表达式（7-107）中，当动态放大因子 $W_r=1$ 时，就是静柔度状况，即

$$\left(\frac{X_h}{P_j}\right)_z = \sum_{r=1}^{n}(f_{hj})_r \cdot 1$$

所以系统各阶模态柔度之和 $\sum_{r=1}^{n}(f_{hj})_r$ 等于系统的静柔度 $(f_{hj})_z$。即

$$\sum_{r=1}^{n}(f_{hj})_r = (f_{hj})_z$$

由此可以导出一个重要的结论：

$$\frac{\sum_{r=1}^{n}(f_{hj})_r}{(f_{hj})_z} = 1$$

即

$$\frac{(f_{hj})_1}{(f_{hj})_z}+\frac{(f_{hj})_2}{(f_{hj})_z}+\cdots+\frac{(f_{hj})_n}{(f_{hj})_z}=1 \tag{9-14}$$

式（9-14）表示系统每阶模态柔度与静柔度之比值的总和恒等于1。式中，某一项 $\frac{(f_{hj})_r}{(f_{hj})_z}$ 表示第 r 阶模态柔度对总柔度的贡献。所以优化指标所提出的希望模态柔度小，实际上必须做到总的静柔度要减小，同时各阶模态柔度应该均匀以至于相等。只有这样才是一个好的系统。静柔度不降低，各阶模态柔度也降不下来；而如果各阶模态柔度不均匀，一旦出现某阶模态柔度过小，势必会造成另一阶（或几阶）模态柔度过大。过大或过小的模态柔度都属于不正常模态，模态柔度过大的称为危险模态。如果有危险模态出现，必须对那阶危险模态中各子结构的能量分布进行仔细分析，找出造成危险模态的根源来。找出根源就可以有的放矢地解决问题。为此，有必要研究每阶模态中各个子结构的能量分布率。

9.1.3 能量分布

通常遇到的许多结构动力修改问题是要求把结构的振动强度或动柔度限制在一定的范围内。有效的修改过程是先找出结构的薄弱环节，然后对症下药，修改薄弱环节的局部结构，使整机的动态性能满足要求。目前确定结构薄弱环节并以此为依据进行结构修改的方法有能量平衡法和灵敏度分析法两种，这里只对能量平衡法进行介绍。

设系统中某子结构 s 在第 r 阶模态中，最大动能 T_{sr}、最大弹性能 U_{sr} 及每振动周期耗散的阻尼能 D_{sr} 各为

$$\begin{cases} T_{sr}=\dfrac{1}{2}\omega_{nr}^{2}\boldsymbol{A}_s^{(r)\mathrm{T}}\boldsymbol{m}_s\boldsymbol{A}_s^{(r)} \\ U_{sr}=\dfrac{1}{2}\boldsymbol{A}_s^{(r)\mathrm{T}}\boldsymbol{k}_s\boldsymbol{A}_s^{(r)} \\ D_{sr}=\pi\omega_{nr}\boldsymbol{A}_s^{(r)\mathrm{T}}\boldsymbol{c}_s\boldsymbol{A}_s^{(r)} \end{cases} \tag{9-15}$$

整机若由 N 个子结构组成，则在第 r 阶模态中系统的总能量分别为

$$\begin{cases} T_{Ar} = \sum_{s=1}^{N} T_{sr} \\ U_{Ar} = \sum_{s=1}^{N} U_{sr} \\ D_{Ar} = \sum_{s=1}^{N} D_{sr} \end{cases} \tag{9-16}$$

子结构的能量与系统总能量的比值为能量分布率

$$\begin{cases} \dfrac{T_{sr}}{T_{Ar}} = \gamma_{sr}, \sum_{s=1}^{N} \gamma_{sr} = 1 \\ \dfrac{U_{sr}}{U_{Ar}} = \mu_{sr}, \sum_{s=1}^{N} \mu_{sr} = 1 \\ \dfrac{D_{sr}}{D_{Ar}} = \upsilon_{sr}, \sum_{s=1}^{N} \upsilon_{sr} = 1 \end{cases} \tag{9-17}$$

通过式（9-17）计算，若发现 γ_{sr} 太大，说明第 s 子结构质量过分集中，应予以减轻重量；若发现 μ_{sr} 太大，则说明第 s 子结构刚度不足。通过计算可以找到危险模态（例如第 r 阶）中的根本原因。通过改进 m_s 或 k_s 数值，重复上述计算直至使各阶模态柔度基本相等，使各子结构的能量分布均匀，最后一定能得到一个动态性能理想的（优化了的）整机。经过优化确定下来的各子结构的结构参数 m_s 和 k_s，就成为该子结构（部件）动态设计的指标。这就是机械系统动态设计中整机优化与部件优化的关系。

9.1.4　阻尼分配

一个振动系统的阻尼，在不同运算场合，要用不同形式来描写。以黏性阻尼为例，有以下几种表达形式：

阻尼系数　c

衰减系数　$\delta = \dfrac{c}{2m}$

阻尼比　$\zeta = \dfrac{\delta}{\omega_n}$

阻尼比容　$\alpha = \dfrac{D}{U}$

式中，D 为阻尼能；U 为势能。

损耗因子　$\eta = \dfrac{\alpha}{2\pi} = 2\zeta\lambda$，$\lambda = \dfrac{\omega}{\omega_n}$

共振时的 η　$\eta = 2\zeta$（此时，$\lambda = 1$）

对数减幅率　$\varepsilon = \ln \dfrac{X_1}{X_2} = 2\pi\zeta = \pi\eta$

第 r 阶模态中各子结构的损耗因子为

$$\eta_{1r} = \frac{1}{2\pi} \frac{D_{1r}}{U_{1r}}$$

$$\eta_{2r}=\frac{1}{2\pi}\frac{D_{2r}}{U_{2r}}$$

$$\vdots$$

第 r 阶模态整机的损耗因子为

$$\begin{aligned}\eta_{Ar}&=\frac{1}{2\pi}\frac{D_{Ar}}{U_{Ar}}=\frac{1}{2\pi}\left(\frac{D_{1r}}{U_{Ar}}+\frac{D_{2r}}{U_{Ar}}+\cdots+\frac{D_{nr}}{U_{Ar}}\right)\\&=\frac{1}{2\pi}\left(\frac{D_{1r}}{U_{1r}}\cdot\frac{U_{1r}}{U_{Ar}}+\frac{D_{2r}}{U_{2r}}\cdot\frac{U_{2r}}{U_{Ar}}+\cdots+\frac{D_{nr}}{U_{nr}}\cdot\frac{U_{nr}}{U_{Ar}}\right)\\&=\eta_{1r}\frac{U_{1r}}{U_{Ar}}+\eta_{2r}\frac{U_{2r}}{U_{Ar}}+\cdots+\eta_{nr}\frac{U_{nr}}{U_{Ar}}=\sum_{s=1}^{n}\eta_{sr}\mu_{sr}\end{aligned}\tag{9-18}$$

由式（9-18）可看出，整机第 r 阶模态的损耗因子 η_{Ar} 是由各子结构的损耗因子 η_{sr}（$s=1,2,\cdots,n$）按不相同比例合成的，这个比例系数就是弹性能分布率 μ_{sr}。μ_{sr} 大的子结构对 η_{sr} 贡献大，阻尼效果好；反之，则小。因此动态设计时分配阻尼就应该着重对 μ_{sr} 大的子结构增加阻尼，效果比较显著。如果将阻尼盲目地增加到 μ_{sr} 小的子结构上或在各子结构上平均分配，则效果并不显著。

9.2 应用实例

9.2.1 概述

采用模态理论对整机作动态性能分析及优化，实际上是实验测试与计算分析相结合的过程。测试的数据起两个作用：一是为运算提供必要的数据，例如各子结构的质量 m，刚度 k 及阻尼比 ξ 等；二是将实测数据与计算结果相对比，来检验所建立的动力学模型与实际结构吻合的程度，以便进一步修改模型，例如各阶固有频率 ω_{nr}、振幅 $\boldsymbol{X}$ 和模态柔度等。分析计算的目的有两个：一是对现有样机的动态性能进行定量描写，以供评价，同时找出最薄弱环节，为改进设计指出方向；二是对新设计的机器，在设计过程中预测它的动态性能水平，以便对设计方案优化。

整个过程大致步骤为：

1）初步建立动力学数学模型。按实际结构情况，设定模型的几何形态，确定自由度数及广义坐标，从而推导运动方程，建立数学模型。

2）测试有关数据。

3）进行运算，检查动力学模型。若发现数学模型误差太大，则重新从模型的几何形态及自由度数等方面修改，建立新的运力学模型及数学模型。经过反复多次校正，直至动力学模型符合实际结构情况为止。这样得到的数学模型将有较高的可信程度。

4）对系统动态分析，从而进行评价和优化。

9.2.2 初步建立动力学数学模型

图 9-6 所示是一台曲轴磨床的简图。将其简化成为图 9-7 所示的动力学模型，取七个自

由度。简化过程中考虑到影响加工精度最严重的是动力响应的水平方向分量。故物理坐标都取在水平方向上；又考虑到头、尾架同上、下工作台都紧固连接，相对位移极小，将其视为一体；同时考虑到由于床身的实测振幅很小，可看作直接接地。

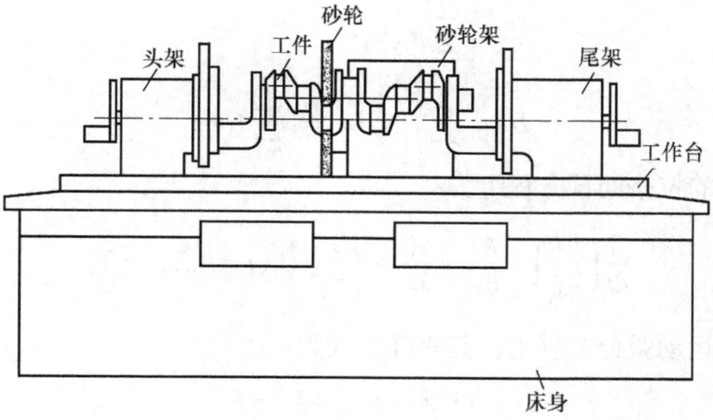

图 9-6　曲轴磨床

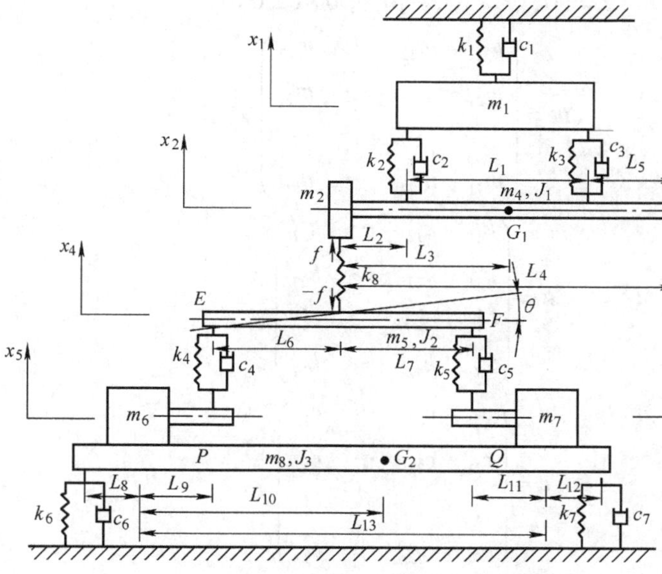

图 9-7　曲轴磨床动力学模型图

七个自由度的分配为：

x_1—砂轮架位移

x_2—砂轮位移

x_3—带轮位移

x_4—工件位移

θ—工件转角

x_5—头架位移

x_6—尾架位移

各子结构的质量 m、惯量 J、刚度 k、阻尼 c 及距离 L 均如图 9-7 所示。按动力学模型分别写出整机系统的动能 T、势能 U 及阻尼力的虚功 D：

$$T = \sum_{j=1}^{7}\left(\frac{1}{2}m_j v_j^2 + \frac{1}{2}J_j\,\dot{\theta}_j^2\right)$$

$$U = \sum_{j=1}^{7}\frac{1}{2}k_j x_j^2$$

$$D = \sum_{j=1}^{7} c_j\,\dot{x}_j \mathrm{d}x_j = \sum_{j=1}^{7} Q_j \mathrm{d}x_j$$

由此写出系统的拉格朗日方程组为

$$\frac{\mathrm{d}}{\mathrm{d}t}\left(\frac{\partial T}{\partial \dot{x}_j}\right) - \frac{\partial T}{\partial x_j} + \frac{\partial U}{\partial x_j} + \frac{\partial D}{\partial \dot{x}_j} = Q_j (j = 1, 2, \cdots, 7)$$

展开后得到系统的运动微分方程组，其矩阵形式为

$$\boldsymbol{m}\,\ddot{\boldsymbol{x}} + \boldsymbol{c}\,\dot{\boldsymbol{x}} + \boldsymbol{k}\boldsymbol{x} = \boldsymbol{f}$$

式中，各系数矩阵结构为

$$\boldsymbol{f} = (0, f\mathrm{e}^{\mathrm{i}\omega t}, 0, -f\mathrm{e}^{\mathrm{i}\omega t}, 0, 0, 0)^{\mathrm{T}}$$

$$\boldsymbol{m} = \begin{pmatrix} m_{11} & m_{12} & \cdots & m_{17} \\ m_{21} & m_{22} & \cdots & m_{27} \\ \vdots & \vdots & & \vdots \\ m_{71} & m_{72} & \cdots & m_{77} \end{pmatrix}$$

$$\boldsymbol{k} = \begin{pmatrix} k_{11} & k_{12} & \cdots & k_{17} \\ k_{21} & k_{22} & \cdots & k_{27} \\ \vdots & \vdots & & \vdots \\ k_{71} & k_{72} & \cdots & k_{77} \end{pmatrix}$$

$$\boldsymbol{c} = \begin{pmatrix} c_{11} & c_{12} & \cdots & c_{17} \\ c_{21} & c_{22} & \cdots & c_{27} \\ \vdots & \vdots & & \vdots \\ c_{71} & c_{72} & \cdots & c_{77} \end{pmatrix}$$

质量矩阵 $\boldsymbol{m}$ 中各元素的具体值为

$$m_{11} = m_1$$

$$m_{22} = m_2 + \left(\frac{L_4 - L_3}{L_4}\right)^2 m_4 + \frac{J_1}{L_4^2}$$

$$m_{33} = m_3 + \left(\frac{L_3}{L_4}\right)^2 m_4 + \frac{J_1}{L_4^2}$$

$$m_{44} = m_5$$

$$m_{55} = J_2$$

$$m_{66} = m_6 + \left(\frac{L_{13} - L_{10}}{L_{13}}\right)^2 m_8 + \frac{J_3}{L_{13}^2}$$

$$m_{77}=m_7+\left(\frac{L_{10}}{L_{13}}\right)^2 m_8+\frac{J_3}{L_{13}^2}$$

$$m_{23}=m_{32}=\frac{(L_4-L_3)L_3}{L_4^2}m_4-\frac{J_1}{L_4^2}$$

$$m_{67}=m_{76}=\frac{(L_{13}-L_{10})L_{10}}{L_{13}^2}m_8-\frac{J_3}{L_{13}^2}$$

其余元素都等于零。

刚度矩阵 $\boldsymbol{k}$ 中各元素的具体值为

$$k_{11}=k_1+k_2+k_3$$

$$k_{22}=\left(\frac{L_4-L_2}{L_4}\right)^2 k_2+\left(\frac{L_5}{L_4}\right)^2 k_3+k_8$$

$$k_{33}=\left(\frac{L_2}{L_4}\right)^2 k_2+\left(\frac{L_4-L_5}{L_4}\right)^2 k_3$$

$$k_{44}=k_4+k_5+k_8$$

$$k_{55}=L_6^2 k_4+L_7^2 k_5$$

$$k_{66}=\left(\frac{L_{13}-L_9}{L_{13}}\right)^2 k_4+\left(\frac{L_{11}}{L_{13}}\right)^2 k_5+\left(\frac{L_{13}+L_8}{L_{13}}\right)^2 k_6+\left(\frac{L_{12}}{L_{13}}\right)^2 k_7$$

$$k_{77}=\left(\frac{L_9}{L_{13}}\right)^2 k_4+\left(\frac{L_{13}-L_{11}}{L_{13}}\right)^2 k_5+\left(\frac{L_8}{L_{13}}\right)^2 k_6+\left(\frac{L_{13}+L_{12}}{L_{13}}\right)^2 k_7$$

$$k_{12}=k_{21}=-\frac{L_4-L_2}{L_4}k_2-\frac{L_5}{L_4}k_3$$

$$k_{13}=k_{31}=-\frac{L_2}{L_4}k_2-\frac{L_4-L_5}{L_4}k_3$$

$$k_{23}=k_{32}=\frac{(L_4-L_2)L_2}{L_4^2}k_2+\frac{(L_4-L_5)L_5}{L_4^2}k_3$$

$$k_{24}=k_{42}=-k_8$$

$$k_{45}=k_{54}=-L_6 k_4+L_7 k_5$$

$$k_{46}=k_{64}=-\frac{L_{13}-L_9}{L_{13}}k_4-\frac{L_{11}}{L_{13}}k_5$$

$$k_{47}=k_{74}=-\frac{L_9}{L_{13}}k_4-\frac{L_{13}-L_{11}}{L_{13}}k_5$$

$$k_{56}=k_{65}=\frac{(L_{13}-L_9)L_6}{L_{13}}k_4-\frac{L_{11}L_7}{L_{13}}k_5$$

$$k_{57}=k_{75}=\frac{L_9-L_6}{L_{13}}k_4-\frac{(L_{13}-L_{11})L_7}{L_{13}^2}k_5$$

$$k_{67}=k_{76}=\frac{(L_{13}-L_9)L_9}{L_{13}^2}k_4+\frac{(L_{13}-L_{11})L_{11}}{L_{13}^2}k_5-\frac{(L_{13}+L_8)L_8}{L_{13}^2}k_6-\frac{(L_{13}+L_{12})L_{12}}{L_{13}^2}k_7$$

其余元素均为零。

阻尼矩阵 [c] 中各元素的具体值为

$$c_{11}=c_1+c_2+c_3$$

$$c_{22}=\left(\frac{L_4-L_2}{L_4}\right)^2c_2+\left(\frac{L_5}{L_4}\right)^2c_3$$

$$c_{33}=\left(\frac{L_2}{L_4}\right)^2c_2+\left(\frac{L_4-L_5}{L_4}\right)^2c_3$$

$$c_{44}=c_4+c_5$$

$$c_{55}=L_6^2c_4+L_7^2c_5$$

$$c_{66}=\left(\frac{L_{13}-L_9}{L_{13}}\right)^2c_4+\left(\frac{L_{11}}{L_{13}}\right)^2c_5+\left(\frac{L_{13}+L_8}{L_{13}}\right)^2c_6+\left(\frac{L_{12}}{L_{13}}\right)^2c_7$$

$$c_{77}=\left(\frac{L_9}{L_{13}}\right)^2c_4+\left(\frac{L_{13}-L_{11}}{L_{13}}\right)^2c_5+\left(\frac{L_8}{L_{13}}\right)^2c_6+\left(\frac{L_{13}+L_{12}}{L_{13}}\right)^2c_7$$

$$c_{12}=c_{21}=-\frac{L_4-L_2}{L_4}c_2-\frac{L_5}{L_4}c_3$$

$$c_{13}=c_{31}=-\frac{L_2}{L_4}c_2-\frac{L_4-L_5}{L_4}c_3$$

$$c_{23}=c_{32}=\frac{(L_4-L_2)L_2}{L_4^2}c_2+\frac{(L_4-L_5)L_5}{L_4^2}c_3$$

$$c_{45}=c_{54}=-L_6c_4+L_7c_5$$

$$c_{46}=c_{64}=-\frac{L_{13}-L_9}{L_{13}}c_4-\frac{L_{11}}{L_{13}}c_5$$

$$c_{47}=c_{74}=-\frac{L_9}{L_{13}}c_4-\frac{L_{13}-L_{11}}{L_{13}}c_5$$

$$c_{56}=c_{65}=\frac{(L_{13}-L_9)L_6}{L_{13}}c_4-\frac{L_7L_{11}}{L_{13}}c_5$$

$$c_{57}=c_{75}=\frac{L_9-L_6}{L_{13}}c_4-\frac{(L_{13}-L_{11})L_7}{L_{13}^2}c_5$$

$$c_{67}=c_{76}=\frac{(L_{13}-L_9)L_9}{L_{13}^2}c_4+\frac{(L_{13}-L_{11})L_{11}}{L_{13}^2}c_5-\frac{(L_{13}+L_8)L_8}{L_{13}^2}c_6-\frac{(L_{13}+L_{12})L_{12}}{L_{13}^2}c_7$$

其余元素均为零。

可见，运动方程中的 $\boldsymbol{m}$，$\boldsymbol{k}$ 与 $\boldsymbol{c}$ 都是对称矩阵，但都不是对角矩阵。同时存在着惯性耦合、弹性耦合及阻尼耦合。只有通过坐标转换，建立模态方程才能解方程。

9.2.3 测试有关数据

经实测得到表 9-1 ~ 表 9-4 中所示的数据。

表 9-1　子结构质量　（单位：kg）

符号	m_1	m_2	m_3	m_4	m_5	m_6	m_7	m_8
名称	砂轮架	砂轮	带轮	砂轮轴	工件	头架	尾架	工作台
测值	1273	90.5	46.6	52.4	36	788	733	1680

表 9-2　各结构综合刚度　（单位：kgf/μm）

符号	k_1	k_2	k_3	k_4	k_5	k_6	k_7	k_8
名称	进给机构	主轴前支承	主轴后支承	工件左夹持部	工件右夹持部	工作台—床身左	工作台—床身右	切削点
测值	5.9	19.3	84.4	1.2	0.69	8.4	15.3	0.66

表 9-3　几何尺寸　（单位：cm）

符号	L_1	L_2	L_3	L_4	L_5	L_6	L_7	L_8	L_9	L_{10}	L_{11}	L_{12}	L_{13}
数值	54.5	15	42.5	85.6	16.1	71.5	70.7	9.5	31.5	106	30.75	17	204.5

表 9-4　转动惯量　（$kg \cdot cm^2$）

符号	J_1	J_2	J_3
名称	砂轮轴	工件	工作台
测值	44.5	17	2.28×10^4

为了检查动力学模型是否正确，测试了原点幅频特性曲线、原点相频特性曲线、原点幅相特性曲线及各子结构相对于磨削点（激振点）的交叉幅频、相频特性曲线，如图 9-9 ~ 图 9-11等曲线所示。

9.2.4　模型计算

模型计算分两方面，首先验证数学模型的可靠性，若发现偏离实测数据过大时，需修整模型。本例已经作了适当的调整，最后计算结果与实测值比较接近，所以把模型确定下来。接着便利用此模型对机床进行动态分析。计算程序框图如图 9-8 所示。

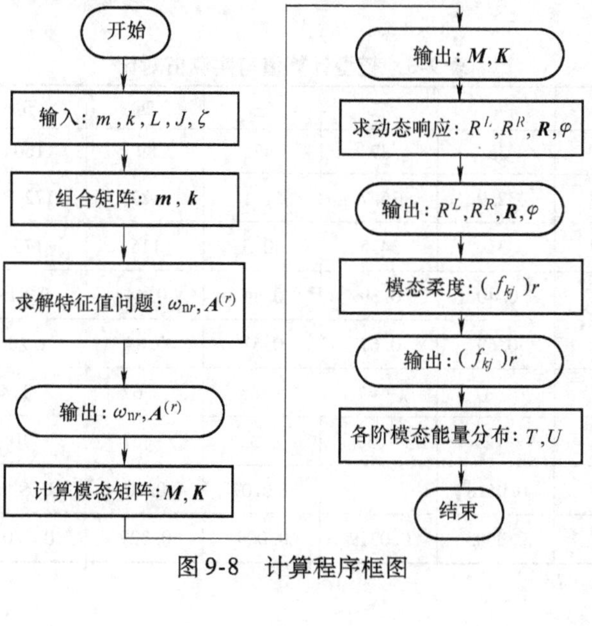

图 9-8　计算程序框图

图 9-9 所示为系统的相频特性曲线。实测与计算的频率响应变化规律是一致的。在 200～500Hz 频段内，计算曲线的峰值变化与实测的稍有差别。这是由于计算时忽略了一些次要模态的缘故。图 9-10 与图 9-11 所示分别为砂轮架与头架交叉动柔度幅相特性曲线，计算值与实测值都吻合得较好。表 9-5 列出了全部计算值与实测值的比较，两者相当接近。可见，所建立的数学模型是可靠的。

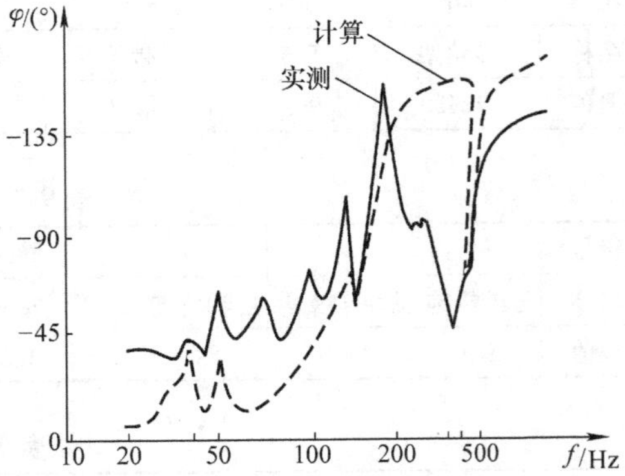

图 9-9 系统的相频特性曲线

表 9-6 为模型的模态柔度和能量分布的计算数据，可见模态 4 的柔度最大，其次是模态 5，是两个危险模态。从能量分布看，造成危险模态 4 的原因主要在于工件系统，因为工件的惯性能（动能）占 95%，工件两端夹持部位的弹性能（势能）分布也比较集中。所以欲改善模态 4，主要应加强工件夹持系统。至于模态 5，主要是由于砂轮主轴太重，主轴前支承刚性能较差的缘故。对模态 1 来说，砂轮架的弹性能很集中，需要加强它的刚度。其他各阶模态均可作类似分析，给予评价，找出弱点，以供改进。

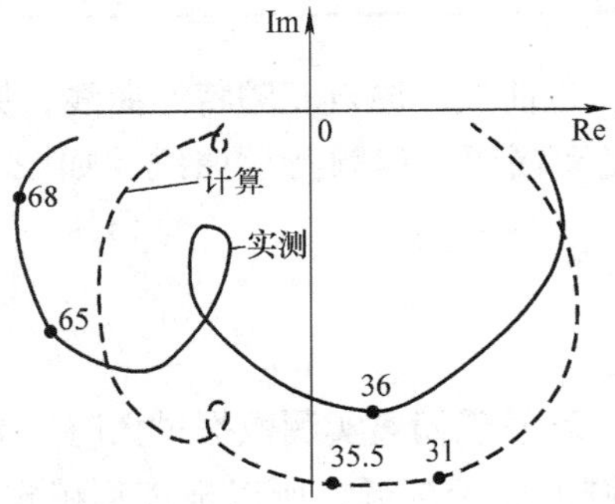

图 9-10 砂轮架幅相特性曲线

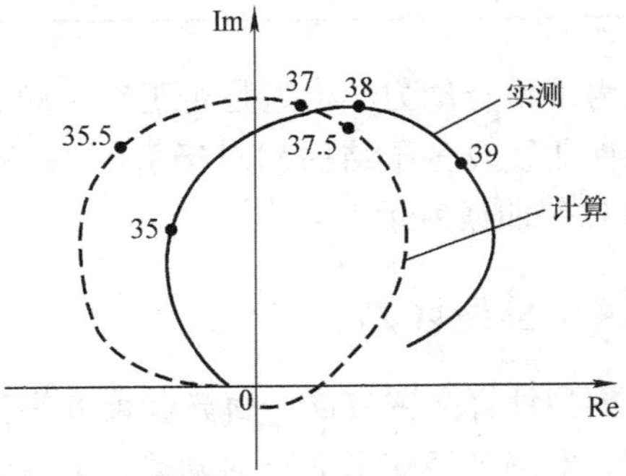

图 9-11 头架幅相特性曲线

表 9-5 模型计算值与实测值对比

模态			一	二	三	四	五	六	七
固有频率/Hz	实测值		35	37	47	89	160	374	
	计算值	无阻尼	32.9	36.7	51.1	127	172.3	380	486
		有阻尼	31	34.5	50.5	116	173	380	487
振幅/μm	实测值		0.40	0.39	0.44	0.44	0.81	0.31	
	计算值		0.69	0.67	0.61	0.84	1.20	0.22	0.06
相位/(°)	实测值		-37	-47	-45	-62	-114	-90	
	计算值		-21	-30	-32	-67	-105	-98	-161
模态柔度/(μm/kgf)	实测值		0.0518		0.0107	0.20	0.0996	0.0002	
	计算值		0.0603	0.0319	0.009	0.329	0.120	0.0004	0.0002

表 9-6 模型的模态柔度与能量分布

能量分布率	模态柔度 / 子结构	固有频率						
		模态 1 32.9Hz	模态 2 36.7Hz	模态 3 51.1Hz	模态 4 127.0Hz	模态 5 172.3Hz	模态 6 380.0Hz	模态 7 486.0Hz
		6.03	3.19	0.95	32.97 *	12.09 *	0.04	0.02
惯性能分布率	砂轮架	0.873	0.026	0.001	0.007	0.038	0	0.088
	砂轮	0.062	0.001	0	0.022	0.622 *	0	0.021
	带轮	0.032	0.001	0	0.003	0.052	0	0.681
	主轴	0	0	0	0.011	0.259 *	0	0.210
	工件	0.003	0.003	0.004	0.950 *	0.029	0.999	0
	头架	0.013	0.446	0.002	0.002	0	0	0
	尾架	0.001	0.006	0.420	0.002	0	0	0
	工作台	0.016	0.516	0.574	0.004	0	0	0
	合计	1.00	1.00	1.00	1.00	1.00	1.00	1.00
弹性能分布率	砂轮架进给机构	0.969	0.069	0.001	0.002	0.006	0	0.001
	主轴前支承	0	0.001	0	0.057	0.870 *	0	0.033
	主轴后支承	0	0	0	0.001	0.031	0	0.966
	工 件 左	0.002	0.002	0	0.234 *	0.004	0.667	0
	工 件 右	0.004	0.003	0	0.487 *	0.10	0.333	0
	工作台—床身左	0.011	0.903	0.005	0	0	0	0
	工作台—床身右	0.001	0.003	0.987	0.001	0	0	0
	工件—砂轮	0.013	0.020	0.006	0.217	0.079	0	0
	合 计	1.00	1.00	1.00	1.00	1.00	1.00	1.00

9.2.5 新方案试算

应用数学模型来计算一个具有理想动态性能的新方案，是现代理论设计的手段，它使设计质量的确有保障，使设计周期大为缩短。在样机动态性能分析的基础上，根据实际生产经验，给数学模型中有关参数输入适当的数据，进行试算，把计算数据填入表 9-6 并绘出相频特性曲线，加以分析。不断改变参数试算，可列出若干不同的方案。很快就可选择到一个较理想的参数方案。通过整机优化所确定下来的理想参数，例如各部件的质量、刚度和阻尼等，将是各有关部件结构设计时的指标。

本例经过十几个方案试算比较，其中较好的一个方案，参数如表 9-7 所列，幅相特性曲线的对比如图 9-12 所示。结果整机动柔度的最大负实部减小 51%、最大响应值减小 36%，峰值相位明显地偏向 −90°以内。这预示着新方案的稳定性大大地提高了。

表 9-7 方案试算对比

改进项目	样机数据	新方案数据
砂轮架质量 m_1/kg	1273	1000
工作台质量 m_8/kg	1680	1000

（续）

改进项目	样机数据	新方案数据
工作台转动惯量 J_3/kg · cm^2	2.28×10^4	1.86×10^4
进给机构刚度 k_1/(kgf/μm)	5.9	8
工件左夹持部刚度 k_4/(kgf/μm)	1.2	1.5
工件右夹持部刚度 k_5/(kgf/μm)	0.69	1.5
工作台-床身左刚度 k_6/(kgf/μm)	8.4	15
切削点刚度 k_8/(kgf/μm)	0.66	1.5
前支承阻尼比 ζ_5	0.06	0.15

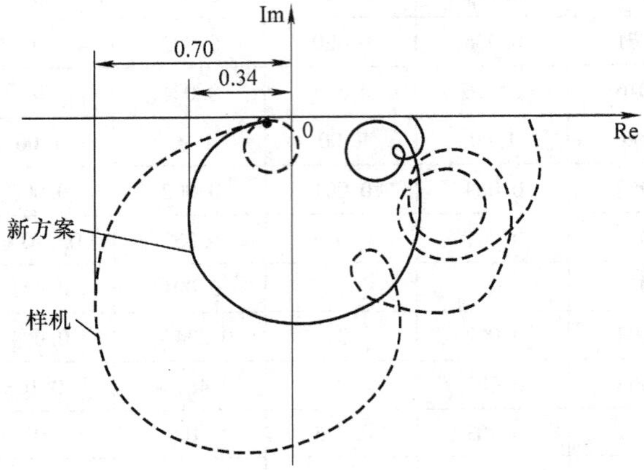

图 9-12 整机幅相特性曲线对比

第3篇

有限元法

第 10 章　有限元法绪论

10.1　简例

为了理解有限元法（又称有限单元法）的基本思想，我们考察两个简单例子。

例 10-1　图 10-1a 所示为一拉压弹簧，弹簧刚度系数为常量 k_c，其轴线与 x 轴重合，试确定在弹簧两端施加的拉力 F_i 和 F_j 与弹簧两端点的伸长量 u_i，u_j 之间的关系。

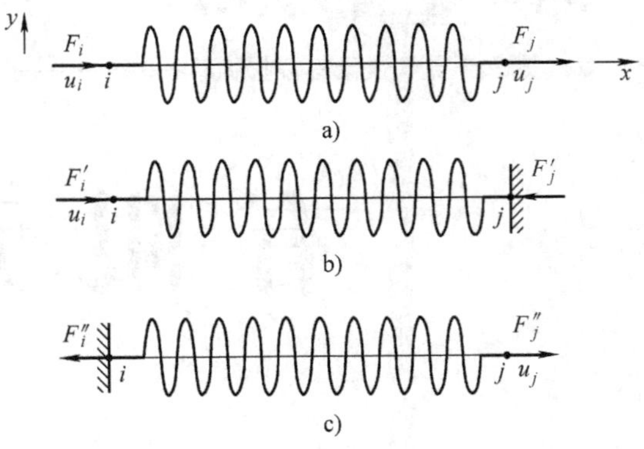

图　10-1

为用有限元法求解此问题，我们先引入结点、结点力和结点位移的概念。结点是定义在单元上的特殊点，也是单元之间的联系点。如图 10-1a 所示，将弹簧视为一单元，弹簧的两端点 i，j 为此单元的两个结点，作用在结点 i，j 上的轴向力 F_i 和 F_j 称为结点力，结点 i，j 沿轴向的位移 u_i，u_j 称为结点位移。这里规定与坐标轴正向一致的结点力和结点位移为正，反之为负。从力学中我们已知，当两结点 i，j 对单元有 F_i 和 F_j 的作用力时，单元对结点有大小相等、方向相反的反作用力。我们把这种反作用力也称为结点力。但需要明确，对单元来讲，结点力是结点作用于单元的力；对结点来讲，结点力则是单元作用于结点的力。确定在弹簧两端施加的拉力 F_i 和 F_j 与弹簧两端点的伸长量 u_i，u_j 之间的关系也就是确定单元的结点力和结点位移的关系。

要确定单元的结点力和结点位移的关系，我们分别考察图 10-1b、c。图 10-1b 所示是假设结点 j 被固定，结点 i 产生正位移 u_i。由材料力学知，此时结点 i 作用在单元上的力是

$$F_i' = k_c u_i$$

而要保持单元的平衡，结点 j 作用在单元上的约束力是

$$F_j' = -k_c u_i$$

图 10-1c 所示是设结点 i 被固定，结点 j 产生正位移 u_j，此时结点 j 对单元的作用力是

$$F_j'' = k_c u_j$$

结点 i 作用在单元上的约束力是

$$F_i'' = -k_c u_j$$

将图 10-1b、c 合并，则有

$$\begin{cases} F_i = F_i' + F_i'' = k_c u_i - k_c u_j \\ F_j = F_j' + F_j'' = -k_c u_i + k_c u_j \end{cases} \tag{10-1}$$

如果以 $\boldsymbol{F}^e$ 表示单元结点力向量，则有

$$F^e = \begin{pmatrix} F_i \\ F_j \end{pmatrix} = (F_i,\ F_j)^T$$

以 $\boldsymbol{\Delta}^e$ 表示单元结点位移向量，则有

$$\boldsymbol{\Delta}^e = \begin{pmatrix} u_i \\ u_j \end{pmatrix} = (u_i,\ u_j)^T$$

则式（10-1）可写成为

$$\boldsymbol{F}^e = \boldsymbol{k}\boldsymbol{\Delta}^e \tag{10-2}$$

式中，

$$\boldsymbol{k} = \begin{pmatrix} k_c & -k_c \\ -k_c & k_c \end{pmatrix} \tag{10-3}$$

式（10-1）和式（10-2）就是弹簧（单元）的结点位移和结点力之间的关系。式（10-1）为代数方程，式（10-2）为矩阵方程。以后会看到，用矩阵方程表达较为简洁。矩阵 $\boldsymbol{k}$ 表达了两者之间的转换关系，我们将其称为单元刚度矩阵。

从上面的关系式中可知，一个结点上的结点力不仅决定于该结点的位移，而且也决定于本单元的其他结点的位移。

如果考虑结点 i, j 的平衡，建立其平衡方程，同样可以得到式（10-1）或式（10-2）的结果。详见下例。

例 10-2　如图 10-2a 所示阶梯轴，一端固定，另一端受轴向载荷 F_3 作用，轴的横截面面积为 A_1，A_2，长度为 L_1，L_2，材料的弹性模量为 E_1，E_2，试确定该阶梯轴各段的应力和应变。

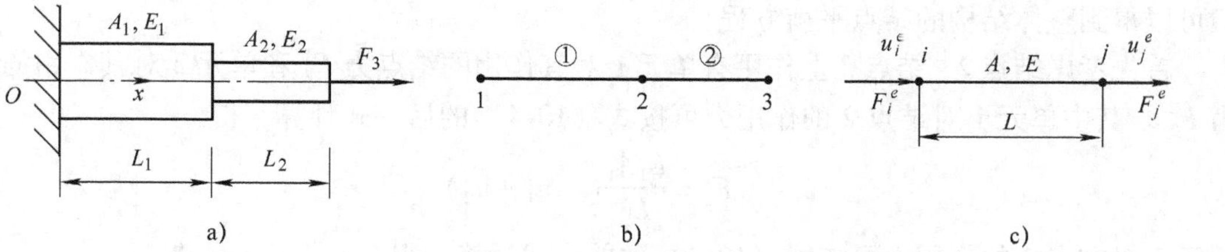

图 10-2　阶梯轴受拉力的模型

采用有限元法求解如下：

（1）离散化　阶梯轴两段的横截面面积不一样，材料也不同，因此须从截面改变处将阶梯轴分开，将原来的阶梯轴转换为有两个单元、三个结点的结构。如图 10-2b 所示，两单元的连接处为一个结点，另外两个端点也作为结点。这就是阶梯轴的有限元模型，该模型中，单元与单元之间只在结点处相联系。阶梯轴是一维结构，只受轴向力的作用，因此各单元内只有轴向位移。将三个结点的位移分别记为 u_1，u_2，u_3，三个结点上的结点力分别记为 F_1，F_2，F_3。

（2）单元分析　从图 10-2b 所示的模型中任取出一个单元，如图 10-2c 所示。单元的结点分别为 i, j，结点位移分别为 u_i^e，u_j^e，结点力分别为 F_i^e，F_j^e。对于结点力和结点位移，这里用下标表示结点，用上标表示单元。单元材料的弹性模量为 E，横截面面积为 A，单元长度为 L。

这段阶梯轴是一拉（压）杆，如果将其视为例 1 的弹簧，弹簧刚度系数为

$$k_c = \frac{EA}{L}$$

则可仿照例 1，直接得到单元的结点力和结点位移的关系。

此处我们采用另一方法。由材料力学知识，分别考虑单元的结点 i，j 处力的平衡，则两结点的结点位移 u_i，u_j 和结点力 F_i，F_j 的关系可由胡克定律直接给出：

$$\begin{cases} F_i^e = EA\dfrac{u_i^e - u_j^e}{L} = \dfrac{EA}{L}u_i^e - \dfrac{EA}{L}u_j^e \\ F_j^e = EA\dfrac{u_j^e - u_i^e}{L} = -\dfrac{EA}{L}u_i^e + \dfrac{EA}{L}u_j^e \end{cases} \tag{10-4}$$

写成矩阵方程形式：

$$\boldsymbol{F}^e = \boldsymbol{k\Delta}^e \tag{10-5}$$

式中，

$$\boldsymbol{F}^e = \begin{pmatrix} F_i^e \\ F_j^e \end{pmatrix}$$

$$\boldsymbol{\Delta}^e = \begin{pmatrix} u_i^e \\ u_j^e \end{pmatrix}$$

$$\boldsymbol{k} = \frac{EA}{L}\begin{pmatrix} 1 & -1 \\ -1 & 1 \end{pmatrix} \tag{10-6}$$

式（10-4）实质上是单元两个结点的平衡方程。

（3）整体分析　我们已经知道，F_i^e，F_j^e 分别是单元对两个结点的结点力。依据此，我们可以得到整体结构的结点平衡方程。

首先考虑结点 2，结点 2 上作用有单元 1 对其作用的结点力 F_2^1 和单元 2 对其作用的结点力 F_2^2。其中单元 1 对结点 2 的作用力可按式（10-4）的后一式计算，得

$$F_2^1 = \frac{E_1A_1}{L_1}(-u_1 + u_2)$$

单元 2 对结点 2 的作用力可按式（10-4）的前一式计算，得

$$F_2^2 = \frac{E_2A_2}{L_2}(u_2 - u_3)$$

对于阶梯轴来说，除非发生破坏，否则不会出现两段分离或是互相侵入的现象。因此无论从单元 1 还是从单元 2 来计算的 u_2 都应该是相等的。这也是这里的结点位移不再标注上标的原因。结点 2 上作用的结点力为

$$F_2 = F_2^1 + F_2^2 = -\frac{E_1A_1}{L_1}u_1 + \left(\frac{E_1A_1}{L_1} + \frac{E_2A_2}{L_2}\right)u_2 - \frac{E_2A_2}{L_2}u_3$$

结点 1 上只有单元 1 对其作用的结点力，其平衡方程为

$$F_1 = \frac{E_1A_1}{L_1}(u_1 - u_2)$$

结点 3 上只有单元 2 对其作用的结点力，其平衡方程为

$$F_3 = \frac{E_2A_2}{L_2}(-u_2 + u_3)$$

将三式合写为

$$\begin{cases} F_1 = \dfrac{E_1A_1}{L_1}\ (u_1 - u_2) \\ F_2 = -\dfrac{E_1A_1}{L_1}u_1 + \left(\dfrac{E_1A_1}{L_1} + \dfrac{E_2A_2}{L_2}\right)u_2 - \dfrac{E_2A_2}{L_2}u_3 \\ F_3 = \dfrac{E_2A_2}{L_2}\ (-u_2 + u_3) \end{cases} \tag{10-7}$$

这是以 u_1，u_2，u_3 为未知量的代数方程组。可以将其改写为矩阵方程形式，即

$$\boldsymbol{F} = \boldsymbol{K\Delta} \tag{10-8}$$

式中，

$$\boldsymbol{F} = \begin{pmatrix} F_1 \\ F_2 \\ F_3 \end{pmatrix}$$

称为结点力向量；

$$\boldsymbol{\Delta} = \begin{pmatrix} u_1 \\ u_2 \\ u_3 \end{pmatrix}$$

称为结点位移向量；

$$\boldsymbol{K} = \begin{pmatrix} \dfrac{E_1A_1}{L_1} & -\dfrac{E_1A_1}{L_1} & 0 \\ -\dfrac{E_1A_1}{L_1} & \dfrac{E_1A_1}{L_1} + \dfrac{E_2A_2}{L_2} & -\dfrac{E_2A_2}{L_2} \\ 0 & -\dfrac{E_2A_2}{L_2} & \dfrac{E_2A_2}{L_2} \end{pmatrix} = \begin{pmatrix} k_{11} & k_{12} & k_{13} \\ k_{21} & k_{22} & k_{23} \\ k_{31} & k_{32} & k_{33} \end{pmatrix} \tag{10-9}$$

称为整体刚度矩阵。

如果能求解方程（10-7）或式（10-8），则可确定三个结点处的位移 u_1，u_2，u_3。再从三个结点的位移值利用插值关系就可确定阶梯轴上任意位置处的位移，进而利用位移与应变之间的微分关系确定阶梯轴的应变，然后利用胡克定律求出阶梯轴的应力。

需要指出，方程（10-7）或式（10-8）是奇异的，需要作进一步的处理才能求解。这在下一章中讨论。

从上面的求解过程，我们知道有限元法求解问题的基本思想是“化整为零，集零为整”，把复杂结构转化为只通过结点相联系的单元组成的集合体，从而求得问题的解答。具体地说，就是将阶梯轴划分为两个单元，列出单元（实际是单元的结点）的平衡方程，再将所有单元（点）的平衡方程集合起来，得到整体有限元模型的平衡方程。求解方程就可获得问题的解答。

10.2 有限元法的基本思想

前一节中，我们已经知道，应用有限元法求解问题的基本思想是将复杂的结构划分为单

元，单元之间只在结点处产生联系，通过求解这样的模型来获得原问题的解答。本节对此作进一步的讨论。为了深入理解有限元法，这里我们从熟悉的连续系统的分析方法着手，对比有限元法离散化、单元分析、整体分析的求解基本步骤，领会有限元法以离散系统的代数方程组替代原连续系统的微分方程的思想本质。

10.2.1 连续系统问题及其求解

科学研究和工程计算中的许多问题都归结于在给定的边界条件下求解其控制方程（一般为微分方程）的问题。例如固体力学的位移场和应力场分析，传热学中的温度场分析，流体力学中的流场分析，电学中的电磁场分析，等等。

例如，图 10-3 所示的悬臂梁，在自由端作用有集中载荷 F，其中轴线的挠度 v 满足微分方程和边界条件：

$$\begin{cases} \dfrac{d^2v}{dx^2}=\dfrac{F}{EI}(l-x) \\ v=0 \quad (x=0) \\ \dfrac{dv}{dx}=0 \quad (x=0) \end{cases} \tag{10-10}$$

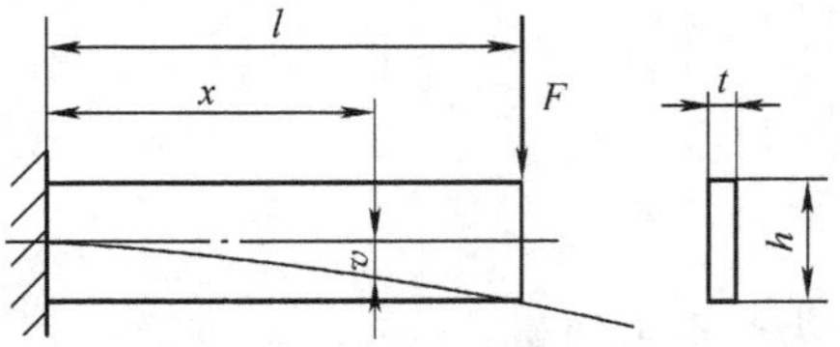

图 10-3 悬臂梁

式中，E 是悬臂梁材料的弹性模量；I 是梁截面的主形心轴惯性矩；l 是悬臂长度。

又如，图 10-4 所示的矩形域二维无源稳定热传导问题，其控制方程是拉普拉斯方程，边界条件是在左右边界上温度为常数，上下边界为绝热边界，此问题为微分方程的边值问题，满足：

$$\begin{cases} \dfrac{\partial^2 u(x,y)}{\partial x^2}+\dfrac{\partial^2 u(x,y)}{\partial y^2}=0,(x,y)\in\Omega \\ u(x,y)=\bar{u},\ (x,y)\in\Gamma_1 \\ \dfrac{\partial u(x,y)}{\partial n}=0,(x,y)\in\Gamma_2 \end{cases} \tag{10-11}$$

连续系统（连续体、连续介质等）问题一般用微分方程描述，其求解常有两种方法。一种是解析法，它建立精确的数学模型，通过严密的数学推导求得问题的解答。其特点是能获得问题的准确解。但由于建模和求解的困难，解析法只在很少的特殊情况下能获得应用。另一种求解连续系统的方法是数值方法，它建立问题的近似模型，通过一定的算法和程序，利用计算机计算获得问题的解答。数值方法只能获得问题的近似解，但由于其对于数学模型建立和求解方法的简化，在科学研究尤其是工程实际中获得了广泛的应用。例如，上面的悬臂梁和热传导问题的求解，若它们的边界为不规则曲线时，采用解析法很难求解，但采用有限元法或其他数值方法则很容易获得足够精度的解答。

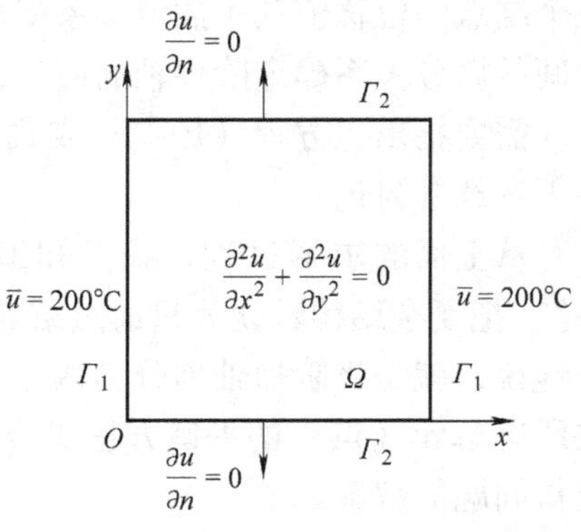

图 10-4 矩形域二维无源稳定热传导

有限元法就是适应计算机技术的发展而发展起来的一种有效的求解科学研究和工程技术问题的数值计算方法。

在数学和力学中，我们往往把复杂系统分解成性态容易分析的单个元件或“单元”，如在微积分中我们研究“微元体”。先研究单元的性态，再用这些单元来重建原来的系统以得到整体性态。这是科学研究和工程实际中常用的分析方法。在解析方法中，连续系统是可以无限分割的，这样的系统要利用无穷小的数学概念才能描述，它意味着系统由无限个单元组成。

由于计算机的出现和计算技术的发展，求解离散系统问题变得较为简便。例如，传统结构力学只能求解杆件数目较少的桁架。但利用计算机，将桁架结构的每一根杆件都视为单元，仍然是应用结构力学的结构矩阵分析方法，则可以方便地计算大型体育馆屋顶空间网架等结构。前一节中的例 2，也是将阶梯轴的两段划分为两个单元。有限元法与分析方法相似，将连续系统划分成“单元”来研究。但有限元法分割的单元是有限大小的，单元数量也是有限多的。它基于这样的事实：当划分的单元数目增加时，它可以逼近问题的真实解。用于模拟原连续系统的单元尺寸是有限大小的，单元数目也是有限多的，这是有限元法名称的来由。

10.2.2 有限元法的基本思想

有限元法的基本思想可分述如下：

（1）离散化　把连续系统（连续体、连续介质、连续区间等）划分为一定数目的选定形状的单元，单元之间的联系点称为结点，单元之间的相互作用只能通过结点进行，在结点上引进等效载荷或边界条件，代替实际作用于系统上的外载荷或边界条件。用这种单元的集合体来代替原来的连续系统。

离散化处理，本质上就是将原来的具有无限个微元的连续变量系统转化为只包含有限个结点变量的离散系统，目的是将描述连续系统的微分方程和边界条件转化为离散系统的代数方程。

（2）单元分析　由分块近似的思想，对每一个单元按一定的规则建立待求未知量与结点相互作用之间的关系。这里所谓的一定规则，对于力学问题可以是力学关系或选择一个简单函数，建立的关系则是结点位移与结点力之间的关系，如式（10-1）和式（10-4）。对于其他学科，则可能是热量与温度的关系、电压与电流的关系等。以这种方式，用在每一个单元内假设的近似函数来分片地表示原求解域上的待求未知函数。

分块近似的思想可用图 10-5 所示的一维区域作简单示意。图中［a，b］是求解域，真实函数的分布为 C_1。如果要在全区域上用一个函数 C_2 来逼近 C_1，一则 C_2 应具有较高的阶次，二则即使较高阶次的函数 C_2 也很难在全区域内较好地逼近 C_1。但如果将求解区域划分为若干长度不等的小区间，则可在每个小区间内用一条直线（选定的简单函数）来近似原函数，将所有区间的直线合起来就可以较好地逼近曲线 C_1，而且可以在局部采用加密小区间的办法来

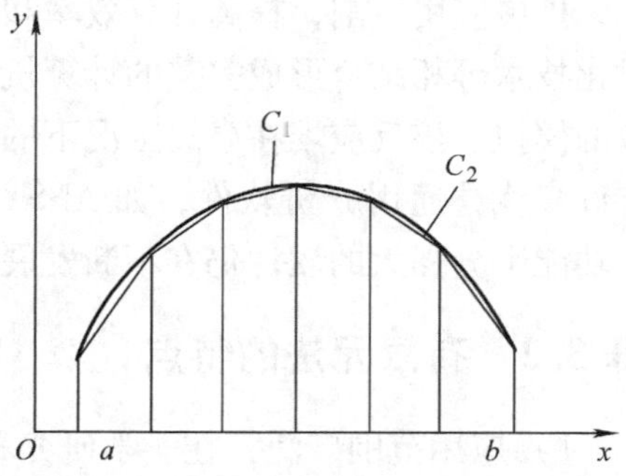

图 10-5　分块近似的图示

提高逼近精度。直观地讲，越细分小区间，折线就越逼近曲线，计算精度就越高。

单元分析获得单元的结点平衡方程。

(3) 整体分析　把所有单元的这种特性关系按一定的条件（变形协调条件、平衡条件等）集合起来，构成一组以结点变量（位移、温度、电压等）为未知量的代数方程组，如10.1节例2的式（10-7）或式（10-8），引入边界条件，求解方程就得到有限个结点处的待求变量。

有限元法以离散系统的代数方程组替代原连续系统的微分方程，极大地降低了问题求解的难度。我们以后还会看到，这种转化使得复杂边界条件的处理也极大地简化了。

10.3　有限元法的发展、特点及其工程应用

10.3.1　有限元法的发展

有限元法的基本思想是Courant在1943年首先提出的，他首先尝试应用在一系列三角形区域上定义的分片连续函数和最小势能原理相结合，用来求解St. Venant扭转问题。但有限元法的真正工程应用则是电子计算机技术的发展才得以实现的。有限元法最初是用于分析飞机的结构强度，通过这一方法可求得组成飞机结构的各杆件的受力和变形的数值计算结果。这是离散系统的弹性杆系问题，是结构矩阵分析方法和电子计算机技术相结合的成果。1960年飞机结构工程师Clough在他的论文《平面应力分析的有限元法》中第一个采用“有限元法”（Finite element method）这一术语，并用有限元的思想求解了弹性力学平面问题。从此，不但工程技术人员开始认识到了有限元法的功效，数学家和力学家也看到了有限元法的巨大前景，相继从理论上对有限元法进行了深入的探讨，使有限元法建立在更为坚实的理论基础之上。在工程技术人员和理论工作者的共同努力下，有限元法真正走入了连续介质力学之中，成为解决各种力学问题的最有效的方法之一。20世纪70年代，在英国科学家O. C. Zienkiewicz等人的努力下，将有限元法的应用推广到了热传导、电磁场、流体力学等领域。我国的科技工作者在有限元的发展中也做出过重要贡献。经过多年的发展，目前有限元法几乎可以用来求解所有的连续介质和场问题，包括静力问题和与时间有关的变化问题以及振动问题。有限元已成为计算机辅助设计（CAD）和计算机辅助制造（CAM）的基本组成部分。

有限元法经过几十年的发展，原理、方法已成熟，应用也很完善。但学科发展是永无止境的。有限元也是这样，仍处在不断发展中。其发展方向一是深化理论基础，构造新型单元，扩展应用范围，提高计算效率和精度等。二是与其他学科相结合，如与计算机图形学、优化技术等相结合形成完整的计算机辅助设计系统，与仿真技术相结合实现空间飞行系统响应的模拟、核反应堆在事故工况下的仿真等。三是开发有限元商业应用软件，这方面今天已有许多优秀通用分析软件，如ANSYS，NASTRAN，ABAQUS，I-DEAS，ADINA等，而且这些功能十分强大的软件仍在不断发展中。

10.3.2　有限元法的特点

1）应用范围广泛，在科学研究和工程实际中获得了广泛的应用。经过几十年的发展，有限元法今天已在力学、热学、声学、电学、磁学等学科的科学研究和工程实际中获得广泛

的应用。许多传统方法不能解决的问题，特别是复杂结构问题、复杂边界问题、非均质非线性问题、动态问题等，利用有限元法可以很容易地获得足够精确的解答。

2）便于利用电子计算机高速运算的特点。有限元法采用矩阵形式表达，计算过程规范，便于编制计算机程序，充分利用计算机高速运算的优势。

3）概念清楚，容易理解。有限元法可以从严格的数学、力学概念来推导，也可以通过直观的物理意义来认识。从应用的观点来看，完全可以在不同的层次上来建立对于有限元法的理解。作为工科学生，可以在理解有限元法基本思想的基础上，着重于有限元法的工程应用。

4）数据量大，计算量大。有限元法不但计算前的数据准备工作量巨大，有限元计算及其计算成果的整理工作量都是非常大的。这使得有限元法必须利用计算机才能实现。即使在计算机技术高度发展的今天，应用有限元法时也要考虑计算机能力和计算成本的限制。

5）广泛应用商业软件，使用便捷。早期的有限元法应用计算机主要是局限在有限元计算分析上，海量的数据前后处理工作耗费了大量的人力。今天随着许多优秀有限元商业软件的出现，已实现了有限元分析全过程的自动化。有限元法已成为方便的计算分析工具，使用者可以将精力集中于对获得解答的分析而不必在问题的求解上花费太多的时间。

10.3.3　有限元法的工程应用

有限元法的应用范围很广。自从它产生以来，其应用已由弹性力学平面问题发展到空间问题、板壳问题，由静力分析发展到动力分析、稳定分析等。分析的对象从固体力学领域发展到流体力学、传热学，电磁学等领域。处理的材料从各向同性弹性材料发展到各向异性材料、黏弹性材料、黏塑性材料、复合材料等，甚至可以模拟构件之间的高速碰撞、炸药的爆炸燃烧和应力波的传递。有限元法和仿真技术相结合，可以实现结构仿真。与优化方法、计算机辅助设计技术相结合，可以实现结构设计的自动化。有限元法的应用已遍布机械、航空航天、冶金、建筑、水利、矿山、材料、化工、能源、交通、电磁等领域。

下面是有限元法工程应用的几个简单例子。

图 10-6 所示是用有限元法对直齿圆柱齿轮的轮齿进行变形和应力分析的例子。将问题简化为平面问题，采用八结点四边形等参元进行分析。其中，图 10-6a 所示是有限元模型，图 10-6b 所示是最大切应力等应力线图。

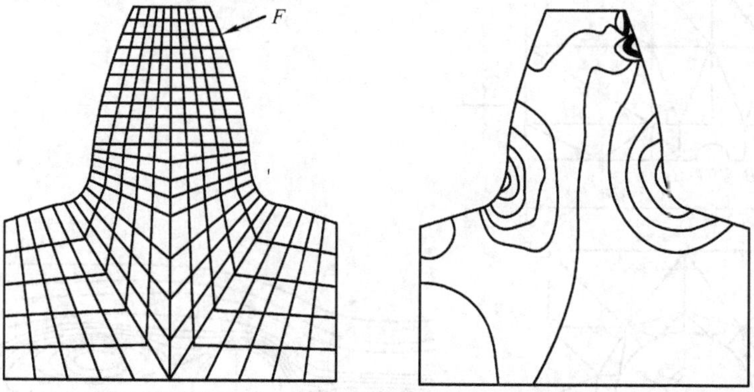

a)　　b)

图 10-6　直齿圆柱齿轮

图 10-7 所示是一飞机机翼模型的模态分析。图 10-7a 所示是有限元网格，采用八结点实体单元。图 10-7b 所示是机翼模型的一阶振型，为 *YOZ* 平面内沿 *Y* 方向的上下振动；图 10-7c 所示是机翼模型的二阶振型，为在 *XOZ* 平面内沿 *X* 方向的前后振动；图 10-7d 所示是机翼模型的四阶振型，为 *XOY* 平面内的扭转振动。三阶和其他各阶振型略。

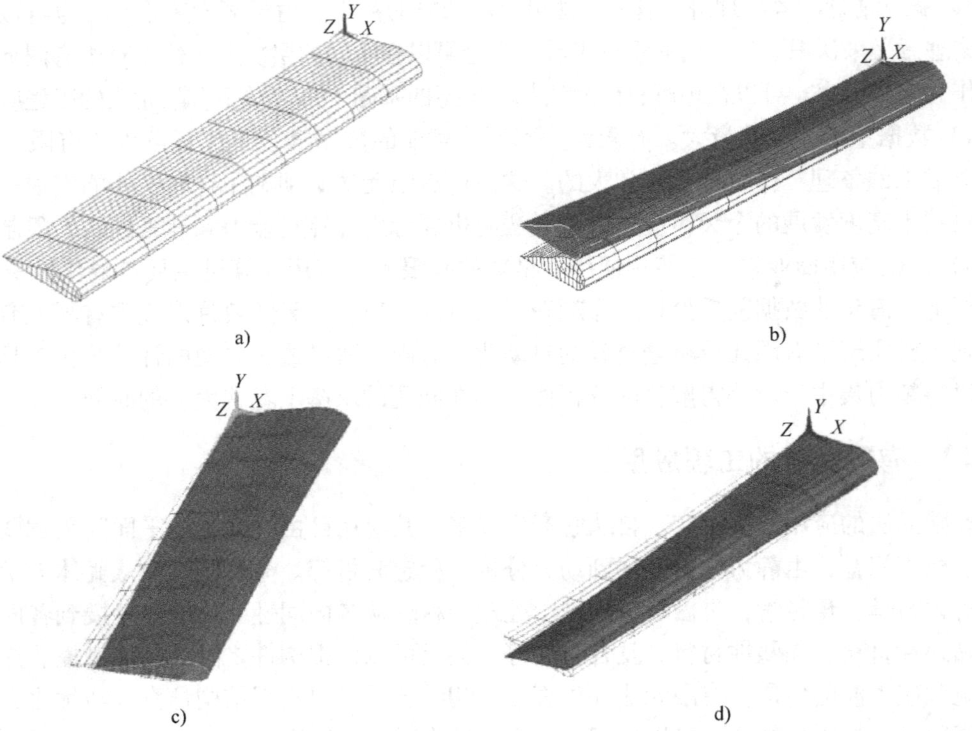

图 10-7 机翼模型的模态分析

图 10-8 所示是用有限元法分析不可压缩流体通过圆柱形障碍物时的流线分布情况。其中图 10-8a 所示是有限元模型，下方是障碍部分的放大图，图 10-8b 所示是利用有限元法求得的流线分布。

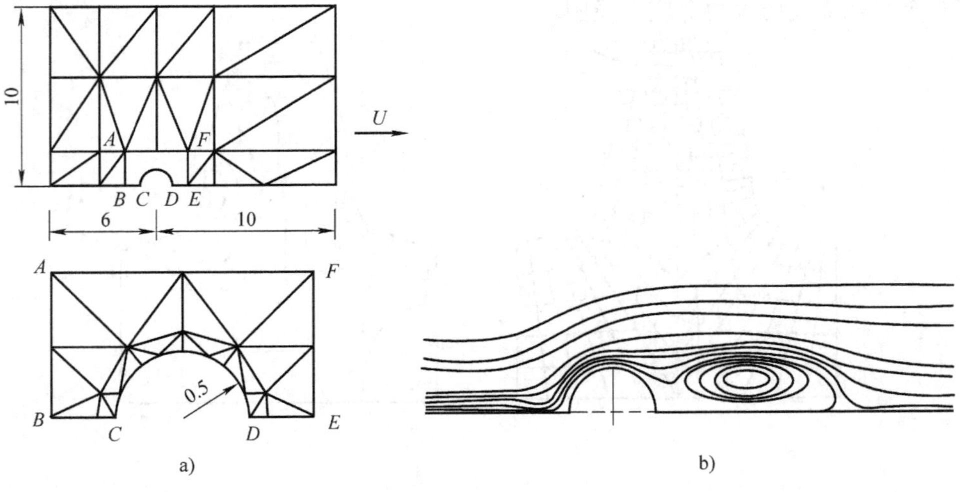

图 10-8 不可压缩流体通过圆柱形障碍物时的流线分布

10.3.4　有限元法所需基础知识

（1）学科知识　根据求解问题的不同，应用有限元法需要具备固体力学、流体力学、传热学、电学等不同学科的专门知识。

（2）数学基础　主要是线性代数，作为进一步学习，也需要变分原理等知识。

（3）计算机基础　指计算机的一般知识。如需自行编制有限元程序或进行有限元程序的二次开发，还需要算法语言和编程知识。

习　题

10.1　什么是单元？什么是结点？

10.2　什么是结点位移向量？什么是结点力向量？

10.3　什么是有限元平衡方程？其实质是什么？

10.4　什么是有限元的离散化？

10.5　什么是单元的分块近似？

10.6　有限元法求解问题的基本思想是什么？

10.7　有限元法有哪些特点？

第 11 章　平面问题的有限元法

11.1　平面问题的基本概念

为便于理解平面问题有限元法的概念，本节就弹性力学中物理量的概念和弹性力学平面问题的有关知识作简要介绍。

11.1.1　弹性力学中的物理量

载荷、应力、应变和位移是弹性力学中的几个主要物理量。

（1）载荷　载荷是外界作用在弹性体上的力，又称为外力。它包括体力、面力和集中力三种形式。

体力是分布于整个弹性体体积内的外力，如重力和惯性力。在弹性体内任一点，单位体积的体力用 $\boldsymbol{P}_V$ 表示，它可分解为给定坐标系 x，y，z 三个坐标轴上的分量 P_{Vx}，P_{Vy}，P_{Vz}，称为该点的体力分量。体力分量以沿坐标轴方向为正，反之为负。

体力的向量表示为

$$\boldsymbol{P}_V=(P_{Vx},\ P_{Vy},\ P_{Vz})^{\mathrm{T}}$$

面力是作用于弹性体表面上的外力，如流体压力和接触压力。在表面上任一点，作用在单位面积上的面力用 $\boldsymbol{P}_A$ 表示，它在坐标轴上的三个分量 P_{Ax}，P_{Ay}，P_{Az} 称为该点的面力分量。面力分量以沿坐标轴方向为正，反之为负。

面力的向量表示为

$$\boldsymbol{P}_A=(P_{Ax},\ P_{Ay},\ P_{Az})^{\mathrm{T}}$$

如果外力作用面很小，或者说外力作用在某一点上，则这种外力称为集中力。集中力用 $\boldsymbol{P}_C$ 表示，它在坐标轴上的投影 P_{Cx}，P_{Cy}，P_{Cz} 称为集中力分量。集中力分量以沿坐标轴方向为正，反之为负。

集中力的向量表示为

$$\boldsymbol{P}_C=(P_{Cx},\ P_{Cy},\ P_{Cz})^{\mathrm{T}}$$

体力、面力和集中力都可表示为点的位置的函数，是场变量。

（2）应力　当弹性体受到载荷作用时，其内部将产生内力。弹性体内某一点处作用于某个截面单位面积上的内力称为应力，它反映了内力在截面上的分布密度。

为研究弹性体内某一点的应力，从该点附近取出一个微小的六面体，称为微元体，其棱边分别平行于三个坐标轴，如图 11-1 所示。

微元体表面上的应力可分解为一个正应力和两个切应力。垂直于表面的应力称为正应力，用字母 σ 表示，并附加一个下标，以表示应力的作用面和作用方向。例如，σ_x 表示作

用在垂直于 x 轴的平面上，沿 x 轴方向的正应力。平行于表面的应力称为切应力，用字母 τ 表示，并加上两个下标，前一个下标表示 τ 的作用面垂直于哪一个坐标轴，后一个下标表示作用力方向。例如，τ_{xy} 是作用在垂直于 x 轴的平面上且沿着 y 轴方向的切应力。

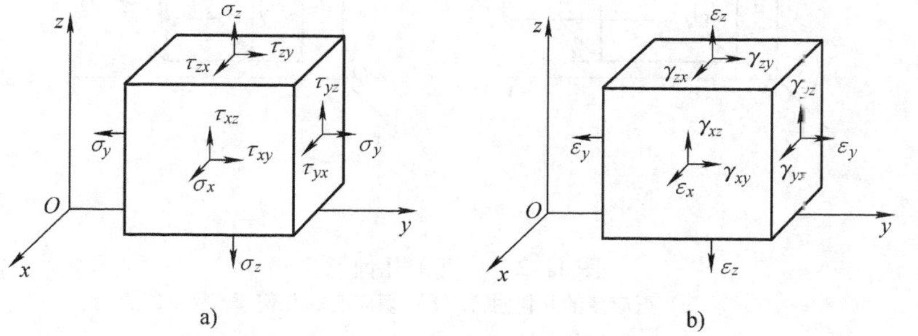

图 11-1　微元体的应力和应变分量

a）应力分量　b）应变分量

我们规定，微元体某一个截面上的外法线是沿坐标轴的正方向，这个面就称为正面，这个面上的应力分量就以沿坐标轴正方向为正，沿坐标轴负方向为负；微元体某一截面的外法线是沿坐标轴的负方向，这个面就称为负面，这个面上的应力分量就以沿坐标轴的负方向为正，沿坐标轴的正方向为负。

根据切应力互等定理，微元体上六个切应力有如下关系：

$$\tau_{xy}=\tau_{yx},\quad \tau_{xz}=\tau_{zx},\quad \tau_{yz}=\tau_{zy}$$

因此，微元体上只有六个独立应力分量，即三个正应力 σ_x，σ_y，σ_z 和三个切应力 τ_{xy}，τ_{yz}，τ_{zx}，如图 11-1a 所示。

某一点在不同方向截面上的应力是不同的，即同一点在不同方向上的应力不同，但任意截面上的应力都可通过上述六个应力求出，同时也可求得该点的最大、最小正应力和切应力。也就是说，这六个应力决定了一点的应力状态，所以称之为该点的应力分量。应力的向量表示为

$$\boldsymbol{\sigma}=(\sigma_x,\sigma_y,\sigma_z,\tau_{xy},\tau_{yz},\tau_{zx})^{\mathrm{T}}$$

由于弹性体内各点的应力状态不一定相同，因此应力分量不是常量，而是坐标 x，y，z 的函数，由各点应力就组成了弹性体的应力场。

（3）应变　外力作用下弹性体将产生变形，因此微元体棱边的长度以及它们之间的夹角将发生变化。各棱边单位长度的伸缩量称为正应变，棱边之间直角的改变量则称为切应变。正应变用字母 ε 表示，下标表示正应变的方向，如 ε_y 为 y 方向棱边的正应变。正应变以伸长为正，缩短为负。切应变用字母 γ 表示，两个下标表示两个方向的棱边，如 γ_{yz} 为 y 与 z 两个方向的棱边之间的直角改变。切应变以直角减小为正，增大为负。应变的几何意义如图 11-2所示。

同样，微元体上存在六个独立应变 ε_x，ε_y，ε_z，γ_{xy}，γ_{yz}，γ_{zx}，如图 11-1b 所示，只要知道了这六个应变，便可以求出该点任意方向的正应变和任何两边之间的切应变。即这六个应变决定了点的应变状态，所以称之为应变分量。应变的向量表示为

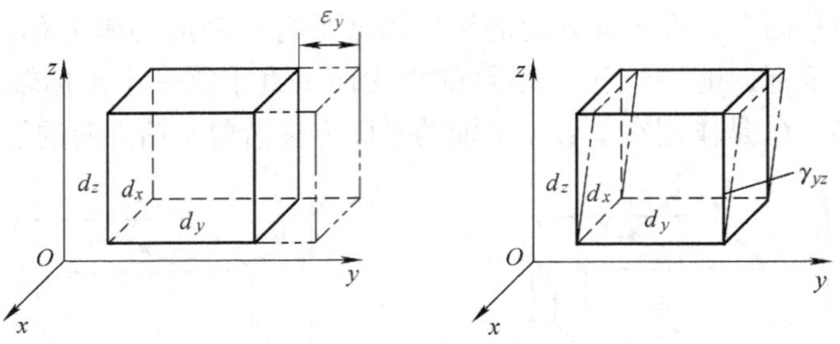

a)　　　　b)

图 11-2　应变的几何意义
a）正应变的几何意义　b）切应变的几何意义

$$\boldsymbol{\varepsilon}=(\varepsilon_x,\varepsilon_y,\varepsilon_z,\gamma_{xy},\gamma_{yz},\gamma_{zx})^{\mathrm{T}}$$

应变分量也是坐标 x，y，z 的函数，弹性体内各点的应变形成弹性体的应变场。

（4）位移　弹性体变形实际上是弹性体内质点的位置发生变化，这种位置的改变称为位移，用字母 Δ 表示。位移可分解为 x，y，z 三个坐标轴上的投影 u，v，w，称为位移分量。沿坐标轴正方向的位移分量为正，反之为负。位移的向量表示为

$$\boldsymbol{\Delta}=(u,v,w)^{\mathrm{T}}$$

弹性体发生形变时，各质点的位移为坐标 x，y，z 的函数。各点位移组成弹性体的位移场。各位移函数可记为 $u=u(x,y,z)$，$v=v(x,y,z)$，$w=w(x,y,z)$。

11.1.2　弹性力学基本方程

弹性力学基本方程描述弹性体内任一点应力、应变、位移以及外力之间的关系，它包括平衡方程、几何方程和物理方程三类。

（1）平衡方程

弹性体受力以后仍处于平衡状态，按微元体的静力平衡条件可获得其上的应力和体力在 x，y，z 三个方向上应分别满足的平衡方程

$$\begin{cases}\dfrac{\partial\sigma_x}{\partial x}+\dfrac{\partial\tau_{xy}}{\partial y}+\dfrac{\partial\tau_{xz}}{\partial z}+P_{Vx}=0\\[2ex]\dfrac{\partial\tau_{xy}}{\partial x}+\dfrac{\partial\sigma_y}{\partial y}+\dfrac{\partial\tau_{yz}}{\partial z}+P_{Vy}=0\\[2ex]\dfrac{\partial\tau_{xz}}{\partial x}+\dfrac{\partial\tau_{yz}}{\partial y}+\dfrac{\partial\sigma_z}{\partial z}+P_{Vz}=0\end{cases}\tag{11-1}$$

平衡方程是弹性体内部必须满足的条件，它说明六个应力分量通过三个平衡方程相互联系。

（2）几何方程　几何方程描述弹性体的应变和位移之间的关系，其矩阵形式为

$$
\boldsymbol{\varepsilon}=\begin{pmatrix}\varepsilon_x\\ \varepsilon_y\\ \varepsilon_z\\ \gamma_{xy}\\ \gamma_{yz}\\ \gamma_{zx}\end{pmatrix}=\begin{pmatrix}\dfrac{\partial u}{\partial x}\\ \dfrac{\partial v}{\partial y}\\ \dfrac{\partial w}{\partial z}\\ \dfrac{\partial u}{\partial y}+\dfrac{\partial v}{\partial x}\\ \dfrac{\partial v}{\partial z}+\dfrac{\partial w}{\partial y}\\ \dfrac{\partial w}{\partial x}+\dfrac{\partial u}{\partial z}\end{pmatrix}=\begin{pmatrix}\dfrac{\partial}{\partial x} & 0 & 0\\ 0 & \dfrac{\partial}{\partial y} & 0\\ 0 & 0 & \dfrac{\partial}{\partial z}\\ \dfrac{\partial}{\partial y} & \dfrac{\partial}{\partial x} & 0\\ 0 & \dfrac{\partial}{\partial z} & \dfrac{\partial}{\partial y}\\ \dfrac{\partial}{\partial z} & 0 & \dfrac{\partial}{\partial x}\end{pmatrix}\begin{pmatrix}u\\ v\\ w\end{pmatrix} \tag{11-2}
$$

式（11-2）说明一点的六个应变分量可用该点的三个位移分量表示。

（3）物理方程　物理方程也就是材料力学中所谓的广义胡克定律，它描述应力分量与应变分量之间的关系，这种关系与材料的物理特性有关。对于完全弹性的各向同性材料，应力分量与应变分量的关系为

$$
\boldsymbol{\varepsilon}=\begin{pmatrix}\varepsilon_x\\ \varepsilon_y\\ \varepsilon_z\\ \gamma_{xy}\\ \gamma_{yz}\\ \gamma_{zx}\end{pmatrix}=\begin{pmatrix}\dfrac{1}{E}[\sigma_x-\mu(\sigma_y+\sigma_z)]\\ \dfrac{1}{E}[\sigma_y-\mu(\sigma_z+\sigma_x)]\\ \dfrac{1}{E}[\sigma_z-\mu(\sigma_x+\sigma_y)]\\ \dfrac{1}{G}\tau_{xy}\\ \dfrac{1}{G}\tau_{yz}\\ \dfrac{1}{G}\tau_{zx}\end{pmatrix} \tag{11-3}
$$

式中，E 为材料的弹性模量；G 为切变模量；μ 为泊松比。它们满足：

$$
G=\frac{E}{2(1+\mu)}
$$

从式（11-3）的前三式解出 σ_x，σ_y，σ_z，从后三式解出 τ_{xy}，τ_{yz}，τ_{zx} 并考虑各材料系数的上述关系，物理方程也可以写成矩阵形式：

$$
\boldsymbol{\sigma}=\begin{pmatrix}\sigma_x\\ \sigma_y\\ \sigma_z\\ \tau_{xy}\\ \tau_{yz}\\ \tau_{zx}\end{pmatrix}=\frac{E(1-\mu)}{(1+\mu)(1-2\mu)}\begin{pmatrix}1 & \frac{\mu}{1-\mu} & \frac{\mu}{1-\mu} & 0 & 0 & 0\\ \frac{\mu}{1-\mu} & 1 & \frac{\mu}{1-\mu} & 0 & 0 & 0\\ \frac{\mu}{1-\mu} & \frac{\mu}{1-\mu} & 1 & 0 & 0 & 0\\ 0 & 0 & 0 & \frac{1-2\mu}{2(1-\mu)} & 0 & 0\\ 0 & 0 & 0 & 0 & \frac{1-2\mu}{2(1-\mu)} & 0\\ 0 & 0 & 0 & 0 & 0 & \frac{1-2\mu}{2(1-\mu)}\end{pmatrix}\begin{pmatrix}\varepsilon_x\\ \varepsilon_y\\ \varepsilon_z\\ \gamma_{xy}\\ \gamma_{yz}\\ \gamma_{zx}\end{pmatrix} \tag{11-4}
$$

简写为

$$\boldsymbol{\sigma}=\boldsymbol{D\varepsilon}$$

式中，

$$\boldsymbol{\sigma}=(\sigma_x,\ \sigma_y,\ \sigma_y,\ \tau_{xy},\ \tau_{yz},\ \tau_{zx})^{\mathrm{T}}$$

$$\boldsymbol{\varepsilon}=(\varepsilon_x,\ \varepsilon_y,\ \varepsilon_z,\ \gamma_{xy},\ \gamma_{yz},\ \gamma_{zx})^{\mathrm{T}}$$

$$
\boldsymbol{D}=\frac{E(1-\mu)}{(1+\mu)(1-2\mu)}\begin{pmatrix}1 & \frac{\mu}{1-\mu} & \frac{\mu}{1-\mu} & 0 & 0 & 0\\ \frac{\mu}{1-\mu} & 1 & \frac{\mu}{1-\mu} & 0 & 0 & 0\\ \frac{\mu}{1-\mu} & \frac{\mu}{1-\mu} & 1 & 0 & 0 & 0\\ 0 & 0 & 0 & \frac{1-2\mu}{2(1-\mu)} & 0 & 0\\ 0 & 0 & 0 & 0 & \frac{1-2\mu}{2(1-\mu)} & 0\\ 0 & 0 & 0 & 0 & 0 & \frac{1-2\mu}{2(1-\mu)}\end{pmatrix} \tag{11-5}
$$

$\boldsymbol{D}$ 称为弹性矩阵，由弹性模量 E 和泊松比 μ 确定，与坐标无关。

由上述内容可见，三类基本方程中包括 15 个方程，含有 6 个应力分量、6 个应变分量和 3 个位移分量共 15 个未知量，因此原则上可以解出这 15 个物理量。实际求解时并不是同时求出全部未知量，而是先求出一部分未知量（称为基本未知量），再通过基本方程求出其他未知量。根据基本未知量的选择不同，也就产生了三种不同的解题方法——位移法、应力法和混合法。其中位移法以三个位移分量作为基本未知量，目前有限元主要采用这种方法。

11.1.3　平面问题的基本概念

任何物体都占有三维空间，在载荷或温度变化等的作用下，物体内产生的应力、应变和位移也必然是三向的。一般来说，它们都是三个坐标 x，y，z 的函数。这样的问题称为弹性力学空间问题。

在科学研究和工程应用中，当构件形状有某些特点，并且受到特殊的分布外力作用或温度变化影响时，某些空间问题可以简化为弹性力学的平面问题。这些问题中的应力、应变和位移仅为两个坐标（x，y）的函数。平面问题可以进而分为平面应变问题和平面应力问题两大类。

（1）平面应变问题　设一构件如图 11-3 所示，其纵向（z）尺寸远大于横向（x，y）尺寸，且与纵轴垂直的各横截面都相同；受到垂直于纵轴且不沿长度变化的外力（包括体积力 P_{Vx}，P_{Vy}，同时有 $P_{Vz}=0$）的作用，而且约束条件也不沿长度变化。这时，可以把构件在纵向作为无限延长看待。因此，任一横截面都可视为对称面，其上各点都不会产生沿 z 方向的位移，而沿 x，y 方向的位移也与坐标 z 坐标无关。即有

$$u=u(x,y)\,,\ v=v(x,y)\,,\ w=0 \tag{a}$$

显然，在这种条件下构件所有横截面上对应点（x，y 坐标相同）的应力、应变和位移是相同的。这样，我们只需从构件中沿纵向截出单位厚度的薄片进行分析，用以代替对整个构件的研究。

在工程和机械中，许多结构或构件属于这一类问题。例如，直的堤坝和隧道；圆柱形长管受到其内部的水（油、气）压力作用，如图 11-3a 所示；圆柱形长轴受到垂直于纵轴的均匀压力，如图 11-3b 所示；其他如轧钢机的轧辊、花键轴、键联结等，均可近似地视为平面应变问题。

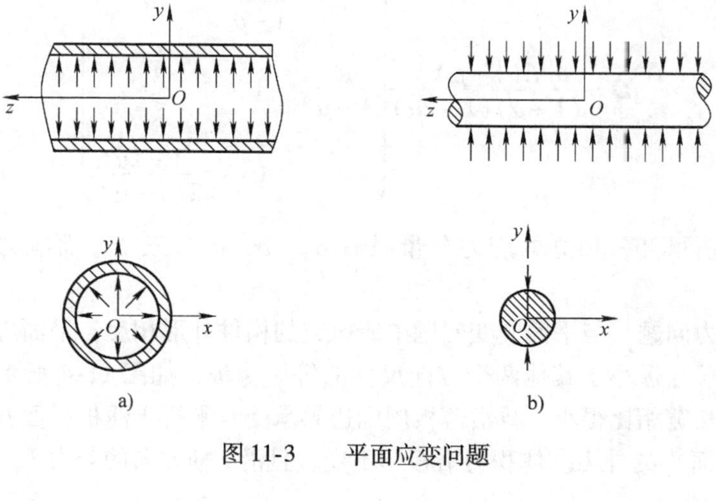

图 11-3　平面应变问题

还有另一种情况，当构件的纵向尺寸虽然不很大，但其两端面却被刚性光滑面所固定，而不能有纵向位移，如果其他条件与上面所述相同时，则式（a）仍然是适用的，也属平面应变问题。

根据式（a），位移与 z 坐标无关，由几何方程（11-2）可知，构件中的六个应变分量中

不等于零的三个应变分量是 ε_x，ε_y 和 γ_{xy}，且

$$\boldsymbol{\varepsilon}=\begin{pmatrix}\varepsilon_x\\ \varepsilon_y\\ \gamma_{xy}\end{pmatrix}=\begin{pmatrix}\dfrac{\partial u(x,y)}{\partial x}\\ \dfrac{\partial v(x,y)}{\partial y}\\ \dfrac{\partial v(x,y)}{\partial x}+\dfrac{\partial u(x,y)}{\partial y}\end{pmatrix} \tag{11-6}$$

其中，ε_x，ε_y 和 γ_{xy} 仅发生在与坐标面 xOy 平行的平面内，即在图 11-3 所示构件的横截面内。式（11-6）为平面问题的几何方程。

由式（a）和几何方程（11-2）知 $\gamma_{yz}=0$，$\gamma_{zx}=0$，代入物理方程（11-3）的第五和第六式，得 $\tau_{yz}=0$，$\tau_{zx}=0$。

同样由式（a）和几何方程（11-2）知 $\varepsilon_z=0$，代入物理方程（11-3）的第三式，有

$$\sigma_z=\mu(\sigma_x+\sigma_y) \tag{b}$$

在 z 轴方向没有应变，但其应力 σ_z 并不为零。即 $\varepsilon_z=0$，而 $\sigma_z\neq0$，这是平面应变问题的特征。

将平面应变问题的应力分量记为

$$\boldsymbol{\sigma}=(\sigma_x,\ \sigma_y,\ \tau_{xy})^{\mathrm{T}}$$

则平面应变问题的物理方程可写为

$$\boldsymbol{\sigma}=\boldsymbol{D}\boldsymbol{\varepsilon} \tag{11-7}$$

式中，$\boldsymbol{D}$ 称为平面应变问题的弹性矩阵，且

$$\boldsymbol{D}=\frac{E(1-\mu)}{(1+\mu)(1-2\mu)}\begin{pmatrix}1 & \dfrac{\mu}{1-\mu} & 0\\ \dfrac{\mu}{1-\mu} & 1 & 0\\ 0 & 0 & \dfrac{1-2\mu}{2(1-\mu)}\end{pmatrix} \tag{11-8}$$

由上面的分析可知，独立的应力分量只有 σ_x，σ_y 和 τ_{xy} 三个，而应力 σ_z 可由式（b）求出。

（2）平面应力问题　与平面应变问题中所研究的构件外形相反，平面应力问题的构件是其中一个方向的尺寸远小于其他两个方向尺寸的等厚薄板，如图 11-4 所示。它沿 z 轴方向的厚度 h 与板的长宽相比很小，且沿薄板周围边界承受着平行于薄板平面并沿其厚度均匀分布（或对称于中面）的外力。体积力沿板厚不变，且沿 z 轴方向的分力 $P_{Vz}=0$。在板的前后表面上没有外力作用，即当 $z=\pm\dfrac{h}{2}$ 时，

$$\sigma_z=0,\ \tau_{zx}=0,\ \tau_{zy}=0$$

在板内部可以有上列应力，但由于板的厚度很小，载荷沿板厚又无变化，因此这些应力一定是很小的，可以略去不计。其余三个应力分量 σ_x，σ_y 和 τ_{xy} 也近似认为沿板厚无变化，即它

们仅是坐标 x，y 的函数与坐标 z 无关。这类问题称为平面应力问题。

在平面应力问题中，薄板的两表面为自由表面，故认为 σ_z 等于零，但沿 z 轴的应变并不等于零，即 $\sigma_z=0$，$\varepsilon_z\neq0$，这是平面应力问题的特征。这与平面应变的情况刚好相反。如果将 $\sigma_z=0$ 代入物理方程（11-3）的第三式，则有

$$\varepsilon_z=-\frac{\mu}{E}(\sigma_x+\sigma_y) \tag{c}$$

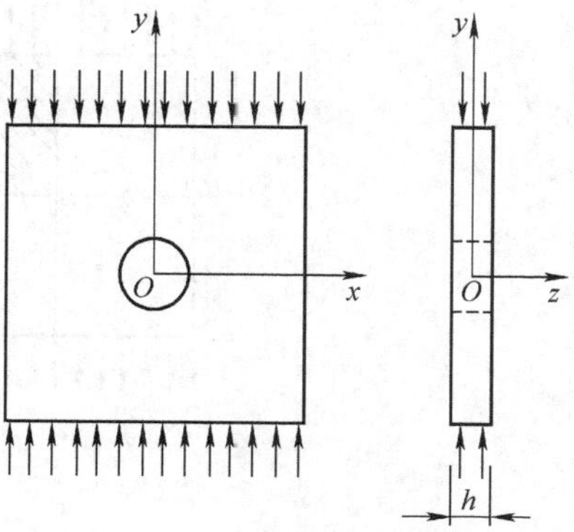

图 11-4 平面应力问题

由于认为板内 $\tau_{zx}=\tau_{zy}=0$，将其代入物理方程（11-4）的第五式和第六式，则有 $\gamma_{zx}=0$，$\gamma_{zy}=0$。物理方程（11-4）的另外三式仍成为式（11-7），但平面应力问题的弹性矩阵 $\boldsymbol{D}$ 为

$$\boldsymbol{D}=\frac{E}{1-\mu^2}\begin{pmatrix}1 & \mu & 0\\ \mu & 1 & 0\\ 0 & 0 & \frac{1-\mu}{2}\end{pmatrix} \tag{11-9}$$

显然，在平面应力问题中，有 σ_x，σ_y 和 τ_{xy} 三个应力分量，以及 ε_z，ε_y 和 γ_{xy} 三个独立的应变分量。

机械工程中的许多构件如带传动的带轮、链传动的链片、发动机中的连杆、内燃机的飞轮、直齿圆柱齿轮等都可简化为平面应力问题来处理。

我们将两类平面问题的弹性矩阵式（11-8）与式（11-9）进行比较后，将会发现，如果用 $\frac{E}{1-\mu^2}$ 和 $\frac{\mu}{1-\mu}$ 分别代换平面应力弹性矩阵式（11-9）中的 E 和 μ，就得到平面应变弹性矩阵式（11-8）。

11.2 平面三角形单元

11.2.1 平面问题的离散化

将连续系统（连续体）离散化时，首先应考虑选择合适的单元。这一选择取决于计算对象（此处为结构）的几何形状、计算精度要求和描述该问题所必需的独立空间坐标数目。

平面问题最常采用的单元是三角形单元和矩形单元。如图 11-5 所示，左图是一带椭圆孔的平板，由于结构和载荷都关于 x 轴和 y 轴对称，故可取其四分之一计算。在对称轴上的点，由于没有垂直于对称轴的位移，因此在对称轴上的各结点处设置相应的支座链杆，所计算的四分之一结构上的载荷也移置到结点上。采用三角形单元离散后的计算模型如右图所示。

图 11-6 左图所示是带方孔的矩形板，右图为采用矩形单元离散化右下方四分之一部分结构的计算简图。

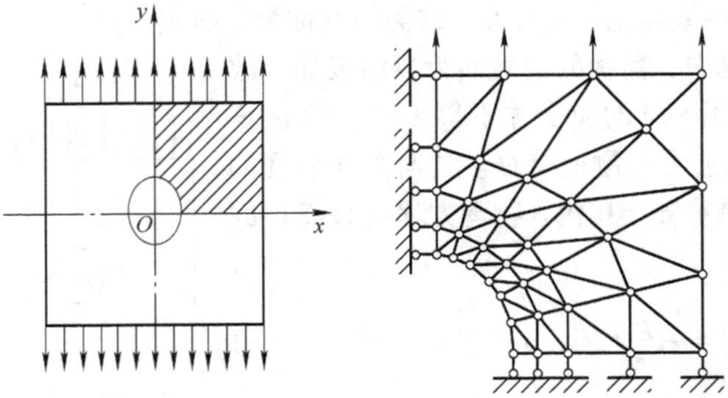

图 11-5 带椭圆孔的平板

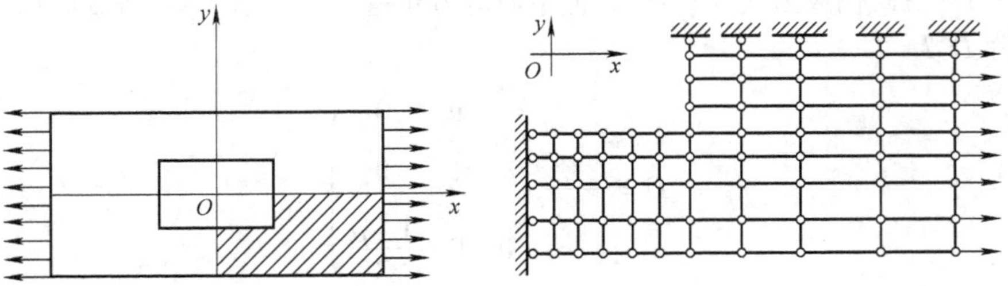

图 11-6 带方孔的矩形板

对于平面问题，三角形单元较适宜于模拟有曲线边界的物体或结构，而矩形单元计算精度较三角形单元高。需进一步提高精度要求时，可采用六结点三角形单元、八结点平面等参数单元等，它们可以同时满足计算精度和模拟曲线边界的要求。划分单元时应注意以下几点。

1）单元各边不要相差太大。计算实践表明，单元各边比例相差过大是影响计算精度的一个重要因素。对于三角形单元而言，划分单元时应尽量使单元接近于等边三角形。等腰直角三角形单元也是较好的选择。但通常为了适应边界形状及单元大小的过渡，很难实现这一要求，不过要尽量满足。

2）单元的大小要根据计算精度和计算成本来确定。一般来说，单元越小，网格越密，计算结果越精确。但要求的计算机容量也越大，计算时间也越长。因此应在二者之间合理取舍。今天，计算机能力越来越强，计算成本越来越低，有限元计算的趋势是越来越着重于考虑精度要求。

3）单元疏密要按应力（场）的梯度变化分布。应根据计算者的实践经验对所计算对象进行判断，在应力梯度大的部位和重要的部位，单元应取小些，网格分布密一些。如图 11-5 所示的圆孔处。反之，应力变化平缓的部位和不重要的部位，单元可取大些，网格也就稀一些。

4）注意单元的界面布置。在计算对象的厚度或其材料有突变之处（不是指复合材料），除在这些部位处单元取小些外，还应将突变线作为单元的边界。载荷变化处同样应将单元划分小些，载荷突变点也应作为单元边界。集中载荷作用处也应作为结点。

将连续系统进行有限元离散化，是一个综合运用工程判断力的过程，其目标是要使原来的系统在计算模型中得到尽可能精确的模拟。这个过程进行得正确与否，关系到整个计算分析的精度高低。以上几点只是最基本的应注意之处。单元离散化的经验需要不断从实践中积累。

特别需要指出，今天的有限元分析大多采用通用商业软件进行，连续系统的离散化工作多由计算机自动完成。但这丝毫不能成为不重视有限元离散化工作的理由。毕竟计算机自动生成的网格是否能达到计算要求，需要使用者作出正确的判断。

11.2.2　单元的结点位移向量和结点力向量

对于离散化生成的有限元模型，如图 11-5 所示的网格，任意取出一个单元进行研究，单元的三个结点按逆时针方向顺序编号为 i，j，m。结点坐标分别为（x_i，y_i），（x_j，y_j），（x_m，y_m），如图 11-7a 所示。

由弹性力学平面问题可知，一个连续体，每点有两个位移分量，因此单元每个结点应有两个位移分量。结点所具有的位移分量的数目（有时称为描述该问题所必需的独立空间坐标数目）称为结点自由度。三角形单元有三个结点，每一个结点有两个自由度，单元共有六个自由度：u_i，v_i；u_j，v_j；u_m，v_m。如图 11-7b 所示，各结点位移向量可写成为

$$\boldsymbol{\Delta}_i = (u_i,\ v_i)^{\mathrm{T}} \qquad (i,\ j,\ m)$$

这里（i，j，m）表示下标轮换，即分别轮换三个下标，获得三个式子。

三角形单元的单元结点位移向量写成为

$$\boldsymbol{\Delta}^e = (\boldsymbol{\Delta}_i^{\mathrm{T}},\ \boldsymbol{\Delta}_j^{\mathrm{T}},\ \boldsymbol{\Delta}_m^{\mathrm{T}})^{\mathrm{T}} = (u_i,\ v_i,\ u_j,\ v_j,\ u_m,\ v_m)^{\mathrm{T}} \tag{11-10}$$

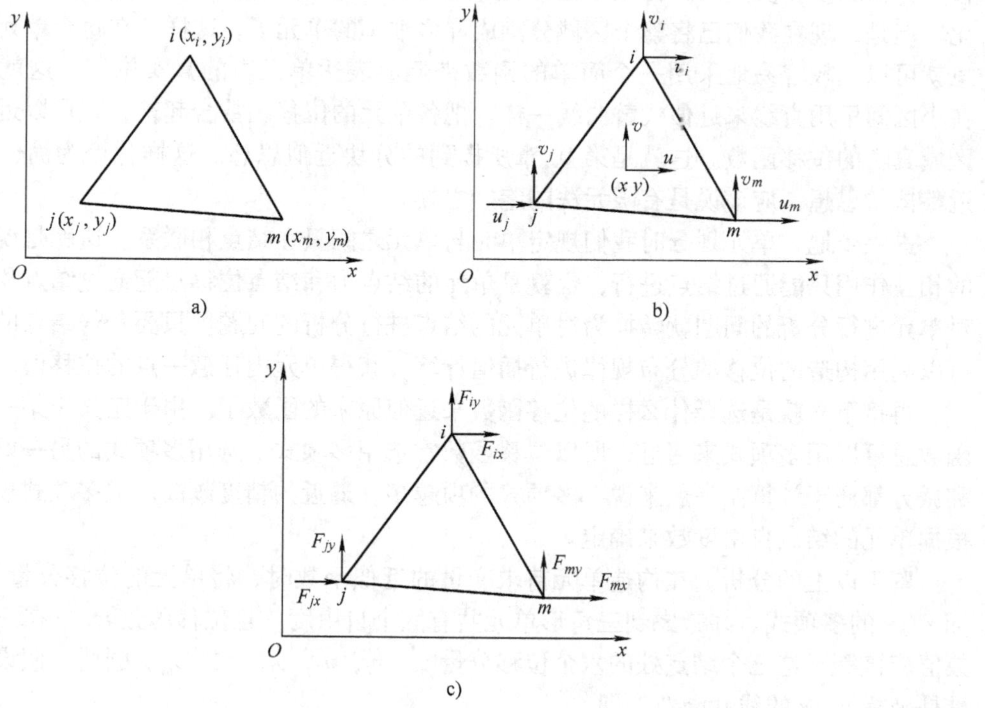

图 11-7　平面三结点三角形单元

如图 11-7c 所示，与结点位移向量相对应的结点力向量是

$$\boldsymbol{F}_i = (F_{ix},\ F_{iy})^{\mathrm{T}} \qquad (i,\ j,\ m)$$

这里（i，j，m）表示下标轮换。

三角形单元的单元结点力向量是

$$\boldsymbol{F}^e = (\boldsymbol{F}_i^{\mathrm{T}},\ \boldsymbol{F}_j^{\mathrm{T}},\ \boldsymbol{F}_m^{\mathrm{T}})^{\mathrm{T}} = (F_{ix},\ F_{iy},\ F_{jx},\ F_{jy},\ F_{mx},\ F_{my})^{\mathrm{T}} \tag{11-11}$$

在有限元位移法中，取结点位移作为基本未知量。单元分析的基本任务是建立单元结点力与结点位移之间的关系，也就是要确定关系式

$$\boldsymbol{F}^e = \boldsymbol{k}\boldsymbol{\Delta}^e \tag{11-12}$$

式中，$\boldsymbol{k}$ 是 6×6 阶的矩阵，称为单元刚度矩阵。

11.2.3　单元位移模式

（1）单元位移模式和形函数　有限单元法虽然是用离散化模型代替原来的连续体，但在每一个单元内部，则认为仍然是连续体，是满足弹性力学基本假设的。因此弹性力学的基本方程，在每个单元内部同样适用。

弹性力学的基本物理量，如位移、应变和应力等都是场变量。前面已说明，这里的研究采用位移法。从弹性力学的理论知道，如果弹性体内的位移分量已知，则应变分量和应力分量也就随之可以确定了。求解连续系统的微分方程就是要获得待求原函数的分布规律。具体到这里的弹性力学平面问题，就是位移变量的分布规律。遗憾的是，这些原函数常常是很难求得的。为此，有限元法在求解问题时，是在选定的区域内，构造一个待求场变量（位移）的分布规律，用以近似原来场变量（位移）的变化规律。由于在整个弹性体内，各点的位移变化情况是很复杂的，在整个区域里很难选取一个恰当的位移函数来表示位移的复杂变化。但是，现在我们已将整个区域分割成许多细小的单元了，这样，在每个单元的局部范围里就可以比较容易地采用一个简单的函数来近似表达单元内的真实位移。这就像 10.2 节，在小区间里用直线来近似代替曲线一样。把各单元的位移函数合起来，就可以近似表示整个区域真实的位移函数。这就是第 10 章所提到的分块近似思想。这样化繁为简，联合局部逼近整体的思想，应该说是有限元法的绝妙之处。

进一步地，单元划分时我们规定单元与单元之间只在结点相联系。这就是说，单元之间的相互作用只能通过结点进行，也就是单元的结点力和结点位移只能通过结点相传递。因此对单元进行分析的问题就转换为对单元的结点进行分析的问题。只要获得结点的位移值，就可以利用构造的位移的分布规律进行插值计算，获得单元内任意一点的位移值。

再接下来就是选择什么样的位移函数来近似原来的函数了。由于定义于某一闭区域内的函数总可以用多项式来逼近，所以位移函数常选用多项式。选用多项式的另一好处是其积分和微分都便于计算。一般来说，多项式的项越多，逼近的精度越高。但多项式项数的多少应根据单元的结点自由度数来确定。

鉴于以上的分析，在构造单元待求变量的近似函数时，将单元的位移分量 u，v 取为坐标 x，y 的多项式。并考虑到三角形单元共有六个自由度，且位移函数 u，v 在三个结点处的数值应该等于这三个结点处的六个位移分量 u_i，v_i，u_j，v_j，u_m，v_m。据此，假设单元位移分量是坐标 x，y 的线性函数，即

$$\begin{cases} u(x,y) = \alpha_1 + \alpha_2 x + \alpha_3 y \\ v(x,y) = \alpha_4 + \alpha_5 x + \alpha_6 y \end{cases} \tag{11-13}$$

选取式（11-13）的多项式，是因为三结点三角形单元有六个结点自由度，恰好可以确定六个待定常数，同时表达式（11-13）不偏惠 x，y 任一坐标。这种不偏惠任一坐标的处理可使设定的近似函数具有全局较高精度。

因待求的场变量是位移，故式（11-13）又称为位移模式。

在式（11-13）中，六个参数 α_1，α_2，α_3，α_4，α_5，α_6 恰好由三个结点的六个位移分量完全确定。即在 i，j，m 三点应当有

$$\begin{cases} u_i = \alpha_1 + \alpha_2 x_i + \alpha_3 y_i \\ u_j = \alpha_1 + \alpha_2 x_j + \alpha_3 y_j \\ u_m = \alpha_1 + \alpha_2 x_m + \alpha_3 y_m \end{cases}, \quad \begin{cases} v_i = \alpha_4 + \alpha_5 x_i + \alpha_6 y_i \\ v_j = \alpha_4 + \alpha_5 x_j + \alpha_6 y_j \\ v_m = \alpha_4 + \alpha_5 x_m + \alpha_6 y_m \end{cases} \tag{a}$$

求解式（a）左列三个方程，得

$$\alpha_1 = \frac{1}{2A}\begin{vmatrix} u_i & x_i & y_i \\ u_j & x_j & y_j \\ u_m & x_m & y_m \end{vmatrix}, \quad \alpha_2 = \frac{1}{2A}\begin{vmatrix} 1 & u_i & y_i \\ 1 & u_j & y_j \\ 1 & u_m & y_m \end{vmatrix}, \quad \alpha_3 = \frac{1}{2A}\begin{vmatrix} 1 & x_i & u_i \\ 1 & x_j & u_j \\ 1 & x_m & u_m \end{vmatrix} \tag{b}$$

式中，

$$2A = \begin{vmatrix} 1 & x_i & y_i \\ 1 & x_j & y_j \\ 1 & x_m & y_m \end{vmatrix} \tag{11-14a}$$

因 A 是三角形面积，因此要求三角形单元的结点 i，j，m 按逆时针转向顺序编号，以保证三角形面积为正。

将式（b）代入式（11-13）第一式，并按结点位移整理，得到

$$u(x,y) = \frac{1}{2A}[(a_i + b_i x + c_i y)u_i + (a_j + b_j x + c_j y)u_j + (a_m + b_m x + c_m y)u_m] \tag{c}$$

式中，

$$a_i = \begin{vmatrix} x_j & y_j \\ x_m & y_m \end{vmatrix} = x_j y_m - x_m y_j \qquad (i,j,m) \tag{11-14b}$$

$$b_i = -\begin{vmatrix} 1 & y_j \\ 1 & y_m \end{vmatrix} = y_j - y_m \qquad (i,\ j,\ m) \tag{11-14c}$$

$$c_i = \begin{vmatrix} 1 & x_j \\ 1 & x_m \end{vmatrix} = x_m - x_j \qquad (i,\ j,\ m) \tag{11-14d}$$

这里（i，j，m）表示下标轮换。

同理求解式（a）右列三个方程并回代到式（11-3）第二式，可得

$$v(x,y) = \frac{1}{2A}[(a_i + b_i x + c_i y)v_i + (a_j + b_j x + c_j y)v_j + (a_m + b_m x + c_m y)v_m] \tag{d}$$

由式（c）、式（d）两式可得到用单元结点位移表示的单元位移模式，即

$$\boldsymbol{\Delta}=\begin{pmatrix}u(x,y)\\v(x,y)\end{pmatrix}=\left(\begin{array}{cc|cc|cc}N_i(x,y) & 0 & N_j(x,y) & 0 & N_m(x,y) & 0\\0 & N_i(x,y) & 0 & N_j(x,y) & 0 & N_m(x,y)\end{array}\right)\boldsymbol{\Delta}^e \tag{11-15}$$

式中的 N_i，N_j，N_m 由下式轮换得出

$$N_i(x,y)=\frac{a_i+b_ix+c_iy}{2A}\qquad(i,j,m) \tag{11-16}$$

式（11-15）也可写成为

$$\boldsymbol{\Delta}=(\boldsymbol{I}N_i,\ \boldsymbol{I}N_j,\ \boldsymbol{I}N_m)\boldsymbol{\Delta}^e=\boldsymbol{N}\boldsymbol{\Delta}^e \tag{11-17}$$

式中，$\boldsymbol{I}$ 为二阶单位矩阵；这里的 N_i，N_j，N_m 是坐标的连续函数，它反映单元内位移分布状态，称为位移的形态函数，简称为形函数；$\boldsymbol{N}$ 称为形态函数矩阵。

（2）形函数的性质　可以证明，形函数在结点处具有以下性质：

1）

$$\begin{cases}N_i(x_i,y_i)=1,\ N_j(x_i,y_i)=0,\ N_m(x_i,y_i)=0\\N_i(x_j,y_j)=0,\ N_j(x_j,y_j)=1,\ N_m(x_j,y_j)=0\\N_i(x_m,y_m)=0,\ N_j(x_m,y_m)=0,\ N_m(x_m,y_m)=1\end{cases} \tag{11-18}$$

可写成统一的形式

$$N_i(x_j,y_j)=\begin{cases}1,\ i=j\\0,\ i\neq j\end{cases} \tag{11-19}$$

即形函数在其自身结点处的值为1，在其余结点处的值为0。

2）

$$\sum_{i=1}^{n}N_i(x,y)=1 \tag{11-20}$$

即形函数在单元任意一点处各分量的值之和为1。

下面可以看到，可以利用形函数的性质来构造形函数。

根据形函数的这些性质，再由式（11-15）和式（11-16）可以看出，单元位移模式可以直接通过单元结点位移 $\boldsymbol{\Delta}^e$，用形函数插值表示出来，所以 N_i，N_j，N_m 也称为位移插值函数。

（3）保证有限元解的收敛，位移模式必须满足的条件　为了保证有限元法得到正确解答，单元位移模式必须满足一定的条件，使得当单元划分越来越细，网格越来越密时，所得的解答能收敛于问题的精确解。这些条件是：

1）位移模式必须在单元内连续，并且两相邻单元间的公共边界上的位移必须协调。后者意味着单元的变形不得引起单元之间裂开或重叠。

2）位移模式必须包含单元的刚体位移。这是因为在弹性体的每一单元的位移总是包括两部分：一部分是由于单元的变形引起的；另一部分是与单元的变形无关，也就是刚体位移。选取单元位移函数，必须反映出这些实际状态。

3）位移模式必须包含单元的常应变状态。这点从物理意义上看是显然的。因为当物体被分割成越来越小的单元时，单元中各点的应变相差很小而趋于相等。如果设想将单元尺寸取得趋于无限小时，单元的应变应逼近于常量，也就是说，单元处于常应变状态。所选取的

位移模式同样应该反映单元的这种实际状态。

通常，把满足于上述第一个条件的单元，称为协调（或连续的）单元。满足第二与第三个条件的单元，称为完备单元。理论和实践都已证明：条件 2）和条件 3）是有限单元收敛于正确解答的必要条件。三个条件都满足的单元称为完备的协调单元，放松第一个条件的单元称为完备的非协调单元。在某些梁、板及壳体的分析中，满足条件（1）较为困难，采用完备的非协调单元也能获得令人满意的解答。

可以证明，所选取的线性位移模式（11-13）是满足这三个条件的，三结点三角形单元是完备的协调单元。

11.2.4　面积坐标

现在我们再来进一步讨论形函数的性质，从而引进面积坐标的概念。在三角形域上和在其边界上进行积分运算时，采用面积坐标可使计算简化。另外，对某些问题，当采用直角坐标构造单元位移模式时，将会遇到不可克服的矛盾，如果改用面积坐标时，将是十分有效的，并使上述矛盾迎刃而解。

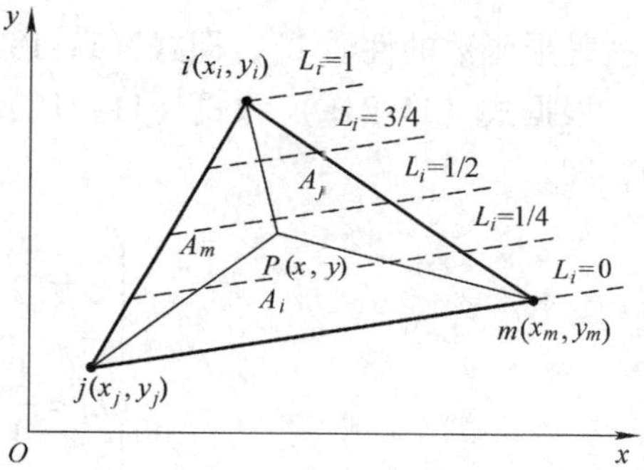

图 11-8　面积坐标

单元形函数 $N_i(x, y)$，$N_j(x, y)$ 和 $N_m(x, y)$ 有很明显的几何意义。如图 11-8 所示，将三角形单元 i, j, m 内任意一点 $P(x, y)$ 和三顶点分别作连线，将三角形的面积 A 分割成三个小三角形面积，按其对应的结点 i, j, m 分别记为 A_i，A_j，A_m，显然有

$$A = A_i + A_j + A_m \tag{a}$$

由式（11-16）并利用式（11-14）很容易证明

$$\begin{aligned} N_i &= \frac{1}{2A}(a_i + b_i x + c_i y) \\ &= \frac{1}{2A}[(x_j y_m - x_m y_j) + (y_j - y_m)x + (x_m - x_j)y] \\ &= \frac{1}{2A}\begin{vmatrix} 1 & x & y \\ 1 & x_j & y_j \\ 1 & x_m & y_m \end{vmatrix} = \frac{A_i}{A} \end{aligned} \tag{11-21a}$$

同理可证

$$N_j = \frac{A_j}{A},\ N_m = \frac{A_m}{A} \tag{11-21b}$$

如果我们定义三个量 L_i，L_j，L_m，并使

$$L_i = \frac{A_i}{A},\ L_j = \frac{A_j}{A},\ L_m = \frac{A_m}{A} \tag{11-22}$$

则 L_i，L_j，L_m 称为点 $P(x, y)$ 的面积坐标，就是说当这三个比值确定了，则点 P 的位置也就确定了。显然，

$$L_i + L_j + L_m = 1 \tag{11-23}$$

式（11-21a）和式（11-21b）表明，三角形常应变单元中的形函数 N_i，N_j，N_m，实际上是面积坐标 L_i，L_j，L_m。因此式（11-23）就是形函数的性质2)，即式（11-20）。

根据面积坐标的定义，不难从图11-8中看出，在平行于 jm 边的直线上所有各点都有相同的 L_i 坐标，并且这个坐标就等于该直线至 jm 边的距离与结点 i 至 jm 边的距离的比值。在图11-8中表示出了 L_i 的一些等值线族。由面积坐标的定义可直接看出，在单元的三个结点处的面积坐标分别为

$$结点\ i：L_i = 1,\ L_j = 0,\ L_m = 0 \tag{b}$$

$$结点\ j：L_i = 0,\ L_j = 1,\ L_m = 0 \tag{c}$$

$$结点\ m：L_i = 0,\ L_j = 0,\ L_m = 1 \tag{d}$$

这就是形函数的性质1)，即式（11-18）或式（11-19）。

根据式（11-21a）和式（11-21b），可以直接看出面积坐标与直角坐标间有以下的关系，即

$$\begin{cases} L_i = \dfrac{A_i}{A} = \dfrac{1}{2A}(a_i + b_i x + c_i y) \\ L_j = \dfrac{A_j}{A} = \dfrac{1}{2A}(a_j + b_j x + c_j y) \\ L_m = \dfrac{A_m}{A} = \dfrac{1}{2A}(a_m + b_m x + c_m y) \end{cases} \tag{11-24}$$

同样，也可以采用面积坐标来表示直角坐标，这只要将式（11-24）中的三个式子分别乘以 x_i，x_j，x_m，然后相加并注意到式（11-14a）就可以证明

$$x = x_i L_i + x_j L_j + x_m L_m$$

同理还可得

$$y = y_i L_i + y_j L_j + y_m L_m$$

把上两式与式（11-23）合并写在一起，则有

$$\begin{cases} x = x_i L_i + x_j L_j + x_m L_m \\ y = y_i L_i + y_j L_j + y_m L_m \\ 1 = L_i + L_j + L_m \end{cases} \tag{11-25}$$

如果把 L_i，L_j 视为独立自变量，则 $L_m = 1 - L_i - L_j$，式（11-25）可改写成为

$$\begin{cases} x = (x_i - x_m) L_i + (x_j - x_m) L_j + x_m \\ y = (y_i - y_m) L_i + (y_j - y_m) L_j + y_m \end{cases} \tag{11-26}$$

当面积坐标的函数对直角坐标（x，y）求导数时，根据复合函数求导规则，可得到它们之间的转换关系式为

$$\begin{cases} \dfrac{\partial}{\partial x} = \dfrac{\partial L_i}{\partial x}\dfrac{\partial}{\partial L_i} + \dfrac{\partial L_j}{\partial x}\dfrac{\partial}{\partial L_j} + \dfrac{\partial L_m}{\partial x}\dfrac{\partial}{\partial L_m} = \dfrac{1}{2A}\left(b_i\dfrac{\partial}{\partial L_i} + b_j\dfrac{\partial}{\partial L_j} + b_m\dfrac{\partial}{\partial L_m}\right) \\ \dfrac{\partial}{\partial y} = \dfrac{\partial L_i}{\partial y}\dfrac{\partial}{\partial L_i} + \dfrac{\partial L_j}{\partial y}\dfrac{\partial}{\partial L_j} + \dfrac{\partial L_m}{\partial y}\dfrac{\partial}{\partial L_m} = \dfrac{1}{2A}\left(c_i\dfrac{\partial}{\partial L_i} + c_j\dfrac{\partial}{\partial L_j} + c_m\dfrac{\partial}{\partial L_m}\right) \end{cases} \tag{11-27}$$

在计算面积坐标的幂函数在三角形单元上的积分时，可以应用以下积分公式

$$\iint L_i^a L_j^b L_m^c \mathrm{d}x\mathrm{d}y = \frac{a!b!c!}{(a+b+c+2)!}2A \tag{11-28}$$

式中，a，b，c 为整数。计算面积坐标的幂函数沿三角形单元某一边上积分时，可以应用公式

$$\int L_i^a L_j^b \mathrm{d}s = \frac{a!b!}{(a+b+1)!}l \qquad (i,j,m) \tag{11-29}$$

式中，s 为沿三角形某边上的积分变量；l 为该边的长度。

例 11-1　图 11-9 所示为平面三结点三角形单元，试确定 P 点形函数的值（N_i，N_j，N_m）。

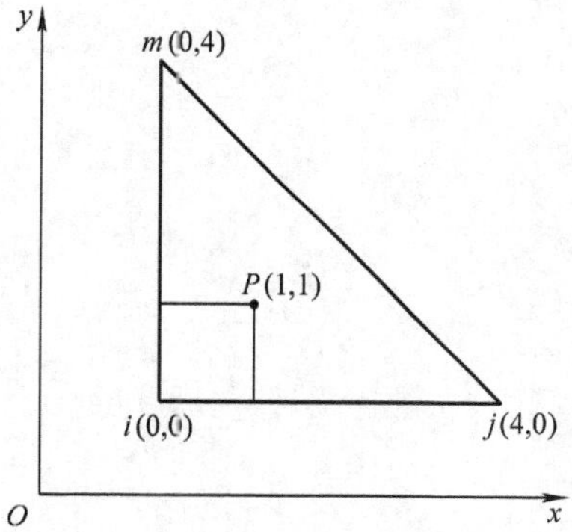

图 11-9　例 11-1 图

解　方法一

$$a_i = \begin{vmatrix} x_j & y_j \\ x_m & y_m \end{vmatrix} = x_j y_m - x_m y_j = 16 - 0 = 16$$

$$b_i = -\begin{vmatrix} 1 & y_j \\ 1 & y_m \end{vmatrix} = y_j - y_m = 0 - 4 = -4$$

$$c_i = \begin{vmatrix} 1 & x_j \\ 1 & x_m \end{vmatrix} = x_m - x_j = 0 - 4 = -4$$

$$2A = 2 \times \frac{1}{2} \times 4 \times 4 = 16$$

利用式（11-16）得

$$N_i(1,1) = \frac{16 - 4\times1 - 4\times1}{16} = \frac{1}{2}$$

同理可得 $a_j = 0$，$b_j = 4$，$c_j = 0$；$a_m = 0$，$b_m = 0$，$c_m = 4$

$$N_j(1,1) = \frac{0 + 4\times1 + 0\times1}{16} = \frac{1}{4}$$

$$N_m(1,1) = \frac{0 + 0\times1 + 4\times1}{16} = \frac{1}{4}$$

验证：$N_i(1,1) + N_j(1,1) + N_m(1,1) = 1$

方法二

利用面积坐标到直角坐标变换公式

$$\begin{cases} x = x_i L_i + x_j L_j + x_m L_m \\ y = y_i L_i + y_j L_j + y_m L_m \\ 1 = L_i + L_j + L_m \end{cases}$$

可得

$$\begin{cases} 1 = 0 \times L_i + 4 \times L_j + 0 \times L_m \\ 1 = 0 \times L_i + 0 \times L_j + 4 \times L_m \\ 1 = L_i + L_j + L_m \end{cases}$$

解得

$$\begin{cases} L_i = \dfrac{1}{2} \\ L_j = \dfrac{1}{4} \\ L_m = \dfrac{1}{4} \end{cases}$$

即

$$\begin{cases} N_i = L_i = \dfrac{1}{2} \\ N_j = L_j = \dfrac{1}{4} \\ N_m = L_m = \dfrac{1}{4} \end{cases}$$

11.2.5 单元刚度矩阵

（1）单元应变与单元结点位移的关系　根据平面问题几何方程（11-6），若定义应变列阵 $\boldsymbol{\varepsilon} = (\varepsilon_x,\ \varepsilon_y,\ \gamma_{xy})^{\mathrm{T}}$，则可改写成为

$$\boldsymbol{\varepsilon} = \begin{pmatrix} \varepsilon_x \\ \varepsilon_y \\ \gamma_{xy} \end{pmatrix} = \begin{pmatrix} \dfrac{\partial u}{\partial x} \\ \dfrac{\partial v}{\partial y} \\ \dfrac{\partial u}{\partial y} + \dfrac{\partial v}{\partial x} \end{pmatrix} = \begin{pmatrix} \dfrac{\partial}{\partial x} & 0 \\ 0 & \dfrac{\partial}{\partial y} \\ \dfrac{\partial}{\partial y} & \dfrac{\partial}{\partial x} \end{pmatrix} \begin{pmatrix} u \\ v \end{pmatrix}$$

将单元位移模式（11-15）代入上式，考虑到式（11-16），通过微分运算之后得到单元内应变分量为

$$\boldsymbol{\varepsilon}=\begin{pmatrix}\varepsilon_x\\ \varepsilon_y\\ \gamma_{xy}\end{pmatrix}=\frac{1}{2A}\begin{pmatrix}b_i & 0 & b_j & 0 & b_m & 0\\ 0 & c_i & 0 & c_j & 0 & c_m\\ c_i & b_i & c_j & b_j & c_m & b_m\end{pmatrix}\begin{pmatrix}u_i\\ v_i\\ u_j\\ v_j\\ u_m\\ v_m\end{pmatrix} \tag{11-30a}$$

或简写成为

$$\boldsymbol{\varepsilon}=\boldsymbol{B\Delta}^e \tag{11-30b}$$

式中，矩阵

$$\boldsymbol{B}=(\boldsymbol{B}_i,\ \boldsymbol{B}_j,\ \boldsymbol{B}_m) \tag{11-31a}$$

且

$$\boldsymbol{B}_i=\frac{1}{2A}\begin{pmatrix}b_i & 0\\ 0 & c_i\\ c_i & b_i\end{pmatrix}\quad (i,j,m) \tag{11-31b}$$

式（11-30a）或式（11-30b）即为单元应变与单元结点位移的关系。矩阵 $\boldsymbol{B}$ 称为应变矩阵。它的元素都是只与单元的几何性质有关的常量。由式（11-30a）看出，单元内各点的应变分量也都为常量。我们把这种单元称为平面问题的常应变三角形单元。

（2）单元应力与单元结点位移的关系　将式（11-30b）代入物理方程（11-7）中，得单元应力

$$\boldsymbol{\sigma}=\boldsymbol{D\varepsilon}=\boldsymbol{DB\Delta}^e=\boldsymbol{S\Delta}^e \tag{11-32}$$

式（11-32）即为单元应力与单元结点位移之间的关系。矩阵 $\boldsymbol{S}$ 称为应力矩阵。由于弹性矩阵和应变矩阵中的元素都为常量，所以，应力矩阵中的元素也为常量。这就是说，在每一单元中，应力分量也是常量。通常，不同的单元，应力是不相同的，因此，在相邻两单元的公共边界上，应力将有突变。不过，这种应力突变将随单元的细分而急剧减小，故不妨碍有限单元解答的收敛性。

利用式（11-31a），则应力矩阵

$$\boldsymbol{S}=\boldsymbol{DB}=(\boldsymbol{S}_i,\ \boldsymbol{S}_j,\ \boldsymbol{S}_m) \tag{11-33a}$$

并且对于平面应力问题，子矩阵

$$\boldsymbol{S}_i=\frac{E}{2(1-\mu^2)A}\begin{pmatrix}b_i & \mu c_i\\ \mu b_i & c_i\\ \frac{1-\mu}{2}c_i & \frac{1-\mu}{2}b_i\end{pmatrix}\quad (i,j,m) \tag{11-33b}$$

对于平面应变问题，只需在式（11-33b）中，以 $\frac{E}{1-\mu^2}$ 代 E，$\frac{\mu}{1-\mu}$ 代 μ，则子矩阵

$$\boldsymbol{S}_i = \frac{E(1-\mu)}{2(1+\mu)(1-2\mu)A}\begin{pmatrix} b_i & \frac{\mu}{1-\mu}c_i \\ \frac{\mu}{1-\mu}b_i & c_i \\ \frac{1-2\mu}{2(1-\mu)}c_i & \frac{1-2\mu}{2(1-\mu)}b_i \end{pmatrix} \quad (i,j,m) \tag{11-33c}$$

（3）单元刚度矩阵　为了推导单元刚度矩阵的需要，这里简要回顾力学中学习过的虚位移原理。虚位移原理告诉我们，当刚体在外力系的作用下处于静力平衡状态时，给刚体以任意的微小虚位移，则各外力在虚位移过程中所做的虚功之和为零。我们可以把虚位移原理推广到变形体。对于变形体，不仅要考虑外力的虚功，还需考虑与内力或应力有关的虚功。因此可以得出结论，“如果变形体处于平衡状态，则给变形体以任意微小虚位移，外力所做的总虚功必须等于变形体‘接受’的总虚变形功”。这就是变形体的虚位移原理或称为虚功原理。

下面将直接利用虚功原理来建立单元结点平衡方程。图 11-10a 表示了作用于单元 e 上的结点力 $\boldsymbol{F}^e$ 以及相应的应力分量 $\boldsymbol{\sigma}$，它们使单元处于平衡状态。

假设单元结点发生虚位移 $\delta\boldsymbol{\Delta}^e$，相应地在单元内引起的虚应变为

$$\delta\boldsymbol{\varepsilon} = (\delta\varepsilon_x,\ \delta\varepsilon_y,\ \delta\gamma_{xy})^{\mathrm{T}}$$

如图 11-10b 所示，应力 $\boldsymbol{\sigma}$ 在虚应变上的虚功为

$$\iint_A \delta\boldsymbol{\varepsilon}^{\mathrm{T}}\boldsymbol{\sigma}h\mathrm{d}x\mathrm{d}y$$

作用于单元上的外力只有单元结点力 $\boldsymbol{F}^e$，其在虚位移 $\delta\boldsymbol{\Delta}^e$ 上的虚功为

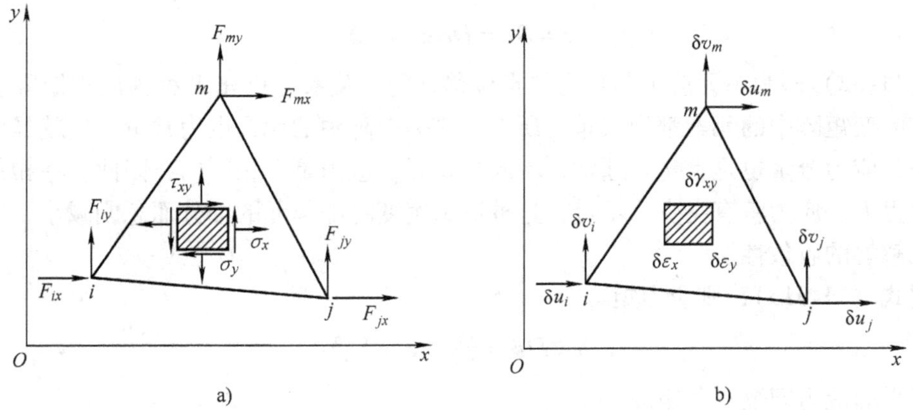

图 11-10　单元的结点虚位移和单元内的虚应变

$$(\delta\boldsymbol{\Delta}^e)^{\mathrm{T}}\boldsymbol{F}^e$$

应用虚功原理得

$$(\delta\boldsymbol{\Delta}^e)^{\mathrm{T}}\boldsymbol{F}^e = \iint_A \delta\boldsymbol{\varepsilon}^{\mathrm{T}}\boldsymbol{\sigma}h\mathrm{d}x\mathrm{d}y \tag{a}$$

根据式（11-30b）和式（11-32），有

$$\delta\boldsymbol{\varepsilon}=\boldsymbol{B}\delta\boldsymbol{\Delta}^e,\quad \boldsymbol{\sigma}=\boldsymbol{D}\boldsymbol{B}\boldsymbol{\Delta}^e \tag{b}$$

将式（b）代入式（a）中，同时考虑到矩阵乘积的转置法则，得

$$(\delta\boldsymbol{\Delta}^e)^{\mathrm{T}}\boldsymbol{F}^e=(\delta\boldsymbol{\Delta}^e)^{\mathrm{T}}\left(\iint_A \boldsymbol{B}^{\mathrm{T}}\boldsymbol{D}\boldsymbol{B}h\mathrm{d}x\mathrm{d}y\right)^e\boldsymbol{\Delta}^e$$

由于虚位移 $\delta\boldsymbol{\Delta}^e$ 是任意的，根据矩阵运算规则，则必有

$$\boldsymbol{F}^e=\left(\iint_A \boldsymbol{B}^{\mathrm{T}}\boldsymbol{D}\boldsymbol{B}\mathrm{d}x\mathrm{d}yh\right)\boldsymbol{\Delta}^e \tag{c}$$

令

$$\boldsymbol{k}=\iint_A \boldsymbol{B}^{\mathrm{T}}\boldsymbol{D}\boldsymbol{B}\mathrm{d}x\mathrm{d}yh \tag{11-34}$$

则式（c）可简写为

$$\boldsymbol{F}^e=\boldsymbol{k}\boldsymbol{\Delta}^e$$

此即为本节开始时提出的式（11-12），它是单元结点力和结点位移间的关系式，称为单元结点平衡方程。矩阵 $\boldsymbol{k}$ 称为单元刚度矩阵。对三结点三角形常应变单元，矩阵 $\boldsymbol{B}$ 和 $\boldsymbol{D}$ 中的元素均为常量，所以式（11-34）可简化为

$$\boldsymbol{k}=\boldsymbol{B}^{\mathrm{T}}\boldsymbol{D}\boldsymbol{B}h\iint_A \mathrm{d}x\mathrm{d}y=\boldsymbol{B}^{\mathrm{T}}\boldsymbol{D}\boldsymbol{B}hA \tag{11-35}$$

式中，A 为单元面积；h 为单元厚度。将式（11-31a）代入式（11-35），并写成分块矩阵形式，则有

$$\begin{aligned}\boldsymbol{k}=\boldsymbol{B}^{\mathrm{T}}\boldsymbol{D}\boldsymbol{B}hA&=hA\begin{pmatrix}\boldsymbol{B}_i^{\mathrm{T}}\\ \boldsymbol{B}_j^{\mathrm{T}}\\ \boldsymbol{B}_m^{\mathrm{T}}\end{pmatrix}\boldsymbol{D}\,(\boldsymbol{B}_i,\ \boldsymbol{B}_j,\ \boldsymbol{B}_m)\\ &=\begin{pmatrix}\boldsymbol{k}_{ii}^e & \boldsymbol{k}_{ij}^e & \boldsymbol{k}_{im}^e\\ \boldsymbol{k}_{ji}^e & \boldsymbol{k}_{jj}^e & \boldsymbol{k}_{jm}^e\\ \boldsymbol{k}_{mi}^e & \boldsymbol{k}_{mj}^e & \boldsymbol{k}_{mm}^e\end{pmatrix}\end{aligned} \tag{11-36}$$

对于平面应力问题，式（11-36）中各子矩阵为

$$\begin{aligned}\boldsymbol{k}_{rs}^e=\boldsymbol{B}_r^{\mathrm{T}}\boldsymbol{D}\boldsymbol{B}_s hA&=\begin{pmatrix}k_{rs}^{11} & k_{rs}^{12}\\ k_{rs}^{21} & k_{rs}^{22}\end{pmatrix}\\ &=\frac{Eh}{4(1-\mu^2)A}\begin{pmatrix}b_rb_s+\dfrac{1-\mu}{2}c_rc_s & \mu b_rc_s+\dfrac{1-\mu}{2}c_rb_s\\ \mu c_rb_s+\dfrac{1-\mu}{2}b_rc_s & c_rc_s+\dfrac{1-\mu}{2}b_rb_s\end{pmatrix}\quad (r=i,j,m;s=i,j,m)\end{aligned} \tag{11-37a}$$

对于平面应变问题，只需将式（11-37a）中的 E 换成$\dfrac{E}{1-\mu^2}$，μ 换成$\dfrac{\mu}{1-\mu}$，于是得到

$$\boldsymbol{k}_{rs}^e=\boldsymbol{B}_r^{\mathrm{T}}\boldsymbol{D}\boldsymbol{B}_s hA=\begin{pmatrix}k_{rs}^{11} & k_{rs}^{12}\\ k_{rs}^{21} & k_{rs}^{22}\end{pmatrix}$$

$$=\frac{E(1-\mu)h}{4(1+\mu)(1-2\mu)A}\begin{pmatrix} b_r b_s+\frac{1-2\mu}{2(1-\mu)}c_r c_s & \frac{\mu}{1-\mu}b_r c_s+\frac{1-2\mu}{2(1-\mu)}c_r b_s \\ \frac{\mu}{1-\mu}c_r b_s+\frac{1-2\mu}{2(1-\mu)}b_r c_s & c_r c_s+\frac{1-2\mu}{2(1-\mu)}b_r b_s \end{pmatrix}$$

$$(r=i,\ j,\ m;\ s=i,\ j,\ m) \tag{11-37b}$$

如果在式（11-12）中，将结点力 $\boldsymbol{F}_i$，$\boldsymbol{F}_j$，$\boldsymbol{F}_m$ 以及结点位移 $\boldsymbol{\Delta}_i$，$\boldsymbol{\Delta}_j$，$\boldsymbol{\Delta}_m$ 用其分量表示，单元刚度矩阵 $\boldsymbol{k}$ 中的各子矩阵，就可以按式（11-37a）或式（11-37b）展开为 2×2 阶矩阵。于是式（11-12）就可写成展开的形式。即

$$\begin{pmatrix} F_{ix} \\ F_{iy} \\ F_{jx} \\ F_{jy} \\ F_{mx} \\ F_{my} \end{pmatrix}=\begin{pmatrix} k_{ii}^{11} & k_{ii}^{12} & k_{ij}^{11} & k_{ij}^{12} & k_{im}^{11} & k_{im}^{12} \\ k_{ii}^{21} & k_{ii}^{22} & k_{ij}^{21} & k_{ij}^{22} & k_{im}^{21} & k_{im}^{22} \\ k_{ji}^{11} & k_{ji}^{12} & k_{jj}^{11} & k_{jj}^{12} & k_{jm}^{11} & k_{jm}^{12} \\ k_{ji}^{21} & k_{ji}^{22} & k_{jj}^{21} & k_{jj}^{22} & k_{jm}^{21} & k_{jm}^{22} \\ k_{mi}^{11} & k_{mi}^{12} & k_{mj}^{11} & k_{mj}^{12} & k_{mm}^{11} & k_{mm}^{12} \\ k_{mi}^{21} & k_{mi}^{22} & k_{mj}^{21} & k_{mj}^{22} & k_{mm}^{21} & k_{mm}^{22} \end{pmatrix}\begin{pmatrix} u_i \\ v_i \\ u_j \\ v_j \\ u_m \\ v_m \end{pmatrix} \tag{11-38}$$

单元刚度矩阵有下述的一些性质：

1）由式（11-37a）和式（11-37b）可见，单元刚度矩阵只与单元的几何形状、大小及材料有关，特别是它与所假设的单元位移模式有关。不同的位移模式、不同形状和大小的单元，其单元刚度矩阵也不同，计算结果的精度也不同。用有限单元法求解问题的关键在于适当地选择单元形状、结点及结点参数，并假设适当的位移模式，以提高计算精度。

从式（11-36）、式（11-37a）和式（11-37b）可知，单元刚度矩阵分块的行列数目等于单元的结点数，而每一分块元素的行列数目等于结点的自由度数。

2）由式（11-37a）或式（11-37b）可得

$$\boldsymbol{k}_{sr}^{e\,\mathrm{T}}=(\boldsymbol{B}_s^{\mathrm{T}}\boldsymbol{D}\boldsymbol{B}_r hA)^{\mathrm{T}}=\boldsymbol{B}_r^{\mathrm{T}}(\boldsymbol{B}_s^{\mathrm{T}}\boldsymbol{D})^{\mathrm{T}}hA=\boldsymbol{B}_r^{\mathrm{T}}\boldsymbol{D}\boldsymbol{B}_s hA=\boldsymbol{k}_{rs}^{e}$$

即 $\boldsymbol{k}_{rs}^{e}=\boldsymbol{k}_{sr}^{e\,\mathrm{T}}$，单元刚度矩阵为对称矩阵。

3）考察 i 结点的平衡方程，即式（11-38）的前两个方程。当结点 i，m 固定，结点 j 产生单位位移 $u_j=1$，$v_j=1$ 时，方程为

$$F_{ix}=k_{ij}^{11}u_j+k_{ij}^{12}v_j=k_{ij}^{11}+k_{ij}^{12}$$

$$F_{iy}=k_{ij}^{21}u_j+k_{ij}^{22}v_j=k_{ij}^{21}+k_{ij}^{22}$$

这表明，单元刚度矩阵中的元素 $\boldsymbol{k}_{ij}$ 的物理意义为：当使结点 j 发生单位位移，而其余结点被完全约束时，在结点 i 产生的结点力。

进一步地，k_{ij}^{11}，k_{ij}^{21} 表示在结点 j 处，由于使位移分量 u_j 发生单位位移时，在结点 i 处分别沿 x，y 方向产生的结点力。k_{ij}^{12}，k_{ij}^{22} 表示在结点 j 处，由于使位移分量 v_j 发生单位位移时，在结点 i 处分别沿 x，y 方向产生的结点力。

4）单元刚度矩阵是奇异矩阵。这就是说，假设给定结点位移，由式（11-12）可确定结点力，但是，若给定结点力，则不能得出唯一的结点位移。这是因为式（11-12）为单元

结点平衡方程，表示单元结点在结点力的作用下处于静力平衡状态。但单元的结点位移，不仅由变形引起，而且刚体运动也将引起结点位移。处于静力平衡状态的物体可能是静止也可能处于匀速直线运动状态。为此，必须消除单元作刚体运动的三个自由度后，才能唯一确定结点位移。

例 11-2　求图示单元的应变矩阵。

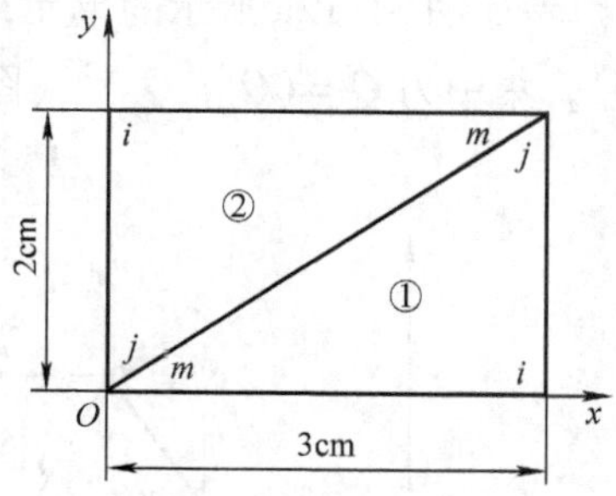

图 11-11　例 11-2 图

解　（1）单元各结点编号及坐标如图 11-11 所示。由式（11-14c）和式（11-14d）

$$b_i = -\begin{vmatrix} 1 & y_j \\ 1 & y_m \end{vmatrix} = y_j - y_m \qquad (i,\ j,\ m)$$

$$c_i = \begin{vmatrix} 1 & x_j \\ 1 & x_m \end{vmatrix} = x_m - x_j \qquad (i,\ j,\ m)$$

计算各系数如下表：

	b_i	b_j	b_m	c_i	c_j	c_m
单元①	2	0	−2	−3	3	0
单元②	−2	0	2	3	−3	0

（2）将各系数代入应变矩阵（11-31a）

$$\boldsymbol{B} = \frac{1}{2A}\begin{pmatrix} b_i & 0 & b_j & 0 & b_m & 0 \\ 0 & c_i & 0 & c_j & 0 & c_m \\ c_i & b_i & c_j & b_j & c_m & b_m \end{pmatrix}$$

可得

$$\boldsymbol{B}^{(1)} = \frac{1}{6}\begin{pmatrix} 2 & 0 & 0 & 0 & -2 & 0 \\ 0 & -3 & 0 & 3 & 0 & 0 \\ -3 & 2 & 3 & 0 & 0 & -2 \end{pmatrix}$$

$$\boldsymbol{B}^{(2)} = \frac{1}{6}\begin{pmatrix} -2 & 0 & 0 & 0 & 2 & 0 \\ 0 & 3 & 0 & -3 & 0 & 0 \\ 3 & -2 & -3 & 0 & 0 & 2 \end{pmatrix}$$

11.2.6　载荷向结点移置

按照有限单元法离散化的假设，单元之间只在结点产生联系。因此作用在结构上的力必须是结点载荷，而作用在结构上的真实载荷又常常不是作用在结点上的，例如体力和面力等。因而，需将它们按静力等效的原则向结点移置，化为等效结点载荷。

所谓静力等效原则，指原来作用在单元上的载荷与移置到结点上的载荷，它们在单元的任何虚位移上所做的虚功应相等。可以证明，载荷作这样的移置而引起的误差将是局部性的，不致影响到整体结构，并且，随着单元的细分，这一影响将逐步缩小。

考虑图 11-12a 所示的单元，设作用在单元上的体力 $\boldsymbol{P}_V=(X,\ Y)^{\mathrm{T}}$，分布面力 $\boldsymbol{P}_A=(\overline{X},\ \overline{Y})^{\mathrm{T}}$，集中力 $\boldsymbol{Q}=(Q_x,\ Q_y)^{\mathrm{T}}$（图中未示出），向结点移置后得到的等效结点载荷列阵为

$$\boldsymbol{P}^e=(P_{ix},\ P_{iy},\ P_{jx},\ P_{jy},\ P_{mx},\ P_{my})^{\mathrm{T}} \tag{11-39}$$

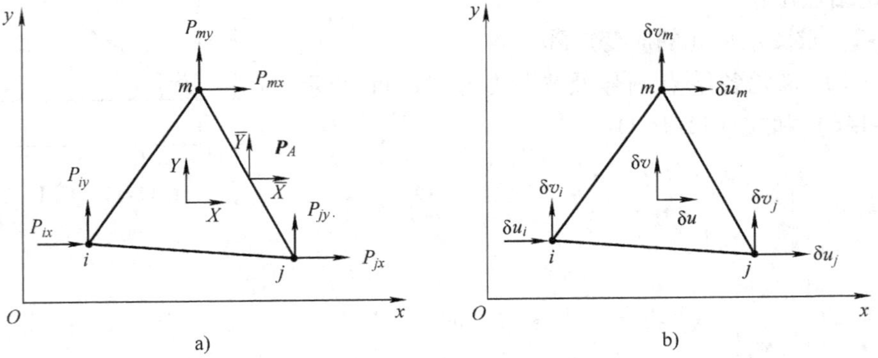

图 11-12　载荷向结点移置

假想单元发生了某种虚位移，如图 11-12b 所示，单元结点虚位移此时为

$$\delta\boldsymbol{\Delta}^e=(\delta u_i,\ \delta v_i,\ \delta u_j,\ \delta v_j,\ \delta u_m,\ \delta v_m)^{\mathrm{T}}$$

根据式（11-17），单元内的虚位移相应为

$$\delta\boldsymbol{\Delta}=\boldsymbol{N}\delta\boldsymbol{\Delta}^e \tag{a}$$

由静力等效原则，有下式成立：

$$(\delta\boldsymbol{\Delta}^e)^{\mathrm{T}}\boldsymbol{P}^e=(\delta\boldsymbol{\Delta}_b)^{\mathrm{T}}\boldsymbol{Q}+\int_s\delta\boldsymbol{\Delta}^{\mathrm{T}}\boldsymbol{P}_A h\mathrm{d}s+\iint_A\delta\boldsymbol{\Delta}^{\mathrm{T}}\boldsymbol{P}_V h\mathrm{d}x\mathrm{d}y \tag{b}$$

式中，$\delta\boldsymbol{\Delta}_b$ 为单元虚位移函数在集中力作用点 b 处取值。将式（a）代入上式，并同时考虑到矩阵相乘的转置规则，上式可改写为

$$(\delta\boldsymbol{\Delta}^e)^{\mathrm{T}}\boldsymbol{P}^e=(\delta\boldsymbol{\Delta}^e)^{\mathrm{T}}\left(\boldsymbol{N}_b^{\mathrm{T}}\boldsymbol{Q}+\int_s\boldsymbol{N}^{\mathrm{T}}\boldsymbol{P}_A h\mathrm{d}s+\iint_A\boldsymbol{N}^{\mathrm{T}}\boldsymbol{P}_V h\mathrm{d}x\mathrm{d}y\right) \tag{c}$$

由于 $(\delta\boldsymbol{\Delta}^e)^{\mathrm{T}}$ 是任意的，则上式两边与其相乘的矩阵应当相等，于是可得

$$\boldsymbol{P}^e=\boldsymbol{N}_b^{\mathrm{T}}\boldsymbol{Q}+\int_s\boldsymbol{N}^{\mathrm{T}}\boldsymbol{P}_A h\mathrm{d}s+\iint_A\boldsymbol{N}^{\mathrm{T}}\boldsymbol{P}_V h\mathrm{d}x\mathrm{d}y \tag{11-40}$$

显然，等效结点载荷与所选取的单元位移模式有关。对于前节所讨论的三角形单元线性位移模式，分布体积力的等效结点载荷计算如下：

（1）分布体积力　设单元只作用有单位体积的载荷向量 $\boldsymbol{P}_V=(X,\ Y)^{\mathrm{T}}$，如图 11-12a 所示。根据式（11-40）得相应的等效载荷为

$$\boldsymbol{P}^e=\iint_A\boldsymbol{N}^{\mathrm{T}}\boldsymbol{P}_V h\mathrm{d}x\mathrm{d}y \tag{11-41a}$$

其中，积分是对单元面积 A 进行的。当单元划分较小而可认为 $\boldsymbol{P}_V$ 在整个单元内均匀分布时，式（11-41a）可写成为

$$P^e = h\iint_A (IN_i, IN_j, IN_m)^{\mathrm{T}} \mathrm{d}x\mathrm{d}y P_V \tag{d}$$

式中需要分别对 N_i，N_j，N_m 项进行积分运算，这时可以应用面积坐标公式进行计算。根据式（11-21a）和式（11-22），显然，$N_i = L_i$，$N_j = L_j$，$N_m = L_m$。再利用面积坐标积分公式（11-28），则积分

$$\iint_A N_i \mathrm{d}x\mathrm{d}y = \iint_A L_i^1 L_j^0 L_m^0 \mathrm{d}x\mathrm{d}y = 2A\frac{1!0!0!}{(1+0+0+2)!} = \frac{A}{3}$$

$$\iint_A N_j \mathrm{d}x\mathrm{d}y = \iint_A L_i^0 L_j^1 L_m^0 \mathrm{d}x\mathrm{d}y = \frac{A}{3}$$

$$\iint_A N_m \mathrm{d}x\mathrm{d}y = \iint_A L_i^0 L_j^0 L_m^1 \mathrm{d}x\mathrm{d}y = \frac{A}{3}$$

将上述结果代入式（d）得

$$P^e = hA\frac{1}{3}\begin{pmatrix} 1 & 0 & 1 & 0 & 1 & 0 \\ 0 & 1 & 0 & 1 & 0 & 1 \end{pmatrix}^{\mathrm{T}} \begin{pmatrix} X \\ Y \end{pmatrix} \tag{e}$$

令　　$W_x = hAX,\quad W_y = hAY$

为单元总体力 $\boldsymbol{W}$ 在 x，y 方向上的分量，于是式（e）写成为

$$P^e = \left(\frac{1}{3}W_x, \frac{1}{3}W_y, \frac{1}{3}W_x, \frac{1}{3}W_y, \frac{1}{3}W_x, \frac{1}{3}W_y\right)^{\mathrm{T}} \tag{11-41b}$$

即，与均匀分布体力相应的等效结点载荷列阵，系由单元总体力的三分之一分配到三个结点上而形成的。

（2）分布面力　设单元只在边界面 jm 上作用有分布面力，其单位面积上载荷向量为 $P_A = (\overline{X}, \overline{Y})^{\mathrm{T}}$，如图 11-13a 所示。若 P_A 为均布载荷时，参照分布体积力的计算，由式（11-40）得相应的等效结点载荷为

$$P^e = h\int_s (IN_i, IN_j, IN_m)^{\mathrm{T}} \mathrm{d}s P_A \tag{11-42a}$$

利用面积坐标积分公式，可得

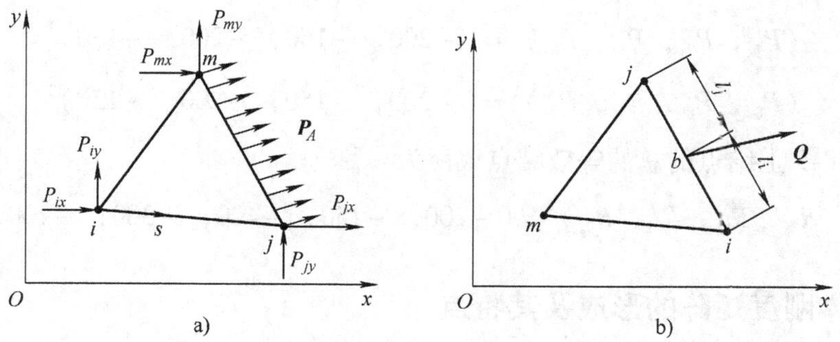

图 11-13　分布面力和集中力的移置

$$P^e=\left(0,\ 0,\ \frac{1}{2}\overline{W}_x,\ \frac{1}{2}\overline{W}_y,\ \frac{1}{2}\overline{W}_x,\ \frac{1}{2}\overline{W}_y\right)^{\mathrm{T}} \tag{11-42b}$$

上式表明：与作用在单元边界线上的均布面力相应的等效结点载荷列阵，系由面载荷总和的一半分配在边界两端结点上形成的。

（3）集中力　设在单元边界 ij 上的 b 点，作用有集中力 $\boldsymbol{Q}=(Q_x,\ Q_y)^{\mathrm{T}}$，如图 11-13b 所示。同样由式（11-40），可以得出

$$P^e=N_b^{\mathrm{T}}Q \tag{11-43a}$$

利用面积坐标积分公式，可得

$$P^e=\left(\frac{l_j}{l}Q_x,\ \frac{l_j}{l}Q_y,\ \frac{l_i}{l}Q_x,\ \frac{l_i}{l}Q_y,\ 0,\ 0\right)^{\mathrm{T}} \tag{11-43b}$$

上式表明：与作用在单元边界线上的集中力相应的等效结点载荷列阵，系按杠杆原理，将力分配到边界线两端结点上。

对于集中力的处理，也可以在划分单元时，将结点直接布置在集中力作用处，这样集中力自然就是结点载荷了，当然也就不存在载荷向结点的移置问题。

需要指出，这里介绍的等效结点载荷移置方法，可完全由有限元软件自动处理。但作为有限元理论学习的一部分，仍然是有必要掌握的。

例 11-3　图 11-14 所示二维平面结构，板厚 $h=10\mathrm{mm}$，边 7-8-9 受均布载荷，试确定其等效结点载荷。

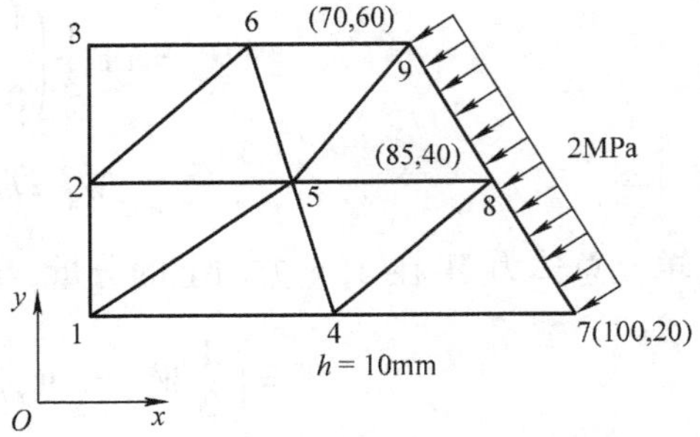

图 11-14　例 11-3 图

解　边界 7-8 和 8-9 长度相等，各长度为 25mm。两边界上的结点载荷相同，设边界 7-8-9 的倾角为 α，则 $\sin\alpha=0.8$，$\cos\alpha=0.6$。

$$\overline{W}_x=(-25\times10\times2\times0.8)\mathrm{N}=-400\mathrm{N}$$

$$\overline{W}_y=(-25\times10\times2\times0.6)\mathrm{N}=-300\mathrm{N}$$

由式（11-42b）

$$P^e=\left(0,\ 0,\ \frac{1}{2}\overline{W}_x,\ \frac{1}{2}\overline{W}_y,\ \frac{1}{2}\overline{W}_x,\ \frac{1}{2}\overline{W}_y\right)^{\mathrm{T}}$$

得各单元的边界 7-8 和 8-9 上等效结点载荷为（单位：N）

$$(P_{7x},\ P_{7y},\ P_{8x},\ P_{8y})^{\mathrm{T}}=(-200,\ -150,\ -200,\ -150)^{\mathrm{T}}$$

$$(P_{8x},\ P_{8y},\ P_{9x},\ P_{9y})^{\mathrm{T}}=(-200,\ -150,\ -200,\ -150)^{\mathrm{T}}$$

于是边 7-8-9 上结点的总的等效结点载荷为

$$(R_{7x},\ R_{7y},\ R_{8x},\ R_{8y},\ R_{9x},\ R_{9y})^{\mathrm{T}}=(-200,\ -150,\ -400,\ -300,\ -200,\ -150)^{\mathrm{T}}$$

11.2.7　整体刚度矩阵的形成及其特点

建立单元刚度矩阵后，接下来是进行整体分析。整体分析的任务是获得有限元计算模型

的整体平衡方程，也就是建立整体刚度矩阵。建立整体刚度矩阵须满足以下两个条件：

第一，整个离散体系的各单元在变形后必须在结点处协调地连接起来。即与某结点 i 相连接的 n 个单元，在该点处必须具有相同的结点位移，这称为结点位移连续条件：

$$\boldsymbol{\Delta}_i^1=\boldsymbol{\Delta}_i^2=\cdots=\boldsymbol{\Delta}_i^n=\boldsymbol{\Delta}_i \tag{11-44}$$

第二，组成离散体的各结点必须满足平衡条件。即，对于体系上与某一结点 i 直接相连的所有各单元作用于该结点上的结点力，应与作用在该结点上的结点载荷保持平衡，即

$$\Sigma\boldsymbol{F}_i^e-\boldsymbol{R}_i=\boldsymbol{0} \tag{11-45}$$

这里，$\Sigma\boldsymbol{F}_i^e$ 表示直接与结点 i 相连接的所有单元求和，$\boldsymbol{F}_i^e$ 为单元（e）在结点 i 的结点力向量，这里记为 $\boldsymbol{F}_i^e=(F_{ix}^e,\ F_{iy}^e)^{\mathrm{T}}$。同时记 $\boldsymbol{R}_i=(R_{ix},\ R_{iy})^{\mathrm{T}}$ 为结点 i 的结点载荷总向量，通常它应等于各单元在结点 i 处的等效结点载荷向量的和，即

$$\boldsymbol{R}_i=\sum_e\boldsymbol{P}_i^e \tag{11-46a}$$

但如果该结点 i 同时还有直接作用于其上的集中力 $\boldsymbol{Q}_i=(Q_{ix},\ Q_{iy})^{\mathrm{T}}$，则在该结点处的结点载荷总量应为

$$\boldsymbol{R}_i=\sum_e\boldsymbol{P}_i^e+\boldsymbol{Q}_i \tag{11-46b}$$

根据上述原则建立用结点位移表示的整个离散体系的平衡方程组。解该方程组，即可获得各结点的位移。

现以图 11-15a 所示的模型为例，来说明整体刚度矩阵的形成过程。单元和结点的编号都已示于图中。各单元及其对应的结点列于表 11-1。

表 11-1　单元结点编号与整体结点编号对应表

单元	结点 i	结点 j	结点 m
①	1	2	3
②	2	5	3
③	4	5	2
④	4	6	5

假定单元刚度矩阵已求得，于是各单元的刚度方程，根据式（11-12）和式（11-36），分别为

单元①：
$$\begin{pmatrix}\boldsymbol{F}_1^1\\ \boldsymbol{F}_2^1\\ \boldsymbol{F}_3^1\end{pmatrix}=\begin{pmatrix}\boldsymbol{k}_{11}^1 & \boldsymbol{k}_{12}^1 & \boldsymbol{k}_{13}^1\\ \boldsymbol{k}_{21}^1 & \boldsymbol{k}_{22}^1 & \boldsymbol{k}_{23}^1\\ \boldsymbol{k}_{31}^1 & \boldsymbol{k}_{32}^1 & \boldsymbol{k}_{33}^1\end{pmatrix}\begin{pmatrix}\boldsymbol{\Delta}_1^1\\ \boldsymbol{\Delta}_2^1\\ \boldsymbol{\Delta}_3^1\end{pmatrix} \tag{a}$$

单元②：
$$\begin{pmatrix}\boldsymbol{F}_2^2\\ \boldsymbol{F}_5^2\\ \boldsymbol{F}_3^2\end{pmatrix}=\begin{pmatrix}\boldsymbol{k}_{22}^2 & \boldsymbol{k}_{25}^2 & \boldsymbol{k}_{23}^2\\ \boldsymbol{k}_{52}^2 & \boldsymbol{k}_{55}^2 & \boldsymbol{k}_{53}^2\\ \boldsymbol{k}_{32}^2 & \boldsymbol{k}_{35}^2 & \boldsymbol{k}_{33}^2\end{pmatrix}\begin{pmatrix}\boldsymbol{\Delta}_2^2\\ \boldsymbol{\Delta}_5^2\\ \boldsymbol{\Delta}_3^2\end{pmatrix} \tag{b}$$

单元③：
$$\begin{pmatrix} \boldsymbol{F}_4^3 \\ \boldsymbol{F}_5^3 \\ \boldsymbol{F}_2^3 \end{pmatrix} = \begin{pmatrix} \boldsymbol{k}_{44}^3 & \boldsymbol{k}_{45}^3 & \boldsymbol{k}_{42}^3 \\ \boldsymbol{k}_{54}^3 & \boldsymbol{k}_{55}^3 & \boldsymbol{k}_{52}^3 \\ \boldsymbol{k}_{24}^3 & \boldsymbol{k}_{25}^3 & \boldsymbol{k}_{22}^3 \end{pmatrix} \begin{pmatrix} \boldsymbol{\Delta}_4^3 \\ \boldsymbol{\Delta}_5^3 \\ \boldsymbol{\Delta}_2^3 \end{pmatrix} \tag{c}$$

单元④：
$$\begin{pmatrix} \boldsymbol{F}_4^4 \\ \boldsymbol{F}_6^4 \\ \boldsymbol{F}_5^4 \end{pmatrix} = \begin{pmatrix} \boldsymbol{k}_{44}^4 & \boldsymbol{k}_{46}^4 & \boldsymbol{k}_{45}^4 \\ \boldsymbol{k}_{64}^4 & \boldsymbol{k}_{66}^4 & \boldsymbol{k}_{65}^4 \\ \boldsymbol{k}_{54}^4 & \boldsymbol{k}_{56}^4 & \boldsymbol{k}_{55}^4 \end{pmatrix} \begin{pmatrix} \boldsymbol{\Delta}_4^4 \\ \boldsymbol{\Delta}_6^4 \\ \boldsymbol{\Delta}_5^4 \end{pmatrix} \tag{d}$$

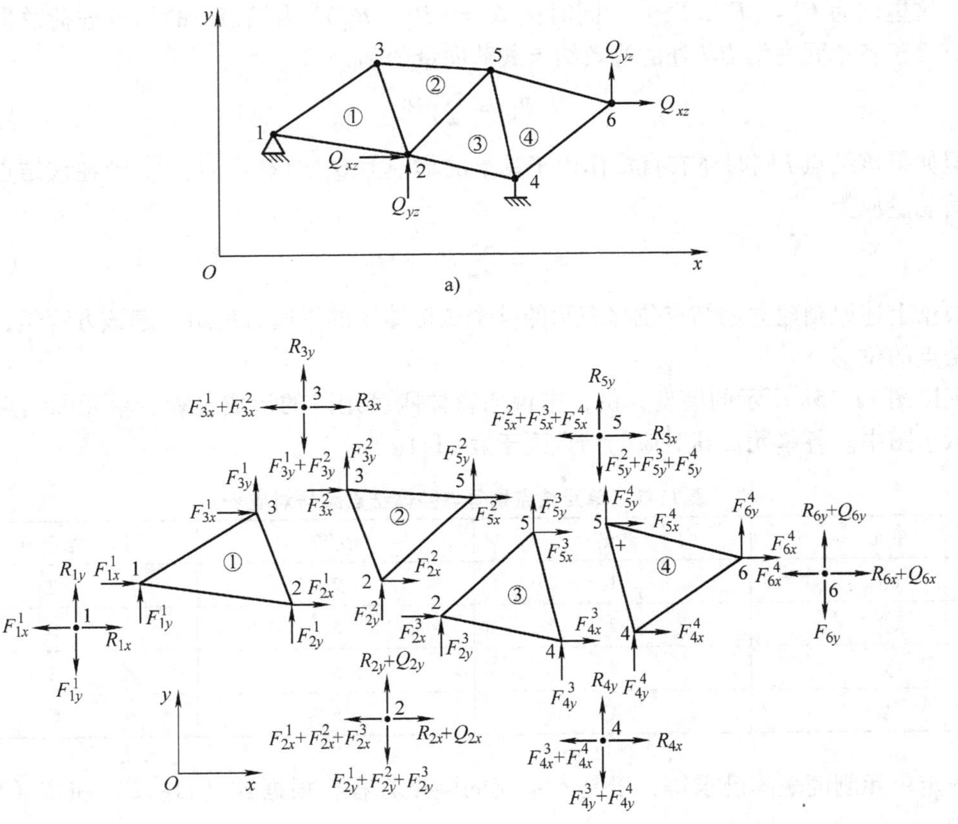

图 11-15 整体分析

现在再来建立各结点的平衡方程。按照结点的编号顺序，根据方程（11-45），分别得到各结点（见图 11-15b）的平衡矩阵方程为

结点 1：
$$\boldsymbol{F}_1^1 = \boldsymbol{R}_1 \tag{e}$$

结点 2：
$$\boldsymbol{F}_2^1 + \boldsymbol{F}_2^2 + \boldsymbol{F}_2^3 = \boldsymbol{R}_2 \tag{f}$$

结点 3：
$$\boldsymbol{F}_3^1 + \boldsymbol{F}_3^2 = \boldsymbol{R}_3 \tag{g}$$

结点 4：
$$F_4^3 + F_4^4 = R_4 \tag{h}$$

结点 5：
$$F_5^2 + F_5^3 + F_5^4 = R_5 \tag{i}$$

结点 6：
$$F_6^4 = R_6 \tag{j}$$

式中，R_i 为包含集中力 Q_i 的全部结点载荷。

将结点力表达式（a）~式（d）相应地代入式（e）~式（j）中，并利用结点位移连续条件式（11-44），即

$$\Delta_1^1 = \Delta_1,\ \Delta_2^1 = \Delta_2^2 = \Delta_2^3 = \Delta_2$$
$$\Delta_3^1 = \Delta_3^2 = \Delta_3,\ \Delta_4^3 = \Delta_4^4 = \Delta_4$$
$$\Delta_5^2 = \Delta_5^3 = \Delta_5^4 = \Delta_5,\ \Delta_6^4 = \Delta_6$$

可以得出用结点位移表示的各结点的平衡方程。以结点 2 为例，由方程（a）~方程（c）求得各单元在结点 2 处的结点力为

$$\begin{cases} F_2^1 = k_{21}^1\Delta_1 + k_{22}^1\Delta_2 + k_{23}^1\Delta_3 \\ F_2^2 = k_{22}^2\Delta_2 + k_{25}^2\Delta_5 + k_{23}^2\Delta_3 \\ F_2^3 = k_{24}^3\Delta_4 + k_{25}^3\Delta_5 + k_{22}^3\Delta_2 \end{cases} \tag{k}$$

代入式（f）中，则有

$$k_{21}^1\Delta_1 + (k_{22}^1 + k_{22}^2 + k_{22}^3)\Delta_2 + (k_{23}^1 + k_{23}^2)\Delta_3 + k_{24}^3\Delta_4 + (k_{25}^2 + k_{25}^3)\Delta_5 = R_2 \tag{l}$$

根据同样的步骤可以写出其余各结点相应的平衡方程，为简明起见可列成表 11-2。

若定义 $\Delta = (\Delta_1^T,\ \Delta_2^T,\ \Delta_3^T,\ \Delta_4^T,\ \Delta_5^T,\ \Delta_6^T)^T$

为计算模型的结点位移列阵；

$$R = (R_1^T,\ R_2^T,\ R_3^T,\ R_4^T,\ R_5^T,\ R_6^T)^T$$

为计算模型的结点载荷列阵，则矩阵

表 11-2　各结点上作用的力的平衡

结点力 \ 结点位移	Δ_1	Δ_2	Δ_3	Δ_4	Δ_5	Δ_6	R
F_1	k_{11}^1	k_{12}^1	k_{13}^1				R_1
F_2	k_{21}^1	$k_{22}^1+k_{22}^2+k_{22}^3$	$k_{23}^1+k_{23}^2$	k_{24}^3	$k_{25}^2+k_{25}^3$		R_2
F_3	k_{31}^1	$k_{32}^1+k_{32}^2$	$k_{33}^1+k_{33}^2$		k_{35}^2		R_3
F_4		k_{42}^3		$k_{44}^3+k_{44}^4$	$k_{45}^3+k_{45}^4$	k_{46}^4	R_4
F_5		$k_{52}^2+k_{52}^3$	k_{53}^2	$k_{54}^3+k_{54}^4$	$k_{55}^2+k_{55}^3+k_{55}^4$	k_{56}^4	R_5
F_6				k_{64}^4	k_{65}^4	k_{66}^4	R_6

则矩阵

$$K=\begin{pmatrix} K_{11} & K_{12} & K_{13} & & & \\ K_{21} & K_{22} & K_{23} & K_{24} & K_{25} & \\ K_{31} & K_{32} & K_{33} & 0 & K_{35} & \\ & K_{42} & 0 & K_{44} & K_{45} & K_{46} \\ & K_{52} & K_{53} & K_{54} & K_{55} & K_{56} \\ & & & K_{64} & K_{65} & K_{66} \end{pmatrix} \tag{11-47}$$

且各子矩阵分别为

$$K_{11}=k_{11}^1,\ K_{12}=k_{12}^1,\ K_{13}=k_{13}^1$$
$$K_{21}=k_{21}^1,\ K_{22}=k_{22}^1+k_{22}^2+k_{22}^3,\ K_{23}=k_{23}^1+k_{23}^2$$
$$K_{24}=k_{24}^3,\ K_{25}=k_{25}^2+k_{25}^3$$
$$K_{31}=k_{31}^1,\ K_{32}=k_{32}^1+k_{32}^2,\ K_{33}=k_{33}^1+k_{33}^2,\ K_{35}=k_{35}^2$$
$$K_{42}=k_{42}^3,\ K_{44}=k_{44}^3+k_{44}^4,\ K_{45}=k_{45}^3+k_{45}^4,\ K_{46}=k_{46}^4$$
$$K_{52}=k_{52}^2+k_{52}^3,\ K_{53}=k_{53}^2,\ K_{54}=k_{54}^3+k_{54}^4$$
$$K_{55}=k_{55}^2+k_{55}^3+k_{55}^4,\ K_{56}=k_{56}^4$$
$$K_{64}=k_{64}^4,\ K_{65}=k_{65}^4,\ K_{66}=k_{66}^4$$

则可将表 11-2 简写作

$$K\Delta=R \tag{11-48}$$

式中，K 称为整体刚度矩阵或总刚度矩阵。从表 11-2 或式（11-47）所显示出来的总刚度矩阵中各子矩阵（或称元素）的组成规律可以看出：矩阵 K 中的子矩阵 K_{ij}，是与第 i 个结点直接相连接的各单元刚度矩阵中出现的相应子矩阵 k_{ij}^e的叠加，即 $K_{ij}=\Sigma k_{ij}^e$。例如，矩阵 K 中子矩阵 K_{23}是由与结点“2”直接相连的单元①和单元②（见图 11-15）的刚度矩阵中所出现的元素 k_{23}^1和 k_{23}^2叠加的结果。其他各元素以此类推，都有这个特点。这就表明，具体组成总刚度矩阵时，并不需要重复前述的推导方法，即先对每个结点列出类似于式（1）那样的方程，再组合起来求得整体刚度矩阵。特别是当网格划分较密，单元数量较多，这种方法实际上是有很大困难的。其实，只要注意到上述的特点，当计算出单元刚度矩阵之后，就可以按下述方法直接形成总刚度矩阵。为具体起见，仍以图 11-15 的示例进行说明。

1）首先计算出模型中所有单元的单元刚度矩阵。

2）按照模型所具有的结点数，画出如表 11-2 所示那样的表格，即总刚度方程位置表格。表格中的每一元素用两个下标 i，j 表示：第一个下标 i 表示行号（实际是结点力 F_i 的编号)，第二个下标 j 表示列号（相当于结点自由度的编号），如 K_{ij}表示第 i 行第 j 列元素。

3）将单元刚度矩阵中的元素 k_{ij}^e根据其下标依次填入表 11-2 中第 i 行第 j 列的位置上。照这样的步骤继续进行下去，直到把所有各单元刚度矩阵中的各元素都放到表中相应的位置为止。这一步称之为“对号入座”。

4）将表中同一位置上的各元素相叠加，就得到总刚度矩阵中相应的子矩阵。在无元素处，空格为零。如此，便得到总刚度矩阵 $\boldsymbol{K}$。

这种“对号入座”组集总刚度矩阵的方法，称为直接刚度法。

应该指出，在按直接刚度法组集整体刚度矩阵时，首先要用到各单元刚度矩阵，而单元刚度矩阵是以单元结点的局部编号为依据的，但总刚度矩阵则是以离散系统的结点总编号为标准的，因此，要注意到这中间有一个把单元结点的局部编号与结点总体编号对应起来的问题。较好的方法是列出表格，如表 11-1 所示。图 11-15 中，结点编号为 1，2，3，4，5，6，而结点的局部编号对每一单元来说则为 i，j，m，它们的对应关系，在前面的推导过程中都有注明。

总刚度矩阵表达式（11-47）中的各子矩阵 $\boldsymbol{K}_{kl}$，可以展开成如下的 2×2 阶的矩阵，即

$$\boldsymbol{K}_{kl}=\begin{pmatrix} K_{kl}^{11} & K_{kl}^{12} \\ K_{kl}^{21} & K_{kl}^{22} \end{pmatrix} \qquad (k,l=1,2,3,4,5,6) \tag{m}$$

于是，可以将表 11-2 具体写成表 11-3。模型有六个结点，因此应当有 12 个方程以求解 12 个位移分量，表 11-3 则具体地显示出这一点。

表 11-3　结点平衡方程展开式

结点位移 / 结点力		$\boldsymbol{\Delta}_1$		$\boldsymbol{\Delta}_2$		$\boldsymbol{\Delta}_3$		$\boldsymbol{\Delta}_4$		$\boldsymbol{\Delta}_5$		$\boldsymbol{\Delta}_6$		$\boldsymbol{R}$
		u_1	v_1	u_2	v_2	u_3	v_3	u_4	v_4	u_5	v_5	u_6	v_6	
$\boldsymbol{F}_1$	F_{1x}	K_{11}^{11}	K_{11}^{12}	K_{12}^{11}	K_{12}^{12}	K_{13}^{11}	K_{13}^{12}							R_{1x}
	F_{1y}	K_{11}^{21}	K_{11}^{22}	K_{12}^{21}	K_{12}^{22}	K_{13}^{21}	K_{13}^{22}							R_{1y}
$\boldsymbol{F}_2$	F_{2x}	K_{21}^{11}	K_{21}^{12}	K_{22}^{11}	K_{22}^{12}	K_{23}^{11}	K_{23}^{12}	K_{24}^{11}	K_{24}^{12}	K_{25}^{11}	K_{25}^{12}			R_{2x}
	F_{2y}	K_{21}^{21}	K_{21}^{22}	K_{22}^{21}	K_{22}^{22}	K_{23}^{21}	K_{23}^{22}	K_{24}^{21}	K_{24}^{22}	K_{25}^{21}	K_{25}^{22}			R_{2y}
$\boldsymbol{F}_3$	F_{3x}	K_{31}^{11}	K_{31}^{12}	K_{32}^{11}	K_{32}^{12}	K_{33}^{11}	K_{33}^{12}			K_{35}^{11}	K_{35}^{12}			R_{3x}
	F_{3y}	K_{31}^{21}	K_{31}^{22}	K_{32}^{21}	K_{32}^{22}	K_{33}^{21}	K_{33}^{22}			K_{35}^{21}	K_{35}^{22}			R_{3y}
$\boldsymbol{F}_4$	F_{4x}			K_{42}^{11}	K_{42}^{12}			K_{44}^{11}	K_{44}^{12}	K_{45}^{11}	K_{45}^{12}	K_{46}^{11}	K_{46}^{12}	R_{4x}
	F_{4y}			K_{42}^{21}	K_{42}^{22}			K_{44}^{21}	K_{44}^{22}	K_{45}^{21}	K_{45}^{22}	K_{46}^{21}	K_{46}^{22}	R_{4y}
$\boldsymbol{F}_5$	F_{5x}			K_{52}^{11}	K_{52}^{12}	K_{53}^{11}	K_{53}^{12}	K_{54}^{11}	K_{54}^{12}	K_{55}^{11}	K_{55}^{12}	K_{56}^{11}	K_{56}^{12}	R_{5x}
	F_{5y}			K_{52}^{21}	K_{52}^{22}	K_{53}^{21}	K_{53}^{22}	K_{54}^{21}	K_{54}^{22}	K_{55}^{21}	K_{55}^{22}	K_{56}^{21}	K_{56}^{22}	R_{5y}
$\boldsymbol{F}_6$	F_{6x}							K_{64}^{11}	K_{64}^{12}	K_{65}^{11}	K_{65}^{12}	K_{66}^{11}	K_{66}^{12}	R_{6x}
	F_{6y}							K_{64}^{21}	K_{64}^{22}	K_{65}^{21}	K_{65}^{22}	K_{66}^{21}	K_{66}^{22}	R_{6y}

11.2.8　总刚度矩阵的特征

由表 11-2、式（11-47）、表 11-3 可以看出：

1）总刚度矩阵诸元素都集中分布于对角线附近，形成“带状”。这是因为一个结点的平衡方程除与本身的结点位移有关外，还与那些和它直接相联系的单元的结点位移有关，而不在同一单元上的两个结点之间相互没有影响。例如，结点 3 与单元①，②直接相连接，它的平衡方程除与结点 3 的位移有关外，还与结点 1，2，5 的结点位移有关，但结点 3 与结点

4，6 无关，所以 $\boldsymbol{K}_{34}$ 和 $\boldsymbol{K}_{36}$ 为零。因此，总刚度矩阵是稀疏的且呈带状分布。通常把从每一行的第一个非零元素起，至该行的对角线上的元素止的元素的个数，称为总刚度矩阵在该行的“带宽”。带宽以外的元素全为零。带宽的大小，除与相关结点的位移个数有关外，还与相邻结点编号之差值有关。一般来说，每行带宽都小于计算模型的总位移数。利用总刚度矩阵具有稀疏带状的性质，在编制程序中只需存放带宽内的元素，可以大量地节省计算机容量。在算题时，应尽量减少相邻结点编号之差值，从而可以减少带宽。

2）由于总刚度矩阵 $\boldsymbol{K}$ 是由各单元刚度矩阵 $\boldsymbol{k}^e$ 组集而成的，单元刚度矩阵具有对称性，总刚度矩阵必具有对称性，即矩阵中的下三角元素与上三角元素对称。因此在编制程序时，可以只存放下三角元素，这又可以大量节省计算机容量。

3）由于单元刚度矩阵具有奇异性，因此，总刚度矩阵也必具有奇异性。故在求解总刚度方程时，需要根据约束条件（结点支承条件），修正总刚度方程，消除总刚度矩阵的奇异性以便能求解。

以上结论，虽然是以图 11-15 的简单模型得来的，但它对于具有任意 n 个自由度的体系同样是适用的。

11.2.9 边界约束条件的处理

由于总刚度矩阵为奇异矩阵，为求得唯一的解，必须先利用给定的边界结点约束条件对总刚度方程进行处理，消除整体刚度矩阵 $\boldsymbol{K}$ 的奇异性，然后求解。

在平面问题中，弹性体每点只有两个位移分量，转化到结点上也只有两个自由度，故一个边界结点只有两个约束条件。即

$$\boldsymbol{\Delta}_i = (u_i,\ v_i)^{\mathrm{T}} = (u_i^*,\ v_i^*)^{\mathrm{T}} = \boldsymbol{\Delta}_i^*$$

根据不同的支承情况,约束条件可以分为零位移约束和非零位移约束。分别处理如下：

1. 零位移约束——降阶法

考察一个简例

$$\begin{pmatrix} K_{11} & K_{12} & K_{13} & K_{14} \\ K_{21} & K_{22} & K_{23} & K_{24} \\ K_{31} & K_{32} & K_{33} & K_{34} \\ K_{41} & K_{42} & K_{43} & K_{44} \end{pmatrix} \begin{pmatrix} u_1 \\ v_1 \\ u_2 \\ v_2 \end{pmatrix} = \begin{pmatrix} R_{1x} \\ R_{1y} \\ R_{2x} \\ R_{2y} \end{pmatrix} \tag{11-49}$$

约束条件为

$$u_1 = v_1 = 0 \tag{a}$$

当引入约束条件式 a 后，在式（11-49）整体刚度矩阵中与位移 u_1，v_1 相乘的列的元素均为 0，方程组可简化为

$$\begin{pmatrix} 0 & 0 & K_{13} & K_{14} \\ 0 & 0 & K_{23} & K_{24} \\ 0 & 0 & K_{33} & K_{34} \\ 0 & 0 & K_{43} & K_{44} \end{pmatrix} \begin{pmatrix} 0 \\ 0 \\ u_2 \\ v_2 \end{pmatrix} = \begin{pmatrix} R_{1x} \\ R_{1y} \\ R_{2x} \\ R_{2y} \end{pmatrix} \tag{11-50}$$

即为四个方程两个未知量的方程组，可选择后两式求解 u_2，v_2，即

$$\begin{pmatrix} K_{33} & K_{34} \\ K_{43} & K_{44} \end{pmatrix}\begin{pmatrix} u_2 \\ v_2 \end{pmatrix}=\begin{pmatrix} R_{2x} \\ R_{2y} \end{pmatrix}$$

上述求解过程等效于将零位移约束 u_1，v_1 所对应的整体刚度矩阵的行和列划去。因为在整体刚度矩阵中，与这种位移为零的结点约束所对应的行与列的元素，在求其他结点的位移时将不起作用。这种引入约束的方法降低了方程组的阶数，称为降阶法，又称直接法。降阶法明显地改变了矩阵 $\boldsymbol{K}$ 中原来的排列顺序和降低了矩阵的阶数。这对于结构划分的单元少、采用手算的情况是比较适用的，但对使用电子计算机时的情况，这种方法将使计算程序的编制变得复杂。

2. 非零位移约束

如果边界约束条件不是限制位移为零，而是已知的值，例如结点 1 的第一个自由度方向的位移为

$$u_1=u_1^*=\bar{a} \tag{b}$$

将式（b）引入方程（11-49）后，为使修改后的平衡方程组保留原有的阶数并且不变更方程的排列顺序，不致使计算机程序作大的改动，其处理方法之一为“置‘1’法”。

（1）置“1”法

1）在整体刚度矩阵中，把与给定结点位移的下标 i 相应的第 i 行和第 i 列的元素都代之以零，但在主对角线上的相应元素 K_{ii} 取为 1。例如，在条件式（b）的情况下，应在方程组（11-49）的矩阵 $\boldsymbol{K}$ 中，把第一行和第一列的元素都置零，并把 K_{11} 取为 1。

2）在载荷列阵 $\boldsymbol{R}$ 中，把相应的 R_i 用给定的位移值代替。本例中用 $\bar{a}$ 代替。

3）载荷列阵 $\boldsymbol{R}$ 中的其余各元素，则应从中减去给定的结点位移乘上矩阵 $\boldsymbol{K}$ 中对应的列项。例如，第二，第三，第四个方程（对应总体刚度矩阵第二、第三、第四行）的载荷项改为

$$\begin{pmatrix} 1 & 0 & 0 & 0 \\ 0 & K_{22} & K_{23} & K_{24} \\ 0 & K_{32} & K_{33} & K_{34} \\ 0 & K_{42} & K_{43} & K_{44} \end{pmatrix}\begin{pmatrix} u_1 \\ v_1 \\ u_2 \\ v_2 \end{pmatrix}=\begin{pmatrix} \bar{a} \\ R_{1y}-K_{21}\bar{a} \\ R_{2x}-K_{31}\bar{a} \\ R_{2y}-K_{41}\bar{a} \end{pmatrix} \tag{11-51}$$

此时第一个方程实际上就是边界条件：$u_1=\bar{a}$。显然，当 $\bar{a}=0$ 时置“1”法仍然适用。

（2）乘大数法　计入非零位移约束条件的另一方法为“乘大数法”。该方法只是把矩阵 $\boldsymbol{K}$ 中相应的对角线元素 K_{ii} 和 $\boldsymbol{R}$ 中的元素 R_i 加以修正，即

1）把矩阵 $\boldsymbol{K}$ 中与给定的结点位移下标 i 相应的主对角线的元素 K_{ii} 乘以相当大的一个数，例如 10^{15}，$\boldsymbol{K}$ 中的其他元素不变。

2）把载荷列阵 $\boldsymbol{R}$ 中的对应项 R_i 代之以给定的位移乘以相应的主对角线元素 K_{ii}，同时乘以相同的大数 10^{15}，$\boldsymbol{R}$ 中的其他元素不变。例如，对于给定的边界条件式（b），则应把方程组（11-49）中的主对角线元素 K_{11} 乘以 10^{15}，$\boldsymbol{R}$ 的 R_{1x} 用 $\bar{a}\times K_{11}\times10^{15}$ 代替，于是方程组变

换为

$$\begin{pmatrix} K_{11}\times 10^{15} & K_{12} & K_{13} & K_{14} \\ K_{21} & K_{22} & K_{23} & K_{24} \\ K_{31} & K_{32} & K_{33} & K_{34} \\ K_{41} & K_{42} & K_{43} & K_{44} \end{pmatrix}\begin{pmatrix} u_1 \\ v_1 \\ u_2 \\ v_2 \end{pmatrix}=\begin{pmatrix} \bar{a}\times K_{11}\times 10^{15} \\ R_{1y} \\ R_{2x} \\ R_{2y} \end{pmatrix} \tag{11-52}$$

展开上式第一个方程，得

$$K_{11}\times 10^{15}\times u_1+K_{12}v_1+K_{13}u_2+K_{14}v_2=\bar{a}\times K_{11}\times 10^{15} \tag{11-53}$$

由于上式中除包含大数10^{15}的两项外，其余各项都比较小，因此，略去式中不含“10^{15}”的项并整理，则第一个方程归结为给定的位移约束条件：$u_1=\bar{a}$。

把这两种方法对比一下可以看出，第二种比第一种引入约束条件的方法在程序编制上是比较容易的。当然，这两种方法，对稀疏的、带状的和有对称性的矩阵都是适用的。在实际计算中，当位移约束条件为齐次的（即$\boldsymbol{\Delta}_i=\mathbf{0}$），用第一种方法比较简便。如果位移约束条件为非齐次的（即$\boldsymbol{\Delta}_i\neq\mathbf{0}$），则用第二种方法比较简便。

11.2.10 求解及计算结果的整理

求解经过处理后的总刚度方程，得到计算模型的总位移列阵$\boldsymbol{\Delta}$。根据各单元的编号i，j，m，在$\boldsymbol{\Delta}$中取出相应的位移值$\boldsymbol{\Delta}_i$，$\boldsymbol{\Delta}_j$，$\boldsymbol{\Delta}_m$组成单元结点位移列阵$\boldsymbol{\Delta}^e$，再由式（11-33a）、式（11-33b）或式（11-33c）计算出各单元应力矩阵$\boldsymbol{S}$，再代入式（11-32）即可算出各单元的应力分量$\boldsymbol{\sigma}$。

算出的结果，主要是结点位移$\boldsymbol{\Delta}$及各单元应力$\boldsymbol{\sigma}$，它们需要整理表示出来，才能较好地说明计算对象的受力状态。

在位移方面，计算出的结点位移$\boldsymbol{\Delta}$就是对应结构上各离散点的位移值，可以直接根据$\boldsymbol{\Delta}$画出结构的位移分布图线。结构边界上的结点位移值的连线就是结构外形的改变曲线。

在应力方面，情况较为复杂。因为常应变三角形单元中，应力也是常量，而不是某一点的应力值。因此，通常把它当作是三角形单元形心处的应力。为了得到比较接近结构的实际应力，常采用相邻两单元应力值的平均值作为两单元公共边界中点处的应力值。围绕某一结点有多个单元，常采用绕结点平均法，将围绕结点的所有单元的应力按算术平均或加权平均作为该结点的应力。在边界线上点的应力，要由内结点处的应力用二次插值公式推算出。

当求出各点的应力分量σ_x，σ_y和τ_{xy}后，还需求出主应力σ_1，σ_2。这样，才能比较清楚地表示出结构内应力分布的情况。

当采用通用有限元软件计算时，这些工作都由软件自动完成。

11.3 例题

例 11-4 计算图 11-16 所示单元的单元刚度矩阵$\boldsymbol{k}^1$，$\boldsymbol{k}^2$。单元厚度为h。

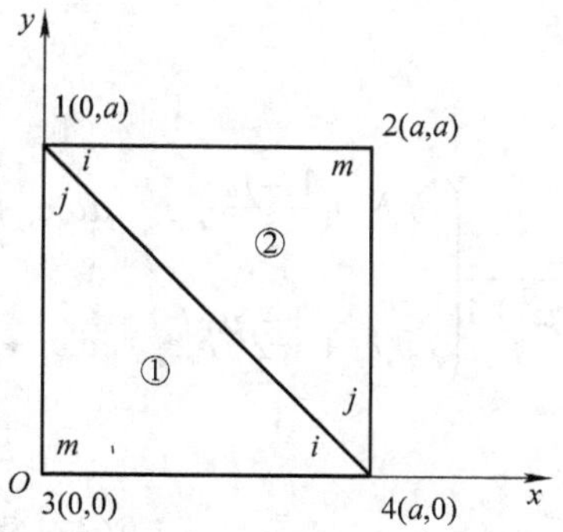

图 11-16　两单元刚度矩阵相同

解　(1) 划分单元，结点编号如下表所示：

单元编号	结点 i	结点 j	结点 m
①	4	1	3
②	1	4	2

结点坐标如下表所示：

坐标 \ 结点	1	2	3	4
x	0	a	0	a
y	a	a	0	0

(2) 计算系数 b_i，c_i，利用式（11-14c）和式（11-14d）

$$b_i = -\begin{vmatrix} 1 & y_j \\ 1 & y_m \end{vmatrix} = y_j - y_m,\ c_i = \begin{vmatrix} 1 & x_j \\ 1 & x_m \end{vmatrix} = x_m - x_j \quad (i,\ j,\ m)$$

计算两单元的系数 b_r，c_r 分别为

单元 ①	单元 ②
$b_i = y_j - y_m = a - 0 = a$	$b_i = y_j - y_m = 0 - a = -a$
$b_j = y_m - y_i = 0 - 0 = 0$	$b_j = y_m - y_i = a - a = 0$
$b_m = y_i - y_j = 0 - a = -a$	$b_m = y_i - y_j = a - 0 = a$
$c_i = x_m - x_j = 0 - 0 = 0$	$c_i = x_m - x_j = a - a = 0$
$c_j = x_i - x_m = a - 0 = a$	$c_j = x_i - x_m = 0 - a = -a$
$c_m = x_j - x_i = 0 - a = -a$	$c_m = x_j - x_i = a - 0 = a$

单元面积为

$$A_1 = A_2 = \frac{1}{2}a \cdot a = \frac{1}{2}a^2$$

(3) 计算单元刚度矩阵子块

由式（11-37a）

$$\boldsymbol{k}_{rs}=\frac{Eh}{4(1-\mu^2)A}\begin{pmatrix} b_rb_s+\frac{1-\mu}{2}c_rc_s & \mu b_rc_s+\frac{1-\mu}{2}b_sc_r \\ \mu b_sc_r+\frac{1-\mu}{2}b_rc_s & c_rc_s+\frac{1-\mu}{2}b_rb_s \end{pmatrix}$$

得

单元 ①

$$\boldsymbol{k}_{ii}=\frac{Eh}{4(1-\mu^2)A}\begin{pmatrix} a^2 & 0 \\ 0 & \frac{1-\mu}{2}a^2 \end{pmatrix}$$

$$\boldsymbol{k}_{jj}=\frac{Eh}{4(1-\mu^2)A}\begin{pmatrix} \frac{1-\mu}{2}a^2 & 0 \\ 0 & a^2 \end{pmatrix}$$

$$\boldsymbol{k}_{mm}=\frac{Eh}{4(1-\mu^2)A}\begin{pmatrix} \frac{3-\mu}{2}a^2 & \frac{1+\mu}{2}a^2 \\ \frac{1+\mu}{2}a^2 & \frac{3-\mu}{2}a^2 \end{pmatrix}$$

$$\boldsymbol{k}_{ij}=\boldsymbol{k}_{ji}^{\mathrm{T}}=\frac{Eh}{4(1-\mu^2)A}\begin{pmatrix} 0 & \mu a^2 \\ \frac{1-\mu}{2}a^2 & 0 \end{pmatrix}$$

$$\boldsymbol{k}_{im}=\boldsymbol{k}_{mi}^{\mathrm{T}}=\frac{Eh}{4(1-\mu^2)A}\begin{pmatrix} -a^2 & -\mu a^2 \\ -\frac{1-\mu}{2}a^2 & -\frac{1-\mu}{2}a^2 \end{pmatrix}$$

$$\boldsymbol{k}_{jm}=\boldsymbol{k}_{mj}^{\mathrm{T}}=\frac{Eh}{4(1-\mu^2)A}\begin{pmatrix} -\frac{1-\mu}{2}a^2 & -\frac{1-\mu}{2}a^2 \\ -\mu a^2 & -a^2 \end{pmatrix}$$

单元 ②

$$\boldsymbol{k}_{ii}=\frac{Eh}{4(1-\mu^2)A}\begin{pmatrix} a^2 & 0 \\ 0 & \frac{1-\mu}{2}a^2 \end{pmatrix}$$

$$\boldsymbol{k}_{jj}=\frac{Eh}{4(1-\mu^2)A}\begin{pmatrix} \frac{1-\mu}{2}a^2 & 0 \\ 0 & a^2 \end{pmatrix}$$

$$\boldsymbol{k}_{mm}=\frac{Eh}{4(1-\mu^2)A}\begin{pmatrix} \frac{3-\mu}{2}a^2 & \frac{1+\mu}{2}a^2 \\ \frac{1+\mu}{2}a^2 & \frac{3-\mu}{2}a^2 \end{pmatrix}$$

$$\boldsymbol{k}_{ij}=\boldsymbol{k}_{ji}^{\mathrm{T}}=\frac{Eh}{4(1-\mu^2)A}\begin{pmatrix} 0 & \mu a^2 \\ \frac{1-\mu}{2}a^2 & 0 \end{pmatrix}$$

$$\boldsymbol{k}_{im}=\boldsymbol{k}_{mi}^{\mathrm{T}}=\frac{Eh}{4(1-\mu^2)A}\begin{pmatrix} -a^2 & -\mu a^2 \\ -\frac{1-\mu}{2}a^2 & -\frac{1-\mu}{2}a^2 \end{pmatrix}$$

$$\boldsymbol{k}_{jm}=\boldsymbol{k}_{mj}^{\mathrm{T}}=\frac{Eh}{4(1-\mu^2)A}\begin{pmatrix} -\frac{1-\mu}{2}a^2 & -\frac{1-\mu}{2}a^2 \\ -\mu a^2 & -a^2 \end{pmatrix}$$

(4) 由上述计算有如下结论：

如果两个单元的形状、大小、厚度、方向和弹性模量均相同，并且编码的顺序一致，则两个单元的刚度矩阵相同。即单元刚度矩阵与坐标的位置无关。

综合这里的例子，将手工应用有限单元法求解平面问题计算步骤归纳如下：

1）根据问题所给的条件，按一定比例作出结构简图，并在图中注明各种几何尺寸、外力及支承条件。

2）对计算对象进行有限单元离散，采用三角形单元时，则分划成许多三角形网格并根据问题的条件作出有限单元计算简图。任选一坐标系，定出所有各结点的坐标值。

3）根据载荷类型将各单元所受载荷，分别按式（11-41b）、式（11-42b）或式（11-

43b）移置到各结点上，从而计算出各结点的等效载荷向量。

4）根据结点坐标值，利用式（11-14a）~式（11-14d）算出各单元的面积 A 及系数 b_i，c_i，b_j，c_j，…，b_m，c_m 的值。利用这些值和给定的弹性常数，根据问题的类型，分别由式（11-37a）或式（11-37b）算出各单元刚度矩阵的子矩阵。

5）按直接刚度法，由各单元刚度矩阵组集结构的总刚度矩阵；由各结点的载荷向量组集结构的载荷列阵，并建立总刚度方程（11-48）。

6）引入约束条件，修正整体刚度矩阵 $\boldsymbol{K}$ 和载荷列阵 $\boldsymbol{R}$，并由此解出结点位移 $\boldsymbol{\Delta}$。

7）将 E，μ，A，b_i，c_i 等数值代入式（11-33b）或式（11-33c），算出各单元的应力矩阵 $\boldsymbol{S}$ 的各子矩阵，组成各单元的应力矩阵，利用已求出的结点位移，再由式（11-32）算出各单元的应力。

8）整理计算结果，绘制必要的表格或图线，以表示所需要的位移和应力。

例 11-5　设有图 11-17a 所示的正方形薄板，在沿其对角线顶点上作用有压力，载荷沿厚度均匀分布且为 2kN/m，板厚 $h=1\text{m}$，取 $\mu=0$。试计算板的应力值。

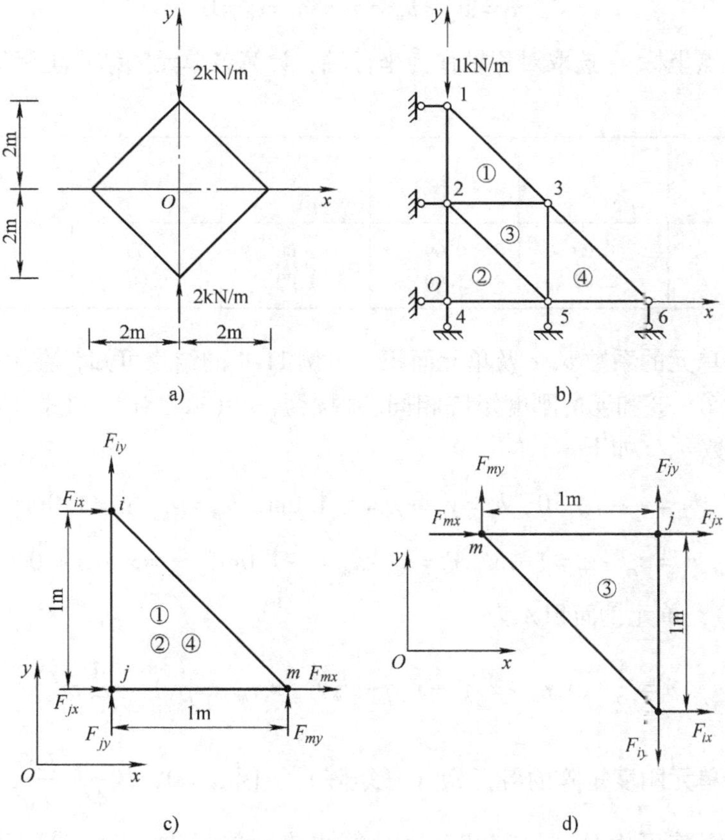

图 11-17　例 11-5 图

解　分析：结构分析中的对称是指结构的几何尺寸和载荷包括约束均为对称。这里由于两个对角线均为该板的对称轴（实际为对称平面），所以只需取薄板的四分之一作为计算对象（图 11-17b）。根据板的受力情况，应按平面应力问题处理。

（1）离散化　将所讨论的对象划分成四个三角形单元，它们彼此只在结点处用铰连接。

由于在对称轴上的结点不存在与对称轴垂直的位移分量，故在对称轴上的结点处应设置相应的支座链杆。在目前划分单元的情况下，所有载荷都已作用在结点上。结构计算简图为图 11-17b，各单元及结点的编号都已示于图中并列于下表：

单元编号＼结点编号	结点 i	结点 j	结点 m
①	1	2	3
②	2	4	5
③	5	3	2
④	3	5	6

根据计算简图，约束条件应为

$$u_1 = u_2 = u_4 = v_4 = v_5 = v_6 = 0 \tag{a}$$

（2）计算结点坐标　选取对称轴作为坐标轴，计算各单元的结点坐标值。如下表所示。

坐标＼结点	1	2	3	4	5	6
x	0.00	0.00	1.00	0.00	1.00	2.00
y	2.00	1.00	1.00	0.00	0.00	0.00

（3）计算各单元的系数 b，c 及单元面积　由例 11-4 的结论可知，在上表的单元编号条件下，单元①，②，③和④的刚度矩阵相同。现根据式（11-14c）和式（11-14d）由单元①计算单元的系数 b，c 如下：

$$b_i = y_j - y_m = 0,\ b_j = y_m - y_i = -1.0\text{m},\ b_m = y_i - y_j = 1.0\text{m}$$

$$c_i = x_m - x_j = 1.0\text{m},\ c_j = x_i - x_m = -1.0\text{m},\ c_m = x_j - x_i = 0$$

根据式（11-14a），单元①面积 A 为

$$A = \frac{1}{2}\left(x_j y_m + x_m y_i + x_i y_j - x_m y_j - x_i y_m - x_j y_i\right) = \frac{1}{2}\text{m}^2$$

（4）计算各单元刚度矩阵的各元素（子矩阵）　因 $\mu = 0$，故 $\dfrac{Eh}{4(1-\mu^2)A} = \dfrac{E}{2}$。于是单元刚度矩阵的子矩阵可由公式（11-37a）计算出来。单元①，②，③，④的刚度矩阵分别为

$$\boldsymbol{k}^1 = \begin{pmatrix} \boldsymbol{k}_{11}^1 & \boldsymbol{k}_{12}^1 & \boldsymbol{k}_{13}^1 \\ \boldsymbol{k}_{21}^1 & \boldsymbol{k}_{22}^1 & \boldsymbol{k}_{23}^1 \\ \boldsymbol{k}_{31}^1 & \boldsymbol{k}_{32}^1 & \boldsymbol{k}_{33}^1 \end{pmatrix},\ \boldsymbol{k}^2 = \begin{pmatrix} \boldsymbol{k}_{22}^2 & \boldsymbol{k}_{24}^2 & \boldsymbol{k}_{25}^2 \\ \boldsymbol{k}_{42}^2 & \boldsymbol{k}_{44}^2 & \boldsymbol{k}_{45}^2 \\ \boldsymbol{k}_{52}^2 & \boldsymbol{k}_{54}^2 & \boldsymbol{k}_{55}^2 \end{pmatrix}$$

$$k^3=\begin{pmatrix}k_{55}^3 & k_{53}^3 & k_{52}^3\\ k_{35}^3 & k_{33}^3 & k_{32}^3\\ k_{25}^3 & k_{23}^3 & k_{22}^3\end{pmatrix},\ k^4=\begin{pmatrix}k_{33}^4 & k_{35}^4 & k_{36}^4\\ k_{53}^4 & k_{55}^4 & k_{56}^4\\ k_{63}^4 & k_{65}^4 & k_{66}^4\end{pmatrix}$$

其中的子矩阵是

$$\left\{\begin{array}{l}
k_{11}^1=k_{22}^2=k_{55}^3=k_{33}^4=\dfrac{E}{2}\begin{pmatrix}\frac{1}{2} & 0\\ 0 & 1\end{pmatrix},\ k_{12}^1=k_{24}^2=k_{53}^3=k_{35}^4=\dfrac{E}{2}\begin{pmatrix}-\frac{1}{2} & -\frac{1}{2}\\ 0 & -1\end{pmatrix}\\
k_{13}^1=k_{25}^2=k_{52}^3=k_{36}^4=\dfrac{E}{2}\begin{pmatrix}0 & \frac{1}{2}\\ 0 & 0\end{pmatrix},\ k_{21}^1=k_{42}^2=k_{35}^3=k_{53}^4=\dfrac{E}{2}\begin{pmatrix}-\frac{1}{2} & 0\\ -\frac{1}{2} & -1\end{pmatrix}\\
k_{22}^1=k_{44}^2=k_{33}^3=k_{55}^4=\dfrac{E}{2}\begin{pmatrix}\frac{3}{2} & \frac{1}{2}\\ \frac{1}{2} & \frac{3}{2}\end{pmatrix},\ k_{23}^1=k_{45}^2=k_{32}^3=k_{56}^4=\dfrac{E}{2}\begin{pmatrix}-1 & -\frac{1}{2}\\ 0 & -\frac{1}{2}\end{pmatrix}\\
k_{31}^1=k_{52}^2=k_{25}^3=k_{63}^4=\dfrac{E}{2}\begin{pmatrix}0 & 0\\ \frac{1}{2} & 0\end{pmatrix},\ k_{32}^1=k_{54}^2=k_{23}^3=k_{65}^4=\dfrac{E}{2}\begin{pmatrix}-1 & 0\\ -\frac{1}{2} & -\frac{1}{2}\end{pmatrix}\\
k_{33}^1=k_{55}^2=k_{22}^3=k_{66}^4=\dfrac{E}{2}\begin{pmatrix}1 & 0\\ 0 & \frac{1}{2}\end{pmatrix}
\end{array}\right. \tag{b}$$

（5）组集总刚度矩阵，形成总刚度方程　由各单元刚度矩阵按直接刚度法形成总刚度矩阵，由各单元的等效结点载荷组集结构载荷列阵，从而得到总刚度方程为

$$\begin{pmatrix}
k_{11}^1 & k_{12}^1 & k_{13}^1 & 0 & 0 & 0\\
k_{21}^1 & k_{22}^1+k_{22}^2+k_{22}^3 & k_{23}^1+k_{23}^3 & k_{24}^2 & k_{25}^2+k_{25}^3 & 0\\
k_{31}^1 & k_{32}^1+k_{32}^3 & k_{33}^1+k_{33}^3+k_{33}^4 & 0 & k_{35}^3+k_{35}^4 & k_{36}^4\\
0 & k_{42}^2 & 0 & k_{44}^2 & k_{45}^2 & 0\\
0 & k_{52}^2+k_{52}^3 & k_{53}^3+k_{53}^4 & k_{54}^5 & k_{55}^2+k_{55}^3+k_{55}^4 & k_{56}^4\\
0 & 0 & k_{63}^4 & 0 & k_{65}^4 & k_{66}^4
\end{pmatrix}\begin{pmatrix}\Delta_1\\ \Delta_2\\ \Delta_3\\ \Delta_4\\ \Delta_5\\ \Delta_6\end{pmatrix}=\begin{pmatrix}R_1\\ R_2\\ R_3\\ R_4\\ R_5\\ R_6\end{pmatrix} \tag{c}$$

将各单元刚度矩阵的各子矩阵式（b）代入式（c）中，整理后得方程

$$
E\begin{pmatrix}
0.25 & 0 & -0.25 & -0.25 & 0 & 0.25 & 0 & 0 & 0 & 0 & 0 & 0 \\
0 & 0.50 & 0 & -0.50 & 0 & 0 & 0 & 0 & 0 & 0 & 0 & 0 \\
-0.25 & 0 & 1.50 & 0.25 & -1.00 & -0.25 & -0.25 & -0.25 & 0 & 0.25 & 0 & 0 \\
-0.25 & -0.50 & 0.25 & 1.50 & -0.25 & -0.50 & 0 & -0.50 & 0.25 & 0 & 0 & 0 \\
0 & 0 & -1.00 & -0.25 & 1.50 & -0.25 & 0 & 0 & -0.50 & -0.25 & 0 & 0.25 \\
0.25 & 0 & -0.25 & -0.50 & 0.25 & 1.50 & 0 & 0 & -0.25 & -1.00 & 0 & 0 \\
0 & 0 & -0.25 & 0 & 0 & 0 & 0.75 & 0.25 & -0.50 & -0.25 & 0 & 0 \\
0 & 0 & -0.25 & -0.50 & 0 & 0 & 0.25 & 0.75 & 0 & -0.25 & 0 & 0 \\
0 & 0 & 0 & 0.25 & -0.5 & -0.25 & -0.50 & 0 & 1.50 & 0.25 & -0.50 & -0.25 \\
0 & 0 & 0.25 & 0 & -0.25 & -1.00 & -0.25 & -0.25 & 0.25 & 1.50 & 0 & -0.25 \\
0 & 0 & 0 & 0 & 0 & 0 & 0 & 0 & -0.50 & 0 & 0.50 & 0 \\
0 & 0 & 0 & 0 & 0.25 & 0 & 0 & 0 & -0.25 & -0.25 & 0 & 0.25
\end{pmatrix}
\begin{pmatrix} u_1 \\ v_1 \\ u_2 \\ v_2 \\ u_3 \\ v_3 \\ u_4 \\ v_4 \\ u_5 \\ v_5 \\ u_6 \\ v_6 \end{pmatrix}
=
\begin{pmatrix} R_{1x} \\ -1 \\ R_{2x} \\ 0 \\ 0 \\ 0 \\ R_{4x} \\ R_{4y} \\ 0 \\ R_{5y} \\ 0 \\ R_{6y} \end{pmatrix}
\tag{d}
$$

（6）引入约束条件，修改平衡方程组（d）并求解　根据约束条件式（a），应将方程组（d）划去与零位移相对应的 1，3，7，8，10，12 行和列，重新排列后，补上对称部分元素，方程组（d）简化为

$$
E\begin{pmatrix}
0.50 & -0.50 & 0 & 0 & 0 & 0 \\
-0.50 & 1.50 & -0.25 & -0.50 & 0.25 & 0 \\
0 & -0.25 & 1.50 & 0.25 & -0.50 & 0 \\
0 & -0.50 & 0.25 & 1.50 & -0.25 & 0 \\
0 & 0.25 & -0.50 & -0.25 & 1.50 & -0.50 \\
0 & 0 & 0 & 0 & -0.50 & 0.50
\end{pmatrix}
\begin{pmatrix} v_1 \\ v_2 \\ u_3 \\ v_3 \\ u_5 \\ u_6 \end{pmatrix}
=
\begin{pmatrix} -1 \\ 0 \\ 0 \\ 0 \\ 0 \\ 0 \end{pmatrix}
\tag{e}
$$

求解方程组（e），得结点位移如下：

$$
\begin{pmatrix} v_1 \\ v_2 \\ u_3 \\ v_3 \\ u_5 \\ u_6 \end{pmatrix}
=\frac{1}{E}
\begin{pmatrix} -3.252 \\ -1.252 \\ -0.088 \\ -0.372 \\ 0.176 \\ 0.176 \end{pmatrix}
$$

（7）计算应力　由求解获得的位移向量和约束条件，可以确定各单元的结点位移向量。再利用式（11-32），即可求得单元的应力，这里不再详述。

11.4　六结点三角形单元分析

前面讨论的三结点三角形单元，是线性位移模式的单元，它的计算是成功的、可靠的。但由于只能采用线性位移模式，所以其计算精度受到限制。为了满足一定的精度要求，需要将单元划分得很小，相对来说单元数就会增多，增加了计算工作量。但是由于三角形单元具有容易适应曲线边界及随意改变单元大小的优点，是可取的单元形状。这就提出了如何提高三角形单元本身精度的问题。通过计算表明，如果采用高阶次单元位移模式，会得到较高的计算精度，从而可以大大减少单元的数目。下面简略地介绍三角形单元的二次位移模式。

11.4.1　单元位移模式

要在三角形单元上采用二次位移模式，单元需要有六个结点、12 个自由度。因此除了三角形单元的三个顶点外，还选取三条边的中点为结点，这样就形成了六结点三角形单元，如图 11-18 所示。图 11-18a 所示为六结点三角形单元结点编号方式及结点的面积坐标。规定：结点 i，j，m，1，2，3 依逆时针方向顺序排列，1 结点在 i 结点的对边上，其余类推。

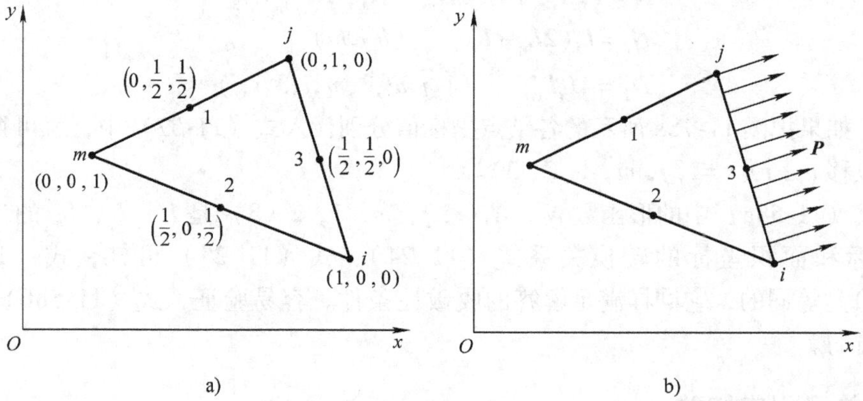

图 11-18　六结点三角形单元

三角形单元二次位移模式，可采用完全的二次多项式

$$\begin{cases} u = \alpha_1 + \alpha_2 x + \alpha_3 y + \alpha_4 x^2 + \alpha_5 xy + \alpha_6 y^2 \\ v = \alpha_7 + \alpha_8 x + \alpha_9 y + \alpha_{10} x^2 + \alpha_{11} xy + \alpha_{12} y^2 \end{cases} \tag{11-54}$$

六结点三角形单元的单元位移向量 $\boldsymbol{\Delta}^e$ 和单元结点力向量 $\boldsymbol{F}^e$ 分别为

$$\boldsymbol{\Delta}^e = (\boldsymbol{\Delta}_i^{e\mathrm{T}}, \boldsymbol{\Delta}_j^{e\mathrm{T}}, \boldsymbol{\Delta}_m^{e\mathrm{T}}, \boldsymbol{\Delta}_1^{e\mathrm{T}}, \boldsymbol{\Delta}_2^{e\mathrm{T}}, \boldsymbol{\Delta}_3^{e\mathrm{T}})^\mathrm{T} \tag{11-55}$$

$$\boldsymbol{F}^e = (\boldsymbol{F}_i^{e\mathrm{T}}, \boldsymbol{F}_j^{e\mathrm{T}}, \boldsymbol{F}_m^{e\mathrm{T}}, \boldsymbol{F}_1^{e\mathrm{T}}, \boldsymbol{F}_2^{e\mathrm{T}}, \boldsymbol{F}_3^{e\mathrm{T}})^\mathrm{T} \tag{11-56}$$

其中结点位移向量和结点力向量分别是

$$\boldsymbol{\Delta}_i^e = \begin{pmatrix} u_i \\ v_i \end{pmatrix} \quad (i,\ j,\ m), \qquad \boldsymbol{\Delta}_1^e = \begin{pmatrix} u_1 \\ v_1 \end{pmatrix} \quad (1,\ 2,\ 3)$$

$$\boldsymbol{F}_i^e=\begin{pmatrix}F_{ix}^e\\F_{iy}^e\end{pmatrix}\quad(i,\ j,\ m),\qquad \boldsymbol{F}_1^e=\begin{pmatrix}F_{1x}^e\\F_{1y}^e\end{pmatrix}\quad(1,\ 2,\ 3)$$

由位移模式（11-54）可见：它包含了常数项及一次项，因而反映了单元的刚体位移和常量应变，满足解答收敛的完备条件。二次位移模式在每条边界上的位移曲线必然是二次曲线，它完全被相邻两单元的公共边界上的三个公共结点的位移所决定，这就保证了相邻单元在公共边界上位移的连续性，满足解答收敛的协调条件。因此，六结点三角形单元是完备的协调单元。

采用直角坐标 x，y 表示的位移模式（11-54），由六个结点的位移可以决定 12 个待定常数。然后再代回式（11-54）确定形函数 $N_r(r=i,\ j,\ m,\ 1,\ 2,\ 3)$，进而计算单元刚度矩阵和等效结点载荷等。这一过程是非常繁复的，因此不得不采用面积坐标来表示。为此，将单元位移模式改写为

$$\boldsymbol{\Delta}=\begin{pmatrix}u\\v\end{pmatrix}=\boldsymbol{N}\boldsymbol{\Delta}^e \tag{11-57}$$

式中，形函数矩阵

$$\boldsymbol{N}=(\boldsymbol{I}N_i,\ \boldsymbol{I}N_j,\ \boldsymbol{I}N_m,\ \boldsymbol{I}N_1,\ \boldsymbol{I}N_2,\ \boldsymbol{I}N_3) \tag{11-58a}$$

$$\begin{aligned}&N_i=L_i(2L_i-1)\qquad(i,j,m)\\&N_1=4L_jL_m\qquad(1,j,m;2,m,i;3,i,j)\end{aligned} \tag{11-58b}$$

显然，如果把图 11-18a 所示的各结点坐标值分别代入式（11-57）中，就可得出相应结点的结点位移 u_r，$v_r(r=i,\ j,\ m,\ 1,\ 2,\ 3)$。

由于式（11-58a）中的形函数 N_i，$N_1(i,\ j,\ m,\ 1,\ 2,\ 3)$ 是 L_i，L_j，L_m 的二次式，根据直角坐标和面积坐标的转换关系式（11-24）、式（11-25）可知，式（11-57）和式（11-54）是等同的，它同样满足解答的收敛性条件。容易验证，式（11-58b）也是满足形函数性质的。

11.4.2 单元刚度矩阵

把位移模式（11-57）代入几何方程（11-6），可以得到单元应变和单元结点位移的关系，即

$$\boldsymbol{\varepsilon}=\boldsymbol{B}\boldsymbol{\Delta}^e$$

式中，

$$\boldsymbol{B}=(\boldsymbol{B}_i,\ \boldsymbol{B}_j,\ \boldsymbol{B}_m,\ \boldsymbol{B}_1,\ \boldsymbol{B}_2,\ \boldsymbol{B}_3) \tag{11-59}$$

并且

$$\boldsymbol{B}_i=\begin{pmatrix}\dfrac{\partial N_i}{\partial x}&0\\0&\dfrac{\partial N_i}{\partial y}\\\dfrac{\partial N_i}{\partial y}&\dfrac{\partial N_i}{\partial x}\end{pmatrix}\quad(i,j,m);\quad \boldsymbol{B}_1=\begin{pmatrix}\dfrac{\partial N_1}{\partial x}&0\\0&\dfrac{\partial N_1}{\partial y}\\\dfrac{\partial N_1}{\partial y}&\dfrac{\partial N_1}{\partial x}\end{pmatrix}\quad(1,\ 2,\ 3,\ i,\ j,\ m)$$

利用式（11-27）可得

$$\frac{\partial N_i}{\partial x}=\frac{b_i(4L_i-1)}{2A}\qquad (i,j,m)$$

$$\frac{\partial N_1}{\partial x}=\frac{4(b_jL_m+L_jb_m)}{2A}\qquad (1,\ 2,\ 3,\ i,\ j,\ m)$$

从而

$$\boldsymbol{B}_i=\frac{1}{2A}\begin{pmatrix} b_i(4L_i-1) & 0 \\ 0 & c_i(4L_i-1) \\ c_i(4L_i-1) & b_i(4L_i-1) \end{pmatrix}\quad (i,\ j,\ m) \tag{11-60}$$

$$\boldsymbol{B}_1=\frac{1}{2A}\begin{pmatrix} 4(b_jL_m+L_jb_m) & 0 \\ 0 & 4(c_jL_m+c_mL_j) \\ 4(c_jL_m+c_mL_j) & 4(b_jL_m+L_jb_m) \end{pmatrix}\quad (1,\ j,\ m;\ 2,\ m,\ i;\ 3,\ i,\ j) \tag{11-61}$$

由式（11-60）、式（11-61）两式可见，应变分量是面积坐标的一次式，因而也是 x，y 的一次式。

单元应力根据平面应力问题的物理方程可以写成为

$$\boldsymbol{\sigma}=\boldsymbol{D}\boldsymbol{B}\boldsymbol{\Delta}^e=\boldsymbol{S}\boldsymbol{\Delta}^e \tag{11-62}$$

式中，应力矩阵

$$\boldsymbol{S}=(\boldsymbol{S}_i,\ \boldsymbol{S}_j,\ \boldsymbol{S}_m,\ \boldsymbol{S}_1,\ \boldsymbol{S}_2,\ \boldsymbol{S}_3) \tag{11-63}$$

并且子矩阵

$$\boldsymbol{S}_i=\boldsymbol{D}\boldsymbol{B}_i=\frac{E(4L_i-1)}{4(1-\mu^2)A}\begin{pmatrix} 2b_i & 2\mu c_i \\ 2\mu b_i & 2c_i \\ (1-\mu)c_i & (1-\mu)b_i \end{pmatrix}\quad (i,j,m) \tag{11-64a}$$

$$\boldsymbol{S}_1=\boldsymbol{D}\boldsymbol{B}_1=\frac{E}{4(1-\mu^2)A}\begin{pmatrix} 8(b_jL_m+L_jb_m) & 8\mu(c_jL_m+L_jc_m) \\ 8\mu(b_jL_m+L_jb_m) & 8(c_jL_m+L_jc_m) \\ 4(1-\mu)(c_jL_m+L_jc_m) & 4(1-\mu)(b_jL_m+L_jb_m) \end{pmatrix}$$

$$(1,\ j,\ m;\ 2,\ m,\ i;\ 3,\ i,\ j) \tag{11-64b}$$

应力矩阵 $\boldsymbol{S}$ 的各元素同样是面积坐标的一次式，当然也是 x，y 坐标的一次式。这就表明单元中的应力沿任何方向都是线性变化的。

按照式（11-34），单元刚度矩阵为

$$\boldsymbol{k}^e=\iint_A \boldsymbol{B}^{\mathrm{T}}\boldsymbol{D}\boldsymbol{B}\,\mathrm{d}x\mathrm{d}y h$$

将式（11-59）~式（11-61）代入上式，进行积分并注意应用积分公式（11-28）并考虑到关系式 $b_i+b_j+b_m=0$；$c_i+c_j+c_m=0$ 后，得单元刚度矩阵为

$$
\boldsymbol{k}=\frac{Eh}{24(1-\mu^2)A}\begin{pmatrix}
\boldsymbol{F}_i & \boldsymbol{P}_{ij} & \boldsymbol{P}_{im} & 0 & -4\boldsymbol{P}_{im} & -4\boldsymbol{P}_{ij} \\
\boldsymbol{P}_{ji} & \boldsymbol{F}_j & \boldsymbol{P}_{jm} & -4\boldsymbol{P}_{jm} & 0 & -4\boldsymbol{P}_{ji} \\
\boldsymbol{P}_{mi} & \boldsymbol{P}_{mj} & \boldsymbol{F}_m & -4\boldsymbol{P}_{mj} & -4\boldsymbol{P}_{mi} & 0 \\
0 & -4\boldsymbol{P}_{mj} & -4\boldsymbol{P}_{jm} & \boldsymbol{G}_i & \boldsymbol{Q}_{ij} & \boldsymbol{Q}_{im} \\
-4\boldsymbol{P}_{mi} & 0 & -4\boldsymbol{P}_{im} & \boldsymbol{Q}_{ji} & \boldsymbol{G}_j & \boldsymbol{Q}_{jm} \\
-4\boldsymbol{P}_{ji} & -4\boldsymbol{P}_{ij} & 0 & \boldsymbol{Q}_{mi} & \boldsymbol{Q}_{mj} & \boldsymbol{G}_m
\end{pmatrix} \tag{11-65}
$$

式中

$$
\boldsymbol{F}_i=\begin{pmatrix} 6b_i^2+3(1-\mu)c_i^2 & 3(1+\mu)b_ic_i \\ 3(1+\mu)b_ic_i & 6c_i^2+3(1-\mu)b_i^2 \end{pmatrix} \quad (i,\ j,\ m)
$$

$$
\boldsymbol{G}_i=\begin{pmatrix} 16(b_i^2-b_jb_m)+8(1-\mu)(c_i^2-c_jc_m) & 4(1+\mu)(b_ic_i+b_jc_j+b_mc_m) \\ 4(1+\mu)(b_ic_i+b_jc_j+b_mc_m) & 16(c_i^2-c_jc_m)+8(1-\mu)(b_i^2-b_jb_m) \end{pmatrix} \quad (i,j,m)
$$

$$
\boldsymbol{P}_{rs}=\begin{pmatrix} -2b_rb_s-(1-\mu)c_rc_s & -2\mu b_rc_s-(1-\mu)c_rb_s \\ -2\mu c_rb_s-(1-\mu)b_rc_s & -2c_rc_s-(1-\mu)b_rb_s \end{pmatrix} \quad (r=i,j,m;s=i,j,m)
$$

$$
\boldsymbol{Q}_{rs}=\begin{pmatrix} 16b_rb_s+8(1-\mu)c_rc_s & 4(1+\mu)(c_rb_s+b_rc_s) \\ 4(1+\mu)(c_rb_s+b_rc_s) & 16c_rc_s+8(1-\mu)b_rb_s \end{pmatrix} \quad (r=i,j,m;s=i,j,m)
$$

对于平面应变问题，只需将应力矩阵及刚度矩阵的各个公式中的 E 换成 $E/(1-\mu^2)$，μ 换为 $\mu/(1-\mu)$ 即可。

11.4.3 载荷向结点移置

（1）常体力载荷　单元受到常体力 $\boldsymbol{P}_V=(X,\ Y)^{\mathrm{T}}$ 的作用，根据式（11-41a），单元的等效结点载荷列阵为

$$
\boldsymbol{P}^e=\left(\iint_A \boldsymbol{N}^{\mathrm{T}}\mathrm{d}x\mathrm{d}yh\right)\boldsymbol{P}_V \tag{a}
$$

把式（11-58a）、式（11-58b）的形函数代入式（a），利用式（11-28），经积分后得

$$
\boldsymbol{P}^e=\frac{1}{3}Ah\ [0,\ 0,\ 0,\ 0,\ 0,\ 0,\ X,\ Y,\ X,\ Y,\ X,\ Y]^{\mathrm{T}}
$$

令 $W_x=AhX$，$W_y=AhY$ 为总体力 $\boldsymbol{W}$ 在 x，y 方向的分量，则上式可简写成为

$$
\boldsymbol{P}^e=\left(0,0,0,0,0,0,\frac{1}{3}W_x,\frac{1}{3}W_y,\frac{1}{3}W_x,\frac{1}{3}W_y,\frac{1}{3}W_x,\frac{1}{3}W_y\right)^{\mathrm{T}} \tag{11-66}
$$

上式表明：将总体力的1/3分配到各边中点的结点上，即为相应的等效结点载荷。

（2）常面力载荷　设在单元 ij 边上作用有不变面力 $\boldsymbol{P}_A=(\overline{X},\ \overline{Y})^{\mathrm{T}}$，如图 11-18b 所示。由式（11-39），相应地等效结点载荷列阵为

$$\boldsymbol{P}^e=\left(h\int_A \boldsymbol{N}^{\mathrm{T}}\mathrm{d}A\boldsymbol{P}_A\right) \tag{b}$$

这里的积分是沿 ij 边进行。根据式（11-58a）、式（11-58b）并注意在 ij 边界上面积坐标 $L_m=0$，形函数相应地就简化成为

$$N_i=L_i(2L_i-1),\ N_j=L_j(2L_j-1),\ N_m=0$$

$$N_1=0,\ N_2=0,\ N_3=4L_iL_j$$

则在该边上的形函数矩阵为

$$\boldsymbol{N}_{ij}=\begin{pmatrix} N_i & 0 & N_j & 0 & 0 & 0 & 0 & 0 & 0 & 0 & N_3 & 0 \\ 0 & N_i & 0 & N_j & 0 & 0 & 0 & 0 & 0 & 0 & 0 & N_3 \end{pmatrix} \tag{c}$$

把式（c）代入式（b），应用式（11-29），积分后得到

$$\boldsymbol{P}^e=\frac{1}{6}lh(\overline{X},\ \overline{Y},\ \overline{X},\ \overline{Y},\ 0,\ 0,\ 0,\ 0,\ 0,\ 0,\ 4\overline{X},\ 4\overline{Y})^{\mathrm{T}} \tag{d}$$

式中，l 为 $i\,j$ 边的长度。令 $\overline{W}_x=lh\overline{X}$，$\overline{W}_y=lh\overline{Y}$ 为总面力 $\overline{\boldsymbol{W}}$ 沿 x，y 方向的分量，则从式（d）就可得出相应的等效载荷列阵为

$$\boldsymbol{P}^e=\left(\frac{1}{6}\overline{W}_x,\ \frac{1}{6}\overline{W}_y,\ \frac{1}{6}\overline{W}_x,\ \frac{1}{6}\overline{W}_y,\ 0,\ 0,\ 0,\ 0,\ 0,\ 0,\ \frac{2}{3}\overline{W}_x,\ \frac{2}{3}\overline{W}_y\right)^{\mathrm{T}} \tag{11-67}$$

单元刚度矩阵一经求出后，对于结构的整体分析完全可按 11.2 节中就三角形常应变单元所叙述的步骤进行，这里不再重复。

习　题

11.1　什么是弹性力学平面应变问题？什么是平面应力问题？

11.2　什么是体积力、面积力和集中力？

11.3　微元体的应力状态是如何描述的？

11.4　什么是弹性力学基本方程？

11.5　平面问题的弹性矩阵有哪两种？

11.6　有限元离散化时，如何利用对称性？

11.7　什么是结点的局部编号？什么是结点的总体编号？

11.8　什么是局部坐标系？什么是总体坐标系？

11.9　什么是位移模式？要保证有限元的解收敛，位移模式必须满足什么条件？

11.10　什么是形函数？形函数有哪些性质？

11.11　什么是面积坐标？面积坐标和直角坐标间如何转换？

11.12　什么是刚体的虚位移原理？什么是变形体的虚位移原理？

11.13　什么是单元刚度矩阵？什么是总体刚度矩阵？

11.14　组集总体刚度矩阵的两个依据是什么？

11.15 单元（总体）刚度矩阵元素的物理意义是什么？

11.16 单元（总体）刚度矩阵有哪些性质？

11.17 如何利用直接刚度法组集总体刚度矩阵？

11.18 什么是结点载荷向量？如何将非结点载荷转换为结点载荷？

11.19 为什么必须施加约束，有限元方程组才能求解？

11.20 引入边界（约束）条件的方法有哪些？它们是如何实施的？

11.21 在有多个单元围绕的结点上，有限元计算获得的该点位移是否还需要进行处理？该点应力是否需要进行后处理？

11.22 图 11-19 所示为三结点三角形单元及其结点坐标，三角形单元内 P 点处的 x 坐标为 3.3，形函数 $N_i=0.3$。求 P 点处的 N_j，N_m 和 y 坐标值。

参考答案：$N_j=0.2$，$N_m=0.5$，$y=4.2$

11.23 求出图 11-20 所示单元中 P 点的形函数。

参考答案：$N_i=0.3$，$N_j=0.2$，$N_m=0.5$

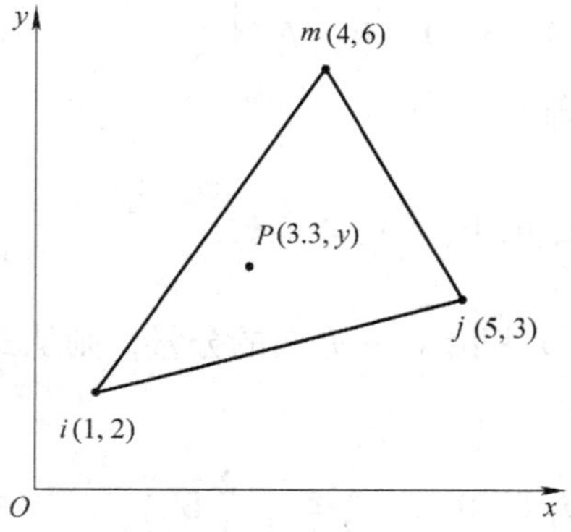

图 11-19 习题 11.22 图

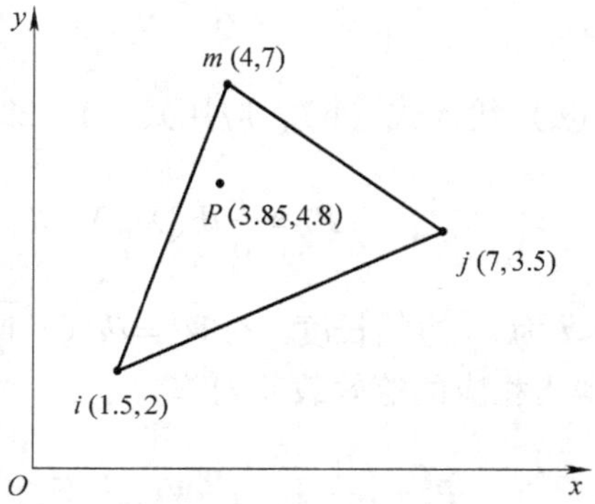

图 11-20 习题 11.23 图

11.24 图 11-21 所示为一个有四个常应变单元组成的有限元计算模型，单元厚度为 1m。在 y 方向受体积力 $Y=1000\text{N/m}^3$ 作用。试确定其整体载荷向量。

参考答案：

$$\boldsymbol{F}=(F_{1x},F_{1y},F_{2x},F_{2y},F_{3x},F_{3y},F_{4x},F_{4y},F_{5x},F_{5y},F_{6x},F_{6y})^{\mathrm{T}}$$
$$=\left(0,\frac{1000}{3},0,\frac{500}{3},0,500,0,500,0,\frac{500}{3},0,\frac{1000}{3}\right)^{\mathrm{T}}$$

11.25 图 11-22 所示等腰直角三角形单元，设 $\mu=0$，厚度为 h，求形函数矩阵 $\boldsymbol{N}$、应变矩阵 $\boldsymbol{B}$、应力矩阵 $\boldsymbol{S}$ 和单元刚度矩阵 $\boldsymbol{k}^e$。

参考答案：

$$\boldsymbol{N}=\begin{pmatrix}\frac{x}{a} & 0 & \frac{y}{a} & 0 & 1-\frac{x}{a}-\frac{y}{a} & 0\\ 0 & \frac{x}{a} & 0 & \frac{y}{a} & 0 & 1-\frac{x}{a}-\frac{y}{a}\end{pmatrix}$$

$$\boldsymbol{B}=\frac{1}{a}\begin{pmatrix}1&0&0&0&-1&0\\0&0&0&1&0&-1\\0&1&1&0&-1&-1\end{pmatrix},\ \boldsymbol{S}=\frac{E}{2a}\begin{pmatrix}2&0&0&0&-2&0\\0&0&0&2&0&-2\\0&1&1&0&-1&-1\end{pmatrix}$$

$$
\boldsymbol{k}^e = \frac{Eh}{4}\begin{pmatrix} 2 & 0 & 0 & 0 & -2 & 0 \\ 0 & 1 & 1 & 0 & -1 & -1 \\ 0 & 1 & 1 & 0 & -1 & -1 \\ 0 & 0 & 0 & 2 & 0 & -2 \\ -2 & -1 & -1 & 0 & 3 & 1 \\ 0 & -1 & -1 & -2 & 1 & 3 \end{pmatrix}
$$

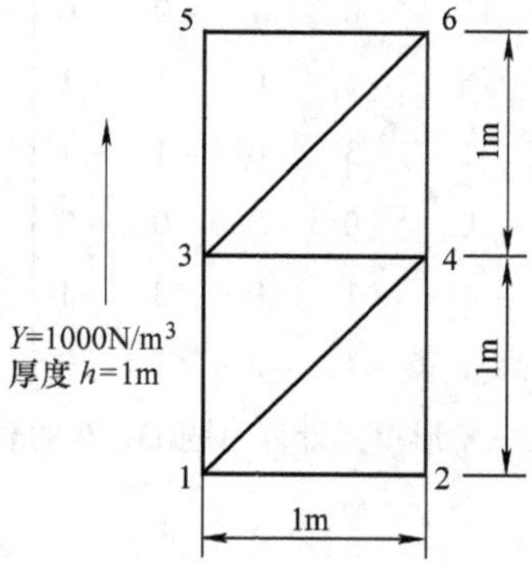

图 11-21　习题 11.24 图

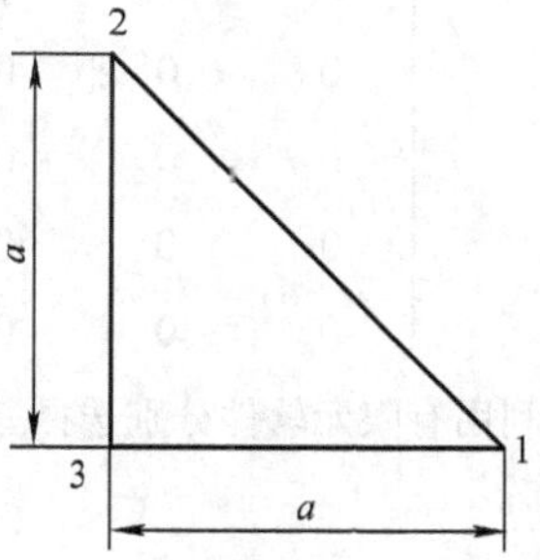

图 11-22　习题 11.25 图

11.26　图 11-23 所示悬臂梁，厚度为 h，$\mu=1/3$，在右端作用有均布剪力，其合力为 P。利用图示简单网格，计算端部结点位移。

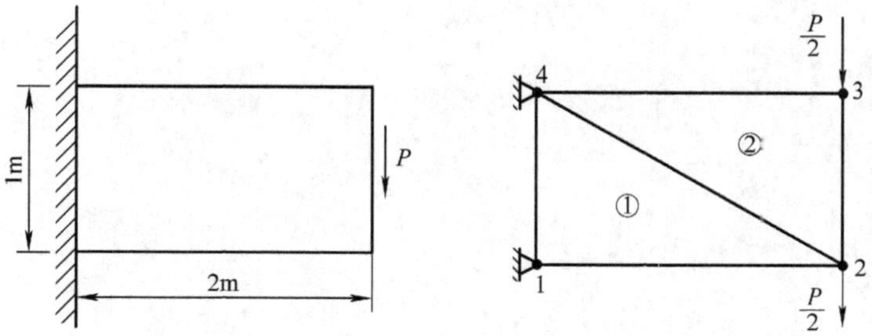

图 11-23　习题 11.26 图

参考答案：$(u_2,\ v_2,\ u_3,\ v_3)^{\mathrm{T}} = \dfrac{P}{Eh}(-1.5,\ -8.5,\ 1.88,\ -9.0)^{\mathrm{T}}$

11.27　将习题 11.26 中的悬臂梁改用图 11-24 所示的四个单元的网格进行计算，设 $\mu=0$，试用直接刚度法求整体刚度矩阵。

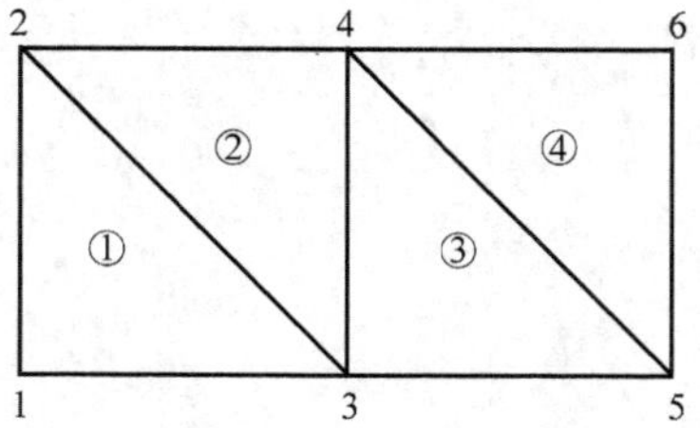

图 11-24　习题 11.27 图

参考答案：

$$
\boldsymbol{K}=\frac{Eh}{4}\begin{bmatrix}
3 & 1 & -1 & 0 & -2 & -1 & 0 & 0 & 0 & 0 & 0 & 0 \\
1 & 3 & -1 & -2 & 0 & -1 & 0 & 0 & 0 & 0 & 0 & 0 \\
-1 & -1 & 3 & 0 & 0 & 1 & -2 & 0 & 0 & 0 & 0 & 0 \\
0 & -2 & 0 & 3 & 1 & 0 & -1 & -1 & 0 & 0 & 0 & 0 \\
-2 & 0 & 0 & 1 & 6 & 1 & -2 & -1 & -2 & -1 & 0 & 0 \\
-1 & -1 & 1 & 0 & 1 & 6 & -1 & -4 & 0 & -1 & 0 & 0 \\
0 & 0 & -2 & -1 & -2 & -1 & 6 & 1 & 0 & 1 & -2 & 0 \\
0 & 0 & 0 & -1 & -1 & -4 & 1 & 6 & 1 & 0 & -1 & -1 \\
0 & 0 & 0 & 0 & -2 & 0 & 0 & 1 & 3 & 0 & -1 & -1 \\
0 & 0 & 0 & 0 & -1 & -1 & 1 & 0 & 0 & 3 & 0 & -2 \\
0 & 0 & 0 & 0 & 0 & 0 & -2 & -1 & -1 & 0 & 3 & 1 \\
0 & 0 & 0 & 0 & 0 & 0 & 0 & -1 & -1 & -2 & 1 & 3
\end{bmatrix}
$$

11.28 利用有限元软件分别选择三结点三角形单元、六结点三角形单元计算习题 11.26 的悬臂梁的应力和位移分布。

第 12 章　等　参　元

12.1　等参数单元的引入

第 11 章我们研究了三结点三角形单元。由于其位移插值函数是线性函数，因此称之为三角形线性单元。线性单元的位移在单元内呈线性变化，应力、应变在单元内是常量。有限元法中，我们是采用所谓分块近似的方法，以场变量在各个局部区域的近似函数的集合来描述全局的场变量函数。因三结点三角形单元采用的位移插值函数精度不高，在求解区域内应力和应变的变化又是不连续的，所以三角形单元计算精度不高。同时，当计算区域为曲线边界时，还存在用三角形单元的直线边界替代原曲线边界而产生的几何误差。

为了提高计算精度可以采取的方法有：

（1）单元分细　将单元分细无疑可以提高计算精度，但是单元分细会增加单元数目和结点数目，从而大大增加所要求解的方程数目，占用和耗费大量的计算机资源。所以，用单元分细的方法来提高精度有时是不经济的。

（2）构造高精度单元　构造具有较高精度的单元也可以提高计算精度。单元结点数增多，则自由度数目增多，允许采用较高阶次的位移插值函数，从而可使计算精度提高。例如 11.4 中介绍的六结点三角形单元，其位移插值函数为完全二次多项式：

$$\begin{cases} u = \alpha_1 + \alpha_2 x + \alpha_3 y + \alpha_4 x^2 + \alpha_5 xy + \alpha_6 y^2 \\ v = \alpha_7 + \alpha_8 x + \alpha_9 y + \alpha_{10} x^2 + \alpha_{11} xy + \alpha_{12} y^2 \end{cases} \tag{a}$$

单元内位移为二次函数变化，应力和应变呈线性变化，但这种单元的结点多，会使方程数目激增，占用计算机资源多。

此外还可使用矩形单元，如图 12-1a 所示，矩形单元采用双线性插值函数的位移模式

$$\begin{cases} u = \alpha_1 + \alpha_2 x + \alpha_3 y + \alpha_4 xy \\ v = \alpha_5 + \alpha_6 x + \alpha_7 y + \alpha_8 xy \end{cases} \tag{b}$$

由于其位移插值函数比三角形线性单元的位移插值函数多了一项，单元内的应力和应变不再是常量，因此计算精度也提高一些。但是，一般来讲矩形单元只适合用于矩形区域的求解，对于任意形状的非规则区域，单元分割时不方便，无法较好地拟合曲线边界，计算精度在边界上要打折扣。因此，实际中也较少采用。

如果把矩形单元改成任意四边形单元，如图 12-1b 所示，用于求解不规则区域时的单元分割就要方便得多，而且至少有四个结点 8 个自由度，其位移插值函数的阶次也将会比三角形线性单元的阶次高。因此，任意四边形单元是比较合理的单元形式。但是，如果仍采用双线性位移插值函数，任意四边形单元在边界上不能满足相邻单元间的位移协调，也即是相容性条件不满足。

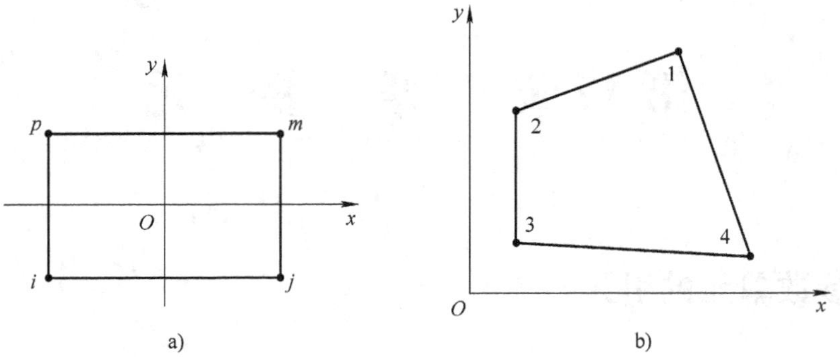

图 12-1　矩形单元和四边形单元

现以水平位移分量说明如下，采用双线性位移插值函数时，位移的水平分量为

$$u=\alpha_1+\alpha_2 x+\alpha_3 y+\alpha_4 xy \tag{c}$$

单元不平行于坐标轴的任一条边的直线方程可写为 $y=kx+b(k\neq 0)$，将其代入式（c），则该边上的位移水平分量变化为 $u=Ax^2+Bx+C$，即位移不再是线性变化的了。该边上的插值不能由其上两个结点处的函数值所唯一确定。从而在相邻两单元的公共边上将不能保证位移插值函数的连续性，也就是变形协调性得不到满足。

要解决这个问题，即在提高单元精度的同时还需适应不规则边界，常用的解决办法是采用等参数单元，简称等参元。等参元是一大类单元的总称，它引入一个虚拟的形状规则的单元，在规则单元上构造形函数或位移模式。再利用坐标变换，建立整体坐标下的实际单元和局部坐标下的虚拟单元间的一一对应关系，采用局部坐标下的位移模式对整体坐标下的实际单元作分块近似，从而巧妙地解决了单元边界上位移不协调问题。

12.2　平面四结点等参数单元

12.2.1　形函数

考察图 12-2b 所示的正方形单元，单元边长为 2（取边长值为 2，仅是为了方便接下来的数学推导），在单元的形心处建立局部坐标 $O\xi\eta$。正方形单元的位移插值函数可采用双线性函数

$$\begin{cases}u=\alpha_1+\alpha_2\xi+\alpha_3\eta+\alpha_4\xi\eta\\ v=\alpha_5+\alpha_6\xi+\alpha_7\eta+\alpha_8\xi\eta\end{cases} \tag{12-1}$$

式中，α_1，$\alpha_2\cdots$，α_8为待定常数。

将结点 1，2，3 和 4 的局部坐标值代入式（12-1），解出八个待定常数并整理，可求得单元内任意一点的位移为

$$\boldsymbol{\Delta}=\begin{pmatrix}u\\v\end{pmatrix}=(\boldsymbol{I}N_1(\xi,\eta),\boldsymbol{I}N_2(\xi,\eta),\boldsymbol{I}N_3(\xi,\eta),\boldsymbol{I}N_4(\xi,\eta))\boldsymbol{\Delta}^e \tag{12-2}$$

式中，$\boldsymbol{I}$ 是单位阵；$\boldsymbol{\Delta}^e=(u_1,\ v_1,\ u_2,\ v_2,\ u_3,\ v_3,\ u_4,\ v_4)^{\mathrm{T}}$ 是单元的结点位移向量列阵；而

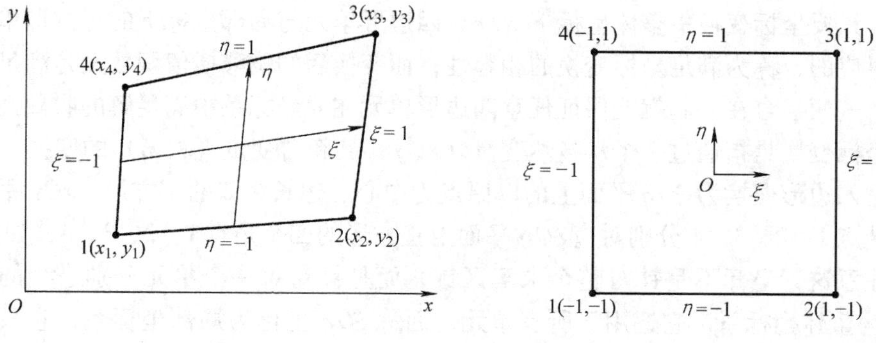

图 12-2 四结点等参元

$$\begin{cases} N_1(\xi,\eta)=\dfrac{1}{4}(1-\xi)(1-\eta) \\ N_2(\xi,\eta)=\dfrac{1}{4}(1+\xi)(1-\eta) \\ N_3(\xi,\eta)=\dfrac{1}{4}(1+\xi)(1+\eta) \\ N_4(\xi,\eta)=\dfrac{1}{4}(1-\xi)(1+\eta) \end{cases} \tag{12-3a}$$

为形函数。$N_i(\xi,\ \eta)$ 经常简写为 N_i 的形式。

由式（12-3a）可知，形函数在正方形单元区域内是坐标的二次函数，在边界上因有一个坐标为常量，仅为另一个坐标的线性函数。

利用结点处的（ξ, η）坐标，形函数式（12-3a）可以写成统一的形式

$$N_i(\xi,\ \eta)=\frac{1}{4}(1+\xi_i\xi)\ (1+\eta_i\eta)\quad (i=1,\ 2,\ 3,\ 4) \tag{12-3b}$$

其中（ξ_i, η_i）取值为

$$(\xi_1,\ \eta_1)=(-1,-1),\ (\xi_2,\eta_2)=(1,\ -1)$$
$$(\xi_3,\ \eta_3)=(1,\ 1),\quad (\xi_4,\eta_4)=(-1,\ 1)$$

于是，局部坐标下正方形单元的位移插值函数式（12-2）可以写成为

$$\begin{cases} u=\sum\limits_{i=1}^{4}N_i(\xi,\eta)u_i \\ v=\sum\limits_{i=1}^{4}N_i(\xi,\eta)v_i \end{cases} \tag{12-4}$$

其中 u_i, v_i（$i=1,\ 2,\ 3,\ 4$）为结点位移。

12.2.2 坐标变换

图 12-2b 所示的单元及其位移插值函数式（12-4）是局部坐标下的，而图 12-2a 所示的任意四边形单元是整体坐标（自然坐标）下的，因此需要通过坐标变换来建立二者之间的

对应关系。只要坐标变换中整体坐标下的任意四边形单元与局部坐标下的正方形单元之间的点是一一对应的，称为满足坐标变换的相容性；而变换后的位移插值函数又是满足解的收敛性条件的。这两条合在一起就能保证任意四边形单元在原坐标系中满足解的收敛性条件。

这里坐标变换是指通过一个从自然变量（x, y）到新自变量（ξ, η）的变换，使 xOy 平面上的任意四边形变换为 $\xi O\eta$ 平面上的以原点为中心、边长为 2 的正方形。xOy 平面上四边形的四个结点 1，2，3，4 分别对应 $\xi O\eta$ 平面上正方形的四个角点 1，2，3，4，如图 12-2 所示。但应注意这一坐标不是针对整个求解区域，而是针对每一个单元分别进行的。因此称 xOy 坐标为整体坐标系，它适用于所有单元，而称 $\xi O\eta$ 坐标为局部坐标系，它只适用于每个要变换的单元。我们所要关心的是在每个单元上整体坐标（x, y）与局部坐标（ξ, η）之间满足上述要求的变换。

剩下的问题就是什么样的坐标变换能满足变换相容性的要求。为此，我们利用位移插值函数式（12-4）的形式和整体坐标下单元结点坐标值（x_i, y_i）来构造两个坐标系之间的变换式，即

$$\begin{cases} x = \sum\limits_{i=1}^{4} N_i(\xi,\eta)x_i \\ y = \sum\limits_{i=1}^{4} N_i(\xi,\eta)y_i \end{cases} \tag{12-5}$$

要证明两个坐标系之间的变换式（12-5）能够实现从任意四边形到中心在原点、边长为 2 的正方形之间的坐标变换是一一对应的并不困难。由于式（12-5）中变换函数 N_i（ξ, η）（$i=1$, 2, 3, 4）是与形函数完全一样的双线性函数，在正方形每一条边上，N_i（ξ, η）是一个坐标变量 ξ（或是 η）的线性函数。线性变换是一一对应的，那么四边形四条边上的变换也就是一一对应的。而在正方形区域中间的点只要引相应的水平或垂直直线同样可以证明是一一对应的。例如，（ξ, η）平面上直线 $\xi=0$，由于 N_i（ξ, η）是双线性函数，通过式（12-5）的变换，直线 $\xi=0$ 一定变为（x, y）平面上的直线。直线 $\xi=0$ 的两端点分别是（ξ, η）=（0，1）和（ξ, η）=（0，−1），只要证明这两点一定在经过式（12-5）变换后成为对应的四边形 1-2 边和 3-4 边的中点就行。而我们已经证明四边形的四条边的变换是一一对应的，因此上面两点一定对应任意四边形 1-2 边和 3-4 边的中点。这就证明了式(12-5)确实是可以满足坐标变换相容性要求的变换式。

同样容易证明，对于整体坐标（x, y）下的任意四边形单元采用图 12-2b 所示的正方形单元的形函数是满足第 11 章中介绍的有限元解答的收敛性条件的，在单元边界上位移是协调的。例如，2-3 边界上，因形函数 $N_1(\xi, \eta)$，$N_4(\xi, \eta)$ 的值为 0，其位移为

$$\begin{cases} u = N_2(\xi, \eta)u_2 + N_3(\xi, \eta)u_3 \\ v = N_2(\xi, \eta)v_2 + N_3(\xi, \eta)v_3 \end{cases}$$

即由结点 2 和结点 3 的位移插值确定。因此对于以 2-3 为公共边界的两个单元，位移在边界上是协调的。

我们将整体坐标（x, y）下的任意四边形单元称为实元，将局部坐标（ξ, η）下的正方形单元称为虚元。虚元又称为母单元。

位移插值函数式（12-4）和坐标变换式（12-5）具有完全相同的形式，它们用同样数

目的对应结点值作为参数，并有完全相同的形函数 $N_i(\xi,\ \eta)$ 作为这些结点值前面的系数，我们称具有这种特点的单元为等参数单元。上面介绍的是平面四结点四边形等参数单元。

12.2.3 单元刚度矩阵

(1) 单元应变与结点位移的关系 由平面问题几何方程（11-6）和位移插值公式（12-4），有

$$\boldsymbol{\varepsilon}(x,y)=\begin{pmatrix}\varepsilon_x\\ \varepsilon_y\\ \gamma_{xy}\end{pmatrix}=\begin{pmatrix}\dfrac{\partial u}{\partial x}\\ \dfrac{\partial v}{\partial y}\\ \dfrac{\partial u}{\partial y}+\dfrac{\partial v}{\partial x}\end{pmatrix}=\begin{pmatrix}\dfrac{\partial}{\partial x}\sum\limits_{i=1}^{4}N_i(\xi,\eta)u_i\\ \dfrac{\partial}{\partial y}\sum\limits_{i=1}^{4}N_i(\xi,\eta)v_i\\ \dfrac{\partial}{\partial y}\sum\limits_{i=1}^{4}N_i(\xi,\eta)u_i+\dfrac{\partial}{\partial x}\sum\limits_{i=1}^{4}N_i(\xi,\eta)v_i\end{pmatrix}$$

$$=\begin{pmatrix}\dfrac{\partial N_1}{\partial x}u_1+\dfrac{\partial N_2}{\partial x}u_2+\dfrac{\partial N_3}{\partial x}u_3+\dfrac{\partial N_4}{\partial x}u_4\\ \dfrac{\partial N_1}{\partial y}v_1+\dfrac{\partial N_2}{\partial y}v_2+\dfrac{\partial N_3}{\partial y}v_3+\dfrac{\partial N_4}{\partial y}v_4\\ \dfrac{\partial N_1}{\partial y}u_1+\dfrac{\partial N_2}{\partial y}u_2+\dfrac{\partial N_3}{\partial y}u_3+\dfrac{\partial N_4}{\partial y}u_4+\dfrac{\partial N_1}{\partial x}v_1+\dfrac{\partial N_2}{\partial x}v_2+\dfrac{\partial N_3}{\partial x}v_3+\dfrac{\partial N_4}{\partial x}v_4\end{pmatrix}$$

$$=\begin{pmatrix}\dfrac{\partial N_1}{\partial x}&0&\dfrac{\partial N_2}{\partial x}&0&\dfrac{\partial N_3}{\partial x}&0&\dfrac{\partial N_4}{\partial x}&0\\ 0&\dfrac{\partial N_1}{\partial y}&0&\dfrac{\partial N_2}{\partial y}&0&\dfrac{\partial N_3}{\partial y}&0&\dfrac{\partial N_4}{\partial y}\\ \dfrac{\partial N_1}{\partial y}&\dfrac{\partial N_1}{\partial x}&\dfrac{\partial N_2}{\partial y}&\dfrac{\partial N_2}{\partial x}&\dfrac{\partial N_3}{\partial y}&\dfrac{\partial N_3}{\partial x}&\dfrac{\partial N_4}{\partial y}&\dfrac{\partial N_4}{\partial x}\end{pmatrix}\begin{pmatrix}u_1\\ v_1\\ u_2\\ v_2\\ u_3\\ v_3\\ u_4\\ v_4\end{pmatrix}$$

$$=(\boldsymbol{B}_1,\ \boldsymbol{B}_2,\ \boldsymbol{B}_3,\ \boldsymbol{B}_4)\begin{pmatrix}\boldsymbol{\Delta}_1\\ \boldsymbol{\Delta}_2\\ \boldsymbol{\Delta}_3\\ \boldsymbol{\Delta}_4\end{pmatrix}=\boldsymbol{B}\boldsymbol{\Delta}^e \tag{12-6a}$$

即

$$\boldsymbol{\varepsilon}=\boldsymbol{B}\boldsymbol{\Delta}^e \tag{12-6b}$$

比较式（12-6a）与式（11-30a）。可以看出两式的最终形式是一样的，只是应变矩阵 $\boldsymbol{B}$

内容不同。

（2）单元应力与结点位移间的关系　由平面问题物理方程（11-7），有

$$\boldsymbol{\sigma}(x, y)=\boldsymbol{D}\boldsymbol{\varepsilon}(x,y)=\boldsymbol{D}\boldsymbol{B}\boldsymbol{\Delta}^{e} \tag{12-7}$$

式中，$\boldsymbol{D}$ 为弹性矩阵，如第 11 章所述，分别按平面应力和平面应变问题选取。

（3）结点力与结点位移间的关系　由虚功原理，并利用第 11 章推导结果，即式（11-34）。对于平面问题，结点力与结点位移间关系式为

$$\boldsymbol{F}^{e}=\left(\iint \boldsymbol{B}^{\mathrm{T}}\boldsymbol{D}\boldsymbol{B}h\mathrm{d}x\mathrm{d}y\right)\boldsymbol{\Delta}^{e}=\boldsymbol{k}\boldsymbol{\Delta}^{e} \tag{12-8}$$

即

$$\boldsymbol{F}^{e}=\boldsymbol{k}\boldsymbol{\Delta}^{e} \tag{12-9a}$$

是单元平衡方程，其中单元刚度矩阵

$$\boldsymbol{k}=\iint \boldsymbol{B}^{\mathrm{T}}\boldsymbol{D}\boldsymbol{B}h\mathrm{d}x\mathrm{d}y \tag{12-9b}$$

这里 $\boldsymbol{B}$ 矩阵由式（12-6a）给出，积分区域为任意四边形单元内区域。

从式（11-31a）可知，三角形线性单元的应变矩阵 $\boldsymbol{B}$ 为常量矩阵，它与弹性矩阵 $\boldsymbol{D}$ 以及厚度 h 的乘积仍然是常量矩阵，可以提到积分符号以外。而对于等参数单元，其应变矩阵由式（12-6a）给出，是 x，y 的函数，而 x，y 又是 ξ，η 的函数，因此不能提到积分号之外。另外上面推导的等参数单元刚度矩阵是以局部坐标系 $O\xi\eta$ 下的正方形单元作为整个讨论的立足点和出发点的，式（12-8）所表示的积分是在整体坐标系内的，必须将它转换为局部坐标系内的积分。而且计算式（12-6a）中$\frac{\partial N_i}{\partial x}$，$\frac{\partial N_i}{\partial y}$也将用到坐标变换。下面我们来讨论这一坐标变换。

12.2.4　雅可比矩阵

由式（12-5）表示的坐标变换式

$$\begin{cases} x=\sum_{i=1}^{4} N_i(\xi,\eta)x_i \\ y=\sum_{i=1}^{4} N_i(\xi,\eta)y_i \end{cases}$$

根据复合函数求导法则，有

$$\begin{cases} \frac{\partial}{\partial \xi}=\frac{\partial x}{\partial \xi}\frac{\partial}{\partial x}+\frac{\partial y}{\partial \xi}\frac{\partial}{\partial y} \\ \frac{\partial}{\partial \eta}=\frac{\partial x}{\partial \eta}\frac{\partial}{\partial x}+\frac{\partial y}{\partial \eta}\frac{\partial}{\partial y} \end{cases} \tag{12-10}$$

为将上式写成矩阵形式，记变换矩阵（称为雅可比矩阵）为

$$J=\left(\frac{\partial(x,y)}{\partial(\xi,\eta)}\right)=\begin{pmatrix}\dfrac{\partial x}{\partial\xi} & \dfrac{\partial y}{\partial\xi}\\ \dfrac{\partial x}{\partial\eta} & \dfrac{\partial y}{\partial\eta}\end{pmatrix} \tag{12-11}$$

则式（12-10）为

$$\begin{pmatrix}\dfrac{\partial}{\partial\xi}\\ \dfrac{\partial}{\partial\eta}\end{pmatrix}=\begin{pmatrix}\dfrac{\partial x}{\partial\xi} & \dfrac{\partial y}{\partial\xi}\\ \dfrac{\partial x}{\partial\eta} & \dfrac{\partial y}{\partial\eta}\end{pmatrix}\begin{pmatrix}\dfrac{\partial}{\partial x}\\ \dfrac{\partial}{\partial y}\end{pmatrix}=J\begin{pmatrix}\dfrac{\partial}{\partial x}\\ \dfrac{\partial}{\partial y}\end{pmatrix} \tag{12-12}$$

从而

$$\begin{pmatrix}\dfrac{\partial}{\partial x}\\ \dfrac{\partial}{\partial y}\end{pmatrix}=J^{-1}\begin{pmatrix}\dfrac{\partial}{\partial\xi}\\ \dfrac{\partial}{\partial\eta}\end{pmatrix}=\frac{1}{|J|}\begin{pmatrix}\dfrac{\partial y}{\partial\eta} & -\dfrac{\partial y}{\partial\xi}\\ -\dfrac{\partial x}{\partial\eta} & \dfrac{\partial x}{\partial\xi}\end{pmatrix}\begin{pmatrix}\dfrac{\partial}{\partial\xi}\\ \dfrac{\partial}{\partial\eta}\end{pmatrix} \tag{12-13}$$

其中J^{-1}为雅可比矩阵的逆矩阵，$|J|$ 称为雅可比行列式，记为

$$J=\begin{vmatrix}\dfrac{\partial x}{\partial\xi} & \dfrac{\partial y}{\partial\xi}\\ \dfrac{\partial x}{\partial\eta} & \dfrac{\partial y}{\partial\eta}\end{vmatrix}=\frac{\partial x}{\partial\xi}\frac{\partial y}{\partial\eta}-\frac{\partial x}{\partial\eta}\frac{\partial y}{\partial\xi}$$

利用式（12-13）可以将式（12-6a）中形函数$N_i(\xi,\ \eta)$对整体坐标变量x，y的偏导数转变为对局部坐标变量ξ，η的偏导数。例如，

$$\frac{\partial\sum_{i=1}^{4}N_i(\xi,\eta)u_i}{\partial x}=\frac{1}{|J|}\left(\frac{\partial y}{\partial\eta}\frac{\partial\sum_{i=1}^{4}N_i(\xi,\eta)u_i}{\partial\xi}-\frac{\partial y}{\partial\xi}\frac{\partial\sum_{i=1}^{4}N_i(\xi,\eta)u_i}{\partial\eta}\right)$$

其中，由式（12-5）得

$$\frac{\partial y}{\partial\eta}=\frac{\partial\sum_{i=1}^{4}N_i(\xi,\eta)y_i}{\partial\eta},\frac{\partial y}{\partial\xi}=\frac{\partial\sum_{i=1}^{4}N_i(\xi,\eta)y_i}{\partial\xi}$$

同理可以得出

$$\frac{\partial\sum_{i=1}^{4}N_i(\xi,\eta)u_i}{\partial y},\frac{\partial\sum_{i=1}^{4}N_i(\xi,\eta)v_i}{\partial x},\frac{\partial\sum_{i=1}^{4}N_i(\xi,\eta)v_i}{\partial y}$$

的变换式。

此外整体坐标与局部坐标的面积微分之间有关系式

$$\mathrm{d}x\mathrm{d}y=|J|\mathrm{d}\xi\mathrm{d}\eta$$

从而计算单元刚度矩阵表达式中的积分，可以从整体坐标系任意四边形区域的积分转换到局部坐标系正方形区域的积分：

$$\boldsymbol{k} = \int_{-1}^{1}\int_{-1}^{1}\boldsymbol{B}^{\mathrm{T}}\boldsymbol{D}\boldsymbol{B}h\ |\boldsymbol{J}|\mathrm{d}\xi\mathrm{d}\eta \tag{12-14}$$

这时可以看到积分区域变得十分简单，所有计算都转化到局部坐标系下的正方形单元进行。但是由于坐标变换，使被积函数具有非常复杂的形式。一般来讲，这一积分是无法解析进行的，通常是采用数值积分的方法来求解。关于数值积分的计算，可参阅相应书籍。

12.2.5 实现等参数变换的条件

为保证自然坐标系中的虚元（见图 12-2b）与总体坐标系中的实元（见图 12-2a）相应的点的一一对应，应保证雅可比行列式 $|\boldsymbol{J}|\neq 0$。为此，应保证各单元均为“凸单元”，即不要使四边形的内角等于或大于 180°。

12.3 平面八结点等参数单元简介

利用任意四边形的四结点等参数单元可以较方便地对求解区域进行分割，但许多情况下精度仍不够理想。这一方面是因为位移插值函数是双线性函数，阶次仍较低。另一方面因为整体坐标下的任意四边形是直边四边形，对于具有曲线边界的求解区域的模拟仍会有一定误差。为进一步提高计算精度，可以在四结点等参数单元的基础上增加结点数目，提高位移插值函数的阶次。使用中采用得最多的是八结点曲边四边形等参数单元，这里作一简单介绍。

12.3.1 平面八结点等参数单元位移插值函数

局部坐标下八结点等参数单元仍然是边长为 2 的正方形。除了原来四结点单元的四个角结点外，又将各边的中点取为结点。结点排列和单元形状如图 12-3a 所示。八个结点的局部坐标（ξ_i，η_i）（$i=1, 2, \cdots, 8$）分别为

（−1，−1），（0，−1），（1，−1），（1，0），（1，1），（0，1），（−1，1），（−1，0）

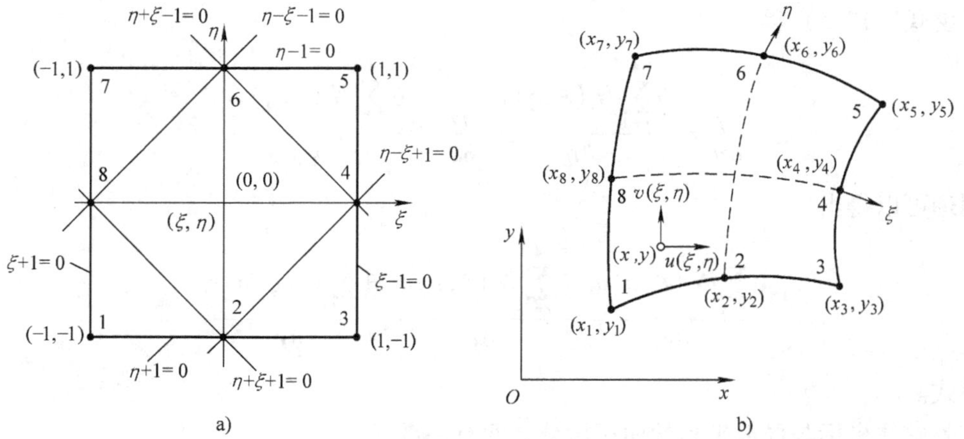

图 12-3 八结点等参数单元

位移插值函数取下列多项式形式：

$$\begin{cases}u=\alpha_1+\alpha_2\xi+\alpha_3\eta+\alpha_4\xi^2+\alpha_5\xi\eta+\alpha_6\eta^2+\alpha_7\xi^2\eta+\alpha_8\xi\eta^2\\ v=\alpha_9+\alpha_{10}\xi+\alpha_{11}\eta+\alpha_{12}\xi^2+\alpha_{13}\xi\eta+\alpha_{14}\eta^2+\alpha_{15}\xi^2\eta+\alpha_{16}\xi\eta^2\end{cases} \tag{12-15}$$

式（12-15）中，固定ξ时；位移为η的二次函数；当固定η时，位移是ξ的二次函数。这样的位移插值函数是双二次函数，相应的插值称为双二次插值。显然，它比双线性的位移插值函数阶次提高了，计算精度必然也会提高。

那么这一个双二次的位移插值函数是否在单元边界上满足变形协调条件呢？我们从图12-3a看，单元每一条边上ξ（或η）为固定值，因此这里位移是η（或ξ）的二次函数，完全可以由该边上三个结点处的函数值所唯一确定，相邻单元的公共边上，三个结点为两相邻单元所共有。所以插值函数在此边上的连续性可以得到保证。在此局部坐标下单元变形的协调性条件被满足，再加上等参数坐标变换的相容性，则整体坐标下的变形协调性也将得以满足。

12.3.2 平面八结点等参数单元的形函数

记结点处的位移$\boldsymbol{\Delta}_i=(u_i,\ v_i)^{\mathrm{T}}$（$i=1,2,\cdots,8$），比照式（12-4）和式（12-15），八结点四边形等参数单元在局部坐标下的位移插值函数可写为

$$\boldsymbol{\Delta}=\sum_{i=1}^{8}N_i(\xi,\eta)\boldsymbol{\Delta}_i \tag{12-16}$$

其中$N_i(\xi_i,\ \eta_i)$（$i=1,2,\cdots,8$）为形函数。在等参数单元的计算中我们一般并不关心位移插值函数式（12-15）的具体形式，而注意的是形函数的形式。因为有了$N_i(\xi,\ \eta)$以后，立即可由式（12-16）写出相应的位移插值函数。

一般来说，将单元八个结点的坐标值代入位移模式（12-15），可以确定位移函数的16个待定系数，从而推导出形函数。但这里我们采用另一较简便方法，即利用形函数的性质来构造形函数。

利用形函数的性质，八结点等参数单元的形函数可由下述条件所唯一确定：

1）$N_i(\xi,\ \eta)$是形如式（12-15）的双二次函数；

2）因单元有八个结点，$N_i(\xi,\ \eta)$共有八个分量（分块）；

3）$N_i(\xi,\ \eta)$在结点i其值为1，在其余结点j（$j\neq i$）其值为0，即

$$N_i(\xi_j,\ \eta_j)=\begin{cases}1,\ i=j\\0,\ i\neq j\end{cases}\qquad (i,\ j=1,2,\cdots,8)$$

其中（ξ_i，η_i）是结点i的局部坐标。

以$N_1(\xi,\ \eta)$为例，由条件3），$N_1(\xi,\ \eta)$在结点2至结点8的各结点上值为0。如图12-3a所示，注意到直线3-4-5，5-6-7，2-8通过这7个点，而这三条直线的方程分别是

$$\xi-1=0,\ \eta-1=0,\ \xi+\eta+1=0$$

这样一来，函数$N_1(\xi,\eta)=(\xi-1)(\eta-1)(\xi+\eta+1)$在结点2，3，…，8的值为0，而且是满足条件1）的形如式（12-15）的双二次函数，可写成为

$$N_1(\xi,\eta)=C_1(\xi-1)(\eta-1)(\xi+\eta+1)$$

其中，C_1 为待定系数。再利用 $N_1(\xi,\eta)$ 在结点 1（−1，−1）的值为 1 的条件，可以写出

$$N_1(-1,-1)=C_1(-1-1)(-1-1)(-1-1+1)=1$$

解得
$$C_1=-\frac{1}{4}$$

于是

$$N_1(\xi,\eta)=-\frac{1}{4}(\xi-1)(\eta-1)(\xi+\eta+1)$$

同理可得形函数的其余 7 个分量，合写为

$$\begin{cases} N_1(\xi,\eta)=\frac{1}{4}(1-\xi)(1-\eta)(-\xi-\eta-1) \\ N_2(\xi,\eta)=\frac{1}{2}(1-\xi)(1+\xi)(1-\eta) \\ N_3(\xi,\eta)=\frac{1}{4}(1+\xi)(1-\eta)(\xi-\eta-1) \\ N_4(\xi,\eta)=\frac{1}{2}(1+\xi)(1+\eta)(1-\eta) \\ N_5(\xi,\eta)=\frac{1}{4}(1+\xi)(1+\eta)(\xi+\eta-1) \\ N_6(\xi,\eta)=\frac{1}{2}(1+\xi)(1+\eta)(1-\xi) \\ N_7(\xi,\eta)=\frac{1}{4}(1-\xi)(1+\eta)(-\xi+\eta-1) \\ N_8(\xi,\eta)=\frac{1}{2}(1+\eta)(1-\eta)(1-\xi) \end{cases} \tag{12-17}$$

利用八个结点的局部坐标值（ξ_i，η_i）可将上述形函数写成统一的形式：

$$N_i(\xi,\eta)=\begin{cases} \frac{1}{4}(1+\xi_i\xi)(1+\eta_i\eta)(\xi_i\xi+\eta_i\eta-1), & i=1,3,5,7 \\ \frac{1}{2}(1-\xi^2)(1+\eta_i\eta), & i=2,6 \\ \frac{1}{2}(1-\eta^2)(1+\xi_i\xi), & i=4,8 \end{cases} \tag{12-18}$$

这就是八结点等参数单元的形函数，它使式（12-16），即下述等式成立

$$\begin{cases} u=\sum_{i=1}^{8}N_i(\xi,\eta)u_i \\ v=\sum_{i=1}^{8}N_i(\xi,\eta)v_i \end{cases} \tag{12-19}$$

及
$$\sum_{i=1}^{8} N_i(\xi,\eta) = 1 \tag{12-20}$$

还可以证明，上述形函数在局部坐标下满足刚体位移和常应变准则。

从式（12-17）还可知，这里确定的形函数是双二次的，在正方形单元边界上按二次关系变化，在单元内按三次关系变化。

12.3.3 平面八结点等参元的坐标变换

与四结点等参元一样，利用位移模式（12-19）和形函数（12-17）可构造坐标变换式

$$\begin{cases} x = \sum_{i=1}^{8} N_i(\xi,\eta)x_i \\ y = \sum_{i=1}^{8} N_i(\xi,\eta)y_i \end{cases} \tag{12-21}$$

利用式（12-21），可实现图 12-3 中的曲边四边形单元和正方形单元之间的点的对应变换。

首先，利用形函数的性质，容易得知对应于局部坐标下正方形单元的八个结点，坐标变换式（12-21）在整体坐标下给出曲边四边形的八个结点

$$\begin{cases} x = x_i \\ y = y_i \end{cases} \quad (i=1,\ 2,\ 3,\ \cdots,\ 8)$$

其次，坐标变换式（12-21）将局部坐标下正方形单元的一条直线边界，变换为整体坐标下曲边四边形的一条曲边。例如，局部坐标下的正方形单元的边 3-4-5，通过这三个结点的直线为 $\xi = 1$。将 $\xi = 1$ 代入坐标变换式（12-21），可得 3-4-5 边在整体坐标下的参数方程为

$$\begin{cases} x = b_1\eta^2 + b_2\eta + b_3 \\ y = b_4\eta^2 + b_5\eta + b_6 \end{cases}$$

消去参数 η 可知这是一抛物线方程（特殊情况下可退化为直线方程），且对应曲边上的结点 3-4-5。单元的其余边也可类似证明。可见八结点等参元在整体坐标下是以抛物线为边线的曲边四边形单元。它可以较好地模拟曲线边界，同时又有较高的插值精度，因此计算精度很高。

另外，单元每一边上有三个结点，三个结点处的函数值可以唯一地决定这条抛物线。这也说明整体坐标下曲边四边形在边界上的位移是协调的。

第三，对于局部坐标下的任意一点，均可由坐标变换式（12-21）给出整体坐标下的对应点。再结合前述两条，可知整体坐标下的曲边四边形单元与局部坐标下的正方形单元是一一对应的。这样就说明了八结点曲边四边形等参数单元是满足坐标变换相容性条件和收敛条件的。

坐标变换矩阵（雅可比矩阵）的形式为

$$J=\left(\frac{\partial(x,y)}{\partial(\xi,\eta)}\right)=\begin{bmatrix}\sum_{i=1}^{8}\frac{\partial N_i(\xi,\eta)}{\partial\xi}x_i & \sum_{i=1}^{8}\frac{\partial N_i(\xi,\eta)}{\partial\xi}y_i\\ \sum_{i=1}^{8}\frac{\partial N_i(\xi,\eta)}{\partial\eta}x_i & \sum_{i=1}^{8}\frac{\partial N_i(\xi,\eta)}{\partial\eta}y_i\end{bmatrix} \tag{12-22}$$

相应的逆矩阵 J^{-1} 和雅可比行列式 $|J|$ 也可由此写出。

为保证等参数坐标变换能得以进行，仍需使 $|J|\neq 0$。

平面八结点等参元的单元方程和单元刚度矩阵的推导与平面四结点等参元相同，这里不再述及。

除这里介绍的平面等参元外，还有空间等参元，如 20 结点空间等参元等，在实体结构、箱体结构、厚壳等的计算中都有着广泛的应用。

习　题

12.1　什么是等参元？等参元有哪些优点？

12.2　如何利用形函数的性质来构造等参元的形函数？

12.3　沿着四结点四边形单元的边界，其形函数是否是线性的？

12.4　试利用形函数的性质推导四结点等参元的形函数，即式（12-3a）。

12.5　利用有限元软件采用八结点平面等参元计算习题 11.26 的悬臂梁的应力和位移分布。

第 13 章　杆系结构有限元法

某些机械和土木结构，如石油钻机的塔架、起重机的构架、汽车的车架、飞机骨架、钢结构桥梁、体育馆网架屋顶等，是由许多杆件组合而成的，称为杆系结构。有些杆系结构的杆件可以简化为以铰链相连，因而杆件间可以相对转动，这类结构称为桁架。另外一些结构的杆件间则是刚性相连，杆件间无相对转动而可以传递弯矩，这类结构称为刚架（也称为框架）。桁架结构仅是刚架结构的特例。对于桁架结构，认为外力作用在铰接点上，杆件只受沿轴线的拉、压力，为二力杆。有限元离散化时，杆系结构的杆件交叉点、边界点和集中载荷作用点都应处理为结点。桁架结构每一根杆件都视为一个单元，称为杆单元。刚架结构的构件则不但受有轴向力，而且还受有剪力和弯矩。与之对应，离散化后获得的单元称为梁单元。

若杆系结构的杆件轴线处于同一平面，载荷也作用于该平面，则称为平面杆系。本章讨论平面杆系结构。

13.1　一维杆单元

13.1.1　一维杆单元及其位移模式

再次考察第 10 章的例 10-2，离散化后的有限元模型由两个杆单元组成。这里以有限元分析一般方法重新推导其应变矩阵、应力矩阵和单元刚度矩阵。

一维杆单元如图 13-1 所示，单元长度为 L，横截面面积为 A，材料弹性模量为 E。单元的两个结点记为 i，j，单元只承受轴向力。取一维坐标 Ox 为由 i 指向 j，结点位移向量记为

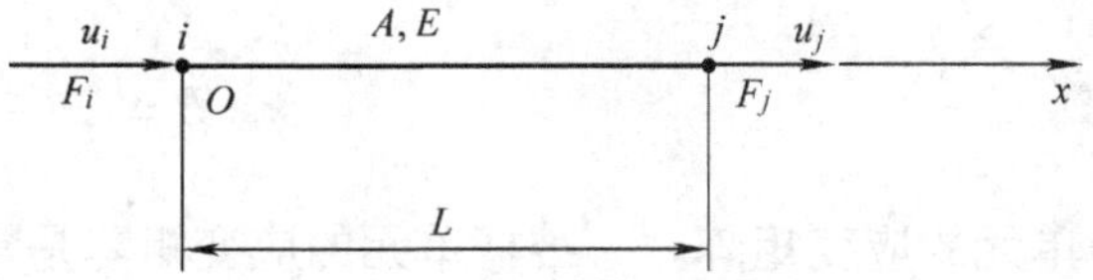

图 13-1　一维杆单元

$$\boldsymbol{\Delta}^e = (u_i, u_j)^{\mathrm{T}} \tag{13-1}$$

结点力向量记为

$$\boldsymbol{F}^e = (F_i, F_j)^{\mathrm{T}} \tag{13-2}$$

由于一维杆单元的结点自由度为 1，单元具有两个结点，自由度数为 2。采用多项式形式的位移模式时，其表达式可以含有两个待定系数。因此可选定线性位移模式

$$u(x) = \alpha_1 x + \alpha_2 \tag{13-3}$$

13.1.2　一维杆单元的形函数

利用式（13-3），单元两结点处的位移为

$$\begin{cases}u(x_i)=\alpha_1 x_i+\alpha_2=u_i\\u(x_j)=\alpha_1 x_j+\alpha_2=u_j\end{cases}$$

从上式中解出 α_1，α_2 并回代入式（13-3），按结点位移 u_i，u_j 整理，可得

$$\begin{aligned}u(x)&=\frac{x_j-x}{x_j-x_i}u_i+\frac{x-x_i}{x_j-x_i}u_j\\&=\left(\frac{x_j-x}{x_j-x_i},\ \frac{x-x_i}{x_j-x_i}\right)\begin{pmatrix}u_i\\u_j\end{pmatrix}\\&=(N_i(x),\ N_j(x))\boldsymbol{\Delta}^e=\boldsymbol{N}(x)\boldsymbol{\Delta}^e\end{aligned}\tag{13-4}$$

式中，

$$\boldsymbol{N}(x)=(N_i(x),N_j(x))=\left(\frac{x_j-x}{L},\ \frac{x-x_i}{L}\right)\tag{13-5}$$

为形函数。

13.1.3 一维杆单元的应变矩阵、应力矩阵和单元刚度矩阵

从材料力学可知

$$\varepsilon=\frac{\mathrm{d}u}{\mathrm{d}x}$$

将式（13-4）代入上式可得

$$\varepsilon=\left(\frac{-1}{L},\ \frac{1}{L}\right)\boldsymbol{\Delta}^e=\boldsymbol{B}\boldsymbol{\Delta}^e\tag{13-6}$$

记

$$\boldsymbol{B}=\frac{1}{L}(-1,\ 1)\tag{13-7}$$

为单元的应变矩阵。一维杆单元的应变矩阵是常量矩阵。

由胡克定律

$$\sigma=E\varepsilon$$

将式（13-6）代入上式，得

$$\sigma=E\boldsymbol{B}\boldsymbol{\Delta}^e=\boldsymbol{S}\boldsymbol{\Delta}^e\tag{13-8}$$

记

$$\boldsymbol{S}=E\boldsymbol{B}=\frac{E}{L}(-1,1)\tag{13-9}$$

为单元的应力矩阵。一维杆单元的应力矩阵亦是常量矩阵。

一维杆单元的单元刚度矩阵为

$$\boldsymbol{k}=\iiint\boldsymbol{B}^{\mathrm{T}}\boldsymbol{D}\boldsymbol{B}\mathrm{d}v=A\int\boldsymbol{B}^{\mathrm{T}}E\boldsymbol{B}\mathrm{d}x\tag{13-10}$$

将式（13-7）代入上式可得

$$\boldsymbol{k}=\frac{EA}{L}\begin{pmatrix}1 & -1\\ -1 & 1\end{pmatrix} \tag{13-11}$$

单元的结点平衡方程为

$$\boldsymbol{F}^e=\boldsymbol{k}\boldsymbol{\Delta}^e \tag{13-12}$$

例13-1 用有限元法求图13-2a所示受拉阶梯杆的位移和应力。已知杆截面面积 $A^1=2\times10^{-4}\text{m}^2$，$A^2=1\times10^{-4}\text{m}^2$，各段杆长 $L^1=L^2=0.1\text{m}$，材料弹性模量 $E^1=E^2=2\times10^5\text{MPa}$，作用于杆端的拉力 $F_3=100\text{N}$。

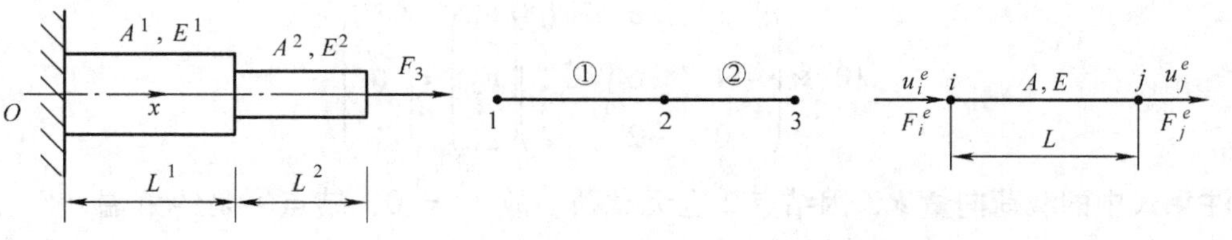

图13-2 受拉阶梯杆

解 （1）单元划分 根据材料力学的平面假设，等截面拉杆同一截面的不同点上可认为具有相同的位移（应力也相同），位移只与截面的轴向坐标 x 有关，即 $u=u(x)$，所以可将阶梯杆看作由两个"一维单元"，即杆单元组成。同一单元内截面积及材料特性不变，并用线段表示一维单元。这样，图13-2a所示的受拉阶梯杆就简化为有限元模型图13-2b。基本未知量为各结点位移 u_1，u_2，u_3。

（2）单元方程 杆单元如图13-2c所示，单元方程按式（13-12）有

$$\begin{pmatrix}F_i^e\\ F_j^e\end{pmatrix}=\frac{A^eE^e}{L^e}\begin{pmatrix}1 & -1\\ -1 & 1\end{pmatrix}\begin{pmatrix}u_i^e\\ u_j^e\end{pmatrix} \tag{a}$$

两单元的单元刚度矩阵由式（13-11）得

单元①：
$$\boldsymbol{k}^1=\frac{E^1A^1}{L^1}\begin{pmatrix}1 & -1\\ -1 & 1\end{pmatrix}$$

单元②：
$$\boldsymbol{k}^2=\frac{E^2A^2}{L^2}\begin{pmatrix}1 & -1\\ -1 & 1\end{pmatrix} \tag{b}$$

（3）整体方程 列出单元及其整体结点编号表如下：

单元编号	结点 i	结点 j
①	1	2
②	2	3

采用直接刚度法，逐一组集各结点的刚度矩阵元素，可得整体有限元计算模型的平衡方程为

$$\begin{pmatrix} \dfrac{A^1E^1}{L^1} & -\dfrac{A^1E^1}{L^1} & 0 \\ -\dfrac{A^1E^1}{L^1} & \dfrac{A^1E^1}{L^1}+\dfrac{A^2E^2}{L^2} & -\dfrac{A^2E^2}{L^2} \\ 0 & -\dfrac{A^2E^2}{L^2} & \dfrac{A^2E^2}{L^2} \end{pmatrix}\begin{pmatrix} u_1 \\ u_2 \\ u_3 \end{pmatrix}=\begin{pmatrix} F_1 \\ F_2 \\ F_3 \end{pmatrix} \tag{c}$$

将各段的长度、截面积、材料弹性模量和杆端拉力 F_3 的值代入式（c），可得

$$10^6\times\begin{pmatrix} 4 & -4 & 0 \\ -4 & 6 & -2 \\ 0 & -2 & 2 \end{pmatrix}\begin{pmatrix} u_1 \\ u_2 \\ u_3 \end{pmatrix}=\begin{pmatrix} F_1 \\ 0 \\ 1 \end{pmatrix} \tag{d}$$

注意式中的载荷向量 $\boldsymbol{R}$，因结点 2 上无载荷，故 $F_2=0$，结点 1 是约束端，F_1 是约束力，将其保留在 $\boldsymbol{R}$ 中。有限元方程组求解后，约束力可直接获得。

式（d）即为本题的整体有限元方程组。

（4）计入边界条件，解方程组　本题的位移边界条件为 $u_1=0$。直接将其代入式（d），可消去对应 u_1 的行和列，式（d）中只剩下两个待求的自由度 u_2 和 u_3。也就是说，舍去第一个方程并将 $u_1=0$ 代入后两式得

$$10^6\times\begin{pmatrix} 6 & -2 \\ -2 & 2 \end{pmatrix}\begin{pmatrix} u_2 \\ u_3 \end{pmatrix}=\begin{pmatrix} 0 \\ 1 \end{pmatrix} \tag{e}$$

解得　$u_2=0.25\times10^{-6}\text{m}$，$u_3=0.75\times10^{-6}\text{m}$。这与材料力学求得的结果相同。

（5）计算单元应力　由式（13-8）和式（13-9），得

$$\sigma^e(x)=E^e\varepsilon^e(x)=E^e\boldsymbol{B}\boldsymbol{u}^e=E\frac{(-u_i+u_j)}{L}$$

对于单元①，$\boldsymbol{u}^1=(u_1,\ u_2)^{\mathrm{T}}=(0,\ 0.25\times10^{-6})^{\mathrm{T}}$

$$\sigma^1=E^1\frac{(-u_1+u_2)}{L^1}=\frac{2\times10^5\times(0+0.25\times10^{-6})}{0.1}\text{MPa}=0.5\text{MPa}$$

对于单元②，$\boldsymbol{u}^2=(u_2,\ u_3)^{\mathrm{T}}=(0.25\times10^{-6},\ 0.75\times10^{-6})^{\mathrm{T}}$

$$\sigma^2=E^2\frac{(-u_2+u_3)}{L^2}=\frac{2\times10^5\times(-0.25\times10^{-6}+0.75\times10^{-6})}{0.1}\text{MPa}=1\text{MPa}$$

从本例可知，采用杆单元的计算结果与材料力学的计算结果相同。

13.2 平面杆单元

13.2.1 平面杆单元

一般地，平面桁架结构的杆件具有不同的取向。取定平面整体坐标系 Oxy 后，各杆件轴

线与坐标轴间存在着夹角，因此应将其置于整体坐标系 Oxy 下研究。二维杆单元如图 13-3 所示，单元有两个结点，每个结点具有两个自由度，即具有两个结点位移分量（u_i，v_i）和两个结点力分量（单元结点力 F_{ix}，F_{iy}未示出）。单元在整体坐标系下的结点位移分量为 $\boldsymbol{\Delta}^e=(u_i, v_i, u_j, v_j)^{\mathrm{T}}$，结点力向量为 $\boldsymbol{F}^e=(F_{ix}, F_{iy}, F_{jx}, F_{jy})^{\mathrm{T}}$。单元的截面积为 A，材料弹性模量为 E，长度为 l。若以杆件轴线为 $O'x'$轴建立右手局部坐标系，桁架结构的每一杆件都可以视为局部坐标系下的一维杆单元。将各杆件的结点位移、结点力和单元刚度矩阵转换到整体坐标系 Oxy 下，就可以由前一节获得的杆单元的单元刚度矩阵组集整体刚度矩阵。

13.2.2　坐标变换

整体坐标系 Oxy 下，单元的结点平衡方程为

$$\boldsymbol{F}^e=\boldsymbol{k}\boldsymbol{\Delta}^e \tag{13-13}$$

局部坐标系 $Ox'y'$下，单元的结点平衡方程为

$$\boldsymbol{F}'^e=\boldsymbol{k}'\boldsymbol{\Delta}'^e \tag{13-14}$$

局部坐标系 $Ox'y'$与整体坐标系 Oxy 下的结点位移、结点力和单元刚度矩阵的变换关系可确定如下。图 13-4 中，位移向量$\overrightarrow{OP}$在整体坐标系 Oxy 下的分量为 u，v，在局部坐标系 $Ox'y'$下的分量为 u'，v'，两坐标系的夹角为 α。

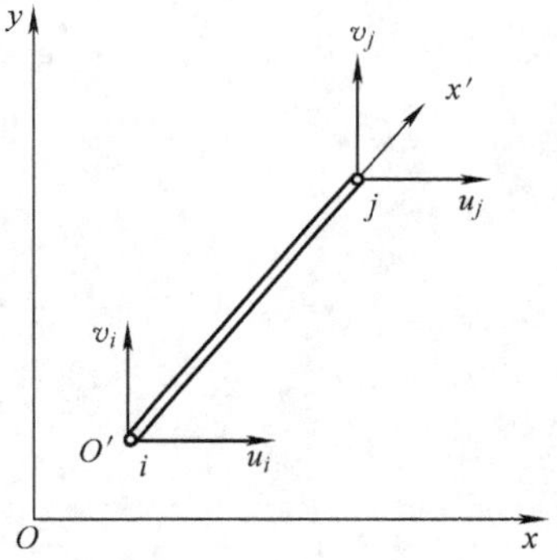

图 13-3　二维杆单元

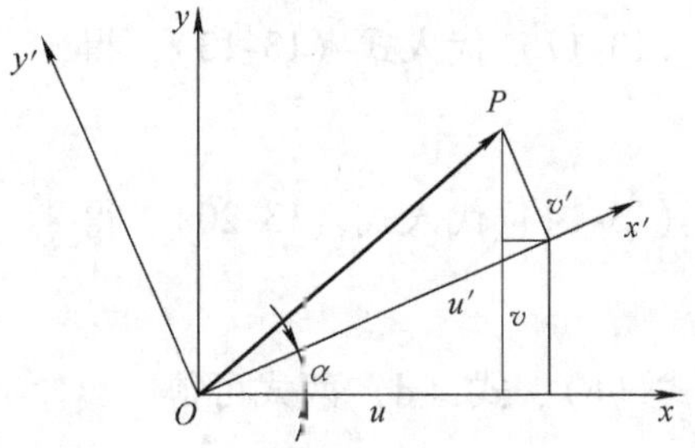

图 13-4　坐标系的旋转变换

由图可知

$$\begin{cases} u=u'\cos\alpha-v'\sin\alpha \\ v=u'\sin\alpha+v'\cos\alpha \end{cases} \tag{13-15}$$

对杆单元结点 i，j 的位移向量应用式（13-15），则

$$\boldsymbol{\Delta}^e=\begin{pmatrix} u_i \\ v_i \\ u_j \\ v_j \end{pmatrix}=\begin{pmatrix} \cos\alpha & -\sin\alpha & 0 & 0 \\ \sin\alpha & \cos\alpha & 0 & 0 \\ 0 & 0 & \cos\alpha & -\sin\alpha \\ 0 & 0 & \sin\alpha & \cos\alpha \end{pmatrix}\begin{Bmatrix} u'_i \\ v'_i \\ u'_j \\ v'_j \end{Bmatrix} \tag{13-16}$$

即
$$\boldsymbol{\Delta}^e = \boldsymbol{T}\boldsymbol{\Delta}'^e \tag{13-17}$$

式中，

$$\boldsymbol{T} = \begin{pmatrix} \boldsymbol{t} & \boldsymbol{0} \\ \boldsymbol{0} & \boldsymbol{t} \end{pmatrix} \qquad \boldsymbol{t} = \begin{pmatrix} \cos\alpha & -\sin\alpha \\ \sin\alpha & \cos\alpha \end{pmatrix} \tag{13-18}$$

而方向余弦可由结点坐标计算，即

$$\cos\alpha = \frac{x_j - x_i}{l}, \sin\alpha = \frac{y_j - y_i}{l}, l = \sqrt{(x_j - x_i)^2 + (y_j - y_i)^2} \tag{a}$$

可以证明，$\boldsymbol{T}$ 是正交矩阵，即它的逆矩阵等于它的转置矩阵，亦即

$$\boldsymbol{T}^{-1} = \boldsymbol{T}^{\mathrm{T}} \tag{b}$$

式（13-16）即为从局部坐标到整体坐标的位移向量转换式。同理可以获得结点力向量的转换式为

$$\boldsymbol{F}^e = \begin{pmatrix} F_{ix} \\ F_{iy} \\ F_{jx} \\ F_{jy} \end{pmatrix} = \begin{pmatrix} \cos\alpha & -\sin\alpha & 0 & 0 \\ \sin\alpha & \cos\alpha & 0 & 0 \\ 0 & 0 & \cos\alpha & -\sin\alpha \\ 0 & 0 & \sin\alpha & \cos\alpha \end{pmatrix} \begin{pmatrix} F'_{ix} \\ F'_{iy} \\ F'_{jx} \\ F'_{jy} \end{pmatrix} \tag{13-19}$$

即
$$\boldsymbol{F}^e = \boldsymbol{T}\boldsymbol{F}'^e \tag{13-20}$$

将式（13-17）代入式（13-13），得

$$\boldsymbol{F}^e = \boldsymbol{k}\boldsymbol{T}\boldsymbol{\Delta}'^e \tag{c}$$

将式（13-14）代入式（13-20），得

$$\boldsymbol{F}^e = \boldsymbol{T}\boldsymbol{k}'\boldsymbol{\Delta}'^e \tag{d}$$

由上式（c）、式（d）两式可得

$$\boldsymbol{k}\boldsymbol{T}\boldsymbol{\Delta}'^e = \boldsymbol{T}\boldsymbol{k}'\boldsymbol{\Delta}'^e$$

由 $\boldsymbol{\Delta}'^e$ 的任意性可得

$$\boldsymbol{k}\boldsymbol{T} = \boldsymbol{T}\boldsymbol{k}'$$

两端右乘 $\boldsymbol{T}^{-1}$，得

$$\boldsymbol{k} = \boldsymbol{T}\boldsymbol{k}'\boldsymbol{T}^{-1} = \boldsymbol{T}\boldsymbol{k}'\boldsymbol{T}^{\mathrm{T}} \tag{13-21}$$

式（13-21）即为单元刚度矩阵的坐标转换关系式。

若引入一维杆单元的单元刚度矩阵（13-11）并扩展为

$$\boldsymbol{k}' = \frac{EA}{l} \begin{pmatrix} 1 & 0 & -1 & 0 \\ 0 & 0 & 0 & 0 \\ -1 & 0 & 1 & 0 \\ 0 & 0 & 0 & 0 \end{pmatrix} \tag{13-22}$$

则式（13-21）可写为

$$
\boldsymbol{k} = \boldsymbol{T}\boldsymbol{k}'\boldsymbol{T}^{\mathrm{T}}
$$

$$
= \frac{EA}{l}\begin{pmatrix} \cos^2\alpha & \cos\alpha\sin\alpha & -\cos^2\alpha & -\cos\alpha\sin\alpha \\ \cos\alpha\sin\alpha & \sin^2\alpha & -\cos\alpha\sin\alpha & -\sin^2\alpha \\ -\cos^2\alpha & -\cos\alpha\sin\alpha & \cos^2\alpha & \cos\alpha\sin\alpha \\ -\cos\alpha\sin\alpha & -\sin^2\alpha & \cos\alpha\sin\alpha & \sin^2\alpha \end{pmatrix} \tag{13-23}
$$

式（13-23）即为二维杆单元的单元刚度矩阵。

13.2.3 应力的计算

以二维杆单元轴线为 $O'x'$ 轴建立局部坐标，局部坐标下，二维杆单元是简单二力杆，位移 $v_i' = v_j' = 0$。单元应力可由胡克定律 $\sigma = E\varepsilon$ 给出，应变 ε 可由式（13-6）计算

$$
\varepsilon = \frac{u_j' - u_i'}{l}
$$

于是

$$
\sigma = \frac{E}{l}(u_j' - u_i') = \frac{E}{l}(-1,\ 1)\begin{pmatrix} u_i' \\ u_j' \end{pmatrix}
$$

由式（13-17）可得

$$
\boldsymbol{\Delta}'^{e} = \boldsymbol{T}^{\mathrm{T}}\boldsymbol{\Delta}^{e}
$$

注意到 $v_i' = v_j' = 0$，可得

$$
\begin{pmatrix} u_i' \\ u_j' \end{pmatrix} = \begin{pmatrix} \cos\alpha & \sin\alpha & 0 & 0 \\ 0 & 0 & \cos\alpha & \sin\alpha \end{pmatrix}\begin{pmatrix} u_i \\ v_i \\ u_j \\ v_j \end{pmatrix}
$$

杆件应力为

$$
\sigma = \frac{E}{l}(-1,1)\begin{pmatrix} \cos\alpha & \sin\alpha & 0 & 0 \\ 0 & 0 & \cos\alpha & \sin\alpha \end{pmatrix}\begin{pmatrix} u_i \\ v_i \\ u_j \\ v_j \end{pmatrix} \tag{13-24}
$$

$$
= \frac{E}{l}(-\cos\alpha,\ -\sin\alpha,\ \cos\alpha,\ \sin\alpha)\boldsymbol{\Delta}^{e}
$$

例 13-2　平面桁架，尺寸如图 13-5 所示，各杆截面积 $A = 25\mathrm{cm}^2$，材料弹性模量 $E = 2 \times 10^{11}\mathrm{N/m}^2$，试确定各杆应力和各结点位移。

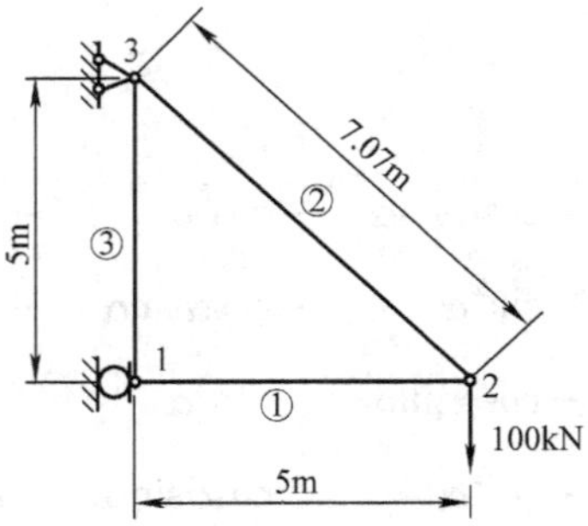

图 13-5 例 13-2 图

解 （1）结点编号、结点坐标、各单元方向余弦如下：

结点＼单元	①	②	③
i	1	3	1
j	2	2	3

坐标＼结点	1	2	3
x/m	0	5	0
y/m	0	0	5

方向余弦＼单元	①	②	③
l/m	5	7.07	5
$\cos\alpha$	1	0.707	0
$\sin\alpha$	0	-0.707	1

（2）计算单元刚度矩阵

由式（13-23）

$$\boldsymbol{k}=\frac{EA}{l}\begin{pmatrix}\cos^2\alpha & \cos\alpha\sin\alpha & -\cos^2\alpha & -\cos\alpha\sin\alpha\\ \cos\alpha\sin\alpha & \sin^2\alpha & -\cos\alpha\sin\alpha & -\sin^2\alpha\\ -\cos^2\alpha & -\cos\alpha\sin\alpha & \cos^2\alpha & \cos\alpha\sin\alpha\\ -\cos\alpha\sin\alpha & -\sin^2\alpha & \cos\alpha\sin\alpha & \sin^2\alpha\end{pmatrix}$$

得

$$\boldsymbol{k}^1=\frac{25\times10^{-4}\times2\times10^{11}}{5}\begin{pmatrix}1&0&-1&0\\0&0&0&0\\-1&0&1&0\\0&0&0&0\end{pmatrix}=100\times10^6\begin{pmatrix}1&0&-1&0\\0&0&0&0\\-1&0&1&0\\0&0&0&0\end{pmatrix}$$

$$\boldsymbol{k}^2=\frac{25\times10^{-4}\times2\times10^{11}\times0.707^2}{7.07}\begin{pmatrix}1&-1&-1&1\\-1&1&1&-1\\-1&1&1&-1\\1&-1&-1&1\end{pmatrix}=35.4\times10^6\begin{pmatrix}1&-1&-1&1\\-1&1&1&-1\\-1&1&1&-1\\1&-1&-1&1\end{pmatrix}$$

$$\boldsymbol{k}^3=\frac{25\times10^{-4}\times2\times10^{11}}{5}\begin{pmatrix}0&0&0&0\\0&1&0&-1\\0&0&0&0\\0&-1&0&1\end{pmatrix}=100\times10^6\begin{pmatrix}0&0&0&0\\0&1&0&-1\\0&0&0&0\\0&-1&0&1\end{pmatrix}$$

（3）组集整体刚度矩阵得整体平衡方程为

$$10^6\times\begin{pmatrix}100&0&-100&0&0&0\\0&100&0&0&0&-100\\-100&0&135.4&-35.4&-35.4&35.4\\0&0&-35.4&35.4&35.4&-35.4\\0&0&-35.4&35.4&35.4&-35.4\\0&-100&35.4&-35.4&-35.4&135.4\end{pmatrix}\begin{pmatrix}u_1\\v_1\\u_2\\v_2\\u_3\\v_3\end{pmatrix}=\begin{pmatrix}R_{1x}\\R_{1y}\\R_{2x}\\R_{2y}\\R_{3x}\\R_{3y}\end{pmatrix}=\begin{pmatrix}0\\0\\0\\-100000\\R_{3x}\\R_{3y}\end{pmatrix}$$

（4）因 $u_1=u_3=v_3=0$，删除整体刚度矩阵中对应的第1，5，6行和列以及载荷向量中对应元素，得

$$10^6\times\begin{pmatrix}100&0&0\\0&135.4&-35.4\\0&-35.4&35.4\end{pmatrix}\begin{pmatrix}v_1\\u_2\\v_2\end{pmatrix}=\begin{pmatrix}0\\0\\-100000\end{pmatrix}$$

解得

$$\begin{pmatrix}v_1\\u_2\\v_2\end{pmatrix}=\begin{pmatrix}0\\-10.0\times10^{-4}\\-38.24\times10^{-4}\end{pmatrix}\text{（m）}$$

于是位移向量为

$$(u_1,\ v_1,\ u_2,\ v_2,\ u_3,\ v_3)^{\mathrm T}=(0,\ 0,\ -10.0\times10^{-4},\ -38.24\times10^{-4},\ 0,\ 0)^{\mathrm T}$$

（5）计算各杆应力，由式（13-24）

$$\sigma=\frac{E}{l}\ (-\cos\alpha,\ -\sin\alpha,\ \cos\alpha,\ \sin\alpha)\begin{pmatrix}u_i\\v_i\\u_j\\v_j\end{pmatrix}$$

得

$$\sigma_1=\frac{2\times10^{11}}{5}(-1,0,1,0)\begin{pmatrix}0\\0\\-10\times10^{-4}\\-38.24\times10^{-4}\end{pmatrix}=-40\times10^{6}(\mathrm{N/m^2})=-40(\mathrm{MPa})$$

$$\sigma_2=\frac{2\times10^{11}}{7.07}(-0.707,0.707,0.707,-0.707)\begin{pmatrix}0\\0\\-10\times10^{-4}\\-38.24\times10^{-4}\end{pmatrix}$$

$$=56.48\times10^{6}(\mathrm{N/m^2})=56.48(\mathrm{MPa})$$

$$\sigma_3=\frac{2\times10^{11}}{5}(0,-1,0,1)\begin{pmatrix}0\\0\\0\\0\end{pmatrix}=0$$

13.3 平面梁单元

杆单元只能承受轴向力，梁单元则不但可承受轴向力，而且还承受剪力和弯矩。如果梁的纵向对称平面位于杆系平面内，载荷和约束作用也在该平面内，则这种梁单元称为平面梁单元。平面梁单元处于轴向拉压和平面弯曲的组合变形状态。

局部坐标系下的平面梁单元如图 13-6 所示。单元长度为 l，单元有两个结点，每个结点具有轴向位移 u、挠度 v 和截面转角 θ 三个自由度。即结点位移向量为

$$\boldsymbol{\Delta}'^{e}=(\Delta_i',\ \Delta_j')^{\mathrm{T}}=(u_i',\ v_i',\ \theta_i',\ u_j',\ v_j',\ \theta_j')^{\mathrm{T}}$$

对应结点力向量为轴力、剪力和弯矩，即

$$\boldsymbol{F}'^{e}=(F_i',\ F_j')^{\mathrm{T}}=(N_i',\ Q_i',\ M_i',\ N_j',\ Q_j',\ M_j')^{\mathrm{T}}$$

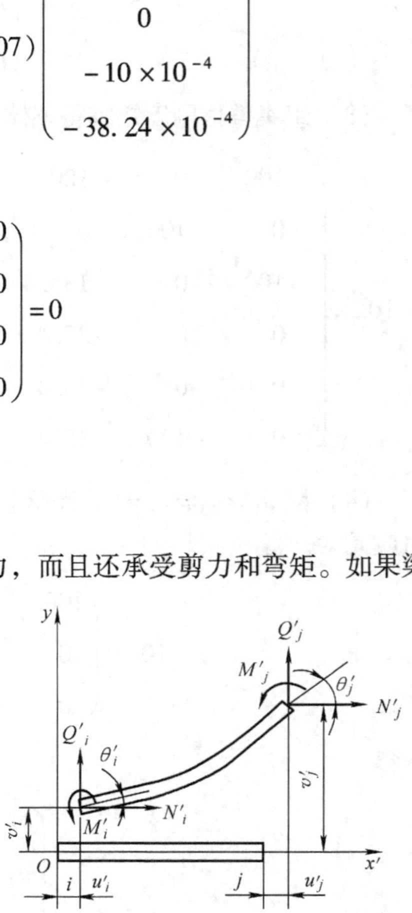

图 13-6 平面梁单元

13.3.1 单元的位移模式

从前节杆单元分析可知，轴向位移可以取为坐标的一次式。再由材料力学可知，挠度可以用坐标的三次多项式来表示。故有

$$\begin{cases}u'=a_0+a_1x'\\v'=b_0+b_1x'+b_2x'^2+b_3x'^3\end{cases}\tag{13-25}$$

若写为矩阵形式，则

$$\begin{cases} u' = \boldsymbol{h}(x')\boldsymbol{a} \\ v' = \boldsymbol{H}(x')\boldsymbol{b} \end{cases} \tag{a}$$

式中，

$$\boldsymbol{h}(x') = (1,\ x')$$
$$\boldsymbol{H}(x') = (1,\ x',\ x'^2,\ x'^3)$$
$$\boldsymbol{a} = (a_0,\ a_1)^{\mathrm{T}}$$
$$\boldsymbol{b} = (b_0,\ b_1,\ b_2,\ b_3)^{\mathrm{T}}$$

$\boldsymbol{a}$，$\boldsymbol{b}$ 为待定常数。

这里有六个待定常数，与单元自由度数一致。位移模式中未含有转角项，是因为转角可以由挠度对于坐标的一阶导数获得。

将对应于梁单元的结点轴向位移记为

$$\boldsymbol{u}' = (u_i',\ u_j')^{\mathrm{T}}$$

对应于梁单元的结点挠度和转角记为

$$\boldsymbol{v}' = (v_i',\ \theta_i',\ v_j',\ \theta_j')^{\mathrm{T}}$$

局部坐标下梁单元 i 结点的坐标为 0，j 结点的坐标为 l。将梁单元的结点坐标代入式（13-25）并注意到转角 $\theta' = \dfrac{\mathrm{d}v'}{\mathrm{d}x'}$，可得

$$\begin{cases} \boldsymbol{u}' = \boldsymbol{A}_1\boldsymbol{a} \\ \boldsymbol{v}' = \boldsymbol{A}_2\boldsymbol{b} \end{cases} \tag{b}$$

式中，

$$\boldsymbol{A}_1 = \begin{pmatrix} 1 & 0 \\ 1 & l \end{pmatrix},\ \boldsymbol{A}_2 = \begin{pmatrix} 1 & 0 & 0 & 0 \\ 0 & 1 & 0 & 0 \\ 1 & l & l^2 & l^3 \\ 0 & 1 & 2l & 3l^2 \end{pmatrix} \tag{c}$$

由式（b）可获得待定常数

$$\begin{cases} \boldsymbol{a} = \boldsymbol{A}_1^{-1}\boldsymbol{u}' \\ \boldsymbol{b} = \boldsymbol{A}_2^{-1}\boldsymbol{v}' \end{cases} \tag{d}$$

式中，

$$\boldsymbol{A}_1^{-1} = \begin{pmatrix} 1 & 0 \\ -\dfrac{1}{l} & \dfrac{1}{l} \end{pmatrix},\ \boldsymbol{A}_2^{-1} = \begin{pmatrix} 1 & 0 & 0 & 0 \\ 0 & 1 & 0 & 0 \\ -\dfrac{3}{l^2} & -\dfrac{2}{l} & \dfrac{3}{l^2} & -\dfrac{1}{l} \\ \dfrac{2}{l^3} & \dfrac{1}{l^2} & -\dfrac{2}{l^3} & \dfrac{1}{l^2} \end{pmatrix} \tag{e}$$

将式（d）代入式（a），可得用结点位移表示的位移模式为

$$\begin{cases} u' = \boldsymbol{h}(x')\boldsymbol{A}_1^{-1}\boldsymbol{u}' = \boldsymbol{N}_u\boldsymbol{u}' \\ v' = \boldsymbol{H}(x')\boldsymbol{A}_2^{-1}\boldsymbol{v}' = \boldsymbol{N}_v\boldsymbol{v}' \end{cases} \tag{f}$$

式中，

$$\boldsymbol{N}_u = \boldsymbol{h}(x')\boldsymbol{A}_1^{-1},\quad \boldsymbol{N}_v = \boldsymbol{H}(x')\boldsymbol{A}_2^{-1}$$

合并结点位移 u'，v'，可改写式（f）为

$$\boldsymbol{\Delta}' = \begin{pmatrix} u' \\ v' \end{pmatrix} = \begin{pmatrix} H_{u'}(x') \\ H_{v'}(x') \end{pmatrix} \boldsymbol{A}\boldsymbol{\Delta}'^e = \boldsymbol{N}\boldsymbol{\Delta}'^e \tag{13-26}$$

式中，

$$\boldsymbol{H}_{u'}(x') = (1, 0, 0, x', 0, 0)$$

$$\boldsymbol{H}_{v'}(x') = (0, 1, x', 0, x'^2, x'^3)$$

$$\boldsymbol{A} = \begin{pmatrix} 1 & 0 & 0 & 0 & 0 & 0 \\ 0 & 1 & 0 & 0 & 0 & 0 \\ 0 & 0 & 1 & 0 & 0 & 0 \\ -\frac{1}{l} & 0 & 0 & \frac{1}{l} & 0 & 0 \\ 0 & -\frac{3}{l^2} & -\frac{2}{l} & 0 & \frac{3}{l^2} & -\frac{1}{l} \\ 0 & \frac{2}{l^3} & \frac{1}{l^2} & 0 & -\frac{2}{l^3} & \frac{1}{l^2} \end{pmatrix}$$

形函数表示为

$$\boldsymbol{N} = \begin{pmatrix} 1 & 0 & 0 & x' & 0 & 0 \\ 0 & 1 & x' & 0 & x'^2 & x'^3 \end{pmatrix} \begin{pmatrix} 1 & 0 & 0 & 0 & 0 & 0 \\ 0 & 1 & 0 & 0 & 0 & 0 \\ 0 & 0 & 1 & 0 & 0 & 0 \\ -\frac{1}{l} & 0 & 0 & \frac{1}{l} & 0 & 0 \\ 0 & -\frac{3}{l^2} & -\frac{2}{l} & 0 & \frac{3}{l^2} & -\frac{1}{l} \\ 0 & \frac{2}{l^3} & \frac{1}{l^2} & 0 & -\frac{2}{l^3} & \frac{1}{l^2} \end{pmatrix}$$

$$= \begin{pmatrix} 1-\frac{x'}{l} & 0 & 0 & \frac{x'}{l} & 0 & 0 \\ 0 & 1-\frac{3x'^2}{l^2}+\frac{2x'^3}{l^3} & x'-\frac{2x'^2}{l}+\frac{x'^3}{l^2} & 0 & \frac{3x'^2}{l^2}-\frac{2x'^3}{l^3} & -\frac{x'^2}{l}+\frac{x'^3}{l^2} \end{pmatrix} \tag{13-27}$$

13.3.2 单元的应变和应力

梁单元受到拉压和弯曲变形后，其应变可以分为拉压应变 ε_0 和弯曲应变 ε_b。如果不考虑切应变对于梁挠度的影响，则

$$\boldsymbol{\varepsilon}=\begin{pmatrix}\varepsilon_0\\ \\ \varepsilon_b\end{pmatrix}=\begin{pmatrix}\dfrac{\mathrm{d}u'}{\mathrm{d}x}\\ \\ -y\dfrac{\mathrm{d}^2v'}{\mathrm{d}x'^2}\end{pmatrix}=\begin{pmatrix}H'_{u'}(x')\\ \\ -yH''_{v'}(x')\end{pmatrix}\boldsymbol{A}\boldsymbol{\Delta}'^e=\boldsymbol{B}\boldsymbol{\Delta}'^e \tag{13-28}$$

式中，

$$\boldsymbol{B}=\begin{pmatrix}H'_{u'}(x')\\ \\ -yH''_{v'}(x')\end{pmatrix}\boldsymbol{A} \tag{13-29}$$

$$\boldsymbol{H}'_{u'}(x')=(0,\ 0,\ 0,\ 1,\ 0,\ 0)$$

$$\boldsymbol{H}''_{v'}(x')=(0,\ 0,\ 0,\ 0,\ 2,\ 6x')$$

单元的应力为

$$\boldsymbol{\sigma}=\begin{pmatrix}\sigma_0\\ \\ \sigma_b\end{pmatrix}=E\boldsymbol{\varepsilon}=E\boldsymbol{B}\boldsymbol{\Delta}'^e \tag{13-30}$$

13.3.3 单元刚度矩阵

梁单元的单元刚度矩阵仍可由虚位移原理导出。设单元的结点虚位移为 $\delta\boldsymbol{\Delta}'^e$，于是由式（13-28）可知单元内对应的虚应变为

$$\delta\boldsymbol{\varepsilon}=\boldsymbol{B}\delta\boldsymbol{\Delta}'^e$$

由上式及式（13-30），单元内应力在虚应变上做的虚功为

$$\iiint\delta\boldsymbol{\varepsilon}^{\mathrm{T}}\boldsymbol{\sigma}\mathrm{d}V=E(\delta\boldsymbol{\Delta}'^e)^{\mathrm{T}}\iiint\boldsymbol{B}^{\mathrm{T}}\boldsymbol{B}\mathrm{d}V\boldsymbol{\Delta}'^e \tag{g}$$

单元外力做的虚功有两部分：单元结点力 $\boldsymbol{F}'^e$ 在结点虚位移上做的虚功和梁上分布载荷 $\boldsymbol{q}$ 在虚位移上做的虚功，即

$$\int\delta\boldsymbol{\Delta}'^{\mathrm{T}}\boldsymbol{q}\mathrm{d}x'+(\delta\boldsymbol{\Delta}'^e)^{\mathrm{T}}\boldsymbol{F}'^e=(\delta\boldsymbol{\Delta}'^e)^{\mathrm{T}}\left(\int\boldsymbol{N}^{\mathrm{T}}\boldsymbol{q}\mathrm{d}x'+\boldsymbol{F}'^e\right) \tag{h}$$

这里，任意点的虚位移为 $\delta\boldsymbol{\Delta}'=\boldsymbol{N}\delta\boldsymbol{\Delta}'^e$。

由式（g）、式（h）两式得出

$$(\delta\boldsymbol{\Delta}'^{e})^{\mathrm{T}}\left(\int\boldsymbol{N}^{\mathrm{T}}\boldsymbol{q}\mathrm{d}x' + \boldsymbol{F}^{e}\right) = E(\delta\boldsymbol{\Delta}'^{e})^{\mathrm{T}}\iiint\boldsymbol{B}^{\mathrm{T}}\boldsymbol{B}\mathrm{d}V\boldsymbol{\Delta}'^{e}$$

即

$$\int\boldsymbol{N}^{\mathrm{T}}\boldsymbol{q}\mathrm{d}x' + \boldsymbol{F}'^{e} = E\iiint\boldsymbol{B}^{\mathrm{T}}\boldsymbol{B}\mathrm{d}V\boldsymbol{\Delta}'^{e} \tag{i}$$

$\int\boldsymbol{N}^{\mathrm{T}}\boldsymbol{q}\mathrm{d}x'$ 是分布载荷移置到结点的等效结点载荷，于是可以令

$$\boldsymbol{R}'^{e} = \int\boldsymbol{N}^{\mathrm{T}}\boldsymbol{q}\mathrm{d}x' + \boldsymbol{F}'^{e} = \boldsymbol{Q}^{e} + \boldsymbol{F}'^{e} \tag{j}$$

式（i）改写为

$$\boldsymbol{R}'^{e} = \boldsymbol{k}\boldsymbol{\Delta}'^{e} \tag{13-31}$$

式中，

$$\boldsymbol{R}'^{e} = (R_i', R_j')^{\mathrm{T}} = (R_{ix}', R_{iy}', M_i', R_{jx}', R_{jy}', M_j')^{\mathrm{T}}$$
$$\boldsymbol{\Delta}'^{e} = (\Delta_i', \Delta_j')^{\mathrm{T}} = (u_i', v_i', \theta_i', u_j', v_j', \theta_j')^{\mathrm{T}}$$

单元刚度矩阵为

$$\boldsymbol{k} = E\iiint\boldsymbol{B}^{\mathrm{T}}\boldsymbol{B}\mathrm{d}V \tag{13-32}$$

将式（13-29）代入上式，积分得单元刚度矩阵为

$$\boldsymbol{k} = \begin{pmatrix} \frac{EA}{l} & 0 & 0 & -\frac{EA}{l} & 0 & 0 \\ 0 & \frac{12EI}{l^3} & \frac{6EI}{l^2} & 0 & -\frac{12EI}{l^3} & \frac{6EI}{l^2} \\ 0 & \frac{6EI}{l^2} & \frac{4EI}{l} & 0 & -\frac{6EI}{l^2} & \frac{2EI}{l} \\ -\frac{EA}{l} & 0 & 0 & \frac{EA}{l} & 0 & 0 \\ 0 & -\frac{12EI}{l^3} & -\frac{6EI}{l^2} & 0 & \frac{12EI}{l^3} & -\frac{6EI}{l^2} \\ 0 & \frac{6EI}{l^2} & \frac{2EI}{l} & 0 & -\frac{6EI}{l^2} & \frac{4EI}{l} \end{pmatrix} \tag{13-33}$$

式中，$I = \iint y^2\mathrm{d}A$ 是梁截面对主轴的惯性矩，A 是梁的截面积。

13.3.4 等效结点力的计算

由式（j）知，按静力等效原理将分布载荷移置到单元结点上的等效结点力为

$$\boldsymbol{Q}^{e} = \int\boldsymbol{N}^{\mathrm{T}}\boldsymbol{q}\mathrm{d}x' \tag{13-34}$$

对于分布轴向力、分布横向力、分布弯矩等的等效结点力可以分别计算。表 13-1 给出了几种分布载荷的计算结果，其他载荷情况可以自行推导，也可以由材料力学手册查得相应的梁

端约束力的计算式并反号作为等效结点载荷。

表 13-1 几种常见的等效结点力

载 荷	Q_i	M_i	Q_j	M_j
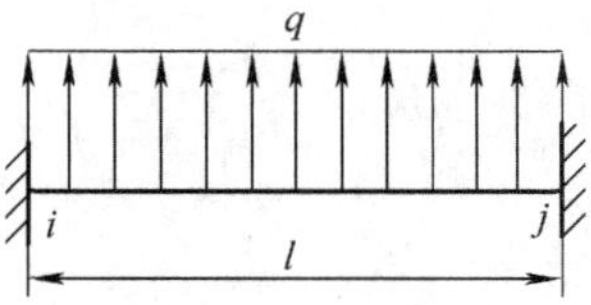	$\frac{1}{2}ql$	$\frac{1}{12}ql^2$	$\frac{1}{2}ql$	$-\frac{1}{12}ql^2$
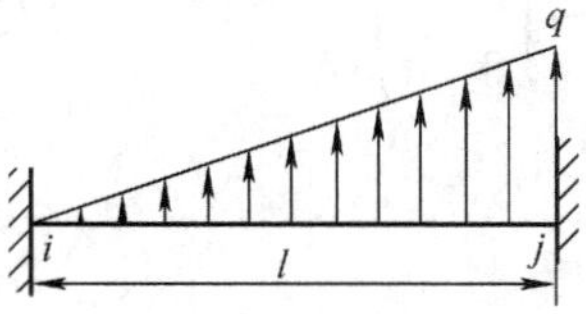	$\frac{3}{20}ql$	$\frac{1}{30}ql^2$	$\frac{7}{20}ql$	$-\frac{1}{20}ql^2$
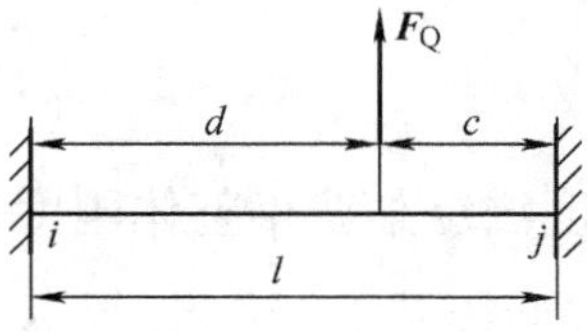	$\frac{(3d+c)F_Qc^2}{l^3}$	$\frac{F_Qdc^2}{l^2}$	$\frac{(d+3c)F_Qd^2}{l^3}$	$-\frac{F_Qd^2c}{l^2}$
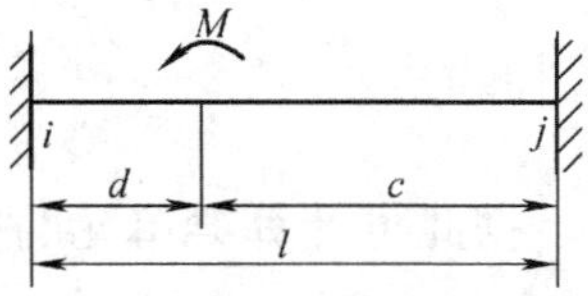	$-\frac{6Mcd}{l^3}$	$\frac{(2d-c)Mc}{l^2}$	$\frac{6Mcd}{l^3}$	$\frac{(2c-d)Md}{l^2}$

注：表中等效结点力向上为正，等效结点力矩逆时针旋向为正。

13.3.5 整体坐标下的单元刚度矩阵

以上获得的梁单元的单元刚度矩阵是以梁轴线为坐标轴 x' 获得的（见图 13-6），为局部坐标 $Ox'y'$ 下的单元刚度矩阵。与杆单元类似，需通过坐标变换，获得梁单元在整体坐标下的单元刚度矩阵。

整体坐标下的梁单元载荷向量为

$$\boldsymbol{R}^e=(R_i,\ R_j)^{\mathrm{T}}=(R_{ix},\ R_{iy},\ M_i,\ R_{jx},\ R_{jy},\ M_j)^{\mathrm{T}}$$

结点位移向量为

$$\boldsymbol{\Delta}^e=(\Delta_i,\Delta_j)^{\mathrm{T}}=(u_i,\ v_i,\ \theta_i,\ u_j,\ v_j,\ \theta_j)^{\mathrm{T}}$$

单元结点平衡方程为

$$\boldsymbol{R}^e=\boldsymbol{k}\boldsymbol{\Delta}^e \tag{13-35}$$

梁单元的结点位移向量和载荷向量的坐标变换公式分别与杆单元的坐标变换公式（13-17）和公式（13-20）类似。为

$$\boldsymbol{\Delta}^e=\boldsymbol{T}\boldsymbol{\Delta}'^e \tag{13-36}$$

$$\boldsymbol{R}^e=\boldsymbol{T}\boldsymbol{R}'^e \tag{13-37}$$

其中局部坐标下的位移和结点力向量为

$$\boldsymbol{\Delta}'^e=(\Delta_i',\ \Delta_j')^{\mathrm{T}}=(u_i',\ v_i',\ \theta_i',u_j',v_j',\theta_j')^{\mathrm{T}}$$

$$\boldsymbol{R}'^e=(R_i',\ R_j')=(R_{ix}',\ R_{iy}',\ M_i',\ R_{jx}',\ R_{jy}',M_j')^{\mathrm{T}}$$

变换矩阵为

$$\boldsymbol{T}=\begin{pmatrix}\cos\alpha & -\sin\alpha & 0 & 0 & 0 & 0\\ \sin\alpha & \cos\alpha & 0 & 0 & 0 & 0\\ 0 & 0 & 1 & 0 & 0 & 0\\ 0 & 0 & 0 & \cos\alpha & -\sin\alpha & 0\\ 0 & 0 & 0 & \sin\alpha & \cos\alpha & 0\\ 0 & 0 & 0 & 0 & 0 & 1\end{pmatrix}=\begin{pmatrix}\boldsymbol{t} & \boldsymbol{0}\\ \boldsymbol{0} & \boldsymbol{t}\end{pmatrix} \tag{13-38}$$

单元刚度矩阵的变换式为

$$\boldsymbol{k}=\boldsymbol{T}\boldsymbol{k}'\boldsymbol{T}^{\mathrm{T}} \tag{13-39}$$

式（13-39）为整体坐标下的单元刚度矩阵，可按直接刚度法组集获得整体刚度矩阵。整体平衡方程为

$$\boldsymbol{R}=\boldsymbol{K}\boldsymbol{\Delta} \tag{13-40}$$

13.3.6 梁单元的梁端内力

求解方程（13-40），获得整体坐标下的结点位移和约束力，据此可计算梁单元的内力。梁单元的杆端内力在局部坐标下计算。由式（13-36）得

$$\boldsymbol{\Delta}'^e=\boldsymbol{T}^{-1}\boldsymbol{\Delta}^e=\boldsymbol{T}^{\mathrm{T}}\boldsymbol{\Delta}^e$$

将上式代入式（13-31），计算获得结点力 $\boldsymbol{R}'^e$。$\boldsymbol{R}'^e$ 为梁端内力 $\boldsymbol{F}'^e$ 和梁分布载荷的等效结点力 $\boldsymbol{Q}$ 之和 $\boldsymbol{R}'^e=\boldsymbol{Q}+\boldsymbol{F}'^e$，于是可得梁单元的梁端内力为

$$\boldsymbol{F}'^e=\boldsymbol{R}'^e-\boldsymbol{Q}=\boldsymbol{k}'\boldsymbol{\Delta}'^e-\boldsymbol{Q} \tag{13-41}$$

当梁的截面高度大于梁的长度的 1/5 时，须考虑切应变对于挠度的影响。因此需对梁单元的刚度矩阵进行修正。

空间梁单元的单元刚度矩阵可以同样地推得。对于汽车大梁等开口薄壁杆件，若载荷不通过截面弯曲中心，则杆件除弯曲变形外，还伴随着约束扭转。单元刚度矩阵亦可同样地推导。

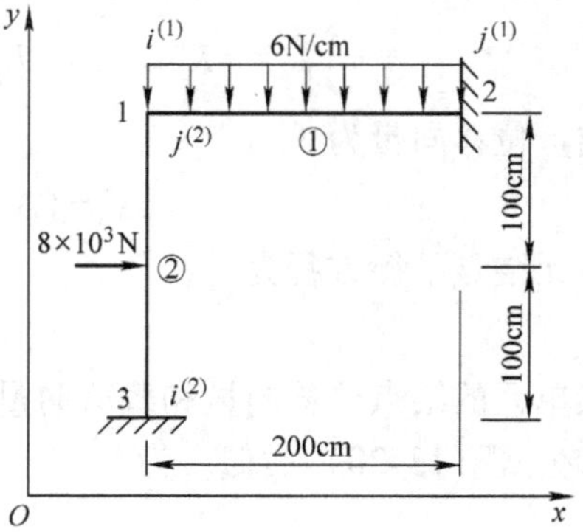

图 13-7 两杆框架

例 13-3 试求解图 13-7 所示框架各结点位移。杆件截面为圆管，外径 $D=5\text{cm}$，内径 $d=4\text{cm}$，材料弹性模量为 $E=2\times10^7\text{N/cm}^2$。

解 （1）求解杆件截面常数

截面积 $A=\dfrac{\pi}{4}(D^2-d^2)=7.07\text{cm}^2$

惯性矩 $$I=\frac{\pi}{64}(D^4-d^4)=18.11\text{cm}^4$$

(2) 求出局部坐标下的单元刚度矩阵

框架离散为两个梁单元，单元结点编号如下表所示。

单元 / 结点	①	②
i	1	3
j	2	1

两单元的尺寸、材料和结点编号相同，故其单元刚度矩阵相同。计算刚度矩阵元素如下：

$$\frac{EA}{l}=7.07\times10^5\text{N/cm},\ \frac{4EI}{l}=7.24\times10^6\text{N}\cdot\text{cm}$$

$$\frac{6EI}{l^2}=5.43\times10^4\text{N},\ \frac{12EI}{l^3}=5.43\times10^2\text{N/cm}$$

局部坐标下的刚度矩阵由式（13-33）计算

$$\boldsymbol{k}'^{(1)}=\boldsymbol{k}'^{(2)}=\begin{pmatrix}\frac{EA}{l} & 0 & 0 & -\frac{EA}{l} & 0 & 0\\ 0 & \frac{12EI}{l^3} & \frac{6EI}{l^2} & 0 & -\frac{12EI}{l^3} & \frac{6EI}{l^2}\\ 0 & \frac{6EI}{l^2} & \frac{4EI}{l} & 0 & -\frac{6EI}{l^2} & \frac{2EI}{l}\\ -\frac{EA}{l} & 0 & 0 & \frac{EA}{l} & 0 & 0\\ 0 & -\frac{12EI}{l^3} & -\frac{6EI}{l^2} & 0 & \frac{12EI}{l^3} & -\frac{6EI}{l^2}\\ 0 & \frac{6EI}{l^2} & \frac{2EI}{l} & 0 & -\frac{6EI}{l^2} & \frac{4EI}{l}\end{pmatrix}$$

$$=\begin{pmatrix}7.07\times10^5 & 0 & 0 & -7.07\times10^5 & 0 & 0\\ 0 & 5.43\times10^2 & 5.43\times10^4 & 0 & -5.43\times10^2 & 5.43\times10^4\\ 0 & 5.43\times10^4 & 7.24\times10^6 & 0 & -5.43\times10^4 & 3.62\times10^6\\ -7.07\times10^5 & 0 & 0 & 7.07\times10^5 & 0 & 0\\ 0 & -5.43\times10^2 & -5.43\times10^4 & 0 & 5.43\times10^2 & -5.43\times10^4\\ 0 & 5.43\times10^4 & 3.62\times10^6 & 0 & -5.43\times10^4 & 7.24\times10^6\end{pmatrix}$$

(3) 刚度矩阵转换

单元①的局部坐标系与整体坐标系重合，不必进行转换。

$$\boldsymbol{K}^{(1)}=\begin{pmatrix}\boldsymbol{k}_{11}^{(1)} & \boldsymbol{k}_{12}^{(1)}\\ \boldsymbol{k}_{21}^{(1)} & \boldsymbol{k}_{22}^{(1)}\end{pmatrix}=\boldsymbol{k}'^{(1)}$$

单元②与整体坐标系的夹角为90°，$\cos\alpha=0$，$\sin\alpha=1$，由式（13-38）得变换矩阵

$$\boldsymbol{T}=\begin{pmatrix}0 & -1 & 0 & 0 & 0 & 0\\ 1 & 0 & 0 & 0 & 0 & 0\\ 0 & 0 & 1 & 0 & 0 & 0\\ 0 & 0 & 0 & 0 & -1 & 0\\ 0 & 0 & 0 & 1 & 0 & 0\\ 0 & 0 & 0 & 0 & 0 & 1\end{pmatrix}$$

$$\boldsymbol{K}^{(2)}=\boldsymbol{T}\boldsymbol{k}'^{(2)}\boldsymbol{T}^{\mathrm{T}}$$

$$=\begin{pmatrix}5.43\times10^{2} & 0 & -5.43\times10^{4} & -5.43\times10^{2} & 0 & -5.43\times10^{4}\\ 0 & 7.07\times10^{5} & 0 & 0 & -7.07\times10^{5} & 0\\ -5.43\times10^{4} & 0 & 7.24\times10^{6} & 5.43\times10^{4} & 0 & 3.62\times10^{6}\\ -5.43\times10^{2} & 0 & 5.43\times10^{4} & 5.43\times10^{2} & 0 & 5.43\times10^{4}\\ 0 & -7.07\times10^{5} & 0 & 0 & 7.07\times10^{5} & 0\\ -5.43\times10^{4} & 0 & 3.62\times10^{6} & 5.43\times10^{4} & 0 & 7.24\times10^{6}\end{pmatrix}$$

$$=\begin{pmatrix}\boldsymbol{k}_{33}^{(2)} & \boldsymbol{k}_{31}^{(2)}\\ \boldsymbol{k}_{13}^{(2)} & \boldsymbol{k}_{11}^{(2)}\end{pmatrix}$$

（4）组集整体刚度矩阵

由直接刚度法组集整体刚度矩阵

$$\boldsymbol{K}=\begin{pmatrix}k_{11}^{(1)}+k_{11}^{(2)} & k_{12}^{(1)} & k_{13}^{(2)}\\ k_{21}^{(1)} & k_{22}^{(1)} & 0\\ k_{31}^{(2)} & 0 & k_{33}^{(2)}\end{pmatrix}$$

$$=10^{5}\times\begin{pmatrix}7.07543 & 0 & 0.543 & -7.07 & 0 & 0 & -0.00543 & 0 & 0.543\\ 0 & 7.07543 & 0.543 & 0 & -0.543 & 0.543 & 0 & -7.07 & 0\\ 0.543 & 0.543 & 144.8 & 0 & -0.543 & 36.2 & -0.543 & 0 & 36.2\\ -7.07 & 0 & 0 & 7.07 & 0 & 0 & 0 & 0 & 0\\ 0 & -0.00543 & -0.543 & 0 & 0.00543 & -0.543 & 0 & 0 & 0\\ 0 & 0.543 & 36.2 & 0 & -0.543 & 72.4 & 0 & 0 & 0\\ -0.00543 & 0 & -0.543 & 0 & 0 & 0 & 0.00543 & 0 & -0.543\\ 0 & -7.07 & 0 & 0 & 0 & 0 & 0 & 7.07 & 0\\ 0.543 & 0 & 36.2 & 0 & 0 & 0 & -0.543 & 0 & 72.4\end{pmatrix}$$

（5）等效结点载荷计算

单元①的局部坐标与整体坐标方向相同，单元受均布载荷，由表 13-1 直接得整体坐标下的结点载荷向量

$$Q_1^{(1)} = Q_2^{(1)} = \frac{ql}{2} = \frac{-6\times 200}{2}\text{N} = -600\text{N}$$

$$M_1^{(1)} = \frac{ql^2}{12} = \frac{-6\times 200^2}{12}\text{N}\cdot\text{cm} = -2\times 10^4\text{N}\cdot\text{cm}$$

$$M_2^{(1)} = -M_1^{(1)} = 2\times 10^4\text{N}\cdot\text{cm}$$

因无轴向载荷，故

$$N_1^{(1)} = N_2^{(1)} = 0$$

单元②受集中载荷，由表 13-1 得

$$Q'^{(2)}_3 = Q'^{(2)}_1 = \frac{F_Q}{2} = \frac{-8\times 10^3}{2}\text{N} = -4000\text{N}$$

$$M'^{(2)}_3 = \frac{F_Q dc^2}{l^2} = \frac{F_Q \frac{l}{2}\left(\frac{l}{2}\right)^2}{l^2} = -2\times 10^5\text{N}\cdot\text{cm}$$

$$M'^{(2)}_1 = -M'^{(2)}_3 = 2\times 10^5\text{N}\cdot\text{cm}$$

同理可得

$$N'^{(2)}_1 = N'^{(2)}_3 = 0$$

利用式（13-37），将单元②的等效结点载荷转换到整体坐标下，得

$$\boldsymbol{R}^{(2)} = \boldsymbol{TR}'^{(2)} = \begin{pmatrix} 0 & -1 & 0 & 0 & 0 & 0 \\ 1 & 0 & 0 & 0 & 0 & 0 \\ 0 & 0 & 1 & 0 & 0 & 0 \\ 0 & 0 & 0 & 0 & -1 & 0 \\ 0 & 0 & 0 & 1 & 0 & 0 \\ 0 & 0 & 0 & 0 & 0 & 1 \end{pmatrix} \begin{pmatrix} 0 \\ -4000 \\ -200000 \\ 0 \\ -4000 \\ 200000 \end{pmatrix} = \begin{pmatrix} 4000 \\ 0 \\ -200000 \\ 4000 \\ 0 \\ 200000 \end{pmatrix}$$

由此可得结点 1 上的载荷向量为

$$\boldsymbol{R}_1 = \boldsymbol{R}_1^{(1)} + \boldsymbol{R}_1^{(2)} = \begin{pmatrix} 0 \\ -600 \\ -20000 \end{pmatrix} + \begin{pmatrix} 4000 \\ 0 \\ 200000 \end{pmatrix} = \begin{pmatrix} 4000 \\ -600 \\ 180000 \end{pmatrix}$$

（6）引入约束条件，求解方程

约束条件为 $u_2 = v_2 = \theta_2 = u_3 = v_3 = \theta_3 = 0$，在整体刚度矩阵中划去对应的第 4，5，6，7，8，9 行和列，得整体平衡方程为

$$10^5 \times \begin{pmatrix} 7.07543 & 0 & 0.543 \\ 0 & 7.07543 & 0.543 \\ 0.543 & 0.543 & 144.8 \end{pmatrix} \begin{pmatrix} u_1 \\ v_1 \\ \theta_1 \end{pmatrix} = \begin{pmatrix} 4000 \\ -600 \\ 1.8 \times 10^5 \end{pmatrix}$$

解方程得

$$\begin{pmatrix} u_1 \\ v_1 \\ \theta_1 \end{pmatrix} = \begin{pmatrix} 4.7 \times 10^{-3}\ (\text{cm}) \\ -1.8 \times 10^{-3}\ (\text{cm}) \\ 1.24 \times 10^{-2} \end{pmatrix}$$

习　题

13.1　图 13-8 所示为桁架单元，结点坐标如图所示，已知截面积 $A = 10\text{cm}^2$，材料弹性模量 $E = 2.0\text{GPa}$，整体坐标下的位移为 $\boldsymbol{\Delta}^e = (1.5,\ 1.0,\ 2.0,\ 4.0) \times 10^{-2}\text{cm}$。试确定两结点的轴向位移 $\boldsymbol{\Delta}'^e$ 和杆件内的应力。

参考答案： $\boldsymbol{\Delta}'^e = \begin{pmatrix} u' \\ u_j' \end{pmatrix} = \begin{pmatrix} 1.8 \\ 4.0 \end{pmatrix} \times 10^{-2}\ (\text{cm})$，$\sigma = 8.8 \times 10^6 \text{N/m}^2$

13.2　图 13-9 所示铰接结构，试确定结点 1 的位移。杆①的截面积为 8cm^2，杆②的截面积为 10cm^2，材料弹性模量 $E = 2.0\text{GPa}$。

参考答案： $\begin{pmatrix} u_1 \\ v_1 \end{pmatrix} = \begin{pmatrix} 0.8 \\ -2.733 \end{pmatrix}\ (\text{cm})$

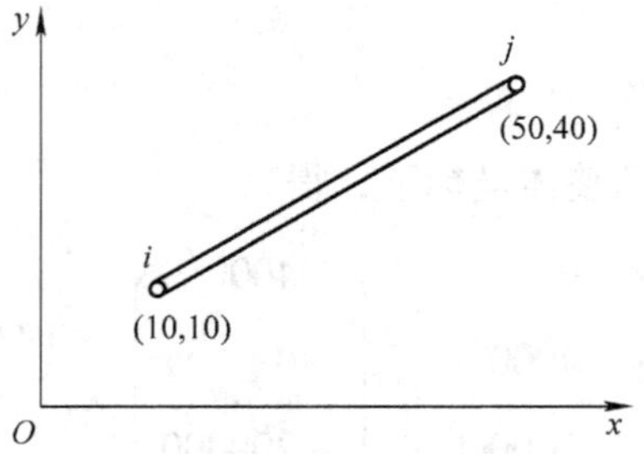

图 13-8　习题 13.1 图

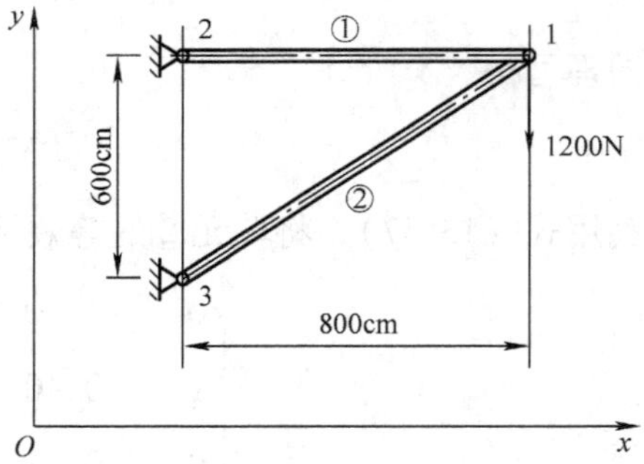

图 13-9　习题 13.2 图

13.3　三杆桁架结构如图 13-10 所示，杆件 1-2 和 1-4 的截面积为 250cm^2，杆 1-3 的截面积为 500cm^2，$E = 2.0 \times 10^7 \text{N/cm}^2$。试确定结点 1 的位移。

参考答案：$v_1 = -1.587 \times 10^{-2}\text{cm}$

13.4　采用平面杆单元计算如图 13-11 所示桁架结构的结点位移和内力。设各杆件的 EA 为常数。

参考答案：结点位移：$\boldsymbol{\Delta} = \frac{Pl}{EA}\ (0,\ 0,\ 0,\ 0,\ 0.56,\ -2.14,\ -0.44,\ -1.69)^{\mathrm{T}}$

结点内力：

单元 1　$\boldsymbol{F}'^{(1)} = \begin{pmatrix} 0 \\ 0 \\ 0 \\ 0 \end{pmatrix}$，单元 2　$\boldsymbol{F}'^{(2)} = \begin{pmatrix} -0.56P \\ 0 \\ 0.56P \\ 0 \end{pmatrix}$

单元 3　$F'^{(3)}=\begin{pmatrix}0.44P\\0\\-0.44P\\0\end{pmatrix}$，单元 4　$F'^{(4)}=\begin{pmatrix}0.44P\\0\\-0.44P\\0\end{pmatrix}$

单元 5　$F'^{(5)}=\begin{pmatrix}0.79P\\0\\-0.79P\\0\end{pmatrix}$，单元 6　$F'^{(6)}=\begin{pmatrix}-0.63P\\0\\0.63P\\0\end{pmatrix}$

13.5　已知框架截面积 $A=0.5\text{m}^2$，惯性矩 $I=\dfrac{1}{24}\text{m}^4$，$E=3\times10^7\text{kN/m}^2$，如图 13-12 所示。求结点位移。

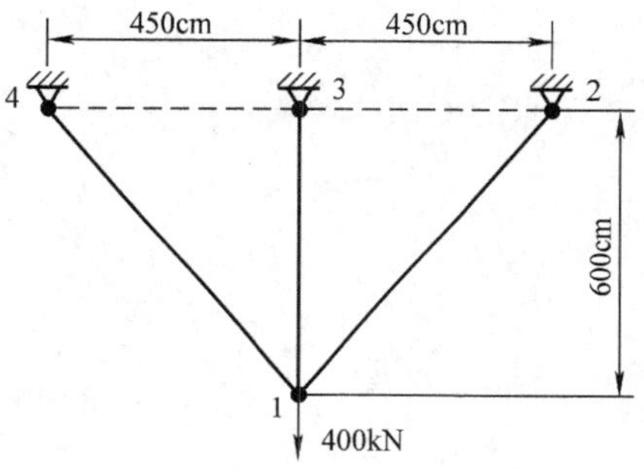

图 13-10　习题 13.3 图

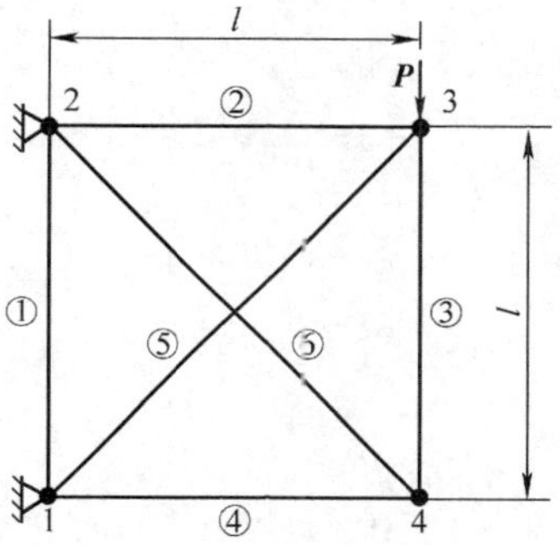

图 13-11　习题 13.4 图

参考答案：$\begin{pmatrix}u_2\\v_2\\\theta_2\\\theta_3\end{pmatrix}=\begin{pmatrix}6.065\times10^{-6}\ (\text{m})\\-3.973\times10^{-6}\ (\text{m})\\3.586\times10^{-6}\\4.398\times10^{-6}\end{pmatrix}$

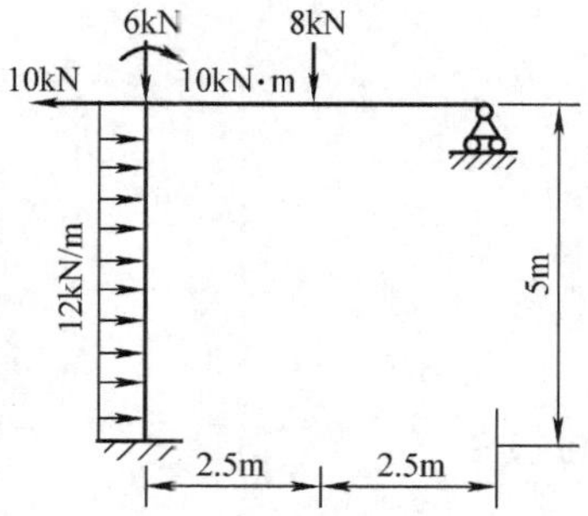

图 13-12　习题 13.5 图

13.6　如图 13-13 所示，阶梯轴在 A 和 B 处为简单支承，计算在载荷作用处的挠度和两端的转角。（采用梁单元计算，并与软件计算结果相对比，$E=200\text{GPa}$）

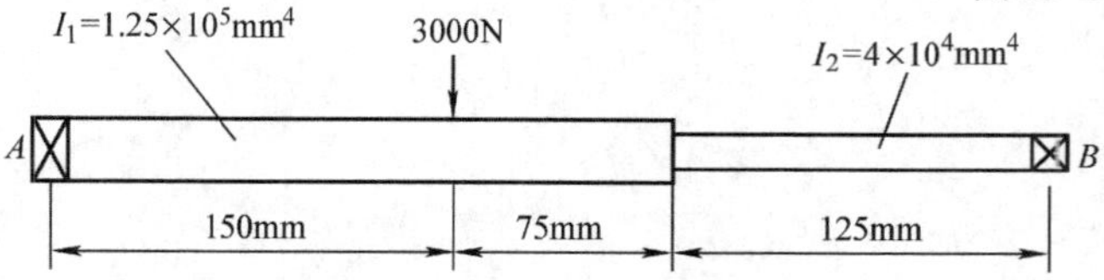

图 13-13　习题 13.6 图

13.7　图 13-14 所示为车床旋转轴的简化剖面图。轴承 B 的径向刚度为 60N/μm，轴承 C 的径向刚度为 20N/μm。对于图示 1000N 的载荷，计算 A 点的挠度和转角，并给出旋转中心线的变形形状。（采用梁单元，软件计算）

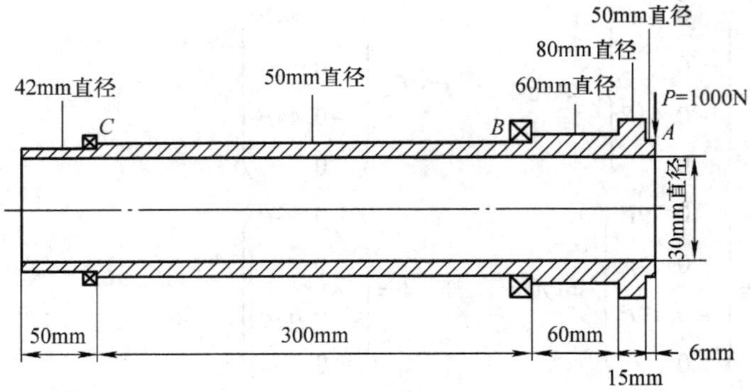

图 13-14　习题 13.7 图

第 14 章　有限元程序及工程应用实例

14.1　有限元程序的基本组成

有限元法是以电子计算机为工具的数值方法。离开了计算机，有限元法无法获得实际应用。所以有限元法从诞生之日起就一直随着计算机和计算技术的发展而发展。有限元法的实施，离不开有限元程序，因此我们应对有限元程序有一个初步的认识。从前面的学习我们已经知道，利用有限元法求解问题要求我们至少要完成三方面的工作。首先要对计算对象进行离散化，获得有限元计算模型及其有关的单元、结点、约束、载荷和坐标等数据；接下来利用这些数据进行单元计算和整体模型的计算，获得基本未知量的解答；最后从基本未知量计算其他待求量如应力等，再将这些计算成果以需要的形式整理出来。利用计算机求解有限元问题同样要完成这样三个部分的基本任务，因此一个完整的有限元程序必须具备至少这三方面的功能。有限元程序对应这三方面功能的部分分别称为有限元前处理、有限元求解和有限元后处理模块。

早期人们利用计算机求解有限元问题的主要精力放到了有限元求解上，主要目的是利用计算机的计算能力解决人力根本无法胜任的巨大计算量问题。大量的数据前后处理工作仍需要人工进行处理，花费几个月时间计算一个不大的有限元题目是常见的事。这些数据前后处理工作不仅仅是工作量巨大，而且多为简单、重复的机械劳动，容易使人厌倦，出差错。今天，这种现象已不复存在。有限元软件已高度发展，不但具备功能十分强大的前后处理模块，而且具备很高的自动化程度、极好的用户界面，同时还具备与其他 CAD/CAM 软件的接口以能方便地实现数据的共享和交换，能提供编程语言使其具备软件二次开发的功能。

本节仅述及有限元程序三个基本组成部分在有限元程序中的作用，它们的功能将结合大型通用软件 ANSYS 在下面介绍。

14.1.1　有限元前处理

有限元前处理模块的主要功能是为有限元求解模块准备数据。现代有限元软件的前处理模块一般应具备以下功能。

（1）几何建模　提供各种建模工具，使得用户能利用这些工具完成计算对象的计算机建模工作。同时，现代设计已达网络化和并行设计水平，因此有限元软件的前处理模块应具备接口，使其能从其他 CAD 软件中直接导入几何模型。

几何建模是前处理模块的核心部分，这部分功能的强弱是判断一个软件好坏的重要指标。几何建模是前处理部分的主要工作，在采用交互式方式下，是花费分析人员精力最多的部分。

（2）单元库　提供丰富的单元库，使得设计分析人员能按计算分析的需要选择合适的有限元单元，并能对单元的各种特性进行定义和编辑。今天的有限元通用软件的单元库十分丰富，完全可以满足一般的科学研究和工程计算的需要。同时，大多数软件还提供单元库扩充功能。

（3）材料库　一般是提供各种工程材料及其性质数据，供计算时选取。有的软件还提供型材库。

（4）网格划分和处理　按选定的单元形状来划分已建立的几何模型，形成有限元网格，生成相应的结点数据（包括结点编号、结点坐标、结点数目、坐标系等）及单元数据（包括单元编号，组成单元的结点及其编号，单元的材料定义，单元的其他性质如厚度、截面积、惯性矩等）。划分网格后，软件对生成的网格质量进行检查，并提供改进网格质量的各种手段。

划分单元网格和对生成的网格进行检查处理是前处理模块的另一核心工作。因此软件提供的划分网格的方法、效率和质量是判断有限元软件质量的又一个重要指标。

（5）边界条件及载荷的定义　软件对位移、温度等各类边界和约束条件进行定义、编辑和管理，以处理计算对象和所处的环境之间的相互作用。这就是前面所讲的处理约束，消除有限元方程组的奇异性。

软件应能将计算对象的实际载荷（体力、面力、集中力、热流密度等）施加到有限元计算模型上，并将其进行处理，转换成为有限元结点载荷。

边界条件和载荷的处理部分有时也被划分到求解模块。有的软件在前处理和求解两个模块中都提供边界条件和载荷处理功能。

14.1.2　有限元求解

有限元求解模块包含一系列的有限元计算程序，它完成单元计算、总体刚度矩阵形成、约束处理和有限元方程组求解。现在有限元通用软件都包含多个求解器，各自完成不同的有限元求解计算。在求解计算之前，求解模块提供有关计算功能的定义，以选择静力分析、动态分析、模态分析、稳定分析、非线性分析、热分析、流场分析、电磁场分析等不同计算类型和对应的算法，并确定计算的精度要求，结果保留和输出的形式等。今天的各种有限元通用软件都具备各种求解器，都能完成各种需要的求解计算。各种软件在这点上分别不大。

14.1.3　有限元后处理

后处理模块对求解器模块的计算成果进行进一步的计算、整理和显示。像前面几章的计算例题那样仅仅获得几个位移和应力值，对于今天的有限元计算分析来说，是简陋得无法接受的。今天的有限元通用软件都具有十分强大的后处理功能。软件不但能提供各种数据表格，随着计算机图形技术的发展，还具有十分强大的计算成果图形显示功能，能将各种变形图、云图、等值线图、矢量图等方便地显示出来，还能提供各种动画功能直观地显示结构的工作状态。

有限元法发展到今天，人们已不再满足于仅仅获得有限元计算的直接结果。因此有限元后处理模块的作用越来越重要，这使得后处理功能的强弱成为评价有限元软件的另一个指标。

应该指出，这里介绍的有限元前处理、有限元求解和有限元后处理模块只是有限元软件必不可少的基本组成部分，每一模块也只涉及了其基本功能。今天的通用有限元软件的组成远比这里介绍的复杂、丰富，功能也远比这里介绍的实用、强大。今天的大多数有限元软件，如 ANSYS，NASTRAN，I-DEAS 等都已成为现代设计分析的方便工具，并在科学研究和工程应用中发挥着越来越重要的作用。

14.2　ANSYS 简介

14.2.1　ANSYS 的发展历程

ANSYS 是融结构、流体、电场、磁场、声场分析于一体的大型通用有限元分析系统。ANSYS 软件由美国 ANSYS 公司开发。ANSYS 公司成立于 1970 年，总部位于美国宾夕法尼亚州的匹兹堡，由世界上享有盛誉的分析软件专家约翰·史沃森（John A. Swanson）博士创建。ANSYS 程序的开发早在 ANSYS 公司成立之前就已进行多年。ANSYS 公司一直致力于 CAE 技术的研究与发展，ANSYS 目前广泛应用于航空航天、土木、机械、车辆、造船、生物医学、核工业、电子、能源、水利、轻工等工业部门和科学研究领域，拥有全球最大的用户群并享有极高的信誉。

ANSYS 最初的版本是一个批处理程序，仅提供热分析和线性结构分析功能，且只能在大型计算机上运行；20 世纪 70 年代初，增加了非线性、子结构等功能和更多的单元类型。20 世纪 70 年代末，图形技术和交互式操作方法的应用使得 ANSYS 无论在性能上还是在功能上都得到了很大改善。

ANSYS 经过多年的发展，功能不断强大，使用更加便捷。它在多物理场分析、通用结构力学分析、热分析、高度非线性瞬态动力分析、低频电磁场分析、工作平台、优化设计、文档建模工具等方面都在不断地发展。

较新的 ANSYS 版本提供了一个应用广泛的 CAE 分析平台——ANSYS Workbench。这是一个仿真技术基础框架，包含 ANSYS 模型处理工具、ANSYS 网格划分工具、ANSYS 设计分析工具。它采用全新的项目视图概念将整个仿真过程紧密地组合在一起，引导用户通过简单的鼠标拖拽操作完成复杂的多物理场分析流程。Workbench 所提供的 CAD 双向参数互动、强大的全自动网格划分、项目更新机制、全面的参数管理和无缝集成的优化工具等，使 ANSYS Workbench 平台在仿真驱动产品设计方面达到了前所未有的高度。Workbench 界面比较友好，集成了 ANSYS 很多命令，对于使用者的有限元理论要求有所降低，适合工程设计人员使用。

就当前的 ANSYS Workbench 而言，经典 ANSYS 界面能更好地反映有限元法的特点。初学者使用经典界面可较好地将有限元理论学习和实施结合起来。而且，掌握了经典界面再学习使用 ANSYS Workbench 也是很容易的。因此这里只对经典 ANSYS 界面作简单介绍。

14.2.2　ANSYS 主要技术特点

ANSYS 软件除功能十分强大，应用范围很广以外，还具有以下技术特点。

（1）十分友好的用户界面　ANSYS 提供极为友好的图形用户界面（GUI）。通过 GUI 可以方便地访问程序的各种功能、命令、用户手册和参考材料。丰富、直观的菜单系统为用户使用程序提供导航，用户输入可以通过鼠标或键盘完成，也可以二者联合使用。ANSYS 提供完整的在线帮助，使其易学易用。

较新 ANSYS 版本还提供中、英文两种界面。对我国用户而言，中文界面使学习和掌握 ANSYS 更加快捷。

（2）良好的用户开发环境　ANSYS 具有宏（Macro）、参数设计语言（APDL）、用户可编程特性三个层次的用户开发功能，不但可以方便地开发出系列产品的自动分析程序，还可通过编程加入用户自定义的单元、材料模式等各种子程序，满足某些用户化定制要求。ANSYS 具备调用其他高级语言程序或被其他高级语言程序调用的功能，因此可以方便地实现高级层次上的结构优化、结构仿真、动态仿真等。此外，APDL 可进行参数化的分析流程管理。一个分析项目的 APDL 一旦编制完毕，只要改变参数，就可以进行一次新模型或新工况的分析。

（3）丰富的 CAD 接口　ANSYS 具有与大多数 CAD 软件的接口，如 Pro/Engineer，NASTRAN，ALGOR，IDEAS，AutoCAD 等，易于实现数据共享和交换。

（4）多种网格划分技术　ANSYS 提供了四种网格划分技术：延伸划分、映像划分、自由划分和自适应划分。此外，ANSYS 还可以实现自由网格到映像网格的过渡，也可根据结构位移调整流体网格等。

（5）能实现多场及多场耦合分析　ANSYS 不但提供结构、流体、热、电磁的单场分析能力，且在统一的模拟环境和统一数据库中进行，通过多场耦合处理工具，可实现复杂的多物理场耦合分析。

（6）实现前后处理、求解及多场分析统一数据库　在分析过程中，ANSYS 将所有数据保存在同一数据库中，它用不同扩展名区别不同文件，例如，rst 表示结果文件，err 表示错误及警告信息等。这种统一的数据库不但方便了用户操作，用户可在前后处理的任意时刻访问任意数据，同时统一的数据库又是多物理场耦合的重要前提，它为多场数据提供良好的管理。

（7）具有多物理场优化功能　ANSYS 引入变分技术，使得优化过程不再进行多次迭代，一次性计算就可得到优化设计，并可进行多目标优化和离散优化。

（8）显式、隐式算法并存，具有强大的非线性分析功能　显式、隐式算法的互补，扩大了 ANSYS 的非线性求解范畴，从一般的非线性问题直至爆炸力学问题均可在 ANSYS 中得到解决；显式、隐式交替计算，可很好地解决动力冲击与静态问题并存的过程。

（9）多种求解器分别适用于不同的问题及不同的硬件配置　ANSYS 提供了稀疏矩阵求解器、波前求解器、PCG 求解器和 AMG 求解器。不同的求解器用于求解不同的问题，例如 PCG 求解器用于求解大规模线性问题、非正定问题和大型非线性问题；不同的求解器也适用于不同的硬件配置，例如稀疏矩阵求解器支持并行求解，对于内存数量不大的计算机，支持超内存求解。

（10）支持异种、异构平台的网络浮动，在异种、异构平台上用户界面统一、数据文件兼容　这一特性为计算环境的建立提供了极大的方便，使得用户可以合理地优化资源投入，充分利用现有资源；界面统一和数据兼容又为最终用户带来极大的工作灵活性。

（11）强大的并行计算功能支持分布式并行及共享内存式并行　ANSYS 的并行计算能

力通过分布式并行求解器和代数多重网格求解器实现。分布式并行求解器自动将大型问题拆分为多个子域，分发给分布式结构并行机群的不同 CPU（结点）求解。它支持不限 CPU 数量的共享式并行机或机群。其求解效率与 CPU 个数呈线性提高，从而能节省大量计算时间。

14.2.3　ANSYS 经典用户界面（GUI）

不同的 ANSYS 版本的界面组织有所不同，但主界面变化不大。ANSYS 14.0 的经典主界面如图 14-1 所示，它包括以下 8 个窗口和一个隐藏窗口。

1. 实用菜单（Utility Menu）

实用菜单包括诸如文件管理、实体选择、显示控制、参数设置、工作面设置、菜单控制、宏命令和帮助文件等应用功能。该菜单为下拉式菜单，通过单击可达选定功能，选定功能为弹出窗口，可在弹出窗口通过人机对话，直接完成相应操作。

2. ANSYS 快捷键或标准工具条（Standard Toolbar）

通过标准工具条提供快捷键，主要完成一些使用频繁的功能，如文件新建、保存、打开、打印等。完成相同的功能，使用快捷键比使用菜单单击操作简便。

3. 命令输入窗口（Command Input Window）

用户可在此窗口输入命令来实现相关操作，也可浏览以前输入的命令。所有输入的命令将在此窗口显示。对熟悉 ANSYS 命令的用户，通过命令方式实现操作将更方便、快捷。例如，把用户编写的一段 ANSYS 程序从命令窗口输入并执行。

4. ANSYS 工具条（ANSYS Toolbar）

ANSYS 工具条主要包含一些快捷方式，常用的有存盘（SAVE-DB）、恢复（RESUM-DB）、退出系统（QUIT）等。用户也可根据需要自行编辑一些快捷方式。

5. 主菜单（Main Menu）

它包括 ANSYS 的主要功能：前处理器（PREP7）、求解（SOLUTION）、后处理器（POST1、POST26）等。该菜单为下拉式结构，其组成基于程序的操作顺序。同样，主菜单的执行功能仍多为弹出窗口，在该窗口提供人机对话功能。

6. 图形窗口（Graphic Window）

该窗口显示 ANSYS 创建或输入的几何模型、有限元模型及分析结果等。

7. 状态和命令提示区（Status and Prompt Area）

状态栏显示当前 ANSYS 分析所处的状态，如单元类型、材料属性、实常数以及当前坐标系等。命令提示区提示用户在当前命令下应输入的信息，用户根据提示区的信息可以实现对该命令的正确操作。

8. 图形显示快捷键（Pan-Room-Rotate Toolbar）

通过图形显示快捷键，用户可以完成须频繁使用的图形变焦、放大、旋转、改变视图方向等操作。

9. 输出窗口（Output Window）

输出窗口显示用户的命令和功能的响应信息，例如错误、警告信息等。一般情况下输出窗口隐藏在图形窗口的后面，图 14-1 中未示出。

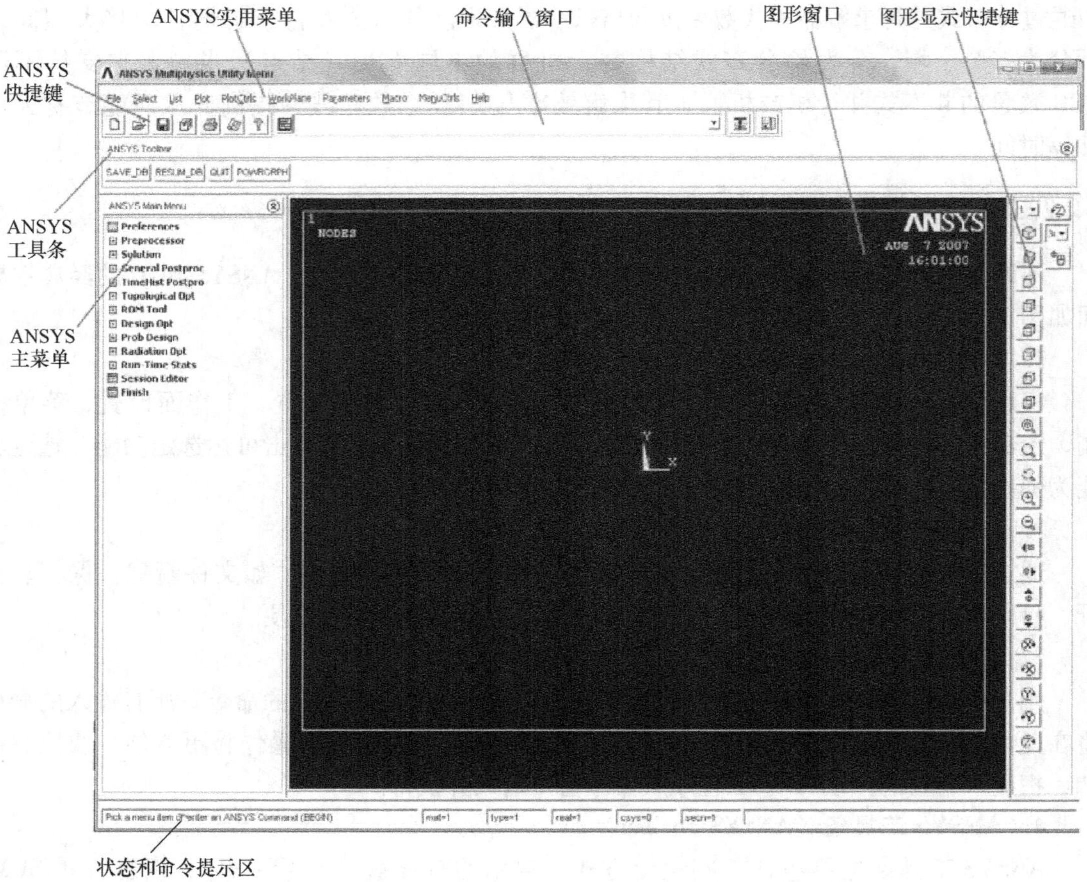

图 14-1 ANSYS 经典用户界面

14.2.4 ANSYS 的主要功能模块

不同版本的 ANSYS 的功能模块的组织结构也有所不同。在分析过程中，ANSYS 通常使用三个模块：前处理模块（PREP7）、求解模块（SOLUTION）和后处理模块（POST1 和 POST26）。

下面对这三个模块的基本功能进行简要介绍。

1. 前处理模块（PREP7）

前处理模块是 ANSYS 最重要的模块之一，用于定义和编辑几何模型和有限元模型。它主要包括三部分：参数定义、实体建模和网格化分。

（1）参数定义 ANSYS 在进行建模之前，首先应该对所有被创建模型的参数进行定义，包括单位制（Unit）、单元类型（Element Type）、单元实常数（Real Constant）、材料特性（Material Property）和截面（Section）类型等。

ANSYS 并没有为分析指定固定的系统单位，除磁场分析和热分析外，可使用任意一种单位制，只要保证所有数据使用同一单位制即可。例如，长度单位是 m，质量单位就必须是 kg。ANSYS 常用的单位制有 SI（国际单位制）、CGS（厘米克秒制）、BFT（以英尺为长度单位）、BIN（以英寸为长度单位）等。由于 ANSYS 没有明确固定的单位制，初学者应特别小心，尤其是在定义重力加速度、密度等参数时不要弄错单位，否则计算结果会相差很远而很难找到原因。

定义单元类型是网格划分的前提。目前，ANSYS 单元库中有 170 多种单元（不计及衍生单元）。反映单元某些特征的常数称为单元实常数。单元实常数的确定依赖于单元类型，并不是所有单元类型都有需要定义实常数。一般情况下，需要定义实常数的单元有壳单元、杆单元、梁单元等。

不同的分析类型可定义不同的材料特性，例如在结构分析中，需要定义材料的弹性模量、泊松比、热膨胀率、阻尼系数、密度等；在热分析中，需要定义材料的热导率、比热容、密度、熵等。同一结构的不同部位可采用不同的材料，ANSYS 对每一种材料特性都设置一个材料特性表。划分网格之前，用 Mesh Attribute 命令将不同的材料特性表对应在结构的相应部位（体积、面积、线段），以便 ANSYS 通过材料特性表来识别不同的材料。

截面类型指的是垂直于单元轴向的截面形式，其定义依附于单元类型。一般情况下梁、杆等结构才需定义截面类型。与材料属性相似，每一种截面类型都有一个截面参考号，以便 ANSYS 在分析时识别。

（2）实体建模　ANSYS 提供了两种实体建模方法：自顶向下（top-down）法与自底向上（bottom-up）法。

ANSYS 为几何要素（又称为图形元素或图元）规定了级别，从高到低分别为体积、面积、线条和点。

自顶向下进行实体建模时，用户定义一个模型的最高级图元，如球、棱柱（称为基元），程序则自动定义相关的面、线及关键点。用户利用这些最高级图元直接构造几何模型，如二维的圆和矩形以及三维的块、球、锥、柱等。

自底向上进行实体建模时，用户从最低级的图元向上构造模型，即用户首先定义关键点，然后依次定义相关的线、面和体。

ANSYS 提供了完整的布尔运算功能。无论使用何种方法建模，用户均可使用布尔运算，如相加（Add）、相减（Subtract）、相交（Intersect）、分割（Divide 或 Partition）、黏结（Glue）和重叠（Overlap）等来建立实体模型。在创建复杂实体模型时，对线、面、体、基元的布尔操作可减少建模工作量。ANSYS 程序还提供了拖拉、延伸、旋转、移动、映像和复制实体模型图元的功能。

ANSYS 还提供文件建模（Archive Model）功能。利用此功能，将巨大、复杂的模型划分为较简单的较小模型，分别就这些简单模型进行建模并存为文档，利用这些文档可以用搭积木的办法建立复杂的大型模型。这在大型复杂结构的建模时是很有效的方法。

（3）网格划分　ANSYS 提供了四种网格划分法：延伸划分、映像划分、自由划分和自适应划分。

延伸划分可将一个平面网格延伸成一个空间网格。

映像划分允许用户将几何模型分解成简单的几部分，然后选择合适的单元属性和网格控制，生成映像网格。映像划分产生的网格分析精度高，但要求划分区域满足一定边界条件，否则就不能进行映像划分。

ANSYS 自由网格划分器功能十分强大，可对复杂模型直接划分，避免了用户对各个部分分别划分再进行组装时各部分网格不匹配带来的麻烦。

自适应网格划分是在生成了具有边界条件的实体模型后，用户指示程序自动地生成有限元网格，分析、估计网格的离散误差，然后重新定义网格大小，再次分析计算、估计网格的离散误差，直至误差低于用户定义的值或者达到用户定义的求解次数。

这四种划分方法并不是独立的。在分析过程中，可根据需要将这些方法结合使用，以生成更合理的网格。

ANSYS 还提供单元形状和网格检查、网格优化、网格尺寸控制、网格细分和修正等十分实用的功能。

2. 求解模块（SOLUTION）

求解模块用于对有限元模型进行求解。

在求解模块，用户首先定义分析类型、分析选项、载荷数据和载荷步选项，有时也在求解器模块中施加载荷和约束，然后程序自动求解。

ANSYS 提供了丰富的分析类型。

（1）结构静力分析　用于求解外载荷引起的位移、应力、应变和支座约束力。结构静力分析很适合求解惯性和阻尼对结构的影响并不显著的问题。ANSYS 不仅可进行线性分析，还可进行非线性分析，如塑性、蠕变、膨胀、大变形、应力刚化、大应变及接触分析等。

（2）结构动力学分析　结构动力学分析用于求解随时间变化的载荷对结构的影响。与静力分析不同，动力分析要考虑随时间变化的载荷、阻尼和惯性的影响。ANSYS 可进行的动力学分析类型有：瞬态动力学分析、模态分析、谐响应分析、谱分析及随机振动响应分析等。

（3）结构非线性分析　结构非线性导致结构的响应随外载荷不成比例地变化。ANSYS 可求解静态和瞬态非线性问题，包括材料非线性、几何非线性（如屈曲分析）和状态非线性（如接触分析）三种。

（4）运动学分析　ANSYS 可以分析大型三维柔体运动。当运动的积累影响起主要作用时，可使用这些功能分析复杂结构在空间中的运动特性，并确定结构中由此产生的应力、应变和变形。

（5）热力学分析　ANSYS 可处理热传递的三种基本类型：传导、对流和辐射。对热传递的三种类型均可进行稳态、瞬态、线性和非线性分析。热力学分析还可进行材料固化和溶解过程的相变分析及热与结构应力间的耦合分析。

（6）电磁场分析　它用于电磁场中电感、电容、磁通量密度、涡流、电场分布，以及磁力线分布、运动效应、电路和能量损失等物理量的分析。它可有效地分析多种设备，如发电机、电动机、螺线管传动器、开关等。

（7）流体动力学分析　ANSYS 流体动力学分析采用流体单元，分析类型为瞬态或静态，分析结果可以是每个结点的压力和通过每个单元的流率，也可利用后处理功能产生压力、流率和温度分布的图形显示。另外，还可使用三维表面效应单元和热—流管单元模拟结构的流体绕流并包括模拟结构的对流换热效应。

（8）声场分析　ANSYS 的声场分析功能用来研究在含有流体的介质中声波的传播问题，或分析浸在流体中的固体结构的动态特性。它可用来确定音响传声器的频率响应，研究音乐大厅的声场强度分布，或预测水对振动船体的阻尼效应等。

（9）压电分析　用于分析二维或三维结构对 AC（交流）、DC（直流）、任意随时间变化的电流或机械载荷的响应。这种分析类型可用于换热器、振荡器、谐振器、传声器等部件及其他电子设备的结构动态相应特性分析。ANSYS 可进行四种类型的压电分析：静态分析、模态分析、谐响应分析和瞬态相应分析。

3. 后处理模块（POST1 和 POST26）

ANSYS 后处理模块包括通用后处理模块（POST1）和时间历程后处理模块（POST26）两部分。

（1）通用后处理模块（POST1）　通用后处理模块一般可分为基本结果显示、生成结果动画、绘制路径图、生成各种数据表格等几项主要内容。

1）基本结果显示　基本结果显示包括变形图、云图和列表显示等。通过结构变形图，可直观地看到结构的受力、变形特点；云图可清楚地描绘应力、位移等结果在整个模型中的分布情况，方便用户确定结构中的“危险区域”。通过变形图和云图绘制都可获得较为直观的图片。列表显示则将结果以文本文件的格式保存，也可通过复制、粘贴命令将结果保存到其他形式的文件中。图 14-2 所示为一六角扳手的第四强度合成应力的云图。不同的等值线颜色，代表了不同的值（如应力值）。浓淡图则用不同的颜色代表了不同的数值区（如应力范围），云图清晰地反映了计算结果的区域分布情况，是最常用的计算成果显示手段。

2）结果动画显示　将计算结果通过 ANSYS 命令制作成动画，以不同的文件格式动态显示结构在约束和载荷作用下的规律。

3）绘制路径图　绘制路径图是一种常用的结果后处理方法，它可显示某个结果量沿预定路径的变化规律。

4）生成各种数据表格　除用图形方式将计算成果展示外，通用后处理模块将所需要数据特殊单元、特殊位置的应力、位移、杆单元的内力等以表格的形式列出，使用户获得所需局部位置的可以精确到点的计算值。

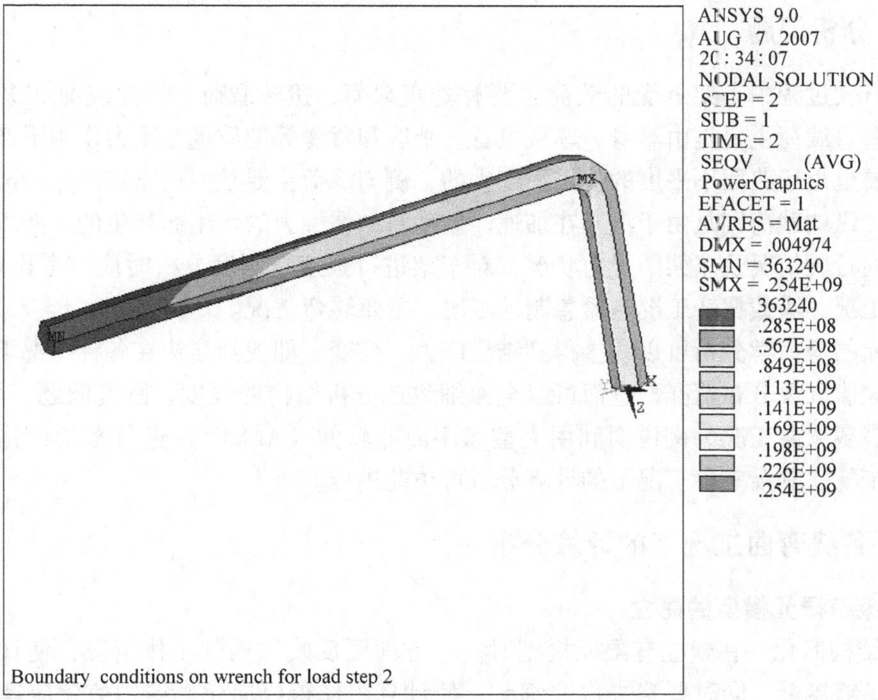

图 14-2　六角扳手的应力云图

(2) 时间历程响应后处理模块（POST26） 时间历程响应后处理器可比较一个变量相对于另一个变量的关系，如用来检查模型中指定点的分析结果与时间、频率等的函数关系等。它的典型用途是在动力学分析中通过图形表示结果与时间的关系以及在非线性分析中通过图形表示用力与挠度的关系。绘制一个或多个变量随频率或其他量变化的关系，有助于形象地表示分析结果。时间历程响应后处理器还可以进行曲线的代数运算。

14.3 工程应用实例——某轻型货车车架静力学分析

14.3.1 提出问题

车架作为汽车绝大部分部件和总成（如发动机、传动系统、悬架、转向、驾驶室、货箱）的安装基体，承受来自车内车外的各种载荷。因此要求车架必须具备足够的强度和刚度。如果刚度不足，在汽车行驶过程中，车架在各种复杂载荷作用下可能会产生过大的变形，这些变形将改变安装于车架上的各种部件及总成的相对位置，从而破坏部件及总成的正常工作，加速部件及总成的磨损，影响汽车的正常行使；如果强度不足，在汽车行驶过程中，车架在各种复杂的载荷作用下可能会发生开裂等各种破坏现象，轻则影响汽车的正常行使，重则造成严重的交通事故。可见在设计阶段对车架进行强度、刚度的分析预测是必要的。同时，对车架进行强度、刚度分析也是对在用汽车车架进行优化设计和结构改进的基础。

本例利用有限元法对某轻型货车车架进行强度、刚度计算，基于计算结果校核该车架的强度、刚度是否满足要求。

14.3.2 分析问题

汽车行驶过程中车架承受的载荷主要有垂直载荷、扭转载荷、侧向载荷和纵向载荷四种。其中垂直载荷主要是由车身、车载设备、乘客和货物等的质量在重力作用下产生的，扭转载荷主要是由于路面不平度的作用而产生的，侧向载荷主要是由汽车转向时的离心力作用而产生的，纵向载荷则是由于汽车在加速、制动时的惯性力的作用而产生的。所以综合考虑汽车的不同行驶情况及车架的受力状况，对车架进行强度、刚度分析时应该考虑四种工况：满载弯曲工况、满载扭转工况、紧急制动工况、紧急转弯工况。

有限元的静力学分析可以直接得到结构应力、应变，即找到结构在各种工况下的变形和应力的最大值以及分布情况，进而可以全面细致地分析结构的强度、刚度问题。限于篇幅，这里仅以满载弯曲工况为例说明利用大型通用商业软件（ANSYS）进行车架结构静力学分析的一般步骤。其余三种工况下的计算分析可仿此进行。

14.3.3 满载弯曲工况下的计算分析

1. 车架有限元模型的建立

(1) 结构简化 在建立有限元模型时，一方面要反映结构的工作情况，使计算结果与实际情况足够接近，同时要略去次要细节，使计算工作得以简化。结构简化应遵循“准确性”和“经济性”这两大原则，在不失对主要因素研究的前提下，省略为了满足结构和使用上的要求而设置的次要构件，最大限度地满足原结构的主要力学特性的同时尽可能地减少单元数量，从而耗费较少的时间得到尽量精确的计算结果。

本次分析的某轻型货车车架是典型的边梁式结构，由两根闭口截面纵梁及六根闭口截面横梁焊接而成。车架结构的简化如下：

1）忽略车架上的过渡圆角和工艺倒角，这样可以减少这些区域的网格数量，提高计算速度；

2）忽略车架上的一些细小的孔，如螺栓孔、线路孔、销孔等，这些小孔的存在会使网格划分中单元尺寸急剧变小导致单元质量的恶化和单元数量的剧烈增加。

3）忽略或简化车架上一些不影响整体特征的附加件及结构形式，如弹簧座、支架、台阶等。

（2）实体模型的建立　建立 ANSYS 有限元模型的方法有四种：

1）在 ANSYS 环境中创建实体模型，然后划分有限元网格。

2）在其他软件中创建实体模型，然后导入 ANSYS 环境中，经过修正后划分有限元网格。

3）在 ANSYS 环境中直接创建结点和单元。

4）在其他软件中创建有限元模型，然后将结点和单元数据读入 ANSYS 中。

本次分析采用第二种方法：在 Pro/E 软件中创建实体模型，然后导入 ANSYS 中。图 14-3所示为简化后的车架在 Pro/E 中的实体模型，由两根纵梁和六根横梁组成。

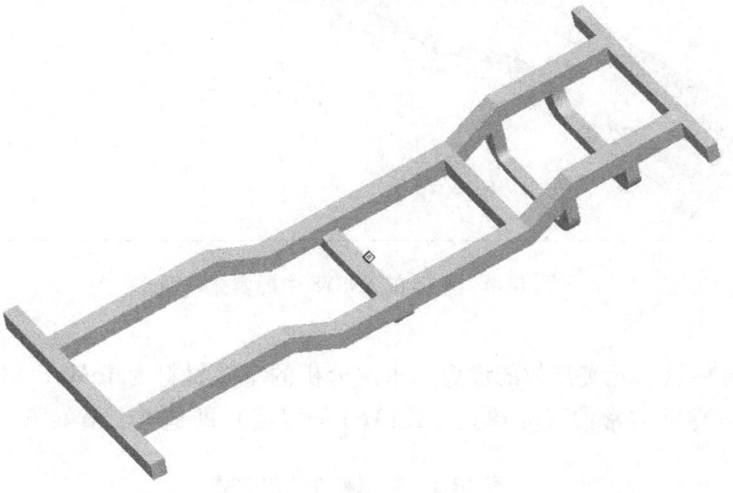

14-3　车架在 Pro/E 中的实体模型

（3）模型导入　利用 ANSYS 的 CAD 接口功能将 Pro/E 中的实体模型导入到 ANSYS 中。图 14-4 所示为车架在 ANSYS 中的实体模型。

（4）单元类型选择　单元类型的选择对于分析精度有着重要的影响，单元类型的选择要根据计算对象来确定，不同结构形式、不同受力状态、不同分析精度级别、不同分析类型都可能选用不同单元。

在车架有限元分析中根据不同的分析目的，可选用不同的单元类型。常用的单元类型一般有梁单元模型、板壳单元模型和组合单元模型等。梁单元的优点是建模工作量相对较少，缩短了计算时间，同时在动态分析时精度较好；缺点是不能很好地描述较为复杂的车架结构，难以模拟车架的某些构件（如弹簧座、支架等），难以反映焊接、铆接等连接形式，同时忽略了扭转时接口的翘曲变形，其应力分析能力是有限的。相比梁单元，板壳单元描述模型比较详细，连接情况的处理也比较详细，它避免了梁单元模型连接处不便模拟的缺点，可以反映纵横梁的连接、局部加强板、各种附属支架等情况，其精度被实践证明是较高的。此外，本次分析的轻型货车车架的各纵、横梁都是薄壁结构，相对于薄壁厚度而言，车架整体长度很长，非常适合使用板壳（shell）单元进行建模，所以本次车架分析采用壳单元SHELL63。

SHELL63是一种有代表性的板壳单元。它有4个结点，每个结点有6个自由度，共有24个自由度。它具有弯曲和薄膜特性，可以承受平面内载荷和法向载荷。

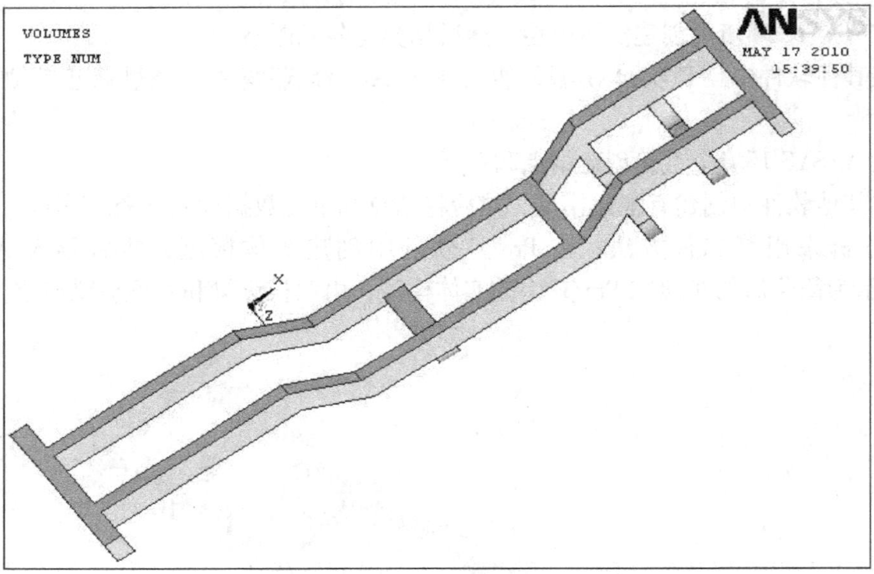

图14-4 车架在ANSYS中的实体模型

（5）单元材料及单元实常数的设置　本次分析的车架材料为16Mn，材料特性和实常数如表14-1所示。单元实常数（壳单元SHELL63的厚度）即是纵、横梁薄壁结构的厚度。

表14-1 材料特性和实常数

材料	弹性模量 E/MPa	密度 ρ/(t/mm^3)	泊松比 μ	厚度/mm
16Mn	2.06×10^5	7.85×10^{-9}	0.3	6

ANSYS没有为分析指定固定的单位制，只要保证所有输入数据使用同一单位制即可。本例中各物理量的单位如表14-2所示。

表14-2 本例使用各物理量的单位

长度	质量	时间	力	应力
mm	t	s	N	MPa

（6）网格划分　网格划分的好坏直接影响最后的计算精度，因此划分网格时，应注意以下原则：

1）若单元小、网格密，则计算精度高，但要求的计算机容量大，计算时间长；若单元大，网格稀，则计算精度低，但要求的计算机容量小，计算时间短。因此，应在计算机容量的范围内，根据合理的计算时间，并考虑工程上对精度的要求，合理地决定单元的大小。

2）对结构的不同部位可采取不同大小的单元。对边界曲折的部位、应力或位移变化剧烈的重要部位，单元可划分得小一些（如在凹槽、孔洞等应力集中处）；对边界平直的部位、应力或位移变化平缓的次要部位，单元可划分得大一些。

3）对于边界平直的构件，可用矩形单元；对于曲线边界的构件，宜用三角形单元。

4）在结构厚度或弹性性质的突变处，应将突变线作为单元的分界线，不要让突变线穿过任一单元。

5）在分布载荷集度变化处和集中力作用处应布置结点，以反映因此引起的应力变化。

遵循以上原则，通过对比分析，综合考虑计算时间与计算精度，本次车架分析单元长度最终选为 50mm。有限元模型如图 14-5 所示，单元数 14944 个，结点数 14930 个。

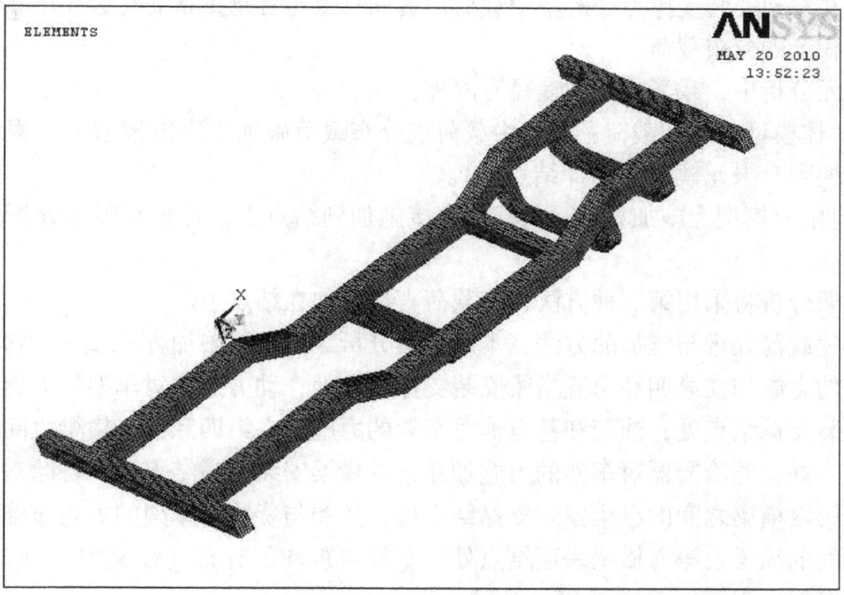

图 14-5　车架有限元模型

2. 载荷的确定与施加

没有正确的载荷，就无法保证有限元计算结果的准确，更谈不上反映实际的工作状况了。所以在结构分析之前，要先进行结构受力分析，确定车架承受的载荷。

汽车在各种路况下承受的载荷包括静载荷和动载荷。静载荷是指作用在车身（车架）上所用总成、设备、乘员、货物等质量引起的载荷。动载荷是指汽车行驶时路面激励所引起的随机载荷。

本次车架静力学分析只考虑静载荷部分，如表 14-3 所示。

表 14-3 各部件质量引起的载荷

部件名称	载荷/N	部件名称	载荷/N
驾驶室	$500kg \times 10m/s^2$	货厢及货物	$1800kg \times 10m/s^2$
驾乘人员	$65kg \times 2$ 人 $\times 10m/s^2$	侧冷凝器	$20kg \times 10m/s^2$
动力总成	$620kg \times 10m/s^2$	备胎	$50kg \times 10m/s^2$
油箱（含油）	$85kg \times 10m/s^2$	蓄电池	$35kg \times 10m/s^2$

在有限元分析中，载荷可分为以下两种：

1）集中载荷：包括力和力矩，具有方向和大小。一般当载荷作用在结构上的区域很小时，可处理成集中载荷。但集中载荷作用点附近，可能存在应力失真。处理方法是在载荷作用区域采用细密的网格并在这一区域施加与集中载荷等效的均布载荷。

2）分布载荷：施加于面上、分布于空间、由物体惯性引起的载荷，都可以看作是分布载荷，在结构分析中，分布载荷常指线压力、面压力、风压力、自重及由质量引起的惯性力。

本次车架分析中：发动机、离合器、变速器、驾驶室、驾乘人员、油箱等各部件的质量简化为作用在车架安装支撑点处的集中载荷。货厢自重与货物重量简化为作用在货箱与车架实际接触面积上的分布载荷。

在有限元分析中，载荷施加的途径有两种：

1）在实体模型上施加载荷：将集中载荷或分布载荷施加于实体模型上，程序求解时将载荷自动转换到有限元模型上（即结点上）。

2）在有限元模型上施加载荷：将载荷直接施加到结点上，这是有限元分析的最终载荷施加状态。

本次车架分析将采用第二种方法，将载荷直接施加在结点上。

根据上述载荷处理与施加的方法，本次车架分析载荷具体施加方式如下：驾驶室、驾乘人员对车架的力施加在第四和第五横梁安装支撑结点处；动力总成对车架的力施加在第二和第三横梁安装支撑结点处；油箱和蓄电池对车架的力施加在第四和第五横梁之间的左侧纵梁安装支撑结点处；侧冷凝器对车架的力施加在第一横梁安装支撑结点处；备胎对车架的力施加在第五和第六横梁之间的纵梁安装支撑结点处；货厢与货物对车架的力均布施加在第五和第六横梁之间的纵梁及第六横梁表面结点处；车架自重均匀分布（惯性力）。施加完载荷和边界条件的车架有限元模型如图 14-6 所示。

3. 边界约束条件的确定

结构分析之间确定边界约束条件是非常重要的。有限元中边界约束条件的确定实质上是模拟结构实际边界的约束受力情况，从运动学上来说是消除结构刚体位移。

汽车行驶时，由于车架等承载系统在六个自由度方向运动，所以在分析计算时，为了消除车架的刚体位移，需要对车架的自由度进行约束。

车架弯曲工况静力分析是模拟货车在满载状态、四轮着地时在良好路面匀速直线行驶时车架对其所承受的重量的响应（即车架内部应力、应变的分布）情况。具体约束情况如表 14-4 所示，其中约束施加位置是前后悬架与车架的连接处，如图 14-6 圆圈所示。

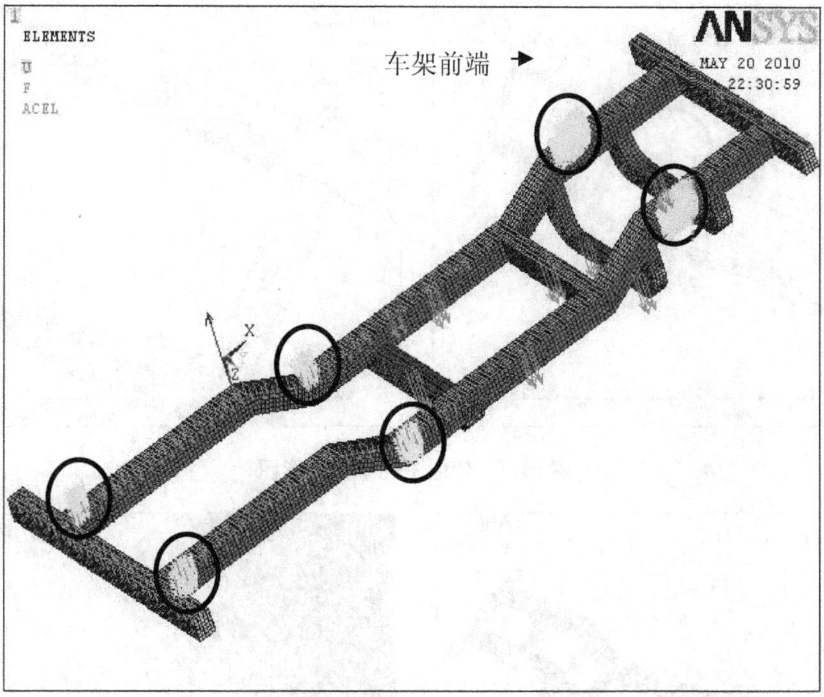

图 14-6　弯曲工况车架载荷和边界条件

表 14-4　边界约束条件

施加位置	左前悬架	右前悬架	左后悬架	右后悬架
约束自由度	UX，UZ	UX，UY，UZ	UZ	UY，UZ
释放上述位置的全部转动自由度 ROTX、ROTY、ROTZ				

4. 计算结果分析

静力分析一般通过查看变形图与应力分布云图等判断强度、刚度是否满足要求。

图 14-7 所示为该车架满载弯曲工况的变形图，其中左图为整个车架变形情况，右图为左图圆圈所示位置的局部放大图。从图中可以看出该车架变形平滑均匀，车架前部变形很小，变形主要发生在车架的中部和后部，其中最大变形发生在车架左侧纵梁中部对应驾驶室的位置，最大变形位移为 0.21mm，远小于汽车定型试验规程中所规定的最大变形参考值，说明在满载弯曲工况时该车架有良好的抗变形能力，满足结构刚度要求。

图 14-8 所示为该车架满载弯曲工况的应力分布，其中左图为整个车架应力分布情况，右图为左图圆圈所示位置的局部放大图。从图中可以看出整个车架的应力均比较小，最大应力出现在车架尾部纵梁和横梁的连接处，应力值约为 89.58MPa，小于车架材料 16Mn 的屈服强度 350MPa，说明该车架在满载弯曲工况时满足材料强度要求并且具有较高的安全储备（安全因数为 3.8）。

结论：满载弯曲工况下，该车架满足材料强度和结构刚度要求。

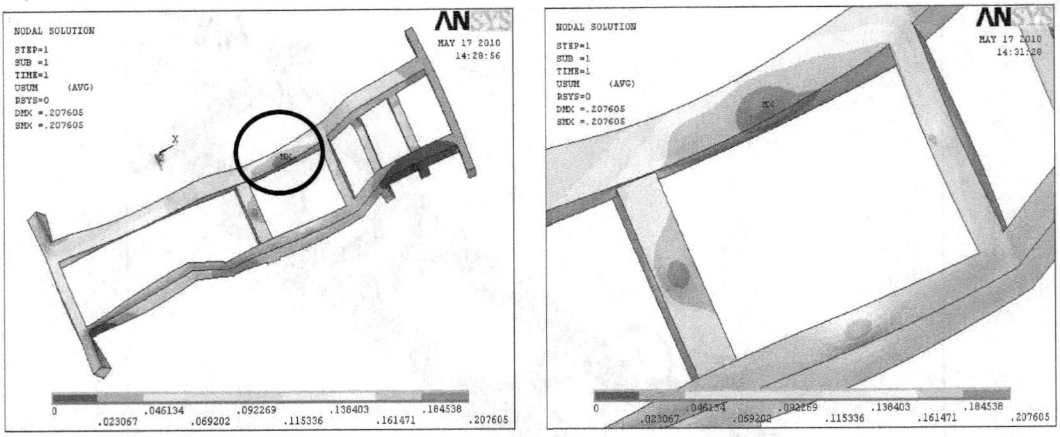

图 14-7 弯曲工况车架变形图

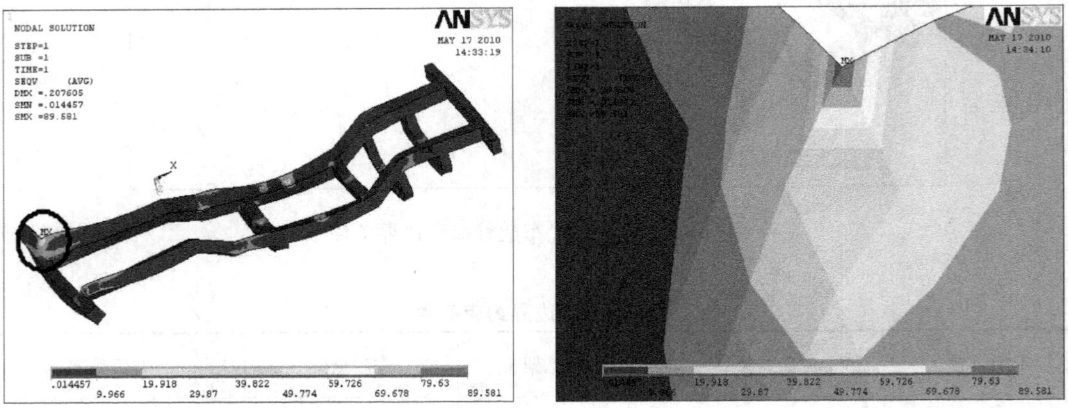

图 14-8 弯曲工况车架应力分布图

参 考 文 献

[1] 中国科学院数学研究所运筹室优选法小组. 优选法 [M]. 北京：科学出版社，1975.

[2] 南京大学数学系计算数学专业. 最优化方法 [M]. 北京：科学出版社，1978.

[3] 陈立周，张会英，吴清一. 机械优化设计 [M]. 上海：上海科学技术出版社，1982.

[4] 吴兆汉，万耀青，汪萍，等. 机械优化设计 [M]. 北京：机械工业出版社，1986.

[5] 刘惟信. 机械最优化设计 [M]. 北京：清华大学出版社，1994.

[6] 叶元烈. 机械优化理论与设计 [M]. 北京：中国计量出版社，2001.

[7] 赵松年，佟杰新，卢秀春. 现代设计方法 [M]. 北京：机械工业出版社，2002.

[8] 王国强，常绿，赵凯军，等. 现代设计技术 [M]. 北京：化学工业出版社，2006.

[9] 孙靖民，梁迎春. 机械优化设计 [M]. 北京：机械工业出版社，2007.

[10] 张鄂. 机械与工程优化设计 [M]. 北京：科学出版社，2008.

[11] 曹卫华，郭正. 最优化技术方法及 MATLAB 的实现 [M]. 北京：化学工业出版社，2005.

[12] 张志涌，杨祖樱. MATLAB 教程 R2010a [M]. 北京：北京航空航天大学出版社，2010.

[13] 季文美，方同，陈松淇. 机械振动 [M]. 北京：科学出版社，1985.

[14] 徐业宜. 机械系统动力学 [M]. 北京：机械工业出版社，1991.

[15] 贺兴书. 机械振动学（修订本）[M]. 上海：上海交通大学出版社，1989.

[16] 诸乃雄. 机床动态设计原理与应用 [M]. 上海：同济大学出版社，1987.

[17] 华东水利学院. 弹性力学问题的有限单元法 [M]. 北京：水利电力出版社，1982.

[18] 徐芝纶. 弹性力学简明教程 [M]. 北京：人民教育出版社，1980.

[19] 黄义. 弹性力学基础及有限单元法 [M]. 北京：冶金工业出版社，1983.

[20] 李人宪. 有限元法基础 [M]. 北京：国防工业出版社，2002.

[21] 蒋孝煜. 有限元法基础 [M]. 北京：清华大学出版社，1984.

[22] 应锦春. 现代设计方法 [M]. 北京：机械工业出版社，2000.

[23] 博弈创作室. ANYSY9. 0 经典产品基础教程与实例详解 [M]. 北京：中国水利水电出版社，2005.

[24] 黄国权. 有限元法基础及 ANSYS 应用 [M]. 北京：机械工业出版社，2004.

[25] 薛守义. 有限单元法 [M]. 北京：中国建材工业出版社，2005.

[26] 谭继锦，张代胜. 汽车结构有限元分析 [M]. 北京：清华大学出版社，2009.

[27] 龚培康. 汽车拖拉机有限元法基础 [M]. 北京：机械工业出版社，1995.

[28] Singiresu S Rao. Mechanical Vibrations [M]. Ann Arbor：Addison-Wesley Longman，1986.

[29] Zienkiewice O C. The Finite Element Method [M]. 3th ed，London：MCG-RAW-HILL Book Company，1977.

参考文献